U0741705

全国高等职业院校食品类专业第二轮规划教材

（供食品类、药学类专业用）

中国饮食文化

主　编　阳　晖

副主编　任　森　张春霞　石晓岩　李文玲

编　者　（以姓氏笔画为序）

　　　　王　尧（长春汽车工业高等专科学校）

　　　　石晓岩（吉林省经济管理干部学院）

　　　　任　森（长沙卫生职业学院）

　　　　任莉莉（深圳职业技术学院）

　　　　阳　晖（湖南食品药品职业学院）

　　　　李文玲（山东药品食品职业学院）

　　　　张春霞（长沙环境保护职业技术学院）

　　　　胡　旦（湖南食品药品职业学院）

　　　　胡雅雯（湖南食品药品职业学院）

中国健康传媒集团
中国医药科技出版社

内 容 提 要

本教材为"全国高等职业院校食品类专业第二轮规划教材"之一，系根据本套教材的编写指导思想和原则要求，结合专业培养目标、本课程的教学目标、内容与教学大纲的基本要求和课程特点编写而成，内容上涵盖中国饮食文化概论、中国烹饪与餐饮文化的历史发展、中国饮食烹饪科学与技术实践、饮食营养与健康、中国饮食民俗民风与美食策划、中国饮食烹饪文化、中国茶酒水文化与餐饮筵宴活动等。本教材为书网融合教材，即纸质教材有机融合电子教材、教学配套资源（PPT、微课、视频、图片等）、题库系统、数字化教学服务。

本教材主要供全国高等职业院校食品类、药学类专业师生教学使用，也可作为食品行业、医药卫生行业培训、自学教材，还可作为科普参考图书。

图书在版编目（CIP）数据

中国饮食文化/阳晖主编 . —北京：中国医药科技出版社，2024.5

全国高等职业院校食品类专业第二轮规划教材

ISBN 978 – 7 – 5214 – 4676 – 0

Ⅰ.①中… Ⅱ.①阳… Ⅲ.①饮食 – 文化 – 中国 – 高等职业教育 – 教材 Ⅳ.①TS971.2

中国国家版本馆 CIP 数据核字（2024）第 106305 号

美术编辑　陈君杞

版式设计　友全图文

出版　**中国健康传媒集团** | 中国医药科技出版社

地址　北京市海淀区文慧园北路甲 22 号

邮编　100082

电话　发行：010 – 62227427　邮购：010 – 62236938

网址　www.cmstp.com

规格　889mm × 1194mm $^1/_{16}$

印张　14 $^3/_4$

字数　435 千字

版次　2024 年 7 月第 1 版

印次　2024 年 7 月第 1 次印刷

印刷　天津市银博印刷集团有限公司

经销　全国各地新华书店

书号　ISBN 978 – 7 – 5214 – 4676 – 0

定价　**48.00 元**

获取新书信息、投稿、为图书纠错，请扫码联系我们。

为了贯彻党的二十大精神，落实《国家职业教育改革实施方案》《关于推动现代职业教育高质量发展的意见》等文件精神，对标国家健康战略、服务健康产业转型升级，服务职业教育教学改革，对接职业岗位需求，强化职业能力培养，中国健康传媒集团中国医药科技出版社在教育部、国家药品监督管理局的领导下，通过走访主要院校，对2019年出版的"全国高职高专院校食品类专业'十三五'规划教材"进行广泛征求意见，有针对性地制定了第二轮规划教材的修订出版方案，并组织相关院校和企业专家修订编写"全国高等职业院校食品类专业第二轮规划教材"。本轮教材吸取了行业发展最新成果，体现了食品类专业的新进展、新方法、新标准，旨在赋予教材以下特点。

1.强化课程思政，体现立德树人

坚决把立德树人贯穿、落实到教材建设全过程的各方面、各环节。教材编写将价值塑造、知识传授和能力培养三者融为一体。深度挖掘提炼专业知识体系中所蕴含的思想价值和精神内涵，科学合理拓展课程的广度、深度和温度，多角度增加课程的知识性、人文性，提升引领性、时代性和开放性。深化职业理想和职业道德教育，教育引导学生深刻理解并自觉实践行业的职业精神和职业规范，增强职业责任感。深挖食品类专业中的思政元素，引导学生树立坚持食品安全信仰与准则，严格执行食品卫生与安全规范，始终坚守食品安全防线的职业操守。

2.体现职教精神，突出必需够用

教材编写坚持"以就业为导向、以全面素质为基础、以能力为本位"的现代职业教育教学改革方向，根据《高等职业学校专业教学标准》《职业教育专业目录 (2021)》要求，进一步优化精简内容，落实必需够用原则，以培养满足岗位需求、教学需求和社会需求的高素质技能型人才，体现高职教育特点。同时做到有序衔接中职、高职、高职本科，对接产业体系，服务产业基础高级化、产业链现代化。

3.坚持工学结合，注重德技并修

教材融入行业人员参与编写，强化以岗位需求为导向的理实教学，注重理论知识与岗位需求相结合，对接职业标准和岗位要求。在不影响教材主体内容的基础上保留第一版教材中的"学习目标""知识链接""练习题"模块，去掉"知识拓展"模块。进一步优化各模块内容，培养学生理论联系实践的综合分析能力；增强教材的可读性和实用性，培养学生学习的自觉性和主动性。在教材正文适当位置插入"情境导入"，起到边读边想、边读边悟、边读边练的作用，做到理论与相关岗位相结合，强化培养学生创新思维能力和操作能力。

4.建设立体教材，丰富教学资源

提倡校企"双元"合作开发教材，引入岗位微课或视频，实现岗位情景再现，激发学生学习兴趣。依托"医药大学堂"在线学习平台搭建与教材配套的数字化资源(数字教材、教学课件、图片、视频、动画及练习题等)，丰富多样化、立体化教学资源，并提升教学手段，促进师生互动，满足教学管理需要，为提高教育教学水平和质量提供支撑。

本套教材的修订出版得到了全国知名专家的精心指导和各有关院校领导与编者的大力支持，在此一并表示衷心感谢。希望广大师生在教学中积极使用本套教材并提出宝贵意见，以便修订完善，共同打造精品教材。

数字化教材编委会

主　编　阳　晖

副主编　任　森　张春霞　石晓岩　李文玲

编　者　(以姓氏笔画为序)

王　尧　(长春汽车工业高等专科学校)

石晓岩　(吉林省经济管理干部学院)

任　森　(长沙卫生职业学院)

任莉莉　(深圳职业技术学院)

阳　晖　(湖南食品药品职业学院)

杜松涛　(长沙小乙鑫酒店管理有限公司)

李文玲　(山东药品食品职业学院)

张春霞　(长沙环境保护职业技术学院)

陆秋平　(衡阳市衡南县百合酒楼有限公司)

胡　旦　(湖南食品药品职业学院)

胡雅雯　(湖南食品药品职业学院)

谌　衡　(湖南师范大学)

谢佳琦　(湖南食品药品职业学院)

前言

中国饮食文化博大精深、源远流长，是中华民族创造和积累的物质财富和精神财富，也是人类文明史上重要的宝贵财富。随着我国经济的飞速发展，饮食业也在迅速发展，中国饮食文化在不断地发展和创新。特别是近代科学技术的发展，必定要影响中国饮食文化的发展，如烹饪技术、养生保健、食材的选取与搭配都应更加科学和营养。对于饮食产品，我们不仅要有中国特有的色香味俱全和变化纷繁的品种，也要更加注重营养丰富，注重人类健康。为了让中国饮食文化这一历史文化瑰宝更加发挥它应有的魅力，作为新时代的中国人就要传承和发展好自己传统的饮食文化，与社会进步和经济融合发展。

本教材以传承弘扬中国饮食文化及中华优秀传统文化为己任，坚持文化育人的理念，以立德树人为根本宗旨，在内容选择上原则以"必需、够用"为度来设计与组合理论知识框架，全方位把握和体现中国饮食文化的总体精神，在吸收、借鉴已有研究和教改成果的基础上精选内容、保证重点。同时，适当增加案例及分析，注重知识的延展，突出了饮食文化内容与职业技能培养内容的结合，使理论知识服务于职业技能的发展。本教材服务于教师教学和学生学习。教师可以根据自己的专长和实际教学需要对教材内容进行变通、补充和更新。同样，学生也可以按照内容线索，通过阅读相关书籍、观看影像资料和行业调查来充实自己的学习。编写团队注重学术性与普及性、创新性相结合，力求提升相关专业学生的专业综合素质与文化修养。同时，阅读本教材可以让广大读者了解中国饮食文化、增加饮食科学知识、提高美食鉴赏能力和饮食保健意识，为传承弘扬中华优秀传统文化作出贡献。

本教材由阳晖担任主编，具体编写分工如下：阳晖负责模块一和模块七的编写和全书统稿工作；胡雅雯和胡旦共同负责模块二的编写；张春霞负责模块三的编写；任森与任莉莉共同负责模块四的编写；石晓岩与王尧共同负责模块五的编写；李文玲负责模块六的编写。来自企业的杜松涛与陆秋平对教材部分内容进行了修改、编配案例或提出参考意见，谌衡和谢佳琦参与了案例建设并负责教材教学资源的统筹。

本教材在编写过程中得到各编者所在院校及领导的大力支持，同时参考了国内外相关的饮食文化书籍，以及有关专家、学者对中国饮食文化研究的部分成果，在此一并表示诚挚的感谢。

限于编者水平与经验，书中难免有疏漏和不足之处，衷心期待各位专家学者、广大同仁和读者提出宝贵意见和建议，以便今后进一步修订完善。

编　者
2024 年 5 月

目录

模块一　中国饮食文化概论

模块二　中国烹饪与餐饮文化的历史发展

模块三　中国饮食烹饪科学与技术实践

模块四　饮食营养与健康

模块五　中国饮食民俗民风与美食策划

模块六　中国饮食烹饪文化

模块七　中国茶酒水文化与餐饮筵宴活动

模块一　中国饮食文化概论

学习目标

知识目标

1. **掌握**　烹饪的含义、本质及特点；烹饪的类型；中国饮食文化的特点。
2. **熟悉**　中国古代饮食史上三个里程碑的价值；中外饮食文化交流的主要内容。
3. **了解**　文化与饮食文化的概念；中国饮食文化的定义；中国饮食文化主要研究的内容；我国古代主要烹饪理论贡献；现代烹饪发展的新特点。

能力目标

能应用本模块所学知识了解中国饮食文化的概貌，认识中国饮食文化，爱上中国饮食文化。

素质目标

通过本模块的学习，在理解中国传统饮食特点的同时，品味中国烹饪文化的特点，学会关注现代饮食环境变化，具备基本的膳食营养知识，养成健康的饮食习惯。

情境导入

情境　中国古代史始于170万年前，由那时算起，中国饮食文化绵延了170多万年，可谓历史悠久。这期间，流传了很多民间传说，其中最著名的莫过于钻木取火、神农尝百草的传说。相传约100万年前燧人氏在商丘发明钻木取火，成为中国古代人工取火的发明者，教人熟食，结束了远古人类茹毛饮血的历史，使人类与禽兽的生活习性区别开来，开创了华夏文明，被后世奉为"火祖"。有了火，人们饮食才有了经历生食、熟食、自然烹饪、科学烹饪4个发展阶段的基础。神农尝百草相传是4000多年前的故事，神农氏本是三皇（燧人、伏羲、神农）之一。有一次他见鸟儿衔种，由此发明了五谷农业。因为他的巨大贡献，大家称他为神农。神农为了找草药给人们治病，逐一尝遍了百草，找到了很多可以食用和治病的植物，因此十分受人尊敬。后人根据神农等人的经验与贡献，总结出了《神农本草经》。神农对中国的五谷农业和食、医结合发展作出了重大贡献，推动了中国农业和中医药的发展。

问题　1. 人们饮食经历了哪几个发展阶段？

　　　　2. 神农对中国农业和食医结合发展作出了哪些贡献？

食物的起源与饮食方式

PPT

饮食是人类社会生活中的一种自然现象。中国有句俗语叫作民以食为天，其中也透露出饮食在人们心中的地位。饮食是人类维持生命，进行繁衍生息的首要物质基础，是社会发展必不可少的前提之一。在中国，从古之帝王到平民百姓都把饮食看成头等大事。

当人类的祖先发明并利用了火，便逐渐摆脱原始野蛮的生活方式，逐步进入到烹饪时代。人类的饮食融合了自身智慧和技艺，便与动物有了本质的区别。人们从饮食结构、食物制作、食物器具、营养保健和饮食审美等方面，逐渐适应自然、征服与改造自然以求得自身生存和发展。在这一发展的历史进程中逐渐形成了人类的饮食文化。

中国饮食文化源远流长，经历了几千年的历史发展。在长期的发展、演变和积累过程中，其研究的成果和不同时期的发展变化，为中国的烹饪理论作出了重要的贡献，为现代烹饪发展形成了新特点，成为世界饮食文化宝库中的一颗璀璨的明珠。它以高度发达和繁荣的物质文明和精神文明，对人类历史的发展进程，产生了举世瞩目的深远影响，已成为中国传统文化的一个重要组成部分。

任务一　食物的来源与饮食方式的改变

一、食物的来源

图 1-1　远古人在狩猎

人类早期的历史，是一部以开发食物资源为主要内容的历史。人类食物的早期来源不外乎是动物和植物。刚刚告别动物界的人类，最初获取食物的方式与一般动物并无区别。古人类为了维持自己的生存，要与形体和力量上远远超出自己许多倍的各种动物搏斗，如庞大的野牛、凶猛的剑齿虎、残暴的鬣狗，都曾经是人类的腹中之物。图 1-1 为远古人在狩猎。

据考古发现，人类早在七千年以前的石器时代就学会了制造石刀、石斧等捕猎工具。图 1-2 是石器时代人们在用石头制造石器。有了石制的武器，人类的捕猎能力进一步提高，不管是凶残的巨兽，还是其他温顺柔弱的禽兽，还有江河湖沼的游鱼虾蚌，都逃脱不了这些原始的猎人和渔人的搜寻。图 1-3 是古人在捕鱼。

图 1-2　远古人在制造石器

图 1-3　古人捕鱼

　　除动物之外，古人类更可靠的食物来源是植物，是长在枝头、结在藤蔓、埋在土中的各类果实和野蔬。在连这些果蔬一时也寻觅不到的时候，人类不由自主地将注意力转向植物的茎秆花叶，选择品尝那些适合自己胃口的东西。植物作为食物的危险性比动物更大。人们不知通过多少代的尝试，也不知付出了多少生命的代价，才筛选出一批批可食用的植物及其果实，神农尝百草就是这个时代的缩影。图 1-4 为古人在尝野草。

　　农业起源是人类发展史上最重要的一个阶段。距今 1 万年至 7000 年前后，中国产生了农业。人类由洞穴居住转向平地居住，由采集狩猎向农耕转变。大约 9 千年以前，人类开始驯养家禽、家畜，再后来开始养殖鱼类。人类首先驯养的是鸡、鹅、鸭等禽类动物，鸡、鹅、鸭为人类提供了丰富的肉食和蛋，后又开始驯养猪、牛、羊、狗等畜类。其中牛主要用于耕作（图 1-5），而猪和羊除了提供肉食外，还用于积肥。狗可帮助人类狩猎。中国是世界上养鱼最早的国家之一，以池塘养鱼著称于世。开始时的养鱼方法与现代差别很大，较为原始，只是将从天然水域捕得的鱼类，投置在封闭的池沼内，任其自然生长，至需要时捕取。随着驯养家禽、家畜，养殖鱼类的不断发展，逐步形成了现代的农牧业，为人类提供了丰富稳定的食物来源。

图 1-4　古人尝野草

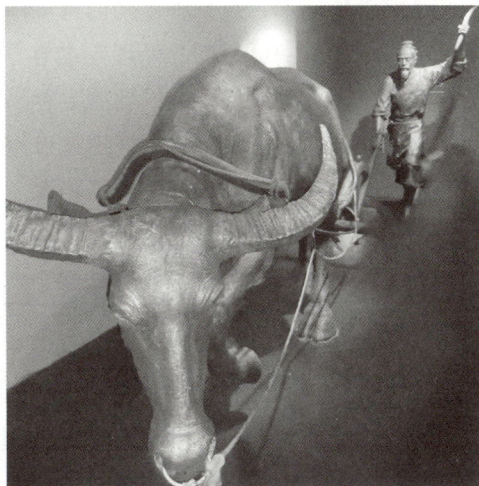

图 1-5　农耕图

3

二、饮食方式的改变

纵观人类的饮食历史，大致经历了两个阶段：一是生食时代，二是火食时代。人类最初的饮食方式，自然同一般动物并无多大区别，还不知烹饪为何物。人们获得食物时，生吞活剥而已，古人谓之"茹毛饮血"。《礼记·礼运》中说："昔者先王未有宫室，冬则居营窟，夏则居橧巢。未有火化，食草木之实，鸟兽之肉，饮其血，茹其毛。"由于区域文化发展的不平衡，中国隋唐以后还存在"茹毛饮血"风俗的余韵。

知识链接

"茹毛饮血"风俗的余韵

古籍记载，南方的生食习惯多出现于唐朝及以后。这是因为隋唐以前，中国经历长期的南北分裂，南方情况得不到详细的记载。隋唐统一后，经济文化重心南移，南方的情况便陆续得到记载反映。南方少数民族地区还有保留饮血的风俗，西南一些少数民族还保留有"白旺"的饮血方式。白旺即鲜生血，方法是把杀猪、羊时喷出的鲜血注入加有椒盐的盆中，用筷子搅拌，再加上适量的姜汁、蒜汁等调料，到血凝成块时，大家用勺一口一口送进嘴里，据说其味香软。中国一些地区在杀鸡时，会把血留下，同切细蒸熟的腌牛肉拌起来吃，称之为"血红"。一些地区的人还喜吃生猪血、鸭血或羊血，先把生血盛在碗、盆里，加盐搅拌，不使凝结，另将煮好的禽畜肝、肺及菜趁热倒入生血搅拌，凝结后就可以吃了。

人类也并不甘愿长久生食，当他们认识火以后，就跨入了一个新的饮食时代，这便是火食时代，掌握了用火技能的人类，接着又发明了取火和保存火种的方法，这样就有了光明、有了温暖，也有了熟食。

火的使用，首先使腥臊难咽的鱼、肉类变成了可食之物，扩大了食物来源。火的使用，也改变了食物的内部结构，使其更有利于人体吸收，而火又有消毒杀菌的作用，这就使熟食比生食更加卫生，从而减少了肠胃疾病，进而增强了人类体质。

火的使用，于是便产生了烹饪。这里的"烹"是煮的意思，"饪"是指熟的意思。烹饪是对食物原料进行热加工，将生的食物原料加工成熟食品。

烹饪是膳食的艺术，是一种复杂而有规律地将食材转化为食物的加工过程，是对食材加工处理，使食物更可口、更好看、更好闻的处理方式与方法。一道美味佳肴，必然色香味意形养俱佳，不但让人在食用时感到满足，而且能让食物的营养更容易被人体吸收。在现代，人们可以根据自己的喜好、成分的取舍、品种的花样、地区的风味烹饪出越来越多的食物种类，也可以根据人们的健康需求，选取合适的食材和调制方法烹饪出营养可口的健康美食。

任务二　饮食与烹饪

一、饮食的含义

饮食通常是指吃喝，或指吃喝的对象：饮品和食品。饮食可以包括三个部分：一是饮食原料的加工生产；二是制成的产品；三是对饮品、食品的消费，即喝与吃。

饮食的概念可以泛指日常的吃喝活动，也可以指特定的饭菜或饮品，还可以指给人提供的食物和饮料。饮食在不同的文化和地区中有着不同的表现形式和特色，是一种多元化的文化现象。即饮食是一种文化，是物质文化和社会风俗中一个能反映民族和地区特色的重要组成部分。

在古代，指进入火食时代后，用火熟食，《周易》第五十卦鼎卦"巽下离上；以木巽火，烹饪也"，这句话的意思是，鼎下面的木材在风的作用下燃烧，把鼎里的食物煮熟。按《集韵》中的解释：烹，煮也。因此，"烹"就是煮的意思，"饪"是指熟的意思。

根据多方面提供的信息，人类开始食用熟食的历史可以追溯到大约五十至六十万年前。这一变化发生在一次偶然的森林火灾之后，人们发现被火烧过的动物食物味道更佳，从而开始了对烹饪技术的探索。这个时期的烹饪方法包括石烹法，即在小土坑中铺上树叶和清水，然后放入烧红的石头进行烹煮，这与现代的水煮肉相似。此外，大约在八千多年前的新石器时代，谷物开始取代肉类成为人们的主食，这也标志着熟食在人类饮食中的地位逐渐上升。随着烹饪工具如陶器和铁釜的出现和发展，食物的烹饪变得更加高效和多样化，进一步推动了熟食的普及。

二、饮食与烹饪的关系

我们每天吃的食物都是采用各种各样的方法制作出来的，就像常见的玉米、蔬菜或者肉类，每一种食材口感都不一样，都少不了烹饪，每种食物只有通过烹饪之后才能够制作成符合人们要求的食品。

可以这样说，饮食和烹饪是"二位一体"的，正因为有了烹饪，人类的食物才从本质上区别于动物的食物，才有了文化可言。烹饪在饮食文化中扮演着重要的角色。

烹饪作为一门厨艺，不仅仅是为了满足我们的味觉需求，更是创造了美食的艺术，可以使我们的心灵得到满足。烹饪对于饮食文化的影响很大，它是表达饮食文化的一种手段，是饮食文化的一部分。

烹饪的发明，是人类进化的一个重大关键。它改变了生吞活嚼、茹毛饮血的野蛮生活方式，在摄食以维持生存这一主要的生活方式上使人类正式区别于动物；烹而后食，可以杀菌消毒、保障健康；可以帮助消化、改善营养。这就为人类的体力和智力的进一步发展，创造了有利条件。有证据表明，烹饪后的食物，特别是肉食更容易消化和吸收，相当于对食物进行了预消化。人类在进化过程中，大脑剧增了300%，熟食加速了大脑的进化。大脑进化得越来越复杂精密，更能有效地存储记忆繁杂的信息，解决处理复杂的问题，并更具有创造力和想象力。

通过烹饪，人类渐渐地知道使用饮食器皿，进而懂得了生活上的一些礼节，开始向文明人过渡了。

三、烹饪与饮食文化

（一）烹饪与饮食文化的相互影响

在现代社会里，美食得到了人们前所未有的关注。人们在吃饭时，不仅注重食物的营养成分，更加注重美食所带来的视觉和味觉享受。这也反映了烹饪对于饮食文化影响的重要性，首先，烹饪能够通过改变原材料的气味、形状、颜色和味道等方面的处理方法，让餐桌上的食品更加多样化、更具有文化价值。比如，中国的火锅，色、香、味俱全，是华夏饮食文化的代表之作。其次，烹饪也可以成为文化传承的一种方式。烹饪是人类文化的重要组成部分，不同地区与文化之间的烹饪技术和饮食习惯的差异，反映了不同文化的独特气息，体现了文化的多样性。

中国的美味佳肴，不仅烹饪技术精湛，而且自古以来就讲究其美感。对色彩、造型、盛器都有要求，遵循一定的规律。追求色、形的外观美与营养、味道等质地美的统一和客观的需要。人们首先通过眼睛对食品菜肴的色、形达到良好的表象感觉，再通过咀嚼对食物味的良好的内在感觉达到统一，从而对各种食物逐渐形成不同的印象。

饮食文化也对烹饪产生了巨大的影响。当地的食材、气候和地理环境都是烹饪的基础，每个地区的生态和气候条件都会影响当地的饮食。

（二）烹饪与养生

烹饪与养生关系密切。相传商朝人，黄帝孙子颛顼的玄孙彭祖是一个高寿之人，他深谙养生之道。关于他的民间传说虽然极具神话色彩，但也反映了人们对彭祖长寿的羡慕之情。实际上，彭祖高寿的秘诀在于他创制的导引术、吐纳术、烹饪术和摄生术等，其中烹饪术和摄生术就属于饮食文化范畴。彭祖十分精通烹饪术，他因献雉羹（野鸡汤）给尧帝，治好了尧帝的厌食与体虚症，为尧帝所赏识，遂封他为大彭氏国（今江苏省徐州市）国主。屈原在《楚辞·天问》中写道："彭铿斟雉，帝何飨？受寿永多，夫何久长？"这反映了彭祖在推动中国饮食文化进步方面所作出的卓越贡献。汉代楚辞专家王逸注曰："彭铿，彭祖也。好和滋味，善斟雉羹，能事帝尧，帝尧美而飨食之也"。

> **🔗 知识链接**
>
> #### 彭祖养生宴
>
> 彭祖倡导美食、养生、药膳，创出了天下名宴——彭祖养生宴，是名副其实的中国烹饪先师。彭祖养生宴历经千多年演变、发展、充实，最终成为中国历史悠久、品种较丰富的特色养生宴。此宴重在养生、滋补，在菜肴配制过程中，参阅了《黄帝内经》《本草纲目》《饮食正要》等大量典籍，并以选料丰富、烹调方法多样、菜肴口味多变、滋补养生功效显著而受到广大食客的好评。彭祖养生宴共有28道菜，分10道冷菜、12道热菜和6道点心。宴席始终贯穿"健康养生"的主线，以一杯开胃清茶开始，"二菜"同桌，同时品尝古代养生名菜"彭祖羹""羊方藏鱼""彭城鱼丸""大彭扎"等和现代养生名菜"灵芝皮肘""吊地瓜""滋补皮狗""蟹黄艳菊"等，将彭祖文化、饮食文化和养生文化等精妙地融合在一桌宴席中。

彭祖创建了中国最早的营养学理论。上古时代，五味还未进入烹饪领域，当时人们运用调味品还是有困难的，所以人们吃的羹还是清水煮制。彭祖烹羹的价值就在于他发明了食物的水解法，提高了食物的营养利用率，继而开创了药膳与养生的新天地。彭祖主张因时而食、因人而食、因气而食、因体而食，协调阴阳，调和诸味，食有节，并以素食为主。这是彭祖对中国养生学的一大贡献。

后人景仰彭祖，撰写养生著作也常托名彭祖，如《彭祖养性经》《彭祖摄生养性论》《彭祖养性备急方》等，由此可见彭祖在中国营养学上的影响。

（三）烹饪与健康饮食

传统烹饪和健康饮食是相辅相成的关系，可以通过改变烹饪方式、改变饮食外观、改变食材搭配、改变烹饪温度等方式，让食材的营养更容易被吸收。

1. 改变烹饪方式　如清蒸、水煮等，可以较大限度地保留食材原有的营养，避免食材的营养和热量不足，无法为机体提供充足的能量。

2. 改变饮食外观　如油炸、烧烤等烹饪方式，会导致食物中的维生素、脂肪、矿物质等营养成分流失，造成营养价值下降。同时，口感也较差，没有食欲。

3. 改变食材搭配　不同种类的食材可搭配不同的蔬菜、肉类等，可以保证营养均衡。如肉类可以搭配鸡肉、鸭肉、鱼肉、牛肉等，蔬菜可以搭配番茄、黄瓜、白菜等。肉类和蔬菜的营养价值较高，均可以为机体补充营养，且味道较好。

4. 改变烹饪温度　高温会破坏食物中的维生素、蛋白质等营养成分，高温下营养成分流失更快。

因此，应控制一些食材的烹饪温度，平时应将这些食物放置在室温下，尽量避免使用微波炉或其他加热工具加热。

任务三　烹饪的含义、本质与特性

一、烹饪与烹调的含义

前已述，所谓烹饪，在中国古代最早的含义是用火熟食。现代工具书的解释也很简洁。《辞源》言：烹饪就是"煮熟食物"；《现代汉语词典》言：烹饪是"做菜做饭"。但是，随着时代的高速发展、社会日益进步，烹饪工具、能源、烹饪技法发生了极大的变化，甚至烹饪食物的方式也有了极大的改变，烹饪逐渐发展成为一门学科，其内涵和外延都在不断扩大。至今，"烹饪"一词的含义是指人类为了满足生理需要和心理需要，把可食用原料用适当方法加工成安全、营养、美味的食用成品的活动。烹饪水平是人类文明的标志之一。

现代看来，狭义地说，烹饪是对食物原料进行热加工，将生的食物原料加工成熟食品；广义地说烹饪是指对食物原料进行合理选择调配，加工制净，加热调味，使之成为色、香、味、形、质、营养兼美的、安全无害的、利于吸收、益人健康、强人体质的饭食菜品，包括调味熟食，也包括调制生食。

古代也曾出现"烹调"一词，"烹调"的出现要晚于"烹饪"，但在宋代已有使用，主要指烹煮或烹炒调制。宋代韩驹的《食煮菜简吕居仁》诗中有"永费烹调功"句，陆游的《种菜》诗则言："菜把青青间药苗，豉香盐白自烹调。"这里的"烹调"之义，都是指烹煮或烹炒调制。现代工具书对其词义的解释也十分相近。《辞源》和《现代汉语词典》都称：烹调是"烹炒调制"；《中国烹饪辞典》则言：烹调是"制作菜肴、食品的技术"。

关于"烹饪"，历代均有记述。唐代孙逖《唐齐州刺史裴公德政颂序》中曰："蔬食以同其烹饪，野次以同其燥湿"；宋代陆游《食荠十韵》也说："采撷无阙日，烹饪有秘方"；现代作家林淡秋在《马逢伯》写道："小菜还是平常的小菜……但一经过这位女厨师的神手烹饪，的确有一种不平常的滋味"。

由于烹饪技术的不断发展，中国运用烹饪技术生产出了食品史上著名的豆酱、豆腐、豆浆和豆芽。豆芽、豆腐、豆酱还有面筋，被西方人称为中国食品的四大发明。豆芽在《神农本草经》里已有记载，称作"大豆黄卷"："造黄卷法，壬癸日，以井华水浸黑大豆，候芽长五寸，干之即为黄卷。用时熬过，服食所需也"。

二、烹饪的本质

概念是对事物本质属性的反映，是在感觉和知觉基础上产生的对事物的概括性认识。"烹饪"作为一个历史概念，最早见于《周易·鼎》，唐代孔颖达的《正义》在进行了较为深入的阐述和论证后指出，烹饪的本质是变化、创新。他进一步指出："鼎之为器，且有二义：一有烹饪之用，二有物象之法。"就烹饪实践而言，烹饪的过程是用火或其他能源加热、制熟食物原料，使食物原料由生变熟，必然会产生变化；烹饪的目的是满足人类的生理需要和心理需要，而随着社会、经济和生活水平的改变，人类的生理和心理需要也会发生改变，烹饪的食用成品也应当随之变化，由此可以说，烹饪的本质确实在于变化、创新。

三、烹饪的特性

烹饪是一门不断发展的学科，越来越趋于成熟，有着鲜明的特性，即科学技术性和文化艺术性。

1. 科学技术性　烹饪是对食物原料的加工制熟活动，其中蕴涵了大量的知识体系，如烹饪原料学、烹饪工艺学、烹饪营养学、食疗养生学、风味化学、食品卫生学等学科的知识体系，具有较强的科学性。只有了解和掌握这些知识体系，并用来指导实践，才能更好地进行烹饪。这些知识体系，是关于自然、社会和思维的知识体系，是揭示烹饪发展规律，探索客观真理，既有已经系统化的静态知识体系，也有正在探索中的动态知识体系。

烹饪作为食用成品的加工活动，不仅有原料选择、加工与切配、风味调制、加热制熟、造型与装盘等生产工艺过程和环节，而且在各个环节都有独特的操作方法与技能以及相应的烹饪设备、炊事用具等。其加工活动符合根据生产实践经验和自然科学原理而发展成的各种工艺操作方法与技能的技术标准，具有很强的技术性。

2. 文化艺术性　烹饪不仅创造了丰富的物质财富，如众多的馔肴品种，也创造了多姿多彩的精神财富，如馔肴制作技术组配方式等，是人类生存和发展必不可少的，是人类文化的一个重要组成部分，因此，烹饪的文化性十分显著。中国近代著名学者梁启超在其《中国文化史目录》一书中列有 28 篇，几乎涉及中国人生活的全部内容，其中就包括独立的"饮食篇"。

烹饪遵循艺术的共性，塑造着自己的形象即菜点形象。这种形象渗透和反映着作者即厨师的思想感情和生活感受，从而成为审美对象，给人以美感享受。如原料的形状、菜点的组合、色彩的搭配、餐具的使用等，遵循着形式美和内在美的规律。因此，烹饪具有极强的艺术性。烹饪不是普通的艺术，而是实用性艺术，除了具有艺术的共性外，还有自己的个性，即食用性。它创造的形象是为了供人食用、满足人们生理和心理需要。这种个性不会损害烹饪的艺术性，而能将其艺术性升华到"崇高"的境界，运用于人类的事物便会产生意想不到的杰作。

任务四　烹饪的类型 📱微课

烹饪作为食品加工活动，是生产食品的方法与过程。随着烹饪工具不断进化，能源和加工食物的方式动态发展，特别是人工智能技术的应用，烹饪已由手工烹饪部分过渡到机器烹饪，又由机器烹饪部分飞跃到人工智能体系。人们常将烹饪分为手工烹饪、机器烹饪和人工智能餐饮系统三种类型，目前是手工烹饪、机器烹饪和人工智能系统共存的阶段。机器烹饪和人工智能餐饮系统的区别主要是人工智能参与了烹饪的决策和管理，构成了点餐、送餐、清洁、顾客服务为一体的智能系统。

一、手工烹饪

手工烹饪又称传统烹饪，是以事厨者的手工制作为主的食品加工活动。它至少具有三个突出的特点：①手工化。在整个食品加工过程中，无论是家庭还是餐厅、酒楼，无论规模大小、档次高低，即使有一些机器作为辅助工具，仍然是以家庭主妇和专业厨师等事厨者的手工劳动为主。②多样化。由于地理、物产和人们的饮食习俗、口味爱好等因素的不同，事厨者选择当地多种多样的特产原料，进行多种多样的切割、搭配，采用相同或不同的烹饪方法和调味方法，必然制作出丰富多彩的饮食品种。③个性化。食品的手工制作虽然有一定的格局与规范，有一定的模式和要求，但是在实际加工制作过程中往往受到施厨者各自的文化、科学、艺术等综合素质与制作技能高低的影响和制约，表现出明显的个性特征、个人风格，有时甚至不可避免地带来较大的随意性。正是这些特点，使手工烹饪能够对人们不断变化的饮食需要作出迅速而灵活的反应，能够向人们提供成千上万的菜点，最大限度地满足不同经济条件、不同口味爱好人群的生理与心理需要。

二、机器烹饪

机器烹饪又称现代烹饪，是与传统烹饪相对的、以机器制作为主的食品加工活动，习惯上也常称为工业烹饪或食品工业。机器烹饪是随着生产力和生产技术的发展，逐渐出现食品生产作坊和工厂，用机器生产食品而产生的。就其本质而言，机器是手工的延续，作坊、工厂的食品生产也是食品加工活动，而且是从手工烹饪脱胎而来的，与手工烹饪没有根本区别。但是机器烹饪与手工烹饪又有许多明显的差异，具有一些显著的特点：①机械化。在整个食品加工过程中，机械烹饪的食品加工方式是使用各种半机械、机械甚至自动化的机器进行生产，同时加工场所大多是拥有各种机器、设备的车间、工厂。②规模化。在整个食品加工过程中，由于使用的是各种机器，生产加工出来的食品数量必然而且应当是大规模、大批量的，只有大规模成批生产食品，才能确保机器烹饪的持续高效。图1-6为某食品作坊的机器人在进行食品原料加工。目前这类机器人广泛应用在餐饮店、食品加工厂，如拉面机、磨面机、砸糖机、炒菜机等。③标准化。用机器进行大规模生产，其首要的条件和前提是必须设计和制订出一定的标准，并且严格按照标准进行生产加工。用机器进行大规模的食品生产也毫不例外，必须有食品的生产标准和品质标准。正是这些特点，使机器烹饪不仅极大地减轻了事厨者繁重的体力劳动，确保了大批量的食品品质更加稳定，而且能够提供方便快捷、营养卫生的食品，满足人们快节奏生活条件下的新需要，尤其是生理需要。

图1-6 机器人食品原料加工

三、人工智能餐饮系统

随着人工智能时代的到来，科技的不断进步，机器人技术不断成熟，逐步在各个领域都得到了广泛的应用，食品与餐饮行业也不例外。智能机器人广泛地应用到了食品行业。智能机器人可以用于食品加工过程中，取代人的部分烹饪操作，如切制原材料、烹饪温度的控制、监测食品加工的质量等。智能机器人技术不仅可以协助厨师进行烹饪和食材的处理，还可提供智能点餐、送餐、清洁、顾客服务等功能，形成了以烹饪为核心的人工智能餐饮系统。

机器人技术在食品与餐饮行业中的应用不仅提高了生产效率，还改善了消费者的用餐体验。智能机器人技术目前在食品与餐饮行业中的应用主要有以下几个方面。

1. 智能点餐机器人 是餐厅和快餐店中应用最广泛的机器人之一。通过配备触摸屏、人脸识别和语音识别等技术，智能点餐机器人能够自动识别顾客，并根据顾客的口味和喜好推荐适合的菜品。顾客可以通过触摸屏或语音指令选择菜品和下单，无须等待人工服务员的服务，大大提高了点餐的效率。此外，智能点餐机器人还能实现无现金结账和在线支付，给顾客带来更加便捷的消费体验。

2. 厨房操作机器人 是一种能够协助厨师进行烹饪和食材处理的机器人。这种机器人配备了多种传感器和机械臂，能够根据程序执行烹饪任务，提高烹饪效率和一致性。厨房操作机器人可以替代人工进行切割、搅拌、炒炸等工作，不仅能够减轻厨师的工作负担，还能够保证菜品的质量和口感的一致性。目前，厨房炒菜机已得到广泛应用。

3. 送餐机器人 是一种能够自动送餐的机器人。这种机器人可以根据餐厅的布局和指定的路径安全地将餐点送到指定的位置。通过激光雷达、红外线传感器和智能导航等技术，送餐机器人能够自动避开障碍物，并准确地将餐点送到顾客手中。送餐机器人的应用不仅提高了餐厅的运营效率，还为顾客带来了更加便捷和新颖的用餐体验。

4. 清洁机器人 是一种能够自动清洁餐厅环境的机器人。这种机器人配备了吸尘器、拖地器和消毒装置等设备，能够自动完成清洁任务。餐厅清洁机器人可以自动巡航餐厅内部，对地面进行清扫和消毒，大大提高了清洁效率和餐厅的整洁程度。同时，餐厅清洁机器人还能够根据环境感知技术自动调整工作模式，以适应不同区域的清洁需求。

5. 顾客服务机器人 是一种能够提供服务和解答顾客疑问的机器人。这种机器人具备语音识别和自然语言处理等技术，能够理解和回答顾客的问题。顾客服务机器人能够为顾客提供菜单咨询、推荐特色菜品和解答常见问题等服务，不仅能够提高顾客的满意度，还能够减轻人工服务员的工作强度。

总结起来，机器人技术在食品与餐饮行业的应用广泛而深入。智能点餐机器人、厨房操作机器人、送餐机器人、餐厅清洁机器人和顾客服务机器人等各种机器人的应用，不仅提高了餐厅的效率和整洁程度，还为消费者带来了更加便捷和愉快的用餐体验。未来，随着机器人技术的不断发展和创新，相信机器人在食品与餐饮行业中的应用将会更加广泛和成熟。

可以肯定地说，随着时间的推移和社会的发展，机器烹饪将会得到极大的发展，在整个烹饪中占据越来越重要的地位，人工智能技术将会越来越广泛地应用到食品与餐饮行业中。但是我们也应看到，机器烹饪不可能在短期内取代手工烹饪，人工智能技术还不能完全取代手工烹饪技术，相反，会长期与手工烹饪并存下去。

练 习 题

答案解析

一、选择题

（一）单选题

1. 人类食物的早期来源是动物和（　　）。

    A. 禽类　　　　　　B. 鱼类　　　　　　C. 植物　　　　　　D. 猎物

2. 人类掌握（　　）以后，就跨入了一个新的饮食时代，有了熟食。

    A. 用火　　　　　　B. 捕鱼　　　　　　C. 农耕技术　　　　D. 驯养禽类

3. 每种食物只有通过（　　）之后才能够制作成符合人们要求的食品。

    A. 使用石器　　　　B. 使用饮食器皿　　C. 捕猎　　　　　　D. 烹饪

4. 烹饪是一门不断发展的学科，有着鲜明的特性，既有科学技术性，又有（　　）。

    A. 美感　　　　　　B. 文化艺术　　　　C. 技术精湛　　　　D. 各种花式

5. 可将烹饪的类型分为（　　）、机器烹饪和人工智能餐饮系统三种类型。

    A. 送餐机器　　　　B. 智能点餐　　　　C. 机器操作　　　　D. 手工烹饪

6. 彭祖是一个高寿之人，他深谙养生之道，创出了天下名宴（　　）。

    A. 彭祖养生宴　　　B. 全牛席　　　　　C. 彭祖雉羹宴　　　D. 以鸡代雉宴

（二）多选题

7. 中国饮食文化绵延了170多万年，人们饮食经历了（　　）和科学烹饪4个发展阶段。

    A. 营养烹饪　　　　B. 熟食　　　　　　C. 自然烹饪　　　　D. 生食

8. 烹饪对于饮食文化影响的重要性，能够通过改变原材料的（　　）的处理方法，让餐桌上的食品更加多样化，更具有文化价值。

 A. 气味   B. 形状   C. 颜色   D. 味道

9. 手工烹饪，是事厨者以手工制作为主的食品加工活动。它至少具有（　　）等突出的特点。

 A. 手工化   B. 多样化   C. 智能化   D. 个性化

二、简答题

1. 烹饪的含义、本质是什么？有哪些特性？

2. 随着人工智能时代的到来，智能机器人广泛地应用到了食品餐饮行业。智能机器人技术目前在食品与餐饮行业中的应用主要有哪些？

三、实训题

请介绍家乡饮食文化的历史概况。

书网融合……

 重点小结   微课   题库

文化与中国饮食文化

PPT

中国饮食文化是中国传统文化的一个重要组成部分，无论是悠久的历史文化积淀，还是博大精深的烹饪技术体系，以及在国际传播中的深远影响，都堪称中国传统文化的代表。中国饮食制作技艺出神入化，菜品的烹制与调味无与伦比，尤其以其特有的风味、独具的文化内涵和韵味，吸引着世界八方人士，丰富美化着各地人民的生活内容。而今，中国饮食文化已成为世界文化中独具魅力的体系。

任务一　文化与饮食文化

一、文化的定义与分类

（一）文化的定义

"文化"的含义很多，深远而复杂，运用极为广泛。关于文化的定义很多，许多社会学家、历史学家、语言学家、人类学家以及各学科著名学者都对其下过定义。据统计，全世界关于文化的定义多达一百余种，甚至还要更多。

面对这种情况，有的学者将这些定义按照内容的类型概括、归纳为记述的定义、历史的定义、规范性的定义、心理的定义、结构的定义和发生的定义六种类型，显得较为繁杂。另有学者则按照内涵大小和层次概括、归纳，比较简洁、清晰。指出人们对文化的理解主要有三个层次：第一层次，认为文化是指人类所创造的一切物质财富和精神财富的总和。第二层次，认为文化是指人类在精神方面的创造及成果，主要包括文学、艺术、宗教等意识形态领域的精神财富。第三个层次，认为文化仅仅是以文学、艺术、音乐、戏剧为主的艺术文化，是人类"更高雅、更令人心旷神怡的那一部分生活方式。"

"文化"在汉语中实际是"人文教化"的简称。前提是有"人"才有文化，意即文化是讨论人类社会的专属语。广义的文化是指人类在社会历史发展过程中所创造的物质财富和精神财富的总和，特指精神财富。狭义的文化是指排除人类社会历史生活中关于物质创造活动及其结果的部分，专注于精神创造活动及其结果，所以又被称作"小文化"。就世界来说，具体而言，以下是关于文化的有代表性的定义。

英国的"人类学之父"、文化学的奠基者爱德华·泰勒是现代第一个界定文化的学者，他于1856年和1871年在《人类早期历史与文化发展之研究》和《原始文化》中，给"文化"下过两个意思相近的定义：其一，文化是一个复杂的总体，包括知识、艺术、宗教、神话、法律、风俗以及其他社会现象。其二，文化是一个复杂的总体，包括知识、信仰、艺术、道德、法律、风俗以及人类在社会里所得到的一切能力与习惯。也就是说，他认为：文化是复杂的整体，它包括知识、信仰、艺术、道德、法律、风俗以及其他作为社会一分子所习得的任何才能与习惯，是人类为使自己适应环境和改善生活方式的努力的总成绩。

美国社会学家戴维·波普诺则从抽象的定义角度对文化作了如下的定义。文化是一个群体或社会就共同具有的价值观和意义体系，它包括这些价值观和意义在物质形态上的具体化，人们通过观察和接受其他成员的教育而学到其所在社会的文化。

美国的另一位著名人类学家克莱德·克鲁克洪的对文化作出这样的界定：文化指的是某个人类群体独特的生活方式，他们整套的"生存式样"，换言之，"文化是历史上所创造的生存式样的系统，既包括显形式样又包括隐形式样；它具有为整个群体共享的倾向，或是在一定时期中为群体的特定部分所共享。"

中国著名学者钱穆提出了这样的定义：他认为文化是指人类的生活，人类各方面各样的生活总括汇合起来，就叫作文化。所谓各方面各种样的生活，并不专指一时性的，必需将长时间的绵延性加进去。譬如一个人的生活，加进长时间的绵延，那就是生命。一个国家一个民族各方面各种样的生活，加进绵延不断的时间演进、历史演进，便成所谓文化。因此凡所谓文化，必定有一段时间上的绵延精神。换言之，凡文化，必有它的传统的历史意义。故我们说文化，并不是平面，而是立体的。在这平面的、大的空间，各方面各种样的生活，再经过时间的绵延性，那就是民族整个的生命，也就是那个民族的文化。

中国权威工具书《辞海》对"文化"作出了这样的界定，从广义来说，指人类社会历史实践过程中创造的物质财富和精神财富的总和。从狭义来说，指社会的意识形态，以及与之相适应的制度和组织机构。文化是一种历史现象，每一个社会都有与其相适应的文化，并随着社会物质生产的发展而发展。作为意识形态的文化，是一定社会的政治和经济的反映，又给予巨大影响和作用于一定社会的政治和经济。在有阶级的社会中，它具有阶级性。随着民族的产生和发展，文化具有民族性，通过民族形式的发展，形成民族的传统。文化的发展具有历史的连续性，社会物质生产发展的连续性是文化发展历史连续性的基础。无产阶级文化是批判地继承人类历史优秀文化遗产和总结阶级斗争、生产斗争和科学实验的实践经验而创造发展起来的。

（二）文化的分类

文化，尤其是广义的文化有着十分丰富的内涵，形成了包括多层次、多方面内容的完整体系。以文化的结构来分，可将文化分为物态文化层、制度文化层、行为文化层和心态文化层四个层次。这里物态文化层，是指由人类自然创制的各种器物，即"物化的知识力量"构成的。它是人类物质生产活动及其产品的总和，构成整个文化创造的基础。物态文化以满足人类最基本的生存需要——衣、食、住、行为目标，直接反映人与自然的关系，反映人类对自然界认识、把握、利用、改造的深入程度，反映社会生产力的发展水平。制度文化层，是指由人类在社会实践中的各种社会规范构成。行为文化层，是指由人类在社会实践，尤其是在人际交往中约定俗成的习惯性定势构成的。它以民风民俗形态出现，见之于日常起居动作之中，具有鲜明的民族、地域特色的行为规范。心态文化层，是指由人类在社会实践和意识活动中长期蕴育出来的价值观念、审美情趣、思维方式等。这是文化的核心部分。心态文化又可分为社会心理和社会意识形态。

文化可以以时间顺序、地域或国家、存在形式及具体事物等来对其进行分类。以时间顺序来分，可将文化分为史前文化、古代文化、近代文化、当代文化等。以地域来分可分为世界文化、东方文化、西方文化、欧洲文化、亚洲文化、非洲文化、美洲文化等。以国家来分可分为中国文化、俄罗斯文化、英国文化、法国文化、美国文化等。以具体事物来分，可分为饮食文化、服饰文化、民居文化、器物文化等。

二、饮食文化

饮食文化，也被称为饮馔文化、粮食文化、食品文化、烹饪文化、厨艺文化、餐饮文化、养生文化或美食文化。饮食文化是世界文化的一部分，是由不同民族、地域、门类和生活方式等因素共同构建的与饮食相关的知识和实践。它是一个涉及社会科学、自然科学及哲学的普遍概念。就是说，饮食文化是饮食、饮食加工技艺、饮食营养保健的文化艺术、思想观念与哲学体系的总和。即饮食文化是人们在长期的饮食实践活动中创造和积累的物质财富和精神财富的总和。它不仅包括烹饪食物的过程，也包括饮食资源的开发利用、食品加工的演进和进食方式；饮食礼仪、习俗的形成和演变；不同地区、不同民族的饮食风情特色和相互间的交流融汇；饮食器具的发明和沿革；食品艺术以及食品理论的产生和发展等，更是一种物质和精神上的表达。饮食文化是随着人类社会的出现而产生，又随着人类物质文明和精神文明的发展而发展，不断丰富自身的内涵。具体来说，饮食文化涵盖了饮食知识和历史、区域文化、环境因素、营养学以及社会功能和仪式等几个方面。

饮食知识和历史涉及食物的开发利用、食品的制作技术和历史沿革。区域文化反映了特定地区的生活方式和价值观念。环境因素指的是与自然环境的和谐共处，如土地、水源等的利用。营养学关注的是食物的营养成分和对健康的贡献。社会功能和仪式考虑的是饮食活动中承载的社会交往和文化仪式。

饮食文化不仅是关于食物生产和消费的技术和科学，还包括与之相关的传统、思想和哲学。它是人类文明发展的重要组成部分，反映了人们的生活方式、价值观念、历史传承和地域特色。了解和研究饮食文化有助于促进个人健康，并增强文化认同感和归属感。例如，通过比较不同地区的饮食文化特点，可以帮助人们选择更适合自己营养需求的食物；学习不同的烹饪方法和食品搭配，可以增加食品的口感和营养价值；同时，通过与当地人的交流和尝试当地的美食，可以促进跨文化理解和包容。

饮食文化作为人类文化的一个重要组成部分，其含义也有狭义和广义之分。狭义的饮食文化，是基于饮食与烹饪各有不同而言的，与烹饪文化相对应。一般说来，烹饪文化是指人们在长期的饮食品的生产加工过程中创造和积累的物质财富和精神财富的总和，是关于人类的食物用来做什么、怎么做、为什么做的学问，涉及食物原料、烹饪工具、烹饪工艺等。狭义的饮食文化，则是指人们在长期的饮食品的消费过程中创造和积累的物质和精神财富的总和，是关于人类吃什么、怎么吃、为什么吃的学问，涉及饮食品种、饮食器具、饮食习俗、饮食服务等。简言之，烹饪文化是在生产加工饮食品的过程中产生的，是一种生产文化；而狭义的饮食文化是在消费饮食品的过程中产生的，是一种消费文化。但是，饮食品的生产和消费是紧密相连的，没有烹饪生产，就没有饮食消费，饮食与烹饪密切相关，烹饪和烹饪文化是饮食与饮食文化的前提，饮食文化是由烹饪文化派生而来，因此，将饮食品的生产和消费联系起来，人们在习惯上常常用广义的饮食文化加以概括和阐述。具体而言，广义的饮食文化，包括烹饪文化和狭义的饮食文化的内容，是指人们在长期的饮食的生产与消费实践过程中，所创造并积累的物质财物和精神财富的总和。这里我们讨论的是广义的饮食文化概念。

任务二 中国饮食文化的概述

一、中国文化

中国文化，依据中国历史大系表（图2-1）相传经历了有巢氏、燧人氏、伏羲氏、神农氏（炎帝）、黄帝（轩辕氏）、尧、舜、禹等时代，到夏朝建立。这以后，又经历了历代的发展。现今，一个拥有灿烂文化的中国，带着丰富多彩的文化元素屹立在世界东方。

中国文化不但对日本、朝鲜半岛产生重要影响，还对越南、新加坡等东南亚、南亚国家乃至美洲地区产生了深远的影响。中国发达的造船技术和航海技术以及指南针技术首先应用于航海，才导致了人类所谓蓝色文明和环太平洋文化圈的形成；郑和七下西洋更加深了这种文化的传播和辐射，并由此形成了世界公认的以中国文化为枢纽的东亚文化圈。随着中国国力的强盛，国际地位的提高，世界各国包括亚洲、欧洲在内的一些国家都对中国文化给予了高度的认同和重视。

中国历史大系表

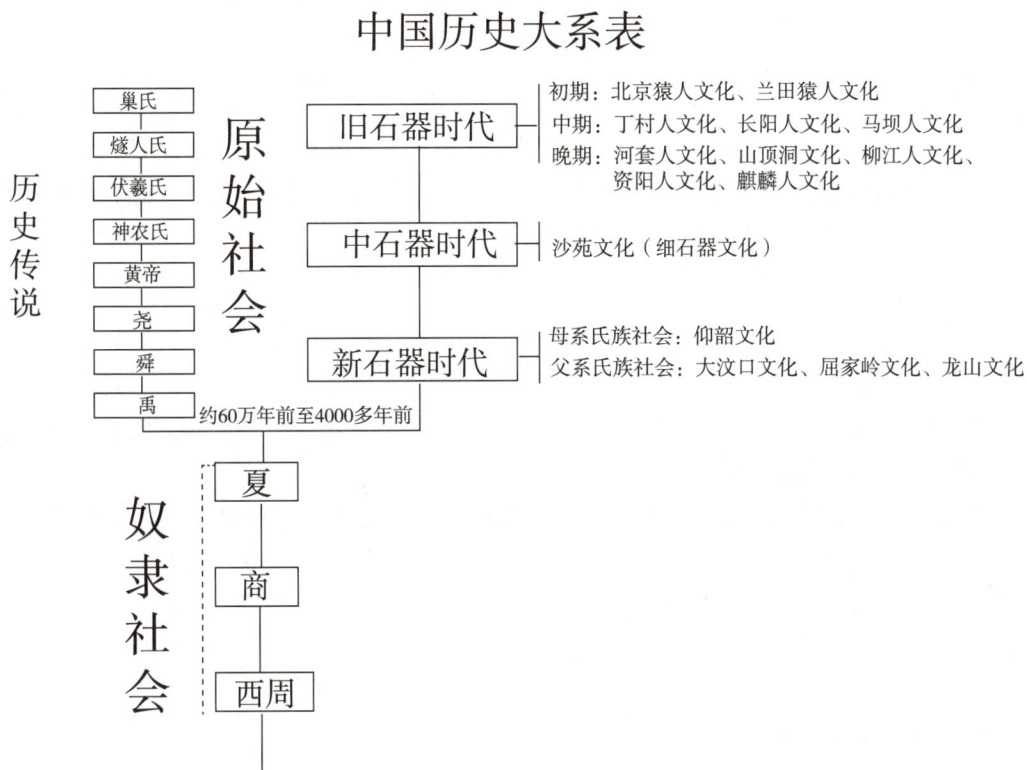

图 2-1　中国历史大系表（至奴隶社会）

中国文化，是以华夏文明为基础，充分整合全国各地域和各民族文化要素而形成的文化。受中华文明影响较深的东方文明体系被称为"汉文化圈"，特指社会意识形态，是社会政治、经济与科学技术发展水平的反映，是推动社会向前发展的动力。中国文化是指中国在社会历史实践过程中创造的物质财富和精神财富的总和。

二、中国饮食文化的形态

中国饮食文化是中国文化的一个分支。在中国传统文化中的哲学思想、伦理道德观念、中医营养摄生学说、文化艺术成就、饮食审美风尚、民族性格特征诸多因素的影响下，形成了博大精深的中国饮食文化。

中国饮食文化从时代与技法、地域与经济、民族与宗教、食品与食具、消费与层次、民俗与功能等多种角度展示出不同的文化品位，体现出异彩纷呈的使用价值。中国饮食文化素以历史渊源悠远、流传地域广阔、食用人口众多、烹饪工艺卓绝、文化底蕴深厚而享誉世界。中国饮食文化，在维系华夏民族的繁衍昌盛、促进生产力发展、推动社会进步和文明等方面，都发挥了和正在发挥着重要的作用。

中国饮食文化以其独特的菜系而闻名于世。八大菜系被公认为中国最具代表性的菜系，它们分别是川菜、粤菜、鲁菜、苏菜、闽菜、浙菜、湘菜和徽菜。每个菜系都有其独特的口味、风格和烹饪方法，反映了不同地区的地域特色和人们对美食的不同追求。如闽菜是由福州、厦门、泉州等地方菜发展而成的，其中以福州菜为主要代表。闽菜的烹调技艺很为奇特，蒸、炒、炖、焖、氽、煨法各具特色。在餐具上，闽菜一般选用大、中、小盖碗，十分细腻雅致，如炒西施舌、清蒸加力鱼、佛跳墙、东壁龙珠等鲜明地体现了闽菜的特征。

知识链接

闽菜经典"东壁龙珠"

"东壁龙珠"是闽菜中的经典菜肴，历史悠久。"东壁龙珠"源于福建泉州开元寺中的几棵龙眼树，这几棵树相传已有千余年历史，树上所结龙眼，也是稀有品种东壁龙眼，其壳薄核小，肉厚而脆，有特殊风味，享誉国内外。福建泉州地区采用东壁龙眼为原料，配以猪瘦肉、鲜虾仁、水发香菇、草菇、鸡蛋等制成菜肴，便取名为"东壁龙珠"。

中国烹饪技艺以其精湛的刀工技巧和独特的烹调方法而闻名。刀工是中国烹饪技艺的重要组成部分，巧妙的刀工可以使食物更加美观，提升口感和食欲。同时，中国烹饪注重火候的掌握，讲究时间、温度和火力的平衡，以保持食材的原汁原味和养分。炒、蒸、煮、炖等多种烹调方法的运用使中国菜肴有着丰富的口味层次和独特的风味。

中国饮食文化是指人类在食物的生产消费中所创造的一切现象，包括物质形态和精神形态两个方面。物质形态的饮食文化包含烹饪原料文化、烹饪工具文化、饮食产品文化、餐具文化、进餐场所文化等。精神形态的文化包含烹饪技艺文化、食俗食礼文化、饮食消费文化、饮食心理文化、饮食意识文化、饮食销售文化等。

三、中国饮食文化的起源与发展

原始社会，是中国饮食文化萌芽和形成时期。古人类以石器为主要工具，生产力十分低下，主要以采集和渔猎的方式来获得食物，处于生食状态。经过漫长的岁月，原始人慢慢懂得了利用自然火，并进一步发明了人工取火。人类最初利用火制作熟食并没有使用烹饪工具，而且直接将食物原料放在火上烤或者放在火灰中烧，也就是人们通常所说"烧烤"。距今 1 万年前后，是世界农业起源的一个共同时期。人们考古发现距今约 8000 年前的新石器时代早期的玉玦、玉斧、玉锛，夹砂陶，炭化粟和黍，7000 年前的新石器时代中期的干栏式建筑——古代稻田。这表明，距今 1 万年至 7000 年前后，便出现了农业。这时人类开始种植水稻、粟和黍等农作物，并有了陶瓷和玉器。这标志中国饮食文化的萌芽和形成。在这一时期，饮食文化的发展主要以物质形态的文化为主。在这一过程中，人类发现，用泥做成的容器，经过火长时间的烧烤后，会变得坚硬且不漏水，可以长时间使用，这样，就出现了陶器，再后来，出现了炉灶。到了奴隶社会时期，出现了用青铜制作的食具和饮具，饮具、食具分工逐渐明确，并且越来越精美。除了陶器外，还有了漆器、木器、象牙器等各种器皿。这以后，人类开始使用调料，对熟食加上天然调味品盐、梅子、蜜、姜，及人工调料醋、酒、酱等调味品。一时期调味品非常丰富，食物的味道开始丰富多彩起来，各种饮食产品也空前丰富了。盐的使用在饮食史上是继火的使用之后的第二次重大突破。

进入奴隶社会后，人类的烹饪方法在烧烤和水煮的基础上增加了油烹和勾芡等方法，而且厨师的刀工技艺也达到了相当高的水平。成语"游刃有余"反映了当时的刀工技艺的高超水平。由于生产力迅速发展，剩余产品促进商品贸易大量出现。奔走于各地进行贸易的商人越来越多，饮食市场需求随之开始出现。

从秦代到明清直到封建社会结束止，铁制炊具的使用，标志着中国烹饪进入高速发展的时期，直到明清时期中国烹饪达到成熟阶段。在这一时期，中国饮食文化除了物质形态进一步发展外，以烹饪专著为代表的精神形态的饮食文化也迅速发展。这一时期，各种烹饪理论著作纷纷问世，如唐代《砍斫论》、元代的《饮膳正要》、清代的《随园食单》，标志着中国烹饪文化理论达到了成熟阶段。

在西汉时期，铁制器皿得到了普及，铁锅与铁制刀具为烹饪方法和刀工技艺的发展提供了物质基础。同时，瓷器的出现，使得瓷制餐具成为最常用的餐具。至此，烹饪美学中的"色、香、味、形、器"五大要素均已具备。在秦汉以后，烹饪分工为红案、白案、炉工和案工4种。正是因为分工的精细，使得烹饪技艺日趋成熟，各种烹饪技艺不断出现。炒、爆、熘、炸、烹、煎、贴、烧、焖、炖、蒸、氽等各种烹饪技法广泛使用。这一时期，生产力得到质的飞跃，出现了许多新的烹饪原料，特别是随着中、外文化交流的深入，出现了大量的西方烹饪原料，据不完全统计，中国从西方引进的蔬菜不少于30种，比如黄瓜、辣椒、茄子、番茄，常见的还有菠菜、扁豆、刀豆、香葱、蚕豆、木耳菜、莴笋、洋白菜、四季豆、花菜等，给中国饮食文化的发展提供了新的物质基础。隋唐直至明清，随着东南亚地区海陆交通的发展，又陆续引入了芹菜、莴苣、菠菜、胡萝卜、丝瓜、苦瓜等，给中国饮食文化的发展提供了新的物质基础。

知识链接

番茄

番茄是茄科茄属的一年生草本植物，又叫西红柿，是我们经常食用的一种营养丰富的蔬菜。说起番茄真还有一个奇妙的故事。番茄原产于南美洲，当地人给它起了个可怕的名字——狼桃。长期以来，人们谈"狼桃"而色变，望之而生畏。

18世纪，法国有位画家在为番茄写生时，见它芙蓉秀色，浆果艳丽，逗人喜爱，动了品尝番茄的欲念，冒险吃了一颗，食后不但没有任何不适，反觉甜酸可口。从此，开创番茄食用之途。

番茄大约在明朝传入中国，当时称为"番柿"，因为酷似柿子，颜色是红色的，又来自西方，所以又把它称为"西红柿"。从番茄由认识、观赏、试吃到食用可以看出人们对每种植物的认识过程。

从辛亥革命至今的近百年间，中国饮食文化进入了繁荣创新时期。各种现代化的烹调设备如电烤箱、电冰箱、绞肉机等大量使用，使得烹饪机械在某些环节取代了厨师的手工操作，食品工业因此从传统烹饪逐步进入了机器烹饪时代。

随着时代的进步，世界的联系越来越紧密，人员的流动越来越频繁，不同地区的饮食交流更加频繁，甚至出现了相互交融与渗透，主要表现在原料、烹饪技法和菜品方面。例如，川菜以前主要以家禽家畜、河鲜山珍为原料，现在川菜也使用海鲜为原料制作海鲜类的菜肴。国内外的饮食交流也更加频繁与深入，如西餐、巴西烧烤等异国风味登陆中国，国外先进的烹饪设备、管理营销方式促进中国烹饪走向现代化。随着人工智能时代的到来，智能机器人广泛地应用到了食品行业，中国的人工智能餐饮系统已在饮食和食品行业不断出现。同时，中餐在世界的影响也越来越大，世界各地遍布中餐馆，使得更多的海外人士了解中国饮食文化，喜爱中国菜。此外，从事中国饮食文化理论研究的人不断增多，形成了中国饮食文库，如《中国烹饪百科全书》《中国烹饪辞典》《中国名菜谱》等。

任务三　中国饮食文化的特点与内容

一、中国饮食文化的特点

（一）历史悠久——民以食为天

从历史沿革来看，中国饮食文化绵延了170多万年。夏、商、周开始由原始农业向传统农业的过渡时期，农业生产关系的剧烈变革与生产力水平的显著进步，激发、创造着灿烂的思想文化和物质文明。这时中国开始以农耕业为主。在漫长的农业社会里，老百姓不得不对温饱问题给予更多的关注。春秋时代的大政治家管仲告诫统治者："衣食足则知荣辱，仓廪足则知礼节。"他认为治国就是"牧民"，管理人民的方法就是让他们有饭吃、有衣穿，然后才会守法、懂规矩。社会的稳定和谐是以"吃饭""穿衣"为前提的。"民以食为天"不仅仅是中国饮食文化的核心，而且是历朝历代的立国之本。《周书》介绍了八件国家大事，第一就是食。粮食是最重要的战略物资，历朝历代都非常重视。

自夏朝开始，中国的编户制度、赋税制度、俸禄制度等无一不是以粮食为基本准则。中国的礼仪、道德、礼教等上层建筑也就建立在如此的经济基础之上，所有不可调和的社会矛盾也集中于此，历朝历代的变法改革通常都是围绕农业和"吃饭"来进行的。

中国历史上历代统治集团的御民政策和过早出现的人口对土地等生态环境的压力，使中华民族很早就产生了"食为民天"的思想，吃饭问题数千年来就一直是摆在历代管理者和每个普通老百姓面前的头等大事。中华民族的广大民众在漫长的历史性贫苦生活中造就了顽强的求生欲望和可歌可泣的探索精神，不但吃过一切可以吃的东西，而且还吃过许多不能吃和不应吃的东西。明初朱橚《救荒本草》一书给中国百姓救荒活命的草本野菜达 414 种之多，在这本植物学著作的背后就是劳苦百姓的民食惨状。中国人开发食物原料之多是世界各民族中所罕见的，中国人不仅使许多其他民族禁忌或闻所未闻的生物成为可食之物，甚至还使其中许多原料成为美食。

当然，在这种原料开发的背景下，与下层民众无所不食的粗放之食相对应的是上层社会求真猎奇的精美之食。与主要属于上层社会猎奇之食不同，广大下层社会民众无限扩大食物来源往往是迫于生存的需要，满足这种需要的结果是使得破坏大自然平衡的野蛮与维系人群生存的痛苦两者长期并存。在果腹线上挣扎活命的中国历史上的庶民大众，事实上很少有追求美味的奢望与享有盛宴的快乐。正是这种野蛮和痛苦的长期结合，变成了中国人的既往饮食文化史，给后人留下了许多哪些生物可以食以及如何食的记录。当然更重要的是养育了民族大众，丰富了他们的劳动生活、情感和创造性才智。包括蚕、蛹、蝉，甚至蜘蛛在内的各类昆虫是中国人自古就吃到今的食物，就连令人生厌的老鼠、蝗虫，令人生畏的毒蛇、蝎子等也成了中国人的盘中餐。一个民族饮食生活原料利用的文化特点，不仅取决于它生存环境中生物资源的存在状况，同时也取决于该民族生存需要的程度及利用开发的方式。

在漫长的历史进程中，人们饮食经历了生食、熟食、自然烹饪、科学烹饪 4 个发展阶段。中国的农业科技也在逐步发展。历史发展到了今天，中国水稻、小麦等主要粮食作物单产得到跨越式发展，出现了袁隆平等一批著名的科学家，中国已从根本上解决了吃饭的问题。在这历史进程中，中国烹饪技术也得到了长足的发展。已推出了 6 万多种传统菜点、2 万多种工业食品、五光十色的筵宴和流光溢彩的风味流派，使中国获得了"烹饪王国"美誉。

（二）营养科学——食与医紧密结合发展

中国人注重饮食的营养平衡，追求食物的色、香、味俱佳。中国饮食文化突出养助益充的营卫论（素食为主，重视药膳和进补），并且讲究"色、香、味"俱全。五味调和的境界说（风味鲜明，适口者珍，有"舌头菜"之誉），中国有"荤素搭配，五谷养人"的意思，即强调主食、荤菜、素菜、汤水的搭配，使食物中的蛋白质、维生素、矿物质等营养物质能够全面满足身体的需要，形成了"五谷为养、五果为助、五畜为益、五菜为充"的食物结构。此外，中国人追求四时鲜食，以保证身体健康。

中国的烹饪技术，与医疗保健有密切的联系，在几千年前就有"医食同源"和"药膳同功"的说法，利用食物原料的药用价值，做成各种美味佳肴，达到对某些疾病防治的目的。医食同源的思想观念，使中国形成了独有的食疗传统和制度。医家用食方治病，烹饪师按照食物原料的功能性味制菜，都成为很自然的事情。历代宫廷也从制度上将管理医和食的机构放在一起，使医和食共同为祛病延年、养生健身服务。就医食同源的传统来说，历史上的药书几乎同时又是食书，如《黄帝内经》《本草纲目》《食疗本草》等。历代编著的正史在介绍各种图书时，总是把食书列入医书之内。

《黄帝内经》是中国最古老的一部中医文献，根据我们的祖先早就认识到饮食营养的合理调剂是人们健康长寿的重要因素，提出了"医食同源"的学说。

《本草纲目》中的五味宜忌，也是阐述饮食和健康之间的关系。五味宜忌是中国古代医学和饮食文化中的一种观念，认为食物的不同味道与人体的五脏六腑有着密切的关系。五味宜忌，五味包括酸、苦、甘、辛、咸，每种味道都与人体的五脏相对应，即肝喜酸、心喜苦、脾喜甘、肺喜辛、肾喜咸。五味与五脏的关系是中医理论的重要组成部分，每种味道都有其特定的作用和适用范围。例如，酸味入肝，可促进食欲，但过量则可能引起胃肠道痉挛及消化功能紊乱；苦味入心，具有清热解毒、泻火通便等作用，但过量可能导致腹泻、消化不良；甘味入脾，具有补养气血、补充热量等作用，但过量可能导致血糖升高和发胖；辛味入肺，可发散、行气、活血，但过量可能刺激胃黏膜和肺气过盛；咸味入肾，能调节人体细胞和血液的渗透压平衡及正常的水、钠、钾代谢，但过量可能导致体内微量元素的缺乏。五味宜忌，在中医理论中，五味不仅与五脏相对应，还与季节变化有关。例如，春天宜省酸增甘以养脾，夏天宜省苦增辛以养肺，秋天宜省辛增酸以养肝，冬天宜省咸增苦以养心，四季宜省甘增咸以养肾。因此，在中医饮食疗法中，五味的适宜与禁忌对疾病的预防和治疗具有重要意义。

《食疗本草》相传为唐孟诜所撰，书中除收有许多卓有疗效的药物和单方外，还记载了某些药物禁忌。所载食疗方下均注明药性，其次分记功效、禁忌，其间或夹有形态、产地等。另有动物脏器的食疗方法和藻菌类食品的医疗应用，产妇、小儿等饮食宜忌等记述。该书是中国现存最早的食疗专著，也是世界上现存最早的食疗专著。

医家多是懂饮食烹饪的行家，常根据患者的病情处以食方疗疾。老子是中国古代伟大的哲学家和思想家，曾写成了五千言的《道德经》。老子对饮食和饮食保健的独特思想影响了道家的饮食观念。老子看来，饮食要做到味无味。老子说："为无为，事无事，味无味。"以无为的心态去作为，以无事的心态去从事，以恬淡的滋味为滋味。饮食要做到味无味主要包含以下两个层次：①味无味，要从没有味道的东西当中、饮食当中体味出它的有味来，体味出它的美味来，这就叫"味无味"。吃得简单，但要能从粗茶淡饭当中品味出美来，品味出人生的安定、饮食的安静，提炼健康的理念，提炼出人生恬淡的幸福。②当吃到有味道东西时，吃了以后要像无味一样。吃到美食要适度，在这种思想的支配下，老子十分注意食疗保健。

医食同源的传统和制度，从现代医学和营养学角度来看，实际上就是将医疗和食养紧密地结合起来。中国当代的预防医学、康复医学的治疗原理和治疗手段，其渊源应来自中国古代医食同源的理论。当代结合现代理论对各种食材进行营养成分分析，更能把握烹饪对食疗食材的选取与食疗食品的制作方法。

（三）幅员辽阔——东西南北四季饮食的差异性

中国美食闻名世界，除了历代烹调师精湛的技艺外，丰富的物产资源也是一个重要条件，它为饮食提供了坚实的物质基础。中国背靠欧亚大陆，面临海洋，是一个海陆兼备的国家。辽阔的疆土，多样的地理环境，多种的气候条件，使得中国烹饪原料富庶而广博。

中国地域广阔，民族众多，各地气候、物产、风俗习惯都存在着不少差异，每个地区或民族都有自己独特的饮食文化。不同民族的烹饪方法和食材也有差异，如藏族的牛肉火锅、蒙古族的烤全羊等。不同地区的菜系也有差异，如川菜、粤菜、闽菜、湘菜等。在饮食上也形成了许多风味，历史就有"南米北面""南细北粗""南糯北奶"的说法，口味上有"南甜、北咸、东酸、西辣"之分，形成了巴蜀、齐鲁、淮扬、粤闽四大风味。

1. 饮食的自然环境差异造成南米北面　自古以来，由于水土、气候等自然环境的不同，长江流域与黄河流域在远古时所播种的五谷便有区别。北方盛产小麦，南方盛产稻米，故造成南米北面现象。

2. 饮食的社会环境差异造成南细北粗　南北自然气候的不同特点使得南北方的社会环境形成了一定的差别，也造成南北地带生物品种发生较大的变化。早在2500年前的《黄帝内经》中就对南北不同区域的地理、气候、食物的不同特点进行了深入的阐述。因环境的差异造成北方干旱少雨多产粗杂粮，南方水网密布多产大米等细粮。北方温度低，生物品种少。南方温度高，生物品种多。生物品种丰富的地方，食物种类也比较丰富。在一日三餐的生活习惯上，南、北方人民在菜肴、点心的制作上也形成了不同风格，如南方的较细薄、北方的较粗厚的外形特征。

3. 饮食的人文环境差异形成南甜北咸　中国各地自古以来就有不同口味特色的差异。长江以南的人们大都喜欢吃甜食，烧什么菜都放糖，就连咸菜都带甜味。北方人多"口重"，即爱吃咸，总缺不了咸菜、咸酱和酱油之类。从中国饮食史上看，最早的地方菜只有两大派，即南方菜和北方菜。《诗经》中反映出来的食品原料，主要是猪、牛、羊，水产仅有鲤鱼、鲂鱼等几种，代表着西起秦晋、东至齐鲁，以黄河流域为主的北方风味。而《楚辞·招魂》中反映出来的食品原料则以水产和禽类居多，具有长江流域特色的南方风味。南北的差异不仅仅局限于原材料上，人们在饮食口味上也有相当大的差别。饮食口味，积习难改。不同地域的气候特点和物质条件是形成各地口味特色的最主要原因。当人们的饮食习惯形成之后，基本的口味改变甚难。这就是不同地域菜系之间的差异所在。

4. 饮食的民族环境差异形成南糯北奶　从中国众多少数民族的饮食来看，各民族所处的地域环境和气候条件的影响以及在特定环境内的生活方式的差别，使中国各民族在饮食上形成了不同的风格特色。南方众多少数民族中很少有狩猎经济占较大比重的。而北方民族因为身处气候寒冷、无霜期短的自然环境中，单纯从事农业生产无法保证食物的来源，因此畜牧所占的经济成分比重较大。

在北方省、区，不同的民族带给人们的食品多以牛肉、羊肉、奶制品为主，喝的是奶茶、奶酒，吃的是奶饼、奶粥，尝的是奶片、奶糖，用奶制作的食品随处可见。南方民族诸地，各民族一日三餐的主食都是以稻米（古代主要是糯米）为主，过年过节和日常生活常以糯米饭和糯米舂粉制作年糕、糍粑、黏米糕为其生活特色。云南等南部少数民族（如彝族、侗族等）都可称为"糯米饮食文化圈"。因此，"南糯"和"北奶"可以概括出中国少数民族饮食的特点。

5. 四季饮食形成季节饮食的差异　一年四季，按季节而饮食，这是华夏美食的主要特征，也是中华民族的饮食传统。中国春、夏、秋、冬四季分明，各种食物原料因时选出。早在2000多年前，中国宫廷中即有"四季食单"了。如《周礼》中载有"春多酸，夏多苦，秋多辛，冬多咸，调以滑甘"的说法，这就是讲味道要应合季节时令。自古以来，中国一直遵循调味、烹制的季节性，冬则味醇浓厚，夏则清淡凉爽；冬多炖焖煨焐，夏多凉拌冷冻。

（四）技艺精湛——饮食风味的多样性和饮食品位的雅趣性

中国人在烹饪制作上十分注重精益求精，追求完美。中国菜品在烹饪制作时对原料的选择、刀工的变化、菜料的配制、调味的运用、火候的把握等方面都有特别的讲究。烹饪可以因人因时因地制宜，临场发挥，注重饮食风味的多样性。饮食讲究烹调艺术，注重饮食品位的雅趣性。

1. 饮食风味的多样性　与原料广泛互为因果，不同的区域环境生长着不同的食物原料，不同的区域环境也形成了各地不同的食品风味。居住在不同区域的人们，由于气候、物产、风俗习惯的差异，在饮食上即形成了各不相同的风味。南方地区炎热的气候与北方地区寒冷的气候，自然就形成了南方清淡北方浓厚的口味特色；西南地区雨水较多，潮湿闷热的气候特点，使人们为了达到身体的平衡，多食麻辣的菜品；不同民族所处的地理位置不同，所产的食物原料就有差别，人们的饮食习惯则有许多不同的特色。另外，珍馐罗列的宫廷风味、制作考究的官府风味、崇尚形式的商贾风味、清馨淡雅的寺院风味、可口实惠的民间风味等，等级不同、原料有别、色彩不一、技法多变、口味迥异、特色分明，构成了中国繁多的风味美食品种，各种美食风味流派汇成一体，铸成了中华民族共同的饮食文明。

2. 饮食的雅趣性 中国饮食自古以来就注重品位情趣，不仅对饭菜点心的色、香、味、形、器和质量、营养有严格的要求，而且在菜肴的命名、品味的方式、时空的选择、进餐时的节奏、娱乐的穿插等方面都有一定雅致的要求。中国菜肴的命名十分讲究名称的美、雅、吉、尚，显示菜肴的意境和情趣。历代的文人墨客、尚食厨膳，对菜名都精于求工，其手法和格式也众多。有用词朴实而清晰的一般命名方法，此类菜名力求名副其实，使人从菜名可以看出菜肴的特色和全貌。这些大多利用菜肴的主料、辅料、烹调方法、调味方法、色香味形的特色以及人名、地名等而制定菜肴的名称，使人感到雅致切题、朴素大方，并能增加食欲，如芹菜炒肉丝、煮干丝、盐水虾、清蒸鳜鱼、香酥鸭、芙蓉鸡片、东坡肉、西湖醋鱼、洋葱猪排、油爆双脆等。另外，有用文学赋、比、兴等手法，着意美化菜名的命名方法，或利用谐音转借命名，或利用象形命名，或借历史故事命名，或衬以吉祥如意，或借比喻并带有夸张等。这种寓意命名的方法从古到今一直沿用，并带有较高的艺术性。它利用顾客的猎奇心理，突出菜肴某一特色加以渲染，并赋以诗情画意、富丽典雅的美名，从而起到引人入胜的美的效果。如龙虎斗、狮子头、熊猫戏水、彩蝶迎春、孔雀开屏等，强调的是造型艺术的命名方法；全家福、鸳鸯鲤、母子会、万寿无疆、鲤鱼跳龙门等，表达了人们的良好祝愿；贵妃鸡翅、西施舌、油杂烩、裙带面、一品南乳肉等，则反映了人们的精神意趣；佛跳墙、推沙望月、掌上明珠、百鸟归巢等，借助隽永的诗文名句，富有诗情画意；叫花鸡、鸿门宴、鹊渡银河、哪吒童鸣、桃园三结义等，依据神话传说、历史掌故，赋予特殊含义的命名等。

中国是极早讲究饮食情趣的国家，讲究美食与美器的结合、美食与良辰美景的结合、宴饮与赏心乐事的结合。《兰亭集序》中饮宴的场面：文人雅集于兰亭，在清凉激湍之处，流觞曲水，列坐其次，一觞一咏，畅叙幽情，体现了一种清雅之美。《滕王阁序》中宴会的盛况："瞧园绿竹，气凌彭泽之樽；邺水朱华，光照临川之笔"。《前赤壁赋》中的泛舟小饮，风月看核，诵诗作歌；明清时盛行的旅游船宴，人们身处船中，一边饱览沿途风光、谈笑风生，一边猜枚行令、品尝佳味。《红楼梦》中更有许多宴会场面，都可体现中华民族的饮食情趣。中国的饮食文化传统，把饮食与美术、音乐、舞蹈、戏剧、杂技等艺术欣赏相结合，既是一种美好的物质享受，也是一种高尚的精神享受。

（五）文化交流——各区域间文化的通融性

饮食文化因其核心与基础是关乎人们日常生活的基本物质需要，即以食物能食的实用性为全体人类所需要，因而便天然地具有不同文化区域彼此间的通融性。各区域间的交流是随机可能发生的，并且事实上几乎是无时不在发生的。中国是一个统一的多民族国家。在数千年甚至更漫长的历史长河中，中华各民族间以多种渠道和多种方式相互补益交融，逐渐形成了丰富多彩的饮食体系。饮食生活是动态的，饮食文化是流动的，中国南北东西各地民众的饮食生活都是处在内部和外部、本土和异地持续不断地传播、渗透、吸收、整合、流变之中。

1. 古代中华饮食的四次大融合 从轩辕黄帝开始就"教民烹谷煮饭"，引导人们探索不同的饮食工具，改善和推广人们的饮食生活。历史上，中华各族人民之间的饮食交流大大丰富了各民族的饮食生活，形成了相互依存的关系，起到了相互促进的作用。秦汉封建帝国的建立，标志着农耕文明社会的全面形成，从此使中华农耕与游牧这两种东亚大陆基本的经济类型进入了相互恒定的交互融通定式，两大文明区绝非自我禁锢的系统，以迁徙、聚合、战争、和亲、互市等形态为中介，农耕饮食与游牧饮食彼此交往、相互融合，不断实行互摄互补。

（1）**魏晋南北朝** 出现了中国封建史上第一次民族大融合的盛况。西晋末年所谓的"五胡乱华"，大量涌入黄河流域的匈奴、羯、鲜卑、氐、羌族五个北方民族带来他们各自民族的饮食文化。一方面，北方游牧民族的甜乳、酸乳、干酪、漉酪和酥等食品相继传入中原；另一方面，汉族的精美肴馔和烹调技术又为这些兄弟民族所喜食和引进，如汉族的寒具、环拼、粉饼等。

（2）隋唐至五代十国　中华饮食经历了第二次民族大交流。唐初，高昌国的马、乳、葡萄及其酿酒法已引入长安，由此产生了许多歌咏葡萄酒的唐诗，而唐代使臣则带去了中原的食物原料、食品，唐代饮茶之风也传入吐蕃。这时期从西域引进了许多蔬菜和水果，如苜蓿、菠菜、芸薹、胡瓜、胡豆、胡蒜以及葡萄、扁桃、西瓜、安石榴等，调味品有胡椒、砂糖等。

（3）宋、辽、西夏、金时期　中国饮食第三次大交融时期。北宋与契丹族的辽国、党项羌族的西夏，南宋与女真族的金国，都有饮食文化往来。这些民族在交往与杂居中相互接受不同民族的饮食习惯，定居的农业生活与游牧的流动生活在饮食上频繁的交流，特别是在汉族饮食文化的影响之下，使得各地民族的饮食生活更为丰富。在南宋杭州的餐馆里，有"饮食混淆，无南北之分"的肴馔多达130余种。

（4）清王朝建立以后　满族、回族、蒙古族等兄弟民族与汉族饮食的结合是中国饮食的第四次大交融。满族的点心与其他民族饮食的结合成为当时饮食的主要特点。一方面，满族、蒙古族、维吾尔族和回族的菜点进入中原地区；另一方面，各民族不断吸收汉族食品的制作方法。最典型的代表是朝廷和官府的满汉席中汉族菜肴和满族点心的大交融。

2. 现代各地方饮食文化大交流　中国各地区各民族的饮食文化交流自古存在，1949年以后各地区的饮食文化交流更为广泛而深入。在历代繁华的都市和商埠等经济发达的地方，各地不同的烹饪文化与技术交流已较为频繁。都市饮食市场繁荣的一个方面就是汇集了多个地方的美食菜品。进入现代烹饪阶段，由于交通日益发达和便捷，各地人员流动增大，地区间的烹饪文化交流更加频繁。在许多大中城市林立的餐馆、酒楼中，既有本地的风味餐馆经营当地的风味菜点，也有不少异地的风味酒楼经营异地的风味菜点，还有一些餐馆、酒楼，其经营品种有本地的食品，也出现了相互交融与渗透的现象。

改革开放以后，随着各地经济的发展，市场的活跃，许多地方风味打破了传统的地区性隔离，各地烹调师们在新形势下得到了广泛的交流。交通的便捷，又把各地区的距离不断拉近，烹饪交流活动也更加频繁。自20世纪80年代开始，利用其他地区的菜品为我所用成为各地菜品交流的主要方向，走出去、请进来的方式一度在饮食烹饪界十分流行，各地的外帮风味餐馆也多了起来。

3. 中外饮食文化的交流　随着对外通商和对外开放，一方面中国传统饮食文化冲出了国门，另一方面外国的一些饮食文化也涌进了中国的餐饮市场。如汉代"胡食"的引进、元代的"四方夷食"、明代引进的"番食"、鸦片战争以后"西洋"饮食东传等。千百年来，中国食物来源随着国际交往而扩大和增多，肴馔品种渐次丰富。中国的饮食烹饪在不断吸收外来经验丰富自己的同时，也扩大了在外国的影响，在借鉴他山之石、"洋为中用"的过程中，始终以中国饮食的民族特色而屹立在世界东方。

（1）张骞出使西域的交流　经过汉初休养生息的发展进入汉代文景之治，大汉帝国国力日益强盛，与外国的文化交流活动逐渐多了起来。据《史记》《汉书》等记载，汉武帝时期朝廷曾派张骞等人多次出使西域，通过丝绸之路同中亚各国开展经济和文化的交流活动，中原文明迅速向外传播，西域文明也流向中原。张骞等人除了从西域引进了胡瓜、胡桃、胡荽、胡麻、胡萝卜、石榴等物产外，也把中原的桃、李、杏、梨、茶叶等物产以及饮食文化传播到西域。今天在西域地区的汉墓出土文物中，就有来自中原的木质筷子。后来班超再次出使西域，还有汉王室多次与匈奴和亲以及江都王刘建之女细君远嫁乌孙国王等友好活动，促使两汉文明北传和北胡饮食习惯进一步传入中原。

（2）佛教与遣唐使的饮食交流　东汉时期佛教传入中国，其后自南北朝至唐宋发展兴盛。在这一漫长的历史进程中，印度等地弘法者来华，中国求法者的西去和传法者的东行，使中外饮食文化在不断地影响和扩散。东晋僧人法显为求取佛律自长安出发，西渡流沙，越过葱岭至天竺求法，历时13年，游历 29 国，历尽艰险。法显撰写的《佛国记》记录了他的行程和见闻，记述了中亚、印度及南海地理风俗，其中有许多关于饮食文化的珍贵资料。后有唐代玄奘"西天取经"以及鉴真东海传教。鉴真东渡时，携带了多种中国食品，其中有干胡饼、干薄饼、干蒸饼、落脂红绿米、甘蔗、蔗糖、石蜜等，豆腐也大约在此时传入日本，至今日本人还奉鉴真为豆食始祖。

（3）马可·波罗的饮食交流　元代，成吉思汗横征欧、亚两洲，并保持了各国之间的联系，互通使臣，长期往来不绝，欧亚各国的饮食文化都深受元朝的影响，欧亚大陆人口空前流动。元朝统治时期，中国是当时世界上最强大、最富庶的国家，它的声誉远及欧亚非各地。西方各国的使节、商人、旅行家、传教士来中国的络绎于途。元世祖时，威尼斯人马可·波罗旅居中国 17 年，足迹遍及长城内外、大江南北的重要城市，曾任扬州总管 3 年。在他所留下的游记中，对元朝的幅员广阔和工商、饮食业的繁盛作了生动、具体的描绘，激起了西欧人民对中国文明的向往。他把中国面条带到意大利，经意大利人民发展改造，演变为今天举世闻名的意大利面。与此同时，马可·波罗也给成吉思汗的子孙带来了意大利的美味佳肴。这时期由于中国同外国的交往频繁，中外饮食文化交流也更加深入和兴旺。

（4）郑和下西洋的饮食交流　中国杰出的航海家郑和曾率领船队 7 次下西洋，前后经过了亚、非30 多个国家，达 27 年之久。据《明史》记载，郑和第一次下西洋时所率部众就有 2.7 万多人，船舶长44 丈、宽 18 丈的就有 62 艘，规模之大，史所未有。这是一件闻名中外的大事，加深了中国和所到各地贸易及文化交流，而郑和远航对东南亚地区的开发贡献尤大，与邻国特别是越南、缅甸、柬埔寨、暹罗、印度以及南洋各国之间的饮食文化与政治交流比以前更加频繁了。他们把瓷器、丝绸、铁器和饮食文化带到了南洋，同时收买当地的胡椒、谷米和棉花，发展了中国和南洋的商业关系。另外，在明代，又引进了番食，如番瓜（南瓜）、番茄（西红柿，南美传入）、香薯（从吕宋传入）等。

（5）传教士与西洋食品的东传　16 世纪中叶以后，天主教传教士、基督教传教士相继进入中国。传教士不仅给中国带来了异域习尚及饮食文化理论和知识，而且把许多具体食品品种及其制作工艺都带到中国来。鸦片战争后，列强瓜分中国，帝国主义势力所及的大城市和通商口岸，出现了西餐菜肴和点心，并且有了一定的规模。到了晚清，不仅市场上有西餐馆，甚至慈禧太后举行国宴招待外国使臣有时也用西餐。"土司""沙司""色拉""面包""奶油""牛排"之类的异国烹饪术语也进入中国，同时中国大量居民外流，把中国饮食技艺带到了国外，并对国外饮食产生深远影响。

（6）海外华侨的饮食文化交流　第二次世界大战以后，大量的中国居民旅居国外，这些海外的华人华侨也先后加入居住国国籍，早期的"唐城""唐人街"等华人生活集聚区继续保持着传统的中国文化生活方式。华人杂货店、中国餐馆的经营不仅满足了旅居海外的华人需求，也给所在国的当地居民带来了中国的食品原料、饮食菜品，把中国的饮食文化、茶酒菜品带到了五湖四海，在当地落地生根。

（7）改革开放以后的饮食文化交流　随着改革开放的深入，原材料的不断引进，中外交往的频繁，中外厨师交流的机会也越来越多。在中国餐馆开往世界各地的同时，中国菜肴也在世界各地顺应当地市场落地生根。四十多年来，随着西方菜肴风味进入国内，中国传统菜肴制作也不断拓展，无论在原料、器具和设备方面，还是在技艺、装盘方面都渗透进了新的内容。在中国餐馆、中国厨师不断走出国门之时，我们又源源不断地吸收外国的烹饪原料和调料，在厨房生产中，也善于借鉴外国烹饪技法，使中西烹调法有机结合而产生新意。西式菜点及其烹制方法的涌现，也为中国传统菜点的发展开创了新的局面。

二、中国饮食文化研究的内容

人类饮食文化是一个国家的文化传统之一，有着特定而又丰富的内涵。中国饮食文化源远流长，丰富多样，被誉为世界四大美食文化之一。它既是文化，又是科学，更是一种艺术。它反映了人们对食物的态度、饮食习惯、烹饪技艺和饮食礼仪。中国历史表明，中国饮食文化的发展和繁荣，是与整个中国历史的发展和谐统一的。中国饮食文化包含着丰富的内涵，不仅成为中国传统文化的重要组成部分，而且使传统文化发展的结构与模式更趋多元化，内容也更为丰富多彩。中国饮食文化研究主要的内容包括以下几个方面。

1. 饮食的起源和饮食文化的概念　饮食和烹饪是两位一体的，正是因为有了烹饪，人类的食物才从本质上区别于动物的食物，才有文化可言。饮食文化是指人类在食物的生产、消费中所创造的一切现象，包括物质形态和精神形态两个方面。

2. 食物原料是人们在进行饮食生产过程中所凭借的物质要素　通过从远古时期先民们对饮食资源的采集、驯化、开发到后来的扩展、培植与利用以及未来的发展方向进行探讨。

3. 中国菜点文化与烹饪技艺　中国菜点文化主要包括中国菜点的艺术、中国菜点的风味流派和中国菜点的层次构成。饮食制作是生产制作的技术体系，是对中国历史上各种食物原料进行加工、烹饪所使用的技术方法等发展过程的考察与研究。饮食器具是人们饮食活动中重要的工具载体，通过对中国历史上各种饮食器具的用途、质地、形制等演变过程的研究，进一步加深对中华文明的认识。

4. 中国饮文化　主要包括中国酒文化和中国茶文化两个方面的内容。中国酒文化主要介绍了酒的起源与发展、饮酒艺术、酒礼、酒道和酒令等方面的内容；中国茶文化主要介绍了茶的起源与发展、茶艺、茶礼和茶道四个方面的内容。

5. 中国饮食民俗民风　包括汉族和各少数民族的日常食俗、汉族和各少数民族的节日食俗，以及婚丧寿诞等人生礼仪食俗。礼仪食俗是饮食生活中的礼仪规范，更是社会文明进步的标志。其内容包括饮食礼仪和饮食习俗两个方面。礼是社会的规范、原则；俗是社会的习惯。

6. 饮食消费　是以饮食市场为对象，通过对饮食中的商品与市场消费关系的研究，来认识和探究历代人们的饮食消费心理、价值取向及饮食市场的发展规律。

7. 饮食养生　是中国自古以来饮食保健的优良传统。它是中国饮食史中重要的组成部分，也是祖国传统医学宝库中一笔珍贵的文化遗产。

8. 饮食交流　是中国饮食文化中生生不息的重要内容。在中国饮食史上有着光辉的历程和优美的篇章，国内各地域之间、民族与民族之间、中国与世界各国之间的相互交流，为中国饮食文化建立了一座座丰碑。

9. 饮食文献与饮食思想　饮食文献是中国文化遗产中的重要组成部分，收集、整理和研究饮食文化典籍可为中国饮食文化史提供可靠的、确凿的科学依据，并为饮食文化的发展提供经验和参考。饮食思想是中国饮食文化的精华与哲理。先秦诸子百家从各自的角度深悟饮食与自然、饮食与社会、饮食与健康、饮食与烹调、饮食与艺术等多个方面提出了自己的见解。

总之，中国饮食文化内容的构成是以其自身历史发展和演化为基础的，丰富厚重的历史文化积淀、博大精深的饮食制作技艺与日渐完善的现代科研成果共同汇成了中国饮食文化的内涵。随着社会与文化的发展，中国饮食文化的研究将跟随时代的步伐，吸纳不断变化的新的内容，得到更加辉煌的发展。

三、中国饮食文化的创造者

中国的历史是广大劳动者写成的，中国饮食文化史也是一样，创造和谱写中国饮食文化的都是广大劳动者。中国食品生产的制作者们为人类提供了丰富的、美味的佳肴点心、酒水茶饮，他们是饮食文化创造者的主体。在中国饮食史上留下辉煌篇章的，彭祖可以说是第一人，他深谙养生之道，精通烹饪术，创造了天下第一羹，在推动中国饮食文化进步方面作出了卓越贡献，被尊为厨行的祖师爷。又如商代为商汤烹饪"鹄羹"佳肴的伊尹、周代八珍的制作者们、汉代"全牛席"菜品的制作者、唐代走遍产茶地采茶制茶研茶的陆羽、宋代开封"花糕员外"家各式花糕的制作者、明清时江南的船宴船点的制作者、清代美食家袁枚的家厨王小余以及清代的满汉席的制作者们等。如果没有这些食品制作者们的劳动创造，就没有今天辉煌的饮食文化可言。

但能够把这些饮食创造记录下来的主要还是依赖于历代的文士们，没有他们的归纳、提炼、总结和创造，就没有今天的成果。战国后期杂家巨子吕不韦《吕氏春秋·本味》，保存了古代烹调学的精髓和各地土特产的简要记录，成为中国第一本研究饮食烹调的书籍，也是世界最早研究饮食的著作。北魏时期贾思勰撰写的《齐民要术》，保存了公元 6 世纪前期大农业生产和烹调业、食品制造业的基本成果。许多逸失的古代农产品记录和烹调技艺都可以在该书中找到，对烹调和食品的记载较为详细，并记录下许多食品制作的数据。清代前期袁枚所著的《随园食单》是中国古代一部系统论述烹饪技术和南北菜点的重要著作，提出了既全且严的 20 个操作要求和 14 个注意事项以及 326 种南北菜肴饭点。这三部书大体叙述了古代不同时期中国饮食文化的主要脉络，起到了里程碑的作用。此外，较有分量的关于烹调与饮食的著述，有南宋林洪的《山家清供》、元代忽思慧的《饮膳正要》和明代高濂的《遵生八笺》等。而为中国饮食文化倾注活水的是文人对饮食文化的关注。有不少文史笔记记述了当时的饮食文化，积累了宝贵的资料，如孟元老的《东京梦华录》、吴自牧的《梦粱录》、范成大的《桂海虞衡志》等，这些典籍都用浓墨重彩描绘了唐宋期间江南和岭南农业生产的饮食文化与地方风情，把这两个地区的饮食文化写得活灵活现。历代诗人、文学家都以诗歌或文学作品对历朝历代的饮食文化作了如实记载和赞美，为饮食文化的流播发挥着重要的作用，如李白、杜甫、苏东坡、陆游等。孙中山先生在《建国方略》中，多次提到中国饮食文化，是 20 世纪把饮食文化提到国家战略地位的第一人。

中国现今的饮食文化发展得更加灿烂多彩，数风流人物还看今朝。现代的中国涌现了大批的烹饪专家和顶级厨师，出版了许多饮食文化专著和教材。如中国现代顶级厨师高炳义、卢永良、周晓燕、许菊云等，国内现代著名美食家蔡澜、张大千、汪曾祺等都是饮食界的代表人物，他们为中华美食的传播作出了贡献。

练习题

答案解析

一、选择题

（一）单选题

1. 由于社会环境差异，在南北地区形成的差别是（　　）。

　　A. 南米北面　　　　B. 南细北粗　　　　C. 南甜北咸　　　　D. 南糯北奶

2. 根据《周礼》中所言的四季差别，适宜夏季口味特点的是（　　）。

　　A. 夏多酸　　　　　B. 夏多辛　　　　　C. 夏多咸　　　　　D. 夏多苦

3. 《随园食单》的作者是清代文人（　　）。

　　A. 郑板桥　　　　　B. 李调元　　　　　C. 袁枚　　　　　　D. 郎庭极

（二）多选题

4. 中国权威工具书《辞海》对"文化"作出了这样的界定：从广义来说，指人类社会历史实践过程中创造的（　　）的总和。

　　A. 医食同源　　　　B. 农耕经济　　　　C. 物质财富　　　　D. 精神财富

5. 下列（　　）和戏剧属于精神财富。

　　A. 文学　　　　　　B. 艺术　　　　　　C. 音乐　　　　　　D. 饮食器具

6. 物质形态的饮食文化包含（　　）和进餐场所文化等。

    A. 烹饪原料文化　　B. 烹饪工具文化　　　C. 饮食产品文化　　　　D. 餐具文化

二、简答题

1. 有学者按照内涵大小和层次对文化进行了概括、归纳，认为文化主要有哪三个层次？

2. 为什么说火候是菜肴成败的关键因素？

三、实训题

根据你的理解及本项目所学知识，对营养科学——食与医紧密结合发展特点进行概括总结。

书网融合……

重点小结

题库

模块二　中国烹饪与餐饮文化的历史发展

学习目标

知识目标

1. **掌握**　中国烹饪历史各阶段的主要饮食原料和主要烹饪炊器；中国餐饮文化发展中各个阶段的特点。

2. **熟悉**　中国烹饪历史各阶段的筵宴发展和餐饮文化发展历程中的阶段性特征与成就。

3. **了解**　中国烹饪历史各阶段的社会背景及概况和饮食文化交流概况。

能力目标

具备调研分析中国当代烹饪发展的特点、面临的挑战和未来发展趋势的能力。

素质目标

通过本模块的学习，对中国烹饪文化发展历程有一个全面深入的认知，能够掌握必需的烹饪文化知识，在烹饪文化资源的继承、保护、应用、开发中，热爱中国餐饮文化，增强对民族烹饪文化的自豪感。

情境导入

情境　《管子》言，民以食为天。饮食，是人类生存和提高身体素质的首要物质基础，也是社会发展的前提。早期蛮荒时代，人类同其他动物一样，只能本能地进行饮和食，以期能够在地球上生存下去。只有开始进入文明时代，真正进行烹饪之时，人类的饮食才成为智慧和技艺的创造，烹饪的出现使人类饮食与动物本能有了本质上的区别。人类烹饪与饮食的历史成为人类适应自然、征服与改造自然，同时又被自然改变从而得以发展的历史，在这历史过程中逐渐形成了人类的饮食文化。

问题　1. 烹饪产生的标志是什么？

2. 为什么说人类适应自然、征服与改造自然，同时又被自然改变？

中国烹饪历史

PPT

　　烹饪，自其诞生那一天起便标志着人类从此与动物划清了界限，摆脱野蛮，进入文明阶段。中国烹饪的历史，是中国烹饪文化和烹饪技艺发展的历史，是中国人适应自然，改造客观世界的历史。在漫长的历史过程中，烹饪逐步哺育与完善了人类自身，也从中孕育与生发出其他许多文化，如冶炼与铸造文化、陶瓷文化、茶文化、酒文化等；农耕文化、畜牧文化、医药文化、电气科学文化，也都与烹饪有着深刻的渊源。

任务一　中国烹饪的萌芽与初步形成时期

一、中国烹饪的起源与萌芽时期

　　烹饪是指非工业化生产食物的方法与过程。《周易·鼎》载：鼎，象也。以木巽火，亨饪也。古代"亨"与"烹"二字通用。由此可知烹就是顺风点燃木柴，蒸煮炊具中的食物。我国最早的字典《说文解字》把"饪"解释为大熟也。可见烹饪最初的含义是指用火熟食。它使得人类饮食由生食转变为熟食，也意味着烹饪的起源与萌芽。

（一）中国烹饪的起源时期

　　1. 生食时期　在中国历史的最初阶段，古人类以打制石器作为主要生产工具，通过采集、狩猎、捕鱼等活动获取食物原料。在掌握人工取火前的数以万年计的漫长时间里，人的饮食方式是生食，茹毛饮血，吞食果菜，食物原料是能获取的一切动植物。《礼记·礼运》记载：昔者先王"未有火化，食草木之实、鸟兽之肉，饮其血，茹其毛"。这一时期的人类不仅吃动物的肉，还会食用动物的内脏，如食用牛、羊等动物的胃，饮用其中草的汁液，现如今云南、贵州、湖南等地区少数民族仍保留有食用牛羊瘪的古风。然而，生食对人体健康极为不利，据考古发现证明，当时的人寿命很短，许多人活不到十几岁就夭折了。

> 🔗 **知识链接**
>
> 史前生食的遗风：岭南鱼生
>
> 　　近年在龙江左滩麻祖岗古遗迹发掘了多件文物，经过学者研究，其中就有生吃鱼虾的痕迹，而这一历史可追溯到 3500～4000 年前。鲜鱼最地道、最大众的吃法是吃鱼生。鱼生在中国史书中称为"脍"或"绘"，意思即将鱼生吃。国人食鱼生的历史可以上溯到先秦时期，历经众多朝代，数度兴盛，形成了丰富的鱼生饮食文化。如今江浙、两广等沿海一带吃鱼生之风尤盛，以珠三角地区特别是顺德的鱼生最为有名。汪兆铨的一首专咏食鱼生的诗写道："冬至鱼生处处同，鲜鱼脔切玉玲珑。一杯热酒聊消冷，犹是前朝食脍风。"可见中国鱼生文化历史悠久，内容丰富。

2. 用火熟食时期

（1）自然火的利用与保存阶段　最初的火来源于自然火，或许是由于电闪雷鸣引起枯木燃烧、原始森林树枝互相摩擦生火、火山爆发、岩石撞击等原因而引起。一直生食的古人们在偶然间食用了被大火烧死的动物，发现被火烧熟的肉不仅易嚼，而且香味独特、比生食更加美味。除此之外，先民们还发现火可以吓退野兽，帮助人们度过黑暗的夜晚和寒冷的冬季。此后，先民们不断摸索、寻找火种，终于懂得利用自然火，开始跨入熟食时期。

（2）人工取火阶段　据考古学家分析，中国先民人工取火的时间是旧石器时代后期。中国古代传说的燧人氏钻木取火（图3–1），就是这段历史的形象反映。相传燧人氏偶然发现当啄木鸟用尖长的嘴在树干上小窟窿里找虫子吃时，虫子较深，只能用尖硬的嘴去钻，却钻出了浓烟火种。于是燧人氏受到启发，人类钻木取火由此开始。这就是人类最古老的人工取火，表明人类对火这种自然力有了支配能力，也为人类熟食提供了有力保障。

图3–1　钻木取火

> **知识链接**
>
> ### 人工取火
>
> 1972—1976年甘肃省居延考古队，对在内蒙古自治区额济纳族和甘肃省金塔县境的汉朝张掖郡居延、肩水两都尉所辖边塞上的烽燧、塞墙遗址进行考察。这个遗址是始建于汉武帝太初三年（公元前102年），废弃于东汉末年的边防设施，全长200余千米。他们在这里发掘了甲渠侯官治所、甲渠四燧和肩水金关三处遗址，出土汉简2万余枚。同时出土点燃烽火用的草苣和取火工具——木燧。木燧由一根木杆和一块有孔的木板组成。现藏甘肃省博物馆。这是迄今为止，在我国也是在世界上发现最早的钻木取火工具。

3. 用火熟食的意义　用火熟食标志着烹饪技艺的诞生，对人类以及中国烹饪与饮食有非常重大的意义。

（1）标志着人类从野蛮走向文明，意味着人类烹饪历史的开始　恩格斯在《反杜林论》中写道："摩擦生火在解放人类的作用上，甚至超过蒸汽机。因为摩擦生火第一次使人支配了一种自然力，从而最终把人同动物分开。"可以说，自人类学会了摩擦生火、用火熟食，才真正意义上有了烹饪，意味着包括中国人在内的人类烹饪历史的开始。

（2）由生食转变为熟食，人类的体质和智力得到更迅速的提高　用火熟食一方面改善了食物的滋味，另一方面帮助人类更好地利用食物。火的高温消灭了食物中的许多病菌和寄生虫，改变了食物状态，有利于人体吸收其营养成分、减少疾病，从而增强了人类的体质，促进大脑的发育。火的使用扩大了食物的来源，如一些生食有毒的食物在用火做熟后去除了毒性。除此之外，用火熟食能够有效地延长食物的贮存期，使古人类逐渐摆脱了"饥则觅食，饱则弃余"的境况。另外，火的使用为古人类在黑暗中带来了光明、在寒冷中带来了温暖，帮助人类更好地生存。

（3）孕育了最原始的烹饪，为烹饪工艺、器具的诞生奠定了基础　自人类利用火开始，烹饪正式产生，烹饪工具与技术相辅相成，烹饪技术促进工具的发明改进，工具改进需要技术的支撑。最初，人类将食物直接放在火上进行烤、烧等方法使其成熟，这种方法称之为"火烹法"。后来，人们发现火烹法制作的食物受热不均匀，容易焦煳且易被草木灰等污染，为了避免这些问题，人们开始利用热传导原理，出现了"石烹法""包烹法"等烹饪方法，即将石板、石块加热后使食物受热成熟，或将食物外包裹上草或泥后再用火烧成熟。同时，火的使用还促进了炊具的诞生，开拓了陶器的制作，烹饪器具的丰富进一步为烹饪工艺的发展创造了条件。

（二）中国烹饪的萌芽时期

随着原始农业和畜牧业的形成与发展，人们在食物原料上有了保障，来源趋于稳定，农业的发展必然不同程度地促进手工业的发展，从而使生产力以及生产技艺不断改进和提高，使人们的烹饪、饮食进入不断发展时期。

1. 基础条件　经考古证实，新石器时代，中国在农牧业、手工业等基础条件方面已经有相对稳定的食物原料和人工制造的陶制炊餐具等，从而使烹饪进入萌芽时期。

（1）农业和畜牧业　新石器时代，人们逐渐掌握了种植谷物和养殖禽畜的技术，长江中下游及黄河流域的农牧业有了一定的发展，使得粟、黍、稻成为主要农作物，并种植白菜、葫芦等蔬菜。在畜牧方面，野生动物的驯化是从狩猎获得的多余动物中开始的。在这一时期主要是饲养猪、狗为主，兼有一定量的牛、羊、鸡、马，基本上达到了"六畜齐备"。

（2）手工业　最初，先民们使用火熟食、进行原始烹饪时并没有使用任何炊具，而是直接将食物在火上烤制或用石头、石块加热制熟食物。这种原始的烹饪状态一直持续到陶器的产生才得到了改变。《世本》载"昆吾作陶""神农耕而作陶"。陶器的发明主要来源于人在饮食上的需要与烧制工艺技术的成熟。关于陶器的发明，研究者们认为可能是受到烹饪中烧制食物的启发。有人认为是在用泥巴包裹食物烧制时，发现泥巴会变得坚硬形成某种形状而受到的启发；也有人认为是人们看到动物踩过泥巴留下的脚印经日晒或火烧后固定成型而受到的启发。古人类经过长期实践后发现，被火烧过的黏土会变成坚硬的泥片，不仅形状与火烧前保持一致，而且不会再松散，于是人们开始用泥土、水制作陶器的坯子，然后用火烧制成型。这个时期考古出土的陶器绝大多数是饮食器具，人们使用陶器来盛装食物、加热制熟食物，陶器的产生和制陶业的兴起，对中国烹饪、饮食历史具有划时代的意义。

2. 特点　一般认为史前时期为烹饪萌芽时期，史前时期指自人类产生到有明确文献记载之前的荒蛮时期，在我国主要是指夏代以前的漫长时期。此时，中国先民逐渐从完全依赖渔猎采集跃进到主动改造自然的生产活动中，开始进行农耕和畜牧，在这一时期的烹饪发展具有以下特点。

（1）饮食器具　具体而言，这一时期的饮食器具已有很多种类，主要以石器和陶器为主。陶制炊具在当时已有很多种类，最初用来加热制熟食物的炊具是火塘、火灶，由于此类炊具不能移动，先民们创造性地制作出既能移动又可以与其他炊具相配合的陶炉、陶灶，再后来又出现了更为便利的鼎。除此以外，还出现了能够煮饭的陶鬲，可以蒸熟食物的陶甑（图3-2）等。

陶制餐具使用出现了用途的划分，并且有了很多精美之品。比如用来作为盛食器的钵、盆、碗、豆；作为贮藏器的瓮、罐；作为盛水器的壶、瓶；作为饮煮器的灶、釜、鼎、甑；作为饮酒器的鬶、盉、杯、背壶等，为先民的饮食生活提供了极大的方便。在其中出现很多精美之品，如仰韶文化的白衣彩陶钵（图3-3）、龙山文化的蛋壳黑陶高柄杯、马家窑文化的彩陶鸟纹壶等，其彩绘、印文生动流畅，十分精美。

（2）饮食原料　渔猎采集与农耕畜牧并重。这一时期，人们虽逐渐掌握了农耕和畜牧技术，农业和畜牧业有了一定的发展，但是由于生产技术和各种条件的局限，只依靠当时农耕和畜牧业所提供的谷蔬及肉类食物不能够完全满足先民们的饮食需求，必须通过渔猎采集来进行补充。以动物原料为例，新石器时代早期的一些文化遗址中，发现了许多野生禽兽，有的多达数十种。直到新石器时代后期，文化遗址中的野生动物遗骸才逐渐减少。渔猎采集与农耕畜牧原料并用，极大地丰富了食物品种，从而奠定了中国人以粮食为主食、以蔬果和肉类为副食的饮食结构。

图3-2　陶甑

图3-3　白衣彩陶钵（郑州博物馆）

（3）烹饪技艺　初步发展。这一时期烹饪技艺的发展主要分为三个方面。

1）对于食物原料开始进行初步加工　随着饮食经验积累和工具制造能力的提高，人类逐渐采用石器、木器和骨器将食物切割分食，这是原始刀工的萌芽。史前后期，出现了用于切割的刀、案、俎等工具。

2）制熟食物的烹饪工艺得到了发展　烹饪工艺随着生食的切割发展出了用火的烧和烤，最初用于制作熟食的"烧"技法影响深远，至今仍将烹饪称为"烧饭"。陶器发明后，"煮"的技法得以产生，而甑的发明使得"蒸"变为可能。

3）制作出的饮食品味道更加丰富　相传夙沙氏首创了"煮海为盐"，人们知其味后开始用盐作为调料来调制食物。此外，还有使用采集得到的蜂蜜、酸辣食物原料进行食物的调制。自调味方法出现后，烹饪开始向着"烹调"转化。

（4）人工酿酒与筵宴的产生　人工酿酒出现的确切时间与地点尚无权威资料说明，但已有证据表明在新石器时期已经开始进行酿酒活动。仰韶文化遗址出土的陶器六孔大瓮，证明了7000年前的中国人已经懂得了酿酒技术。人工酿酒技术的产生，使酒的产量大大增多，丰富了人们的饮食生活，更使得人们能够以酒佐食，促进了筵宴的产生。

中国先民最初过着群居生活，共同渔猎采集，然后聚在一起分享劳动成果。随着农业和畜牧业的发展，这种聚会逐渐减少，但在丰收时仍然要相聚在一起进行庆贺，共享美味佳肴。人工酿酒出现后，这种原始的聚餐逐渐发生转变，从而产生了筵宴。最早有文字记载的筵宴是虞舜时代的养老宴。

二、中国烹饪的初步形成时期

（一）中国烹饪初步形成的基础条件

中国烹饪的初步形成时期一般指的是夏商周时期，即自启建夏到秦始皇统一六国这一时期。从社会制度上来看，这一时期是中国历史上通常所说的奴隶社会时期。在这一时期，中国的政治、经济、文化都发生了极大的变化，农业和畜牧业逐渐发达，手工业也日趋精细，日渐丰富的食物原料和更为便利的器具，无一不促使着中国烹饪开始进入由萌芽到成形的转化期。

1. 农业和畜牧业　夏商周时期，农业有了相当的发展，统治者为了巩固和加强统治，十分重视农业生产，将农业作为立国之本。《夏小正》记事以农业为主，内容涉及农业物种、农时气候、苑囿园林等，如三月"祈麦实"，五月"种麻樱黍""囿有见韭""囿有见杏"。商朝时，农业生产已经成为社会生产的主要部门，商王不仅亲自视察田作、进行农业祭祀活动，还命令臣下也要监督农耕。西周时，周天子每年春耕时要举行籍礼，亲自下地犁田，劝民务农。到了春秋战国时期，更加重视农业，形成了"农为本"的思想。农业和畜牧业快速发展，但是区域性日渐明显，到了春秋时期，形成了周王畿农业区、秦农业区、燕农业区、晋农业区、齐农业区、楚农业区、巴蜀农业区、吴越农业区八个农业区，为饮食文化圈的形成奠定了原料生产基础。此外还培育了一些新的品种，农作物数量已达二十多种，但种植技术及所用工具较为简陋，停留在"刀耕火种"时期。家禽中鸡、鸭、鹅以及家畜中猪、狗、牛、羊等成为肉食对象。

2. 手工业　分工和技术日趋精细，规模逐步扩大，品种不断增多。最具有代表性的是青铜冶炼和铸造技术。早在龙山文化时期，先民就已经开始炼制铜，但由于冶炼技术极其原始，冶炼出的铜硬度很差，无法真正投入使用。冶炼技术有所提高后，先民们炼制出了青铜，到了夏商周时期，青铜冶铸技术已十分精湛，制造出大量的各类饮食器具和烹饪器具，但这些青铜器具主要供王侯贵族使用。商周时期，青铜器的制造达到炉火纯青的境界，如最著名的商周司母戊大方鼎，高137厘米，长110厘米，宽77厘米，重875千克，四足和鼎身均为整体铸造，铸造技艺十分精湛。而陶器制造业则主要为平民百姓生产饮食器具，商代遗址中还出土了少量精美的釉陶，标志着陶器开始向瓷器过渡。

（二）中国烹饪初步形成时期的特点

烹饪初步形成时期不仅在炊餐器具、食品制作、食物原料等方面有了新的变化，而且在烹饪技术上有了较为系统的创造，其主要特点表现如下。

1. 炊餐器具种类丰富多样

（1）青铜器　这个时期，尤其是商周时期，青铜铸造技术成熟，人们用青铜铸造多种多样的炊餐器具来供王族和各级诸侯饮食使用。主要有鼎、鬲、甑、斝、簋、卣、觚、尊、爵、彝、盉、瓿、盂、觥、盏、壶、缶、釜等。在众多青铜器中，青铜鼎被视为最重要、最具有寓意的一种。它不仅是炊餐具，而且是重要的礼器，被认为是权力和地位的象征，广泛运用在各大祭祀活动中。《春秋公羊传·桓公二年》中记载"天子九鼎，诸侯七鼎，卿大夫五鼎，士三鼎"，以鼎的数量来区分身份地位。

（2）陶器及其他器具　夏商周时期，饮食和烹饪器具仍以陶器为主，如鼎、甑、盆、罐等。另外有木器，如匕、勺、叉等。此外，还有以玉石、竹木、牙骨等原料制作而成的餐饮器具。如湖北随州曾侯乙墓出土的漆食具盒、漆耳杯等，河南安阳殷墟妇好墓出土的玉盘、玉壶、玉匕、象牙杯等，形制精美，色泽雅丽，是非常具有代表性的精品。

2. 食物原料　以种植、养殖为主且迅速增加。在这一时期，谷物方面，北方主要种植黍、稷，散布于黄河流域，长江流域则食用稻米。百姓日常饮食主要是啜菽饮水，也就是吃蒸的豆饭、喝水。夏商周时期的蔬菜主要有葵、芜菁、藿、芸、瓠子、竹笋、茭白、芋头、芥菜、芹菜、芦菔、莲藕、韭菜、薤等。而瓜果方面，主要种植有甜瓜、杏、梅子、李子、栗子、枣子、柑橘、榛子、樱桃、柿子、桑椹等。周王室还设置了场人一职，专职管理官方果园。家畜主要为猪、狗、牛、羊、马，另外还有鹿和象。西周时期，猪肉已成为周人饮食生活的主要肉食品种。此外，这一时期牛是六畜中最珍贵的一种，因为农业繁荣，耕地面积见长，牛作为重要劳动力发挥了很大作用。人们养牛的目的不仅是食其肉，用其皮骨，还把牛作为比较珍贵的祭祀品。家禽主要有鸡、鸭、鹅、鸽子等。西周时期，鸡还大量运用于祭祀，朝廷设"鸡人"一职，掌管祭祀、报晓、食用所需的鸡。

3. 烹饪水平形成初步格局

（1）原料的认识与搭配　人们在长期的烹调实践中，摸索出了一定的规律，加上文字的出现，就将其记载下来。比较突出的是《周记》《礼记》《吕氏春秋》《左传》《论语》《孟子》《老子》等书。例如公元前 433 年孔子就在《论语·乡党》中提出了"食不厌精，脍不厌细""食饐而餲，鱼馁而肉败，不食。色恶，不食。臭恶，不食。失饪，不食。不时，不食。割不正，不食。不得其酱，不食。肉虽多，不使胜食气"等系列饮食主张。《黄帝内经·素问》中则已有"五谷为养，五果为助，五畜为益，五菜为充，气味合而服之，以补精益气"的平衡饮食思想。其中"五谷为养"是指黍、秫、菽、麦、稻；"五畜为益"指牛、犬、羊、猪、鸡；"五果为助"系指枣、李、杏、栗、桃；"五菜为充"则指葵、韭、薤、藿、葱。

（2）烹饪技法　自古就有"工欲善其事，必先利其器"的道理，青铜刀的出现，使中国烹饪产生了刀工技术；到了战国以后，铁刀的出现，使中国烹饪中的刀工更加精湛，原料的成型、入味、成熟有了可靠的保证；到周代时期，铜制烹饪器具已经出现，如铜釜、铜鏊、青铜鼎、铜甑等。铁器产生后，由于金属炊具具有壁薄、传热快、可水可油、能大能小的优点，在此基础上，中国烹饪技法出现了爊（红烧）、酸（醋烹）、炖、羹、菹法（腌渍）、醢法（肉酱）、煎、炸、熏、炒等，还出现了干炒与滑炒。

（3）调味技术的发展　夏商周时代，先民们通过不断实践，已经发现并使用了许多调味料，并且在辨别各种呈味物质后将味划分成五种类型，在文献中记载有"五味"一词。在商周时期尤其是春秋时期，酸甜苦辣咸的五味分别有了各自的调味原料。咸味调料有盐、酱、豆豉；酸味调料有梅、醯；甜味调料有饴糖、蔗浆、蜂蜜；苦味调料有苦茶；辣味调料有花椒、姜、薤、葱、蒜、桂、襄荷等。不仅如此，厨师们还把调味经验总结、上升为理论，提出了"五味调和"之法。

4. 筵宴有所发展

到夏商周三代，筵宴的规模有所扩大、名目逐渐增多，并且在礼仪、内容上有了详细的规定。由于生产发展，食物原料进一步丰富，筵宴上出现了非常精美的菜肴，其中最具有代表性的是"周代八珍"。"周代八珍"的菜肴于《礼记》所列：淳熬（肉酱油浇饭）、淳母（肉酱油浇黄米饭）、炮豚（煨烤炸炖乳猪）、炮牂（煨烤炸炖羔羊）、捣珍（烧牛、羊、鹿里脊）、渍珍（酒糖牛羊肉）、熬珍（类似五香牛肉干）和肝膋（网油烤狗肝）八种食品。这是周代上层贵族食用的八种精美菜肴，选料精良，制作工艺复杂，开启了后世宫廷菜肴极致的先河。

> 🔗 **知识链接**
>
> #### 五味调和
>
> 　　五味调和是中国传统饮食生产的最高原则。《吕氏春秋·本味》这样描述烹调活动和过程："夫三群之虫，水居者腥，肉者臊，草食者膻。恶臭犹美，皆有所以。凡味之本，水最为始。五味三材，九沸九变，火为之纪。时疾时徐，灭腥去臊除膻，必以其胜，无失其理。调和之事，必以甘、酸、苦、辛、咸。先后多少，其齐甚微，皆有自起。鼎中之变，精妙微纤，口弗能言，志不能喻，若射御之微，阴阳之化，四时之数。"这一过程虽"口弗能言，志不能喻"，但又有规律可循，其目标则是"和"（味），生产出"至味"，即美味。

任务二　中国烹饪的蓬勃发展时期

一、中国烹饪蓬勃发展的基础条件

我国从秦朝开始到汉朝进入中国封建社会第一个高峰，随后经历了魏晋南北朝时期长时间的分裂，一直到隋朝才重新实现统一。唐宋成为封建社会的第二个高峰，这一阶段，经历了三国时期、南北朝时期的分裂，又经历了隋代的统一以及唐宋时期的飞速发展。此时，受到经济、政治、文化高速发展的影响，各民族饮食文化不断交融，农业生产方式和技术不断改进，产品的数量和质量大幅提高，为中国烹饪进入蓬勃发展时期打下了坚实有力的基础。

（一）农业和畜牧业

无论是统一时期，还是分裂时期，各个统治者都十分重视农业的发展。两晋南北朝时期，社会动荡，为躲避战乱，北民大量南迁，原产北方的粟和麦开始在南方大量种植。大范围的种植，培育出了众多优秀品种，南北朝时期品种多达97种。到了唐宋时期，政权统一，社会平稳发展，农业种植结构发生变化，小麦逐渐扩大种植面积，种植规模超过粟。水稻地位上升，成为与麦并列的粮食作物。豆类地位下降，成为杂粮。北方的黄河流域是小麦主产区，南方区域以水稻为主，奠定了中国"南米北面"的主食格局。

这一时期的畜牧业也有所变化，汉代开始引入了驴、骆驼、骡的饲养技术。唐宋时期，养牛数量增加，不仅用于耕作也用于食用，酒肆饭铺中的肉食多为牛肉。前代的狗肉被牛羊肉替代，不再盛行。唐宋时期，鸡肉的需求超过鸭和鹅。人们掌握了鱼产卵的规律，淡水鱼产量提高。江南和岭南地区开始在稻田中养鱼，开启了养鱼开荒种稻的农耕模式。

（二）手工业

秦汉至唐宋时期，手工业得到全面发展。漆器和瓷器的制作、铁器的冶炼与铸造、食盐和酒的生产等，都取得了极高的成就。

秦汉时期，漆器制造兴盛，出现大量漆器饮食器具，如杯、碗、盘、碟、案、食盒等。长沙马王堆汉墓曾出土的漆器足足180多件，件件工艺精湛，色泽光亮，十分精美。魏晋南北朝时期，制瓷业发展，漆器逐渐变少，饮食器具中的瓷器品种日益增加，如碗、盘、杯、碟、罐、壶、樽等。到了唐朝时，瓷器不仅产量大，且有了质的飞跃。宋代时，窑户已遍布全国各地，所烧造瓷器造型精美、个性强，远销海外。

铁的冶炼始于战国时期，于秦汉时期技术进一步成熟，所铸造铁器不论种类、数量还是质量都大大增加。唐代用煤在全国范围内比较普及，煤的使用，促进了用火水平的提高，进而促进了炊具的变革和提高。这一时期铁制炊具开始广泛使用，如铁釜、铁镬、铁锅等，这些炊具具有耐高温、传热快的特点。

这一时期，食盐的生产规模不断扩大，品种和数量逐渐增多。从品种来划分，主要是海盐、湖盐、井盐和矿盐四大类，以海盐、湖盐为主。海盐是利用海水晒制而成的食盐；湖盐是利用盐湖卤水生产的食盐；井盐是获取地下卤水制成的食盐；矿盐是利用石盐矿床制作而成的食盐。数量上，汉代时期在全国设置盐官，说明盐在全国各地的生产规模和产量都极大。到南宋时期，仅梓州、成都府、利州、夔州四路的盐井总数就高达4900余井，食盐年产量多达1000余万斤。

二、中国烹饪蓬勃发展时期的特点

这一时期，中国烹饪在各个方面都有巨大的发展，主要呈现出以下特点。

（一）能源与炊餐具：新突破

1. 能源　秦汉至唐宋时期，烹饪所用能源主要是依靠直接燃烧树枝、木材、干草、木炭而获得火源。白居易的《卖炭翁》中写到"伐薪烧炭南山中"，表明当时已出现了专门用木柴烧炭的行业。由于这些燃料质地不一、性质不同，烹饪的效果也大不一样。但在这一时期，能源也有了新的突破，人们开始使用煤作燃料。中国是世界上最早用煤作为燃料的国家，据记载，秦汉时期，煤已经开始被用来炼铁。烹饪上开始使用煤则是在东汉末年，但并不普及，直到唐代，煤的使用在全国范围内已比较普及，人们还将煤进一步加工成合成炭后使用。北宋以后，煤已成为一些地区烹饪食物不可缺少的燃料。

2. 炊餐具　煤的广泛使用促进了用火水平的提高，进一步促进了炊具的变革，铁质炊具出现并开始普及使用。由于铁质炊具具有耐高温、传热快的优点，与火力足、火势旺的煤配合一起烹饪，促使一些高温速成菜的烹饪法如爆、炒、煎、烙等应运而生。

餐具方面的突破主要体现在漆器和瓷器的使用。秦汉时期，漆器制造兴盛，出现大量漆器饮食器具，如杯、碗、盘、碟、案、食盒等。早期瓷器形成于东汉时期，到了魏晋南北朝时期，制瓷业发展，漆器逐渐变少，饮食器具中的瓷器品种日益增加，如碗、盘、杯、碟、罐、壶、樽等。唐宋时期，瓷器制作技术有了很大进步，这一时期瓷器的花纹、色泽和造型都有了较大发展，出现了龙泉窑、哥窑、钧窑等著名烧造工厂。由于瓷器取料方便，造价低廉，易于大量生产，且耐酸、耐碱、耐高温和低寒，表面光滑，干净卫生，非常适合作为餐饮器具使用，很快盛行起来。

（二）食物原料：来源更丰富

这一时期的食物原料，在原有基础上，一方面开发出了新品种，另一方面引进了新的原料。

魏晋南北朝时期，人工培植的蔬菜种类就已经非常丰富，《齐民要术》中记载了三十余种，其中最为典型的如葵、韭。此外，李时珍《本草纲目》"豆腐"条的集解说："豆腐之法，始于汉淮南王刘安。"由此可知，汉代人们已经创制出了大豆的重要加工制品——豆腐。

新原料的大量引进也始于汉代。张骞出使西域后，中外交流有了很大发展，逐渐从国外引进了大量食物原料，如葡萄、石榴、大蒜、黄瓜、胡桃、胡葱、胡豆、西瓜、南瓜、芸薹、海枣、菠菜、莴苣、丝瓜、茄子等。其中很多引进原料广泛用于烹饪中，成为常用品种，走进千家万户的餐桌上。

（三）烹饪工艺：不断创新

烹饪工艺日渐精细，菜肴通常分为生制和熟制两种方法。生制菜肴一般不经过加热，把原料用腌、糟、醉、酱、渍、泡等方法制成。熟制则需要将原料经过初加工和切配，做熟后食用，主要烹饪方法为烤、煮、脍、炒等。

食品雕刻起源于春秋战国时期，宋代食品雕刻开始走出贵族筵席，出现了普及化，到隋唐时期有了极大的发展，用料范围不断扩大。周密《武林旧事》中曾记载，南宋张俊宴请高宗的筵席上有"雕花蜜煎"，共12道菜，包括有木瓜、蜜姜、金橘、梅子等蜜饯食品，雕刻形状生动逼真。此外，花色拼盘也成了筵席上的常见菜肴，唐宋时期宴席上的冷荤菜多采用这种拼盘的形式，如烧尾宴的"五生盘"。

（四）筵宴：日渐兴盛

从秦汉至南北朝时期，筵宴日益盛行，且极为讲究雅趣，不仅要有雅芝的陈设和器具，还常以优美的音乐、歌舞助兴，如竹林七贤的林中宴饮，以及文人的"曲水流觞"等。

唐宋时期，则非常重视自然宴饮环境的选择和人工宴饮环境的营造。唐朝人非常喜欢野宴，多选择在百花盛开的春季。这一时期最为著名的筵席为唐代"烧尾宴"，流行时间较短，主要是唐中宗李显时期。烧尾宴中最为出名的是宰相韦巨源献给皇帝的奢侈宴席，共58种菜点。烧尾宴菜点十分考究，反映了唐代皇室和官僚贵族饮食的奢侈。其中"素蒸音声部（面蒸）"：这组菜点用面粉包着馅料蒸制而成，类似于今日的包子。就造型而言，要求制作成70人组成的舞蹈画面，弹奏乐器的乐工、翩翩起舞的歌女，各人有各人的服饰、姿态、动作和表情。

🔗 知识链接

烧尾宴

所谓"烧尾宴"，据《封氏闻见录》云，士人初登第或升了官级，同僚、朋友及亲友前来祝贺，主人要准备丰盛的酒馔和乐舞款待来宾，名为烧尾，并把这类筵宴称为"烧尾宴"。"烧尾宴"的风俗习惯是从唐中宗景龙（707—709）时期开始的，玄宗开元中停止，仅仅流行二十年光景。《清异录》中记载了韦巨源设"烧尾宴"时留下的一份不完全的清单，使后人得以窥见这次盛宴的概貌。

历史记载，公元709年，韦巨源升任尚书左仆射，依例向唐中宗进宴。这次宴会共上了58道菜：有冷盘，如吴兴连带鲊（生鱼片凉菜）；有热炒，如逡巡酱（鱼片、羊肉快炒）；有烧烤，如金铃炙、光明虾炙；此外，汤羹、甜品、面点也一应俱全。其中有些菜品的名称颇为引人遐思。如贵妃红，是精制的加味红酥点心；甜雪，即用蜜糖煎太例面；白龙，即鳜鱼丝；雪婴儿，是青蛙肉裹豆粉下火锅；御黄王母饭是肉、鸡蛋等做的盖浇饭。

任务三　中国烹饪的成熟定型时期

一、中国烹饪成熟定型的基础条件

元明清时期，是中国封建社会的后期，尤其在清朝中期，国力强盛，进入了中国封建社会的第三个高峰期。这一时期，受到战乱以及少数民族政权的影响，中国社会的政治、经济和文化发生急剧变化，这些变化和发展促使中国烹饪进入了成熟定型时期。

（一）农业和畜牧业

元代初期受战争影响，且游牧经济落后，农业受到重创。《元史》中记载"使百姓安业力农"，忽必烈开始重视农业生产，设立劝农司、司农司等农业管理机构，大力倡导垦殖；推广先进生产技术，保护劳动力和耕地，限制将农民沦为奴隶，禁止霸占农田以改为牧场的行为。据元代《农桑辑要》记载，元朝是我国古代农业科学技术推广最好的时期，这一时期有了许多先进的农业生产工具，如"水转翻车"，保障了农作物不致有干旱之灾。明朝开国皇帝朱元璋提出"农为国本，百需皆其所生"，颁布鼓励农民垦荒种田的诏令，使粮食总产量提高，仓储丰裕。《明史·赋役志》言：是时宇内富庶，赋入盈羡，米粟自输京师数百万石外，府县仓廪蓄积甚丰，至红腐不可食。可见明朝时期农业发展迅速，粮食总产量富有盈余。明朝末期经历"小冰河时期"，夏天大旱与大涝相继出现，冬天则奇寒无比，连上海、江苏、福建、广东等地都狂降暴雪，农业受到重创，全国各地饥荒频发，社会动荡，政权再次更替。清朝初期，战事仍频，武装冲突不断，使社会经济遭到严重的破坏。康熙以来，面对民众持续不断的反抗，清政府开始多次奖励垦荒屯田，兴修水利，减免租税，使得农业生产得到恢复和发展。到雍正年间，耕地面积已超过明朝的数量。

因元代、清代统治者分别为蒙古族和满族，少数民族政权对畜牧业和农业造成了一定程度的影响。蒙古族和满族均为游牧民族，当政之后曾按民族习惯过分偏重于畜牧业，将大量的农田作为牧场来进行放牧。虽然因游牧经济较为落后，统治者不得不调整政策措施，转为重视农业，但元明清时期的畜牧业较之前朝仍有较大发展。

（二）手工业

元朝时，江西景德镇成功创制出青花、釉里红等新型瓷器，使瓷器在生产工艺、釉色、造型和装饰等方面有了很大提高。明朝时期，景德镇成为当时的瓷都，官瓷窑有 59 座，民窑超过 900 座，所制青花瓷品种丰富、数量众多并且畅销海内外。明朝是青花瓷发展达到巅峰的时期，其中最著名的为青花之首——宣德青花（图 3-4）。清朝时期，农村出现家庭手工业，城市和集镇则遍布各种手工业作坊，如磨坊、油坊、酒坊等。

图 3-4　明宣德青花鱼藻纹十棱菱口大碗

二、中国烹饪成熟定型时期的特点

中国烹饪的成熟定型时期基本上贯穿了元明清三个朝代，各个方面取得了极大成就，主要表现出以下特点。

（一）食物原料：开发、引进与利用

元明清时期，饮食原料不断增多，清末已达 2000 余种。

1. 原料的开发　此时，人们利用两个途径开发新原料：一是继续发现和利用新的野生动植物品种。如植物，明朝《救荒本草》中记录的野生植物可食者高达 414 种，目的是解饥荒之苦，客观上扩大了食物原料的范围。二是继续利用不断提高的各种技术培育和创制新品种。如豆腐，明朝时期人们将仙人草汁加入米中制成绿色豆腐，橡栗、蕨根磨粉制成黄色豆腐、黑色豆腐。

2. 新原料的引进　这一时期，中国从国外引进的食物原料有玉米、番薯、番茄、辣椒、木瓜、马铃薯、花生等（表 3-1）。以上农作物原产于美洲大陆，与我国隔着整整一个太平洋的距离，从美洲大陆开始被传到了欧洲大陆，被欧洲人开始种植，在后来的海上贸易中，借由欧洲商人来华，将这些作物的种子带到了明朝时期的中国大陆，也开始了它们的种植之旅。这些农作物中的辣椒，对中国烹饪产生了划时代的影响。辣椒，原产地是南美洲，明朝传入中国，被称为番椒。最初传入时是作为花卉，后来逐渐用作调料。清朝时，在中国西部和南部广泛种植，并培育出新的品种，尤其是川、滇、黔、湘大量使用辣椒。辣椒的引入，促使了新地方风味流派的诞生。番薯原产于美洲，据资料记载，中国引种番薯在明万历年间。而玉米在中国古代已有种植，但一直没有成为主要的农作物物种，在明朝之后，清朝时期，玉米与番薯这两种作物才被人民所发现，开始广为种植、普及。因为粮食产量的增加，清朝的人口也随之暴增，开创出了历史上所谓的康乾盛世。西红柿，原产于美洲，据明万历年间《植记》记载由西方传教士带来"西番柿"。开始，西红柿作为观赏植物种在园圃中，供人观赏。直到清朝末年，西红柿才真正成为食品走上中国餐桌。

表 3-1 元明清时期引进食物原料表

名称	原产地	引种时间
番薯（甘薯、山芋、地瓜）	美洲	明朝
马铃薯（土豆、洋芋、山药蛋）	美洲	明朝
玉米	美洲	明朝（古代有种植）
花生（落花生、长生果）	美洲	明朝（古代有种植）
向日葵（葵花）	美洲	明朝（古代有种植）
辣椒	美洲	明朝
番茄（番柿、洋柿、臭柿）	美洲	明朝
四季豆	美洲	明朝
木瓜	墨西哥	明朝
菠萝	巴西	明朝
花菜	地中海沿岸	清朝
西葫芦	美洲	清朝
生菜	地中海沿岸	清朝
草莓	英国	清朝

3. 已有原料的巧妙利用 主要通过三个途径：①一物多用，将一种或一类原料通过运用不同的烹饪技法制作出多种多样的菜点。如清朝的《调鼎集》记载有以猪蹄为主料的 20 余款菜点；②综合利用，将多种原料组合在一起烹制出更加丰富的菜点。如把粮食与果蔬、肉食等配合在一起，制作出品类多余的饭粥面点等；③废物利用，将烹饪加工过程中出现的某些废弃之物回收起来重新制成菜点。如豆渣，清朝《随息居饮食谱》记载当时人们将其"炒食，名雪花菜"。

（二）饮食器具：品类丰富、精美绝伦

1. 陶瓷餐饮器具 元明清时期是中国瓷器的繁荣与昌盛时期，餐饮器具品种众多、造型独特新颖、装饰上丰富多彩。如明朝永乐、宣德时的压手杯，口沿外撇，拿在手中正好将拇指和食指压住，小巧精致；清朝康熙时期的金钟杯，造型犹如一只倒置的小铜钟；乾隆时流行的牛头尊，形似牛头。瓷器在装饰上主要以山水人物、动植物以及与宗教有关的八仙、八宝、吉祥物为主题绘制图案，也流行绘写吉祥文字、梵文、波斯文、阿拉伯文等。如明朝成化时的斗彩鸡缸杯，《成窑鸡缸杯歌注》中记载："各式不一，皆描绘精工，点色深浅莹洁而质坚，鸡缸上面画牡丹，下面画子母鸡，跃跃欲动"。

2. 金属餐饮器具 这一时期，金属餐饮器具在数量和质量上有很大提高，墓葬中常有银箸、银匙等，金银器造型和装饰都非常考究。以银器为例，孔府现存的一套银质器具空前精美。这套器具全称为"满汉宴·银质点铜锡仿古象形水火餐具"，全套餐具共 404 件，分别由主、副、配和大小器皿组成，可供上 196 道食品。器具从造型上看，可分为两大部分。第一部分是仿古造型，主要仿制青铜礼食器，以示古雅别致。第二部分是像生造型，主要食物原料的形象，器身以玉、翡、玛瑙、珊瑚等珠宝镶嵌在狮头、鱼眼等作为装饰，并雕有花卉及其他图案。整套餐具造型独特，工艺精湛，堪称文化、历史、艺术、文明的结晶。

（三）烹饪工艺：形成较为完善的体系

在菜肴制作上，切割、配菜、烹饪、调味、装盘等技术及环节都形成了较为完善的体系，其中烹饪方法最具代表性。这一时期烹饪方法主要分为三大类型：一是直接用火制熟食物，如烤、炙、烘、熏等；二是利用介质传热，如水熟法（蒸、煮、炖、汤煨等）、油熟法（炒、爆、炸、煎、泼等）、物熟法（盐焗、泥裹等）；三是通过化学反应制熟食物，如泡、渍、醉、腌、酱等。在这三大类烹饪方法中，每一种具体的烹饪方法还派生出许多方法，如同母子一般，有的子法还达到相当数量。如炒法，到清朝时已派生出了生炒、熟炒、小炒、酱炒、爆炒、葱炒等十余种方法。

（四）地方风味流派：形成稳定格局

饮食形成地方风味流派，是与政治、经济、地理、物产、习俗等因素密切相关的。自周朝起，中国饮食南北地区就开始出现分野。到清朝中晚期，东西南北各地的烹饪技术全面提高，加上长期受各因素差异的持续影响，主要地方风味形成稳定的格局。

明代，在南京、北京、扬州这样的大城市里，许多餐馆标榜自家美食为齐鲁、姑苏、淮扬、川蜀、京津、闽粤等风味，以彰显自家特色。明朝《广志绎》也记载有各地饮食嗜好：海南人食鱼虾，北人厌其腥；塞北人食乳酪，南人恶其膻；河北人食胡葱、蒜、薤，江南人畏其辛辣。

到了清朝时期，形成了稳定的地方风味流派，其中最具代表性的有北京的京味菜、上海的上海菜、黄河流域的山东风味菜、长江流域的四川风味菜、珠江流域的广东风味菜、江淮流域的江苏风味菜。当今习惯上被称为"四大菜系"的川菜、鲁菜、粤菜、苏菜，就是在清朝地方风味流派基础上发展起来的。

（五）筵宴：走向鼎盛

元明清时期，随着社会经济的繁荣和各民族的大融合等，中国筵宴日趋成熟，并且逐渐走向鼎盛，主要表现在三个方面：①筵宴组成有了较为固定的格局。当时的筵宴主要分为酒水冷碟、热炒大菜、饭点茶果等三个层次，依序上席。其中，常常由热炒大菜中的"头菜"决定宴会的档次和规格。②筵宴用具和环境舒适、考究。自明代红木家具问世以来，筵宴也开始使用八仙桌、大圆桌、太师椅、鼓形凳等，十分有利于人们舒适地就餐与交谈。在筵宴环境上，讲究桌披椅套和餐具搭配、字画台面的装饰以及进餐地点的选择。③筵宴品类、礼仪等更加繁多甚至繁琐。仅以清朝宫廷筵宴为例，改元建号时有定鼎宴，过新年时有元日宴，庆祝胜利有凯旋宴，皇帝大婚有大婚宴，皇帝过生日有万寿宴，太后生日有圣寿宴，还有冬至宴、宗室宴、乡试宴、恩荣宴、千叟宴、满汉全席等。

> **知识链接**
>
> #### 满汉全席
>
> 满汉全席起兴于清代，是集满族与汉族菜点之精华而形成的历史上最著名的中华大宴。乾隆甲申年间李斗所著《扬州画舫录》中记有一份满汉全席食单，是关于满汉全席的最早记载。
>
> 据李斗的《扬州画舫录》说："上买卖街前后寺观，皆为大厨房，以备六司百官食次：第一份，头号五簋碗十件——燕窝鸡丝汤、海参烩猪筋、鲜蛏萝卜丝羹、海带猪肚丝羹、鲍鱼烩珍珠菜、淡菜虾子汤、鱼翅螃蟹羹、蘑菇煨鸡、辘轳锤、鱼肚煨火腿、鲨鱼皮鸡汁羹、血粉汤、一品级汤饭碗。第二份，二号五簋碗十件——鲫鱼舌烩熊掌、米糟猩唇、猪脑、假豹胎、蒸驼峰、梨片伴蒸果子狸、蒸鹿尾、野鸡片汤、风猪片子、风羊片子、兔脯奶房签、一品级汤饭碗。第三份，细白羹碗十件——猪肚假江瑶鸭舌羹、鸡笋粥、猪脑羹、芙蓉蛋、鹅肫掌羹、糟蒸鲥鱼、假斑鱼肝、西施乳、文思豆腐羹、甲鱼肉片子汤、茧儿羹、一品级汤饭碗。第四份，毛血盘二十件——炙哈尔巴小猪子、油炸猪羊肉、挂炉走油鸡鹅鸭、鸽臛、猪杂什、羊杂什、燎毛猪羊肉、白煮猪羊肉、白蒸小猪子小羊子鸡鸭鹅、白面饽饽、卷子、什锦火烧、梅花包子。第五份，洋碟二十件，热吃劝酒二十味，小菜碟二十件，枯果十彻桌，鲜果十彻桌。所谓满汉席也。"

任务四 中国烹饪的繁荣创新时期

一、中国烹饪繁荣创新的基础条件

从辛亥革命至今，中国社会的政治、经济和文化都发生了翻天覆地的变化，尤其是中华人民共和国成立后、改革开放以来，中国的经济高速增长，农业生产不断创出新高，位居世界前茅，工业则进入机械化、现代化发展阶段，到 21 世纪后更进入互联网时代，信息化、智能化水平越来越高，各种烹饪设备、食品加工机械不断涌现，促使中国烹饪进入繁荣创新时期。

（一）农业和畜牧业

在中华民国时期，中国是一个贫穷落后的国家，接连不断的战争和帝国主义、官僚资本主义、封建主义的剥削和压迫，使得农业和畜牧业受到严重破坏。直到 20 世纪 70 年代末改革开放以后，党和政府对土地实行家庭联产承包责任制，充分调动农民积极性，采取多种措施不断解决"三农"问题，强化现代农业产业技术体系建设，加快农业科技创新与应用，促进农业科技成果加快向现实生产力转化，使农业和畜牧业生产出现了前所未有的快速发展。

（二）工业

工业是社会分工发展的产物，大致分为手工业、机器大工业、现代工业等发展阶段。在古代，中国的工业处于手工业发展阶段。辛亥革命以后的中华民国时期，中国通过向西方工业国家学习，引进机器和技术，逐渐进入机器大工业发展阶段。到中华人民共和国成立以后，尤其是 20 世纪 80 年代以后，随着改革开放的深入和科学技术进步，更大规模地学习和引进国外先进的技术，中国开始了现代化工业发展阶段。此时，工业产品不断增多，不仅出现了采用电子控制技术的自动化机器和生产线，而且出现了新能源、新材料、机器人和信息技术、网络技术，各种烹饪设备、食品加工机械不断涌现，这些也促使烹饪加工方式和方法发生了极大改变。

二、中国烹饪繁荣创新时期的特点

中国烹饪的繁荣创新时期始于辛亥革命，延续至今。在这一时期，尤其是 20 世纪 70 年代末改革开放以来，时间虽然不长，却发生了翻天覆地的巨变，形成了许多新的特点。

（一）烹饪工具与生产方式：逐步趋于现代化

1. 烹饪工具 在这一时期，烹饪工具的变化主要表现为能源的变化和机械设备的使用。就能源而言，城市中已大量使用煤气、天然气、液化石油气、电能以及太阳能等。用这些能源加热制作食物，大多有省时、方便、卫生等优点。如以电为能源的新型炉具微波炉已大量进入城市家庭，其烹调速度比一般炉灶快 4 ~ 10 倍，不仅省时、方便、卫生，而且节约能源，还能保持食物原有的色、香、味和营养价值。就烹饪机械设备而言，中国出现了一些大型厨房设备生产企业，能够生产出灶具、脱排通风、储藏、调理、洗涤、冷藏、加热烘烤等 8 大类厨房机械设备，并且已在部分大城市、大型饭店酒楼逐渐使用。这些设备的生产和使用有力地促进了烹饪工具的现代化、智能化。

2. 生产方式的变化 此时，烹饪生产方式的变化主要表现在两个方面：一是以传统手工烹饪为主的餐馆、饭店中，烹饪工艺的某些环节已经由烹饪机械加工替代了厨师的手工操作。如使用切肉机、绞肉机代替厨师手工进行切割、制蓉，用和面机、压面机制作面团和面条。二是食品工业逐渐兴起，出现了全部用机械化甚至自动化生产食品的食品工厂。这样的工厂不仅能减轻生产者的劳动强度，而且使食品生产逐渐规范化、标准化、规模化。如在食品工厂，全部用机械制作火腿、香肠、面条、包子等食品，产量大、品质稳定。如今，中国食品工业已形成较完整的生产体系，如有膨化与非膨化的挤压食品、焙烤食品等粮食加工，豆浆、豆腐制品等大豆加工，蔬菜的罐藏、干制、腌制、速冻等蔬菜加工，水产品、肉禽及制品等加工，门类十分齐全。

（二）优质食物原料：快速增加

这一时期，由于不同程度地对外开放和交流，尤其是改革开放以来提倡优质高效农业，从世界各国引进了许多新的优质食物原料。其中，禽畜类有鸵鸟、牛蛙、火鸡、珍珠鸡等，水产海鲜品有挪威三文鱼、太平洋旗鱼和金枪鱼、西非鱼等，蔬菜有芦笋、朝鲜蓟、西兰花、玉米笋、菊苣、樱桃、番茄等，水果有美国提子和泰国山竹、火龙果、榴莲等。这些动植物原料大多数已在中国广泛种植或养殖，并制作出众多的美味佳肴。此外，新型优质原料的开发主要表现在转基因食品、人造食品上。转基因食品，又称基因食品、基因改良食品，是用转基因植物、动物或微生物为原料生产或制造的食品。如利用生物技术培育的转基因番茄等植物具有高产、抗病虫害、抗高低温、生长快等优点。而人造食品如人造鱼翅、蟹柳等几乎都能达到以假乱真的程度。

（三）国内外烹饪文化与技艺：广泛交流

1. 民族交流　中国是一个多民族国家，各民族之间的饮食文化和烹饪技艺的交流从未停止过。其中，交流最多、影响最大的是菜点品种。维吾尔族的烤羊肉串、土家族的米包子、黎族与傣族的竹筒饭等民族特色美食，已成为大众百姓都认同和欢迎的食品。

2. 地区交流　由于交通日益发达、便捷，人员流动增大，地区间的烹饪交流更加频繁，主要表现在食物原料、烹饪技法和菜点品种等方面。在许多大中城市林立的餐馆、酒楼中，既有当地的风味菜点，也有不少异地的风味菜点，并且出现了相互交融与渗透的现象。各个地方风味流派在全国遍地开花，并与当地菜点风味交流融合，产生出一些新品种。

3. 中外交流　晚清时期，西餐与西式饮料、点心逐步开始在中国传播。清人食西式饮食，或称西餐，或称大餐、番菜、大菜。番菜馆单独食用，餐具是刀叉，菜品量也不大，有牛扒、猪扒、羊腿、面包、罗宋汤等。西式烹饪技法也进入中国，清末《造洋饭书》记载有西式烹饪。民国时期，中国主食仍沿用米饭、面食和糕点三大类，南方以白米饭为主，北方以馒头、窝头、面条为主。保持传统的同时也接受了西方饮食，开始使用西式的牛肉汁、鸡汁、咖喱汁、番茄汁等调味料。受西方影响，各地特色饮食也改变销售模式，各地名吃逐渐品牌化，如上海的生煎、扬州的翡翠烧卖、湖州的金华火腿、天津的煎饼果子等。

中国烹饪对海外饮食的影响也越来越大，成千上万的华人在世界各地开办中餐馆，传播着中国烹饪技术和饮食文化。改革开放以后，中国又不断派烹饪专家、技术人员到国外讲学、表演、事厨，参加世界性烹饪比赛，使得海外更多的人士了解中国饮食文化，喜爱中国菜点，也促进了世界烹饪水平的提高。

（四）筵宴：持续改良和创新

20世纪以来，人们的生活条件和消费观念因社会经济的发展和时代浪潮的冲击而发生了变化，中国筵宴也随之出现了新的变化：①传统筵宴不断改良。由于时代的变革和人们消费观念等的变化，中国传统的筵宴越来越显出不足，如菜点过多、时间过长、过分讲究排场、营养比例失调、忽视卫生等问题，造成严重浪费，损害身体健康，因此从20世纪80年代以来就开始了筵宴改革，力求在保持独有饮食文化特色的同时更加营养、卫生、科学、合理。其中，北京人民大会堂的国宴率先进行改革，北京五洲大酒店第一个将营养要求明确地注入筵宴改革之中，同时在就餐形式上也多样化，既有圆桌上的分食，也有用公筷的随意取食等。②创新筵宴持续涌现。为了满足人们新的饮食需求，饮食制作者在继承传统的基础上不断创新，设计制作出大量别具风味的特色筵宴，如姑苏茶肴宴、青春健美宴、西安饺子宴、杜甫诗意宴、秦淮景点宴等，或以原料开发、食疗养生见长，或以人文典故、地方风情见长，不一而足。此外，还引进西方宴会形式，进行中西结合，促进筵宴的进一步繁荣。

练 习 题

答案解析

一、选择题

（一）单选题

1. 关于饮食的主张："食不厌精，脍不厌细"一语，见于（   ）一书中。
   A. 《封氏闻见录》　B. 《论语·乡党》　　　C. 《调鼎集》　　　　　D. 《礼记·礼运》

2. 中国人的饮食结构为（   ）。
   A. 以肉类为主食、以蔬果和粮食为副食
   B. 以肉类为主食、以蔬果为副食
   C. 以粮食为主食、以蔬果和肉类为副食
   D. 以粮食为主食

3. "满汉全席"最能代表不同民族饮食文化的融合，最早记载关于满汉全席的一份食单，见于李斗的（   ）。
   A. 《封氏闻见录》　B. 《清异录》　　　　C. 《扬州画舫录》　　　D. 《广志绎》

4. 史前时期，人类的饮食方式是（   ）。
   A. 火烤　　　　　　B. 水煮　　　　　　　C. 火烧　　　　　　　D. 生食

5. 人类制作熟肉食品最早采用的方法是（   ）。
   A. 蒸　　　　　　　B. 煮　　　　　　　　C. 烤　　　　　　　　D. 炒

6. 烹饪工艺产生的直接因素是（   ）。
   A. 原始刀工的萌芽　　　　　　　　B. 人工取火的诞生
   C. 饮食器具的出现　　　　　　　　D. 农业、畜牧业的发展

7. 唐中宗时期流行的"烧尾宴"，是在（   ）时举办的。
   A. 乔迁新居　　　　　　　　　　　B. 士子登科、荣进
   C. 婚庆嫁娶　　　　　　　　　　　D. 寿诞贺寿

8. （   ）的出现，使得烹饪方式由传统的火烤或用石头、石块加热制熟食物进一步发展，对烹饪工艺的产生具有划时代的意义。
   A. 瓷器　　　　　　B. 青铜器　　　　　　C. 陶器　　　　　　　D. 铁器

（二）多选题

9. 盐的种类有多种，从品种来划分，主要以（   ）为主。
   A. 海盐　　　　　　B. 湖盐　　　　　　　C. 矿盐　　　　　　　D. 井盐

10. 民国时期，我国的主食主要有（   ）三大类。
   A. 面食　　　　　　B. 米饭　　　　　　　C. 糕点　　　　　　　D. 肉食

二、简答题

1. 中国饮食原料的发展与特征是什么？

2. 中国古代发展出哪些烹饪技法？形成了怎样的体系？

书网融合……

重点小结	题库

中国餐饮文化的发展史

中国饮食文化作为中华民族文化的重要组成部分，经历了漫长的发展历程。从古代的饮食习俗到现代餐饮业的多元化，中国饮食文化不仅体现了中华民族的智慧和创造力，也融入了丰富的地域特色和历史文化。餐饮业作为我国第三产业中的一个传统支柱行业，在社会发展与人民生活中不可或缺，发挥着重要的作用。回顾与展望中国餐饮业的发展，具有十分重要的意义。

任务一　中国古代餐饮业的发展历程

一、餐饮文化概述

关于餐饮有两种不同的解释。一种是指饮食行业，即通过即时加工制作、商业销售和服务性劳动于一体，向消费者专门提供各种酒水、食品，消费场所和设施的食品生产经营行业。另一种是指提供餐饮的行业或机构，满足食客的饮食需求，从而获取相应的服务收入。简言之，餐饮业是利用餐饮设施为客人提供餐饮实物产品和餐饮服务的生产经营性行业。餐饮业是一个古老而又充满活力且具有现代气息的行业。中国餐饮业的背后是秉承了几千年的文化底蕴。

餐饮文化是指在餐饮生产的各个环节中，运用文化因素，发挥文化的潜能，从而达到餐饮与文化的有机结合。餐饮文化是一个广泛的社会概念。人类为了生存，首先要满足吃喝的需要。人们吃喝什么、怎么吃喝、吃喝的目的、吃喝的效果、吃喝的观念、吃喝的情趣、吃喝的礼仪等饮食现象，都属于餐饮文化范畴，它贯穿于人类整个发展历程，渗透企业经营和饮食活动的全过程，体现在人类活动的各个方面、各个环节中。

二、中国餐饮业的起源及发展

餐饮业大约起源于人类文明初期，并且伴随着人类文明的进步和城市的出现而逐步发展起来的。餐饮业的发展受到历史文化、气候环境、经济发展水平、宗教信仰和传统的饮食习惯等诸多因素影响。距今50万年前的北京人已经开始用火烧烤食物，烹饪由此发端。大约在六七千年前的河姆渡人已经开始大面积地种植水稻及饲养牲畜，食物的生产改善了人们的物质生活。这为中国餐饮业的发展奠定了物质基础。各朝代的发展使餐饮逐步发展为一个独立的行业。1949年以后，中国餐饮业处于停滞发展状态，当时国民经济建设侧重于第一产业及第二产业，第三产业发展严重滞后，餐饮业并没有受到重视，经营的餐饮多为国有企业，在无市场压力下处于无竞争意识中，中国餐饮业进入消极发展期。改革开放以后，第三产业在市场经济体制下得到快速发展，国民生活水平的提高使得餐饮业渐渐成为人民的消费热点，其销售总额更是步步高升，在几十年的时间内，突破了百亿、千亿甚至万亿，成为中国经济增长的主力军。

中国古代餐饮具有悠久的历史、灿烂的文化，是东方文明重要的组成部分。中国古代餐饮业的发展主要有以下几个明显的阶段，每个阶段都有其突出的发展特点和其独特的表现内容。

（一）史前时期：萌芽阶段

史前时期一般指自人类产生到有明确文献记载之间的荒蛮时期。在我国主要指夏代以前的漫长时期。人类产生之初饮食活动的动物性占主体，随着人类体质和智能的发展，不断创造采集渔猎工具和饮食器具，餐饮呈现出逐渐明显的文化色彩。这一时期是中国餐饮文化的萌芽阶段，其发展概况主要体现在饮食原料的获取，饮食制作技艺，饮食器具、原始农业的发展等几个方面。

1. 饮食原料的获取方式：渔猎采集　史前时期人类的所有活动都是围绕着饮食、穿衣、居住等基本生活需求开展的，其中获取和维系生命能量的饮食活动是最常见也是最主要的活动。原始社会的人类还没有发明农业和畜牧业，他们主要通过采集、狩猎、捕鱼等活动获取食物原料。到了新石器时代，人们逐渐掌握了种植谷物和养殖牲畜的技术。中国的农业和畜牧业有了一定的发展。但是，由于生产技术和各种条件的局限，只依靠当时的农耕和畜牧业所提供的谷蔬及肉类食物不能够完全满足先民们的饮食需求，还必须进行采集渔猎。从当时的文化遗址中可以推断采集渔猎与农耕畜牧原料并用，极大地丰富了食物品种，从而奠定了中国人以粮食为主食，以蔬果和肉类为副食的饮食结构。食物的生产改善了人们的物质生活，并为餐饮业的形成奠定了物质基础。

2. 饮食器具：石器与陶器并存　从最初利用自然火偶然性地烧熟食物到人工取火，用火制作熟食的烹饪技艺从火烧、火烤发展为水煮、水蒸等，烹饪、饮食器具也随之不断发展。熟食不能再用手直接拿着食用，需要借助器具，从而相应地制作出了大量的饮食器具。从简单的生火器具如树枝、石头等做成的烧烤支架，到石板、兽皮乃至类型多样的陶器。全国各地史前时期文化遗址都出土了大量的、风格不一的陶制饮食器具，其中的烹饪器具主要有鬲、甑、釜、甗、灶、鼎、鬶等；饮食器有碗、钵、簋、尊（樽）、盆、盘、盂、罐、杯、豆、壶、瓶、瓮、缸等。这些陶器以实物的形式证实了史前时期中国饮食文化的发展演进。

3. 原始农业的发展　人们在采集渔猎中不是被动地活动，而是在美好饮食愿望下不断地观察和经验的总结。到了史前社会的后期，原始农业产生了。原始农业主要体现在谷物的种植、蔬菜的种植和动物的驯化上。黄河流域的北方主要培育和种植粟和黍，南方的长江流域主要是种植水稻和大豆，这是人们在众多的野生谷物中选择和培育的结果。传说中的神农播百谷就是这一历史信息的反映。慢慢地，百谷优胜劣汰，人们选择符合自己饮食需求的粮食作物种植。从考古出土的实物看，史前人们食用的蔬菜主要来自采集，但是也开始了种植蔬菜的尝试。种植的品种主要有油菜、葫芦、甜瓜和蚕豆。

原始农业的产生标志着我国文明由野蛮、懵懂的原始文明向农耕文明转向，从而奠定了中华农耕文明的基础。从这个意义上讲，史前时期的餐饮文化是悠久灿烂的中华文化源头之一。

（二）夏商周时期：形成时期

随着农业和畜牧业的发展，人类开始有了稳定的粮食来源。这时候出现了最早的文明社会——夏商周三代。从社会制度上看，这个时期是中国历史上的奴隶社会时期。在这种社会环境下，中国餐饮文化处于由萌芽到成形的转化期。

1. 社会背景　商周时期，农业有了相当的发展，出现了以农业为主的复合经济形态。统治者以农业作为立国之本。夏代的主要种植作物有稻、麦、粟、黍、稷、菽、麻、粱等，包括后世常说的五谷。饲养的家禽有六畜，也就是猪、狗、牛、羊、马、鸡。商周时期，基本上沿着这些谷物和家畜发展，但是区域性日渐明显，到了春秋时期，形成了八个农业区，为饮食文化圈的形成奠定了原料生产基础。周代在五谷中培育出一些新的品种，农作物多达二十多种。家禽中鸡、鸭、鹅及家畜中猪、狗、牛、羊等成为肉食对象。

手工业分工趋细，技术趋精湛，规模逐步扩大，产品日渐丰富。青铜冶铸技术已十分精湛，制造了大量的各类烹饪器具和饮食器具，主要供王侯贵族使用。陶器制造业为平民百姓生产饮食器具，商代遗址中还出土了少量质地坚硬的白陶和精美的釉陶，釉陶标志着陶器向瓷器过渡。

商代的城邑中有专门用于交换物品的市，两边有各类的肆。出现了为商旅提供饭食的饭铺、饮酒的酒肆。市肆中出现了专门售卖饮食原料的商铺和粮食铺、盐铺、浆铺及卖猪肉、牛肉、狗肉、兔肉的商铺，这些与餐饮关联的物品交易促进了酒肆饭铺的发展，出现了高挂酒旗的酒店。

夏商周时期宗法制度形态近于完备，从王室、诸侯、大夫到士人的饮食规格等级森严。餐饮已发展为一个独立的行业。周代主管王室饮食的食官属于天官，且分工明细。夏朝宫廷里已设有"庖正"职位。周朝有"膳夫"专门负责制作佳肴，"酒人"专门负责酒水饮料服务，"将人"负责提供调味品，"幂人"专管餐具卫生。

西周时期，金属工具、原始瓷器、酿酒作坊和河食盐的出现为餐饮业的形成创造了条件。

2. 餐饮方式　当时的人们已经开始掌握刀工与火候技术，烹饪方法有烧、烤、煎等多种。这个时期的人们开始有了一些固定的饭点和饭桌礼仪，开始有了一些区分阶层和身份的饮食规范和习俗。商代贵族尚酒成风。周代由于当时尚未产生桌椅，人们都是席地而坐，用芦苇或其他植物编成筵铺在地上，用较细的料编成席铺在筵上供人坐，酒食菜肴置于筵席之前。因此筵席两字虽是坐具的称谓，但含有进行隆重、正规宴饮的意思。所以将设宴待客或聚会称为"筵席"。春秋战国时期形成一日两餐或三餐制，分食制。先秦时期宴饮要奏乐，以乐侑食。分主客上下座等。宴会活动主要为奴隶主、贵族所享用。

（三）秦汉魏晋南北朝时期：交融阶段

这期间经过了三国时期、南北朝时期等分裂阶段，是各民族大融合的历史阶段，各民族的餐饮文化在民族融合中相互吸收、内化，呈现了交流融合发展的时代特征。

1. 社会背景　秦汉魏晋南北朝时期，无论是统一，还是分裂时期，各个统治者都十分重视社会生产。为躲避战乱，北民大量南迁，把北方的农业耕种技术带到了南方，原产北方的粟和麦在南方旱地大量种植。大范围的种植，培育出众多的优秀品种，到南北朝时期多达 97 种。原产于南方的水稻种植也传到了北方的黄河流域一带。这些农作物的广泛分布为南北饮食交流提供了原料基础。少数民族的南迁引起了养殖业的变动。养猪业萎缩，养羊业得到发展，家家户户养鸡，养鱼业尤其是南方十分发达。蔬果种植技术有了很大发展，培育出许多新品种，产量大大提高，如"安邑千树枣""燕赵千树栗"。

秦汉时期，漆器制造十分兴盛，出现了大量的漆器饮食器具，如杯、碗、盘、碟、案、俎、食盒等。东晋南朝时期，制瓷业发展起来，饮食器具中的瓷器品种日益增加，如碗、盘、杯、碟、罐、壶、樽等。农业与手工业的发展促进了商业的繁荣。汉代城市的市场上有大量的饮食原料和食物出售。饭铺里开始供应熟食，大量的饮食场所供应米饭、枸杞蒸猪肉、韭菜炒鸡蛋、煎鱼、腌鱼、狗肉、马肉、羊肉、驴肉、酱鸡、鸟肉、马奶酒和甜豆浆等主食、菜肴和饮品。

秦汉时期的农业、手工业、商业有了较大发展，对外交易日益频繁，"丝绸之路"引进了国外食品、饮品及文化，中国餐饮业博采众长，取得了长足的发展。

2. 菜肴制作及厨艺人员状况　当时菜肴通常有生制和熟制两种方法。生制菜肴一般不经过加热，把原料用腌、糟、醉、酱、渍、泡等方法制成。熟制需要原料经过初加工和切配，做熟后食用。

先秦以来，厨师的社会地位在秦汉时期发生了转折性改变，厨艺人员社会地位逐渐下降，饭馆、酒店以及官厨里的厨师称为"膳夫""庖人""养""庖宰""爨"。厨师头戴象征地位低贱的绿帻，人称"厨人绿"。那时厨师是不能参加上流社会活动的，否则会被人耻笑。

3. 饮食文化交流　秦汉魏晋南北朝时期，南北方各族人民大量迁移，在移居过程中，各自既保留了原所在区域餐饮文化的特色，又吸纳了本地餐饮文化，相互交流融合。主要表现在饮食原料、饮食器具和饮食方式三个方面。

为了躲避战乱,黄河流域的北方人民南迁到长江流域,把北方的农作物也带到了南方。原产于北方的粟、麦、黍、稷等在南方也有种植,尤其是粟和麦的大量种植。这改变了南方的饮食结构,南方人民也食用粟米饭、麦饭等。北方吃狗肉的饮食喜好也传到了南方,南方人民开始养狗和食用狗肉。游牧民族的内迁,带来了养羊技术,促进了养羊业的发展,羊肉、羊肉羹受到汉族人的喜爱。果蔬方面,少数民族地区的茄子、芫荽、葡萄、石榴等传入汉族聚集地。葡萄酒、马奶酒由西北传入北方,又传到了南方。南方人民喜欢饮茶,北方人民习惯于羊酪;北方人民也接受了饮茶,茶和羊酪在南北方相互交流。少数民族的炙烤烹饪方法在全国广泛应用。游牧民族的羊羹、羊盘肠等以羊肉为主料的食物制作技艺被黄河流域的人们吸收改进。少数民族在汉族地区获得了蔬菜和烹饪方法,肉食、奶酪和蔬菜共用。汉族人把奶酪应用在面食制作中,寒具、截饼、粉饼等就是用面粉、牛羊奶等加工而成,这种胡汉融合的食品受到各民族人民的喜爱。

汉族的瓷制饮食器具如杯、盘、碗、碟、壶等,炊具釜、甑等不断传向少数民族地区。随着胡麻饼的流行,少数民族烤饼的炉子在汉族聚集地也开始应用。少数民族贵重的器具如水晶钵、玛瑙杯、琉璃碗等被汉族聚集地贵族所青睐,成为奢侈品。

(四)唐宋时期:成熟阶段

唐宋时期是我国古代社会发展的高峰时期,呈现出盛唐气象和宋代清明的社会繁荣景象,餐饮文化也在众多因素的影响下走向成熟。

1. 社会背景 隋唐五代和两宋时期,农业种植结构发生了变化,小麦逐渐扩大种植面积。种植规模超过了粟。水稻的地位上升,成为与麦并列的粮食作物。北方的黄河流域是小麦的主产区,淮河-秦岭以南的南方区域以水稻为主,这种种植结构的变化奠定了中国"南米北面"的主食格局。

唐宋时期,驿站广设。在驿站旁有各层次提供食宿的旅店饭馆。唐代城市里,居住区和商业区分开,市与坊分区。都城长安有东西两市,经营的饮食门类有肉行、鱼行、麸行、饮食店、糕团店、饼店、酒肆等。各大城市和市镇都有类似的市,经营着类似的饮食原料和产品。宋代饮食业,尤其是民间饮食业与唐代相比更为发达。都城酒楼、饭店、食店、食摊众多,菜肴品种丰富。在宋代,餐饮业中出现了一种筵席上门服务的项目,并出现了相应的服务机构"四司六局"。凡婚嫁丧娶都可以雇请"四司六局"操办,数百人的宴席,当天即可办成。酒楼、食店布局比较合理,可以说是大街小巷、城里城外都有分布。除数量多、分布广,多种档次的酒楼、食店齐全,以适应不同阶层人士的需求。城市商业的繁荣促进了消遣娱乐的曲艺发展,文人的社会地位日渐提高。风流儒雅的文人餐饮讲究雅趣,追求饮食中的口味与意境,文人的崛起、文化的兴盛加快了餐饮文化的发展。

唐宋时期,尽管也经历了战争和分裂,但是和平与发展是主流。农业、手工业尤其是商业的发展提高了餐饮业的发展水平,餐饮业细分,规模扩大,分布范围也由城市向市镇发展。在这种社会背景下,中国餐饮文化经历了前代的交融后,走向了成熟。

2. 餐饮形式 唐宋时期餐饮发展除了食源继续扩大,瓷餐具风行,工艺菜新兴,风味流派显现,烹饪技法也有长进,热菜制作进入了成熟期。其餐饮形式也发生了变化,如唐朝以后的餐饮宴席已从席地而坐发展到了坐椅而餐,并且形成主次分明的宴会氛围,"宴会"一词在这一时期被正式使用。除此之外,唐宋时期人们在吃饭时,讲究饮食环境,创设美好意境。唐宋时期人们在宴饮时,非常重视自然宴饮环境的选择和人工宴饮环境的营造。在风景秀丽的自然环境或名园芳圃中宴饮,颇有"天人合一"的自然情趣,胸襟开阔的唐人非常喜欢在这样的环境中野宴。野宴的时间多选择在百花盛开的春季,如王仁裕《开元天宝遗事·看花马》载:长安侠少,每至春时,结朋联党,各置矮马,饰以锦鞯金鞍,并辔于花树下往来,使仆从执酒皿而随之,遇好囿时驻马而饮。长安韦氏家族墓壁画《野宴图》,生动地描绘了唐人春日野宴的情景。

宋代时，野宴之风仍盛行不衰。如北宋东京居民在清明节时，往往就芳树之下，或园圃之间，罗列杯盘，互相劝酬。都城之歌儿舞女，遍满园亭，抵暮而归。西京洛阳同样如此，邵伯温《邵氏闻见录》载：洛中风俗尚名教……三月牡丹开。于花盛处作园圃，四方伎艺举集，都人士女载酒争出，择园亭胜地。上下池台间引满歌呼，不复问其主人。抵暮游花市，以筠笼卖花，虽贫者亦戴花饮酒相乐。南宋时期，在西湖上还出现了提供餐食的游船，其中最大的游船可同时提供百十人的宴会，这种把宴会与游玩结合在一起的做法一直保留到了今天。

与室外的野宴相比，人们更多的是在室内进行餐饮。因此，室内餐饮环境与人们的联系更为紧密。唐宋时期，人们主要依靠各种陈设手段的变化来营造不同的室内餐饮环境或气氛。如宫廷大宴往往要营造出一种庄严隆重的气氛来，据《宋史·礼志》记载：凡大宴，有司预于殿庭设山楼排场，为群仙队仗、六番进贡、九龙五凤之状，司天鸡唱楼于其侧。殿上陈锦绣帷帘，垂香球，设银香兽前槛内，藉以文茵，设御茶床、酒器于殿东北楹间，群臣醵醒于殿下幕屋。民间宴饮虽不如宫廷这样豪华排场，但对于那些达官贵人来说，各种铺设也极其讲究，想方设法营造出所需要的宴饮环境或气氛。如晚唐诗人张孜《雪诗》云：长安大雪天，鸟雀难相觅。其中豪贵家，捣椒泥四壁。到处爇红炉，周回下罗幂。暖手调金丝，蘸甲斟琼液。醉唱玉尘飞，困融香汗滴。岂知饥寒人，手脚生皴劈。在大雪纷飞的隆冬，用红炉、罗幂营造出温暖如春的宴饮环境。在烈日炎炎的夏季有人用冰、龙涎香等营造出清凉的宴饮环境，如王仁裕《开元天宝遗事》载：杨氏子弟，每至伏中，取大冰使匠琢为山，周围于宴席间。座客虽酒酣而各有寒色，亦有挟纩者。

与唐代相比，宋代的饮食业更为发达，人们到店肆就餐的机会更多。为了吸引更多食客，宋代的各种饮食店肆普遍重视店肆内外饮食环境的营造，如店门装设彩楼欢门，店内珠帘绣额，挂名人字画，插四时花卉等。在档次较高的酒楼，夏天增设降温的冰盆，冬天添置取暖的火箱，使人有宾至如归的良好感觉。除此之外，宴席的规模也发生了变化，北宋时的酒店已经可以将三五百人的酒席安排妥当。

（五）元明清时期：繁荣阶段

元明清时期，是中国封建社会的后期，在这一时期，中国社会的政治、经济和文化都有极大变化，而这些变化促使中国餐饮进入繁荣时期。

1. 餐饮文化发展的社会背景　元朝是中国历史上第一个由少数民族建立的统一政权。通过长期征战，"并西域，平西夏，灭女真，臣高丽，定南诏，遂下江南，而天下为一"，结束了中国自五代以来三个多世纪的分裂状态，从多方面推动了统一多民族国家的发展，元代的疆域"北逾阴山，西极流沙，东尽辽左，南越海表"。元代的饮食生活在承袭前代的基础上，因其境内民族众多、文化多样，呈现出开放性和兼容性。

2. 元代饮食市场　按经营的规模大小，分为上层的食肆、酒楼、茶坊等饮食店肆和下层的饮食摊贩。食肆、酒楼、茶坊等饮食店肆，多位于繁华的中心城区。如大都分南北二城，南城为金代中都所在地，有不少酒楼，其中著名的寿安楼是在金代寿安殿基础上建造的；北城是元代新建的，齐政楼（鼓楼）以西的西斜街"临海子，率多歌台酒馆"。午门附近交通便利，十分繁华，聚集着不少饮食店肆。游客众多的风景名胜之地也是饮食店肆的集中分布区。如湖南的岳阳楼，在元代马致远《吕洞宾三醉岳阳楼》中，开场便是酒保说："在这岳阳楼下，开着一个酒店，但是南来北往经商旅客，做买做卖，都来这楼上饮酒。"后来则是郭马儿说："在这岳阳楼下，开着一座茶坊，但是南来北往经商旅客，都来我茶坊中吃茶。"下层的饮食摊主多喜欢在交通发达的路口设摊经营。在元杂剧《朱砂担滴水浮沤记》中，店小二道："自家是个卖酒的，在这十字坡口儿上，开张这一个小铺面，觅几文钱度日。"这是固定的食摊、酒摊经营的情景。流动商贩或沿街叫卖或提供上门服务，如大都城内"小经纪者，以蒲盒就其家市之，上顶于头上，敲木鱼而货之"。元代十分重视对饮食市场的管理，在大都还设有专职的市场管理官员。元代实行民族压迫政策，为便于管理，在一些城市实行宵禁政策，宵禁政策的实行，使北宋以来开始兴起的夜市销声匿迹。夜市是餐饮业销售的重要场所，元代夜市的消失是中国古代餐饮业发展史上的一种倒退。与夜市的消失形成鲜明对比的是元代早市的继续繁荣。大的酒楼茶馆往往黎明即开张营业。元人马臻《都下初春》云："茶楼酒馆照晨光，京邑舟车会万方。"

3. 明代餐饮文化　明代的饮食文化对过去有继承，但更有创新和发展。在明代，食物原料的生产能力有所提高，食源更加广泛，既有本土生产的，也有从外国引进的番薯、玉米、花生、辣椒、南瓜等新作物。在食品加工、菜肴烹饪方面也有不少新的进步，地方风味饮食、名特小吃店蓬勃发展。在南京、北京、扬州这样的大城市里，有很多餐馆标榜自家美食有齐鲁、姑苏、淮扬、川蜀、京津、闽粤等风味，以展示自家餐馆特色。

4. 清朝出现的地方风味流派　受政治、经济、地理、物产、习俗等因素影响清朝饮食形成了地方风味流派。当今闻名世界、习惯上被称为"四大菜系"的川菜、鲁菜、粤菜、苏菜，就是在清朝形成的稳定的地方风味流派基础上进一步发展起来的。明清时期我国餐饮业继续发展，其技术更加精湛，菜品更为丰富。以豪华宫廷大宴为标志的中国烹饪达到封建时代的最高水平。乾隆时的"千叟宴"和满汉燕翅烧烤全席最为典型。明末清初，山东人在京师（北京）开了许多饭馆，卖炒菜的称盒子铺，卖烤鸭的称鸭子铺，卖烧肉的称肘子铺。这些小本经营店铺后来发展成许多"堂"字号大饭庄，如福寿堂、庆寿堂、天寿堂、庆和堂等，但这些"堂"字号饭庄后又被"居"字号饭庄代替，最著名的有"八大居"，即福兴居、东兴居、天兴居、万兴居、砂锅居、同和居、泰丰居和万福居。京师小吃选料甚为精细。首先，其所用主料，遍及麦、米、豆、黍、肉、蛋、奶、果、蔬、薯各大类，其次各种小吃在烹饪制作技艺方面亦十分精进。主要技法有蒸、炸、煮、烙、烤、煎、炒、煨、爆、烩、熬、炖、旋、冲等，而其中包含擀、抻、包、裹、卷、切、捏、叠、盘等。晚清时期，中国的国门被西方列强冲开后，西方的经济、文化、生活习惯蜂拥而至。西餐在广州、福州、厦门、宁波、上海等沿海城市以及北京、天津等地纷纷登上了历史舞台。

🔗 **知识链接**

千叟宴

千叟宴代表了中国历代宴会的最高水平，无论是其奢华程度还是人员数量都是首屈一指的。其规模庞大，菜肴丰盛，制作程序复杂，工艺颇为考究。该席桌博采烧烤、燕菜、鲍鱼、海参、鱼翅等高级席之精华；囊括点心中油、烫、酥、仔、生、发等六种面性；施展立、飘、剖、片等二十余种刀法；汇聚蒸、炒、烧、炖、烤、煮等烹技；辅助以冷碟中桥形、扇面、梭子背、一顺风、一片瓦、城墙垛等十数种镶法；衬垫以规格齐全、形状各异的碗、盏、盘、碟等餐具于一席，可谓集烹饪技艺之大成。

5. 餐饮市场　随着商业的发展和城市的增加，餐饮市场也持续繁荣和兴盛。专业化餐饮行业异彩纷呈。综合性餐饮店种类繁多、档次齐全，它们之间激烈竞争、互补，形成了能够满足各地区、各民族、各种消费水平及习惯的多层次、全方位及较完善的市场格局。①专业化饮食行业的增多。专业化饮食行业主要依靠专门经营与众不同的著名菜点而生存发展，有风味超群、价格低廉、经营灵活等特点，在全国各地饮食市场中数量不断增多，占据着越来越重要的地位。如清朝时。在北京出现的专营烤鸭的便宜坊、全聚德，烤鸭技艺独占鳌头，名扬天下；上海有专营糕团的糕团铺，专营酱肉、酱鸭、火腿的熟食店，专营猪头肉、盐鸭蛋的腌腊店；在成都，有许多著名的专业化食品店及名食，《成都通览》对此做了详细记载。②综合性饮食店的完善。综合性饮食店种类繁多、档次齐全，在当时的饮食市场中有着举足轻重的地位。它们有的以雄厚的烹饪技术实力、周到细致的服务、舒适优美的环境、优越的地理位置吸引顾客，有的以方便灵活、自在随意、丰俭由人而受到欢迎。如明朝南京有十余个官建民营的大酒楼，富丽家华，巍峨壮观，且有歌舞美女佐宴。清朝天津的"八大成饭庄"，庭院宽阔，内有停车场、花园、红木家具、名人字画等，主要经营"满汉全席，南北大菜"，接待的多是富商显贵。成都的饭馆、炒菜馆等，经营十分灵活，非常大众化。《成都通览》言：炒菜馆菜蔬方便，咄嗟可办；容人可自备菜蔬交灶上代炒，只给少量加工费。

除了高中低档餐馆外，还有一些风味餐馆和西餐厅。如《杭俗怡情碎锦》载，清末时杭州有京菜馆缪同和、番菜馆聚丰园及广东店、苏州店、南京店等，经营着各种别具一格的风味菜点。上海在西方饮食文化的影响下出现了数家中西兼营的餐馆和西餐厅。鸦片战争以后，进入我国的西方人越来越多，口味的不合使得洋人在东来的同时，也带来了自己的各种家乡美食。西方的烹饪技术也在此时逐步传入我国。到了光绪年间，广州、上海等地已经出现以营利为目的的西餐厅（当时称为番菜馆），附之还有咖啡厅和面包房等。最早这些西餐厅都是为了洋人们开设的，但从此，我国就有了西餐业。

任务二　中国近现代餐饮业的发展现状

一、近代（1840—1949 年）

1840 年的鸦片战争，西方列强用洋枪大炮打开中国的大门，西方文化与经济随之涌入，中国沦为半殖民地半封建社会。西洋和东洋的饮食文化也被带入中国，中国各个社会阶层被迫由传统的饮食方式向近代化转变。中西饮食文化由对立、交流到相互吸收，形成了近代中国餐饮文化传承古代、融合西方的发展特色。

（一）晚清时期

晚清时期，西餐与西式饮料、点心逐步开始在中国传播。清人食西式饮食，或称西餐，或称大餐、番菜、大菜，日本也在我国东北地区及北京、上海等地开设餐馆。番菜环境优雅，讲究卫生，单独食用，餐具是刀叉，菜品分量也不大，有牛扒、猪扒、羊腿、面包、罗宋汤、冰淇淋等。西餐馆一般以"春"命名，上海先后有海天春、一家春、江南春、吉祥春等番菜馆。汉口、天津、北京、广州、南京、厦门等地也先后有了西餐馆。但由于大多数中国人的饮食习惯和文化抵触，西餐并未在中华大地蓬勃发展，而与此同时中国自己的餐饮业却在艰难中不断发展，菜系更加细化。这一阶段的主要特点是中餐为主，西餐为辅，烹饪手段精细，经营手段落后。

（二）民国时期

民国时期是我国历史上文化碰撞和社会变迁较为激烈的时期。在这期间，由于外来饮食文化的出入以及中国本土文化因素的变迁，中国餐饮行业开始发生了多方面的变化。

民国时期，中国的主食仍然沿用着米饭、面食和糕点三大类，南方以白米饭为主，还有白米粥和各类米食糕点，北方以馒头、窝头、面条为主，其他面食有饼、包子、饺子、馄饨、麻花、油条等。在保持传统中也接受了西方饮食，开始使用西式的牛肉汁、鸡汁、咖喱汁、番茄汁等各类调味酱汁。西方烹饪技法被中国厨师吸收，融入地方风味中，罐头原料以快捷、耐储存等优点被人们接受。民国时期的饮食就像个大杂烩，东西混合，什么都有。

受西方影响，各地特色饮食也改变了销售模式，成为地域的知名饮食产品。随着食品加工工艺水平的提高，各地的名吃逐步品牌化。比较有代表性的有上海的生煎馒头，扬州的翡翠烧麦，淮阳汤包，嘉兴的五芳斋粽子，湖州的诸老大粽子，金华火腿，天津的煎饼果子、狗不理包子和十八街麻花，河北保定的姑苏八件，广东阳江的豆豉，四川成都的夫妻肺片，北京的梨膏糖及北京烤鸭。

（三）中外并立的餐饮市场

在东西饮食文化交流的时代背景下，餐饮市场出现了中外并立的局面，呈现出融合、扬弃、国际化等三大趋势。各大城市相继出现咖啡馆等西式餐厅，并成为当时的流行趋势。各种饭店、酒楼、公馆、建筑多为西式外观、中式装修。各地区风味餐馆酒楼跨地域发展的同时还发展了英、法、德、意、俄、日等诸多西方国家不同风味的饮食餐馆。

在多种社会因素的推动下，民国时期的餐饮文化达到前所未有的高度。多元饮食文化并存是国民饮食文化的基调。民国时期餐饮文化的交流与融合，是中国餐饮文化承前继后的重要历史环节，奠定了当代繁荣餐饮文化的基础，并开始在世界范围内产生影响，成为传播中国传统文化的先声。

二、现代（1949 年至今）

1949 年以来，作为与广大人民群众根本利益密切相关的一个基础性、渗透性强的行业，餐饮业经历了一个由保守走向开放、由传统走向现代的发展过程，在行业规模、经济贡献、社会地位、国际影响等方面发生了翻天覆地的变化，不仅见证着中国的强大，也在创造着属于自己的辉煌。

（一）七十年来餐饮业的发展过程

探寻餐饮业七十年的发展历程，大致可分为三个阶段。

1. 1949 年至 1959 年为整合发展阶段　在此时期，通过对餐饮业进行社会主义改造、公私合营、产业整合、扶持帮助产业发展等手段，使我国的餐饮产业从 1949 年初期的凋零散落，发展到初具规模。餐饮业的发展首先从社会主义改造开始。1950 年，北京同和居饭庄率先在北京餐饮业内第一个实行公私合营，至 1956 年 1 月，北京餐饮业实现了全行业公私合营。当年初，全国餐饮业全面完成公私合营的社会主义改造。

2. 1959 至 1978 年为发展停滞阶段　在此时期，由于生产、生活资源匮乏，人民群众的生活用品都要计划供应，使之缺乏餐饮消费的能力。同时，餐饮企业在计划经济体制下，也大都转化成为国有或集体企业，由此造成了餐饮企业在用人制度、薪资分配制度等经营管理方面都受制于行政行为，运营机制不灵活，生产效率比较低。当遇到三年自然灾害等灾祸时，缺乏抗击风险的能力，造成整个产业发展停滞。尽管如此，中国餐饮业依然在艰难前进。

3. 1978 年至今为高速发展阶段　在此时期，餐饮行业借助改革开放的春风，不断创造了一个又一个辉煌业绩。

（1）政策的"松绑"为餐饮业的高速发展奠定了基础　1979 年 9 月 14 日，《人民日报》发表标题为《为个体服务业开放绿灯》的短评指出：在社会主义条件下，个体劳动者不雇工，不剥削，遵守政府法令和政策，自食其力地进行劳动，根本不是什么"资本主义"。各地有关部门对服务、修理等个体经营者，应当认真落实政策，妥善安排，充分发挥他们在繁荣城镇经济、方便群众生活方面的积极作用。

（2）外资的"引进"加强了餐饮业的国际交流　1980 年 4 月 21 日，国家外国投资管理委员会正式批准北京航空食品有限公司、北京建国饭店和长城饭店三个外商投资项目，其中批准文号为"外资审字〔1980〕001 号"的北京航空食品有限公司于 5 月 1 日公司在北京正式挂牌成立，成为中国首家合资企业，香港女企业家伍淑清实现了中国合资企业"零的突破"。1980 年 6 月 25 日，中美合资经营的"荣乐园川菜馆"在纽约曼哈顿联合国大厦对面开业，成为第一家走出国门的饮食业合资企业，也是当时纽约三千家餐馆中唯一一家直接从中国聘请厨师的餐馆。

（3）改革开放的深入推动了餐饮业的繁荣　随着改革开放的深入，个体私营经济的桎梏得以解放。品种丰富、服务优良、价格实惠的民营餐饮企业如雨后春笋发展起来，正餐、西餐、自助餐、快餐、火锅应有尽有，呈现出南北交融、中西合璧饮食的繁荣景象。从 1991 年起，中国餐饮业开始连续保持两位数的增长态势。90 年代中后期，法国大菜、意大利比萨、日本料理、韩国烧烤等异域美食纷纷进驻中国，人们不出国门便能吃遍世界，饮食可谓极大丰富。

（二）中华人民共和国成立七十年来中国餐饮业的发展成就

历经七十年发展，我国的餐饮业作为第三产业中的一个传统行业，已由规模小、网点少、设施简陋、对国民经济贡献率低的小行业，发展成为规模不断扩大、增长势头持续强劲、对社会经济和人民生活具有较强影响力的重要行业，对经济增长、社会就业产生了积极显著的影响，在国民经济中的地位和作用日益突出，已经成为我国服务业的重要支柱性行业，在扩大内需、繁荣市场、吸纳就业和改善人民生活质量等方面发挥着越来越重要的作用，在带动相关产业和区域经济发展等方面的作用也日益显现。

（三）新时代中国餐饮业高质量发展的新特征

1. 科技成为新时代中国餐饮业发展的核心要素　①科技推动餐饮步入数字化管理时代。②互联网推动餐饮产业平台经济蓬勃发展。③物联网和智能技术推动餐饮产业智能化发展。④ 3D、虚拟现实（VR）、增强现实（AR）技术推动产品和服务创新发展。3D 技术，VR 和 AR 技术的发展推动了餐饮就餐环境、菜品的创新，使得消费者在获得味觉享受的同时，体验身临其境的视觉享受。此外，还有农业、工业领域的新科技在餐饮业引入和应用，进一步提高了餐饮业的科技含量。

2. 融合成为新时代中国餐饮业发展的主流趋势　餐饮业的跨界融合发展成为新时代中国餐饮业发展的主流趋势，也是必然趋势。从零售业和餐饮业的发展来看，这种跨界已经具有一定的产业发展历史，比如便利店中提供的快餐服务，海鲜市场中提供的产品加工就餐服务，餐饮门店中提供的非即时烹饪食品销售服务等。但过去的跨界依然处于跨界组合阶段，当前的跨界两者互补和联系更加紧密，真正实现了融合。对于零售业来说，由于受到电子商务的冲击，线下交易份额在逐步萎缩，只有充分发挥实体体验的优势才能获得更多线下客流，而餐饮业作为体验经济的重要产业，正是线下引流的最好业态选择之一，而且在生鲜零售门店引入餐饮业态，可以缩短供应链，为消费者提供更好的服务和体验。对于餐饮业来说，受限于门店服务半径和消费者就餐时间，餐饮门店的生产利用率、餐位利用率和人工利用率都具有较强的周期性，而发展零售业态可以在很大程度上抚平这种服务半径、餐位限制和消费周期带来的影响，提高门店盈利水平。此外，餐饮业的跨界融合还体现在农业与餐饮的融合、旅游与餐饮的融合、文化与餐饮的融合等。总之，融合发展成为新时代中国餐饮业发展的主流趋势，餐饮业的体验功能和基础性消费特点使其成为各个消费领域吸引客流的重要产业，同时餐饮业也通过与其他产业的融合，促进自身的创新发展。

3. 竞合成为新时代中国餐饮业发展的主题词　竞争与合作正在成为新时代中国餐饮业发展的主题词。一方面，随着信息传播加速，商业空间的调整，新时代餐饮业面临更加激烈的竞争环境。餐饮业是市场机制发挥较为充分的产业，行业竞争激烈，每年新进市场和退出市场的主体都非常多。尤其是在人流向商业中心聚集，信息流向互联网平台聚集的新时代，消费者与以往相比拥有更多的选择权，更低的选择成本，每个餐饮企业既拥有更多更好的发展机会，同时也面临更多更激烈的竞争。另一方面，随着市场竞争环境的加剧，餐饮竞争已经不仅是单个餐饮企业的竞争，而是餐饮集群的竞争、商业区域的竞争、供应链的竞争，因此餐饮企业正在加强餐饮集群之间的合作，实现有序竞争，发挥餐饮集聚效应，加强与商业地产、各业态的合作，实现商圈的共赢，加强与上下游供应商的合作，实现餐饮企业核心竞争力的提升。当前餐饮业出现的共享厨房、共享厨师等新兴共享经济形态正是新时代中国餐饮业竞合发展的重要体现。

4. 健康成为新时代中国餐饮业发展的内涵特征 健康的首要保障是安全。食品安全是餐饮业发展的生命线，是重大民生问题。特别是在通信便捷、社交媒体广泛应用的网络时代，食品安全事件会严重损害企业发展，损害消费者对产业的消费信心，更为严重的会引起社会恐慌，影响社会稳定。在各级政府、协会、消费者、企业的重视和共同努力下，《食品安全法》的颁布，监管机构改革，食品安全信用档案的建立，各地"阳光厨房"工程的实施，原辅材料可追溯机制的建立，企业食品安全人员的设置和管理机制的建立等完善了中国餐饮业食品安全的法律法规，监管体制机制和企业管理制度。产业食品安全控制水平相比过去有了巨大的提升。在安全的基础上，健康是新时代居民美好生活的重要诉求。改革开放以来，随着人民生活水平的提高，高热量、高脂肪、高蛋白等富营养饮食过量摄入带来了诸多健康问题，如肥胖、高血压、高血糖、高血脂等"富贵病"。近两年来，餐饮企业高度重视健康问题，从就餐环境、原辅材料、菜品规格、营养搭配等各个方面营造健康餐饮品牌，以满足消费者的健康饮食需求。

5. 人民满意度成为新时代中国餐饮业发展的重要衡量指标 对于政府来说，伴随着城镇化水平的进一步提升，乡村振兴战略的深入实施，要做好餐饮产业规划，营造良好发展环境，引导产业健康、有序发展，为地方经济、人民民生作贡献。一是发展多层次大众化餐饮市场。坚决守住食品安全红线，把满足人民日益增长的美好生活的餐饮消费需求作为餐饮产业发展的首要目标，发展多层次大众化餐饮服务市场，既要保障居民基本餐饮需求的供给，又要满足不同收入阶层、年龄结构的多元化的餐饮消费需求；二是科学规划社会餐饮网点。充分考虑消费者在工作、生活、旅游休闲的全生命周期的社会化餐饮需求，科学规划社会餐饮网点，特别是要完善社区餐饮服务网点，降低消费搜寻成本。

随着互联网的发展，以大众点评网、口碑网为代表的在线名誉评价体系以及各类社交媒体已经成为消费者表达消费感受的主要渠道之一，成为餐饮企业和消费者互动，提高满意度的主要渠道之一。但是即便是在互联网时代，餐饮企业的满意度最终建立在产品和服务品质上。仅赢得了消费者的眼球而没有获得消费者的胃和心，是无法在如此激烈的市场竞争中树立竞争优势。以网红餐饮为例。网红餐饮是利用互联网传播效应和粉丝经济迅速发展的新兴餐饮品牌。互联网新兴餐饮品牌的崛起为中国餐饮产业发展带来了新生力量，其对消费者的餐饮需求的敏锐嗅觉，对餐饮服务的全新理解和诠释，对互联网传播渠道的熟练应用以及对互联网消费者的尽心维护，为餐饮业发展带来了新理念和新元素，并带动了一批非餐饮人士跨界创业进入餐饮产业，活跃了整个餐饮市场。但同时也存在大量网红餐饮，仅依靠互联网营销炒作，并不注重产品的安全和品质，企业和供应链的管理，最终昙花一现，在竞争中迅速湮灭在市场中。

任务三　中国未来餐饮业的发展趋势

（一）消费升级

中国经济增长已经由过去的投资、出口拉动型向消费驱动型转型。从当前消费升级来看，主要体现在以下四个方面。

1. 消费群体变化 中国拥有全球最大规模的消费人口，因而人口结构变迁和消费群体更替将会带来消费的巨大变化。一方面，中国正在步入老龄化社会；另一方面，中国中等收入群体规模持续扩大，已经成为消费主体。消费群体的年龄结构变化、收入分层、消费理念更新使得餐饮需求更加多元化和个性化。

2. 消费水平提高 随着收入的提高，居民人均消费支出也在不断增长；此外，随着收入的提高，居民在工作和休闲的时间分配决策上也发生了重要转变，休闲时间分配比例逐步提高。由此，生活水平的提高对社会化餐饮、休闲餐饮需求进一步提升，对餐饮的安全、健康、品质提出了更高要求。

3. 消费结构升级 是消费升级的主要特征。随着收入的提高，消费者的消费结构将会不断优化，食品消费等物质消费比例逐步下降，而教育、医疗、文化、娱乐等服务类消费比重上升。这意味着我国餐饮业必须从满足温饱的物质需求阶段向满足精神文化和服务消费需求阶段转变。

4. 消费模式变革 随着互联网的普及以及消费金融的发展，中国消费者的消费模式也正在发生变革。一方面，网络消费成为重要消费模式，这也是在线餐饮外卖服务市场，网红餐饮品牌快速崛起的重要原因。另一方面，在监管机构鼓励发展消费金融的政策指引下，以金融机构为主导、互联网金融平台为补充的消费金融市场发展迅速，尤其是在互联网、大数据技术支持下，消费金融交易成本迅速降低，提前消费、负债消费正在成为年轻消费群体的主要消费模式。

紧紧把握在消费领域中的消费群体、消费水平、消费结构和消费模式等方面的重大变化和发展趋势是餐饮业满足人民日益增长美好生活需求、实现餐饮业高质量发展的核心工作。从当前中国大众化餐饮业发展来看，消费升级正在引领大众化餐饮的发展，更高品质、更加多元化的大众化餐饮正在不断满足市场需求。

（二）数字经济

数字经济是新时代的重要特征和发展趋势。信息技术的广泛和深入应用，特别是以智能手机为代表的智能终端技术，以传感器为代表的物联网技术，以云计算、大数据为代表的互联网信息技术，以及以电子商务，网络社交为代表的网络应用，加快了全球社会、经济的数字化进程。数字经济正在变革和主导经济发展。餐饮业相对于零售业、金融业、交通运输业等服务业来说，数字化发展水平相对落后，但是发展空间巨大。加快餐饮业数字化进程，是发展数字经济的国家战略需要，也是建设现代化餐饮业，提高餐饮业运行效率和创新能力的需要，更是深入、动态了解消费需求，更好满足美好生活需求的需要。此外，餐饮业数字化形成的海量数据资源也是国家社会、经济领域的宝贵数据资源。从当前的餐饮业发展来看，从生产端到消费端，从原材料到最终产品的各个环节正在开始数字化进程，数字餐厅、数字供应链、餐饮服务平台的出现和高速发展，体现了传统服务业对数字化进程的巨大需求。发展数字驱动型餐饮产业是数字经济环境下，餐饮产业发展的必然趋势。

（三）开放包容

中国餐饮业作为中国文化的形象代表之一和重要载体，无论在对外的中西餐文化交流传播，还是在地方餐饮文化的兼收并蓄和融合发展上都要坚持开放包容的发展原则，致力于推动社会主义文化繁荣兴盛和人类命运共同体的发展，以开放包容原则推进中餐"走出去"。中餐"走出去"是具有经济和文化双重战略意义的重要战略，尤其在文化方面。文化"走出去"已经成为中国"走出去"战略的重要内容。世界历史发展经验表明，文化不仅是一个民族、一个国家凝聚力和创造力的基因和源泉，也是评判一国综合国力、国际竞争力的重要因素和指标。中华文化源远流长、博大精深，是中华民族生生不息、发展壮大的丰厚滋养，也是当代中国发展的突出优势，对延续和发展中华文明、促进人类文明进步发挥着重要作用。中餐是中华民族 5000 年悠久历史文化的凝结，集合中国劳动人民的生活传统和智慧，相对于过去以官方主导的文化交流模式，中餐"走出去"以民间交流形式更具有开放性和包容性。以开放包容原则推进中国地方菜发展。

幅员辽阔、民族众多、地形和物产多样的中国在漫长历史发展中，在地方资源禀赋和生活风俗习惯影响下，形成了各具特色的地方菜系，并留下了大量非物质文化遗产。这些造就了丰富多彩的中国餐饮，也给消费者带了别具一格的美食体验。在中国餐饮历史的发展中，从南食北食，到四大菜系，再到八大菜系，体现了不同历史时期，地方菜的发展水平。从当前地方菜发展来看，一方面，随着食材的流通便利和厨师的流动交流，地方菜的融合创新发展成为重要发展趋势；另一方面，很多地方政府都在积极挖掘、打造自身的特色地方餐饮品牌，呈现百花齐放的发展态势。

地方特色餐饮是体验地方文化的重要渠道，是满足消费者多元化餐饮体验需求的重要餐饮服务，应该以更加开放包容的原则鼓励地方特色餐饮走向全国市场，走向全球市场。在全面推进中餐的国际传播工作中，一要出台国家层面的推进中餐"走出去"规划，指导各级部门和地方政府充分整合资源，有序有效地推进中国传统文化的国际化传播；二要积极利用行业协会平台，特别是世界中餐业联合会的国际性行业组织，通过会议会展、厨艺交流、学术论坛等多种方式，加强中外餐饮文化交流；三要注重提高中餐企业的国际竞争力。企业是中餐"走出去"，传播中餐文化的主体，因此必须提高中餐企业的国际竞争力，建立"中餐走出去"形成长效市场化机制。一方面，必须加强中餐企业对自身中餐文化的理解和传承，本土的文化、民族的文化是中餐走向世界的根和灵魂所在；另一方面，要加强中餐的国际交流能力，学会用国际化的餐饮语言或者说东道国本土化餐饮语言传播中国餐饮文化才能获得东道市场的真正理解和接受，并成为中餐传播者。

（四）绿色生态

1. 生产方式的绿色生态　①发展节能环保型厨具和设施设备，降低生产能耗和环境污染；②鼓励发展餐饮业节能环保服务企业，为餐饮企业提供节能环保解决方案，比如清洁生产方案，企业内部循环经济方案等；③严格和科学回收泔水，既要充分利用泔水的生物质能源，又要防止泔水通过非法途径回流餐桌，造成食品安全问题。

2. 消费方式的绿色生态　①培育和鼓励消费者理性消费、节约打包的消费习惯，培养生态友好型消费习惯；②增强消费者绿色生态常识教育，培养绿色生态消费意识，从而对企业行为形成良好的监督和倒逼机制。

发展绿色生态餐饮产业，必须加强绿色生态发展的激励和约束机制。一是加强政府监管。一方面，建立全国一体化的餐饮业信用监管体系，对环保失信餐饮企业采取市场禁入措施；另一方面，鼓励第三方，消费者共同形成社会化监管机制，共同维护美好的生态环境。二是设立餐饮业绿色生态发展政府基金，通过政府引导，鼓励研发投入发展绿色生态友好型餐饮生产设施、设备，鼓励发展绿色生态发展专业服务企业，提高市场对餐饮绿色生态发展的服务能力。

消费升级、数字经济、开放包容和绿色生态四大发展趋势既是新时代赋予餐饮业的重大发展机遇，同时也是餐饮业发展面临的巨大挑战。新时代中国餐饮业必须树立以人为本的发展理念，紧紧围绕消费升级，拥抱数字经济，扎根中华民族文化，服务全球消费者，勇于承担社会责任，在新时代的新征程中实现可持续发展。

练习题

答案解析

一、选择题

（一）单选题

1. 人类制作熟肉食品最早采用的方法是（　　）。

    A. 蒸　　　　　　B. 煮　　　　　　C. 烤　　　　　　D. 炒

2. 在21世纪，下列（　　）功能将得到更大发展。

 A. 为生存提供营养   B. 饱口福

 C. 视觉享受   D. 保健功能

3. 我国历史上最为著名、影响最大的宴席是（　　）。

 A. 红楼宴   B. 孔府宴   C. 谭府宴   D. 满汉全席

4. 使人类告别了茹毛饮血的饮食生活的重要标志是（　　）。

 A. 用鼎熟食   B. 用火熟食

 C. 以水煮食   D. 以汽蒸食

5. 宗法制度形态近于完备，从王室、诸侯、大夫到士人的饮食规格等级森严。餐饮已发展为一个独立的行业是（　　）。

 A. 史前时期   B. 夏商周时期   C. 唐宋时期   D. 元明清时期

6. （　　）标志着我国文明由野蛮、懵懂的原始文明向农耕文明转向，从而奠定了中华农耕文明的基础。

 A. 钻木取火   B. 捕猎   C. 神农尝百草   D. 原始农业的产生

（二）多选题

7. 原始农业主要体现在（　　）上。

 A. 谷物的种植 B. 蔬菜的种植 C. 动物的驯化 D. 捕猎技术的提高

8. 陶器制造业为平民百姓生产饮食器具，商代遗址中出土了（　　），后者标志着陶器向瓷器过渡。

 A. 红陶   B. 灰陶   C. 白陶   D. 釉陶

二、简答题

1. 当代中国餐饮业高质量发展的新特征有哪些？

2. 未来中国餐饮业的发展趋势是什么？

三、实训题

请代表你的家乡，向大家推介你们当地的传统美食。

书网融合……

重点小结   题库

模块三 中国饮食烹饪科学与技术实践

学习目标

知识目标

1. **掌握** 中国菜点的基本制作流程和技巧。
2. **熟悉** 菜点创新研发的原则和程序。
3. **了解** 中国饮食烹饪科学思想；中国饮食结构的相关知识。

能力目标

1. 能够准确掌握中国菜点各个制作技艺的内容和步骤。
2. 能运用菜点开发与创新的相关知识进行主题菜点设计实践。

素质目标

通过本模块的学习，全面了解中国饮食结构，更好地理解中国菜点的核心价值和文化内涵。树立对美食的敬畏之心和追求卓越的态度，要勇于尝试和不断探索，通过菜点的开发与创新的学习，对饮食文化产生更深层次的理解和欣赏，为未来的职业发展和个人成长打下坚实的基础。

情境导入

情境 苏轼是中国历史上著名的文学家、书法家，也是一位美食家。苏轼在饮食方面有着自己独特的理论，他认为食物应该注重色、香、味、形、器的协调统一，同时也要注重食物的营养和健康。在苏轼的诗词中，常可以看到他对食物的赞美和追求，以他命名的"东坡肉"至今仍然广为流传。相传他云游四海来到永修境内一个叫艾城的地方，救了一个中暑的小孩。为了感谢苏东坡，小孩的父亲买了两斤猪肉，用一束稻草捆着提了回来，想问苏先生的口味。恰巧，苏东坡正在赋诗填词，口中朗朗念着："禾草珍珠透心香"。小孩父亲听后仔细琢磨，认为是让他把肉和着稻草整煮，并要煮透心。吃饭时，菜端上桌来，苏东坡见一块整肉，没砍没切，还用稻草捆着，便问什么原因这么制作。小孩父亲对苏东坡说："早上我去问你，你不是说'和草整煮透心香'吗？我是按照你的意思给弄的，先生尝一尝吧。"苏东坡恍然大悟，顺势品尝起来，没想到猪肉掺杂着稻草香味，十分清香可口。至此大家都学着用稻草扎肉煮着吃，十分香酥可口。

问题 1. 中国数万道美食都是通过哪些方法制作出来的呢？

2. 你的家乡有哪些特色菜？

中国饮食烹饪科学思想与饮食结构

PPT

任务一　中国饮食烹饪科学思想

饮食思想与哲理是中国饮食文化的精华。各家饮食之论，角度各一，阴阳家和医家讲阴阳平衡、四气五味；法家讲饮食去豪奢，崇节俭；墨子讲饮食"节用""非乐"；儒家讲饮食要精、细；道家讲饮食要体现朴素和自然，并合于养生；杂家讲通过烹饪调和以求"至味"；佛教讲饮食尚素，戒杀生，行素食等，对于中国人在饮食烹饪文化上的共同心理素质，各家影响不能低估。

现代的许多烹饪理论研究者也都非常重视关于中国饮食烹饪科学思想的研究，而且取得了许多的研究成果。被多数人所接受的是熊四智先生提出的观点，他指出，中国饮食烹饪科学思想的核心主要包括三大观念，即天人相应的生态观、食治养生的营养观和五味调和的美食观，并对其内容作了精辟的论述。

一、天人相应的生态观

天人相应源于《易经》，是指自然界、人以及微小生物在天地之间是相互感应、互相关联的，其理论核心是"顺应四时"，即顺应自然、顺应四时季节气候的变化、顺应昼行夜伏的作息规律等。通俗来讲就是人的健康与否与所处的自然环境和饮食有非常密切的关系，各地的地理、气候、物产甚至是季节都会对人体产生不同的影响。要想达到健康长寿的目的，就必须适应自然和环境的变化，保持正常的生活规律，以保正气、祛邪气；在将自然界的食物烹制成菜肴时要注重在宏观上加以控制，保持阴阳平衡，使人与天地相应。比如生活在潮湿环境中的人群，应当适量地多吃一些辛辣食物来驱除寒湿等。

1. 微生态　现代微生态学认为，一切微生物与环境之间、微生物与宿主之间都是一个整体，宿主的一切表现包括其内在微生物群的表现都是不可能单独存在的。天人相应的整体观与肠道微生态之间的密切相关性，可以简单地概括为本身的整体性和与环境的整体性。人体内环境保持平衡稳定则机体顺应自然进行生长，人体阴阳失衡则会导致疾病的发生。

不同体质，肠胃的微生态环境相差较大，应因用膳合理调配膳食。体质健壮者，应该饮食清淡，不宜过多食用膏粱厚味及辛辣之品。体质虚弱者，应该适量多吃禽、蛋、肉、乳类补虚作用较好的食品，少食用寒凉的蔬菜、水果等。因阳虚而有畏寒肢冷、神疲乏力等症状者，应多吃一些羊肉、狗肉、虾类等温热壮阳的食品，忌用田螺、蟹肉等寒凉之品。阴虚而有五心烦热、口燥咽干等症状者，应多吃一些蔬菜、水果及乳类制品，忌用辛辣的温热之品。

2. 季节　人必须根据自然界的阴阳消长、寒暑往来等变化，主动地与之相适应，避免和消除它对人体的不良刺激，才能不生疾病，延年益寿。根据不同季节，应适当选用寒凉、温热、平和等不同类型的食物。如夏季天气炎热，应多选用寒凉食物以消暑解热，如主食多吃小米、大麦类食品，多喝绿豆汤，多吃水果、西瓜等食物。冬季天气寒冷，应多选用温热食物以增温祛寒，如在红焖羊肉等温性食物中，再多加些辣椒、花椒、肉桂等辛热之品，以增加温热的功效。夏季不宜食用辣椒、肉桂等辛热食品，还要适当限制温性的肉类摄入量，以免助阳动火，冬季也要忌用寒凉类的食物。

3. 区域　中国各个地方有着不同的饮食文化，一个特定地域的特定饮食口味实际上是人与自然长期相互适应的结果。湖南人和四川人喜欢吃辛辣，是因为湖南多山，四川是盆地，都是刮风少，空气相对不流通的地方，加上湿瘴腐浊之气比较盛，需要用辛辣、麻辣的味道祛除这些湿浊气，但是干燥地区的人长期吃辣就容易损伤人的气血，也容易上火。而贵州人吃的是酸辣，因为贵州属于高原地区，不仅潮湿，气压也比较低，人的阳气容易往上耗散，吃酸的食物就能够把人体向上耗散的阳气收敛回来，所以贵州人说："三天不吃酸，走路打窜窜。"云南人喜欢吃蘑菇，也是同理，蘑菇是阴性的食物，有黏厚而下行的性能。云南喝普洱茶，普洱茶也是很具下行之力的茶叶，降火刮肠的作用很强。但江浙人喜欢吃甜，因为江浙地区靠近海，气流不稳定，风吹浪打，这种能量场不稳定的地方，需要吃甘甜的东西，甘以缓之甘，甜的东西，能够让身体能量场稳定下来。知道了地域饮食文化是天人相应的表现形式，养生也就变得很简单了，尊重当地饮食习惯，因地而食，随时随地纠正人体的偏性，这也就是最方便、最好的养生方法。

二、食疗养生的营养观

《黄帝内经》说："味归形，形归气，气归精，精归化。""五味入口，藏于肠胃，味有所藏，以养五气，气和而生、津液相成，神乃自主"这个观念认为人的饮食，目的在于使人体气足、精充、神旺、健康长寿。围绕着这个目的，逐渐形成了中国式的传统养生食疗学说。"五谷为养，五果为助，五畜为益，五菜为充"这一膳食结构不仅使中华民族得以生存与发展，而且避免了许多"文明病"的困扰，为海外营养学家所称道。

食疗养生的营养观具体是指人的饮食必须有利于养生，以食疗疾，辨证施食，饮食有节，以保正气、除邪气，达到健康长寿的目的。人饮食的根本目的是满足养生的需要，达到"气足、精充、神旺"的状态。围绕这个目的，形成了辨证施食和饮食有节两个观点。

（一）辨证施食

辨证施食是中国食疗养生的科学思想。辨证施食是指将食物原料的属性，即食物的性能和作用，以性味（四气五味）、归经加以概括，使人通过饮食兴利除弊，并使人体阴阳达到平衡。用现代营养学知识来解释辨证施食的原因，则主要是因为不同食物的性能和对人体的作用不同，均衡营养和平衡膳食，有利于人体的健康。辨证施食的前提是必须正确认识食物的性味、归经。性味，本是中药四气五味的统称，运用到饮食烹饪中则是指食物的性质。四气，又称四性，是指食物寒、热、温、凉的四种属性。归经就是指中药材选择性地归属于一定的身体部分、脏腑经络。如里热证，可选用具有清热生津作用的寒凉性食物，如大麦、西瓜、绿豆等；里寒证，可选用具有温中祛寒作用的温热性食物，如葱、韭、姜、蒜、辣椒等。

辨证施食还应根据人体状况合理搭配食物。要根据人体和客观现实的需要，合理选择搭配食物原料，将原料一物多用、综合利用、荤素配合、性味配合，使主料、辅料、调料协调互补。如泄泻病，属湿热内蕴证，宜食马齿苋；属食积中焦证，宜食山楂、萝卜；属脾胃虚弱证，宜食山药、大枣、芡实、薏仁等。

辨证施食能调节机体的脏腑功能，平衡阴阳，促进内环境趋向平衡、稳定，是饮食调护的重要原则。

（二）饮食有节

《黄帝内经》开篇即讲"食饮有节"。节，原意是竹节的意思，可引申为调节、节制、节奏、节令、节气、季节、礼节、节约、气节等。"食饮有节"主要包括调节饮食结构，注意饮食节制，把握饮食节奏，适应饮食时节，对证饮食调节，讲求饮食礼节，注重饮食节约，饮食也要高风亮节，饮食也要有傲骨气节。

三、五味调和的美食观

五味调和是中国传统烹饪术的根本要求和古代美食品鉴的最高境界，说的是中国烹饪中味的变化丰富多彩。所谓调和，既指饮食结构合理，也指烹饪调味得体，还包含珍美适口。五味调和要求多种味道和烹饪物性相互作用、平衡和补充，形成一种"中和"之味。水、火、木、金、土在口味上的属性分别对应咸、苦、酸、辛、甘，合称五味；五味亦受五行统辖。烹饪者要使五味调和，从差异到平衡，就必须掌握好"调"的本领，以达到"和"这一饮食的审美极致。

具体来说，五味调和的美食观，是指通过对饮食五味的烹饪调制，创造出合乎时序与口味的新的综合性美味，达到中国人认为的饮食之美的最佳境界"和"，以满足人的生理与心理双重需要。主要包括本味为美、合乎时序为美、适口为美三个方面。

（一）本味为美

"本味"最早出现在《吕氏春秋》的篇名里，其含义一指烹饪原料的自然之味；二指烹饪调和而成的美味。具体来说指的是食物本身自然的美味和烹饪调和后产生的新的美味。在烹饪的过程中要尽量保持食物自然的味道，在烹饪中把多种食物烹调在一起，产生新的美味，真正做到"有味使之出，无味使之入"。

从史料记载可以看出，历代人都尊崇烹饪原料的自然之味。唐代《玉堂闲话》和宋代陶谷《清异录》都有记载，一日，段成式弛猎，肚子饿了，寻到山村民家，一位老媪请他吃了不加任何调料的猪肉羹"崽履"，段成式认为此品"有跄五鼎"，十分"珍美"。回家后便常令家厨仿制，称此菜为"无心炙"。

对中国饮食烹饪颇有研究的清人袁枚，更是对讲求本味为美作了全面的阐述。他在《随园食单》里所写"二十须知"和"十四戒"，从不同的角度阐释了本味问题。他说，"凡物各有先天，如人各有资禀""一物有一物之味，不可混而同之"，需"使一物各献一性，一碗各成一位""余尝味鸡猪鱼鸭，豪杰之士也，各有体味，自成一家"，反复强调烹饪菜肴时要注意本味。为使本味尽其所长，避其所短，袁枚指出在烹饪操作时，选料、切配、调和、火候等方面都是应注意到的问题，如荤食品原料中的鳗、鳖、蟹、鲥鱼、牛羊肉，本身有浓重的或腥或膻的味道，需"用五味调和，全力治之，方能取其长而去其弊"。

（二）合乎时序为美

合乎时序为美强调的是把人的饮食调和与人体和天地、四时等自然环境联系在一起，使人的饮食适应自然适应环境。《礼记》中指出："凡和，春多酸，夏多苦，秋多辛，冬多咸，调以滑甘。"

合乎时序要求"凡和，春多酸，夏多苦，秋多辛，冬多咸，调以滑甘"（《礼记》），以适合人体四时的需要。

五味调和的美食观念中讲究以合乎时序为美，原因在于中国人从不孤立看待饮食之事，相反地，是把人的饮食调和与人体和天、地、四时等自然环境联系起来分析研究，以适应自然。

《饮膳正要》讲四时的主食烹调亦应有所变化，以适应四时的温凉寒热，列"四时所宜"者，如"春气温，宜食麦""夏气热，宜食菽""秋气燥，宜食麻""冬气寒，宜食黍"。

（三）馔肴适口为美

以馔肴适口为美是大家比较熟悉的，经常说众口难调就是这个道理。每个人对食物的喜好不同，哪怕是同一个人，在不同的时间、地点、环境、情绪、体质、饥饱等条件下，对食物的感觉是不同的，所以调味也不应有固定的标准，中国烹饪有"物无定味，适口者珍"的原则。

在中国饮食历史上明确指出和首先论述以馔肴适口为美的学者是苏易简，他是四川中江人，宋太宗时的进士第一名，官至翰林学士。一次，他在给宋太宗皇帝赵光义讲学时，回答太宗问"食品称珍，何物为最"的问题时说："臣闻物无定味，适口者珍"，并说"臣止知齑汁为美"。太宗又问他为什么。苏易简告诉了他的亲身感受，一天晚上特别寒冷，乘兴痛饮后，睡觉时盖了几斤重的厚被子。酒后被热，口中渴极，翻身起床至庭院，在月光中见残雪覆盖盛泡淹菜汁的瓮子，顾不得去叫家童，连忙捧起雪当水洗手，满满地喝上好几杯齑汁，此时觉得"上界仙厨鸾脯凤殆恐不及"，太宗笑着同意苏易简的见解。

任务二　中国传统饮食结构

一、传统饮食的基本类型

中国传统饮食是中华民族的瑰宝，历史悠久，种类繁多，其基本类型包括主食、副食、饮品及其他类型等。

（一）主食

1. 主食的主要来源——五谷杂粮　主食在中国人的饮食中占据着重要地位，是国人在漫长的农业生产的历史条件下逐渐形成并定型的，用来获得人体所需主要营养素的谷物及谷物制品。

《黄帝内经·素问》说："五谷为养，五果为助，五畜为益，五菜为充，气味合而服之，以补精益气。"这里的五谷之说，说的就是古人使用的五种主食，如今还流传着五谷丰登这样的吉祥话，这五谷指的是"稷、黍、麦、麻、菽"。稷指的就是大米，古代主要的粮食来源，所以古人还会用"稷"来代表谷神，和代表土地神的"社"合称为社稷，渐渐地也成为国家的代称。黍指的是黄米，也就是小米。麦说的是大麦和小麦，和如今的小麦相似；麻的籽可以充饥，通过炒制之后可以食用，外形相比绿豆更小，多用来榨油，外皮可以制作麻衣，后来已经很少被食用了；最后一个菽指的就是大豆。

> **知识链接**
>
> #### 烧烤
>
> 烧烤在很多地方都是一种非常受欢迎的美食，但它的地位有些特殊。烧烤通常不被视为正餐，而是更倾向于被视为小吃或夜宵。这主要是因为烧烤通常是小分量的，而且常常在晚上或深夜供应。然而，在某些地区和文化中，烧烤也可能被视为正餐的一部分。例如，在韩国，烤肉是一种非常受欢迎的正餐选择，而在中国的一些地区，烤肉也可能被视为正餐的一部分，例如在新疆地区，烧烤是一种非常受欢迎的餐饮形式。在新疆，烤全羊、馕坑肉等烧烤类食物是非常受欢迎的正餐选择。这些食物通常都是使用优质的羊肉和其他食材烤制而成，口感鲜美，营养丰富。总的来说，烧烤的地位因地区和文化而异。虽然它通常不被视为正餐，但在某些情况下，它也可能被视为正餐的一部分。

"杂粮"一般是指除这五种以外的粮豆作物。明朝时，李时珍完善了"五谷杂粮"的种类，他在《本草纲目》中记载的谷类有 33 种、豆类有 14 种，总共 47 种。随着时代的发展与变迁，现在的"五谷"为稻谷、麦子、薯类、玉米、黄豆五种食物，如今所说的五谷杂粮包括各种谷类、豆类、薯类，以及坚果类和干果类。

2. 主食的食用方式——粥、饭、饼、点心　粥在主食中的比例所占非常高。可用不同的原料熬制成，多用的有米，还可再加入粟、麦或者乳糜。米是熬粥最常见的原料，并且新米比陈米熬出来的粥更香浓。乳粥，就是乳糜，是用米粉和牛羊乳一起煮制而成。佛经中也曾记载，敬奉的百姓都用乳糜以表示真心。大麦粥和冷粥都是常见的粥类，前者是用大麦做成的粥，供寒食节家中食用。冷粥在寒食清明都可食用，以饧加入冷粥中食用。这两种粥都是一样的，据《太平御览》记载，将粳米与麦煮成酪，再加入捣碎的杏仁煮成粥食用。

饭的烹饪方式比较多，"饭"是指将谷物整粒都煮熟，搭配菜一起食用，多是用稻米脱壳后蒸熟而制成。稻米因生长环境不同，米质各有优劣，饭的品质相差较大。人们也经常将别的食物原料放入饭中一起蒸煮，表现出饮食原料的多样性和饮食方式的丰富性。

（1）稻米饭　在南北方都很普遍，是中国人日常饮食中最为基本的食物之一，它可以搭配各种菜品，营养丰富，味道鲜美，制作方法简单，只需将稻米洗净，加入适量的水煮熟即可。

（2）杂粮饭　除了以米蒸熟为饭之外，还可以将一些谷物直接蒸熟做饭，通常包括玉米、小麦、高粱等多种谷物。

（3）饼　是主要的面食之一，是用水和面合并，种类较多，主要有镶饼、粉饼和蒸饼等。唐代人食用的面食主要是饼，日常可作为主食，节日可作为贡品。面食还包括各种面条、馄饨、包子、馒头等。不同地区有不同的制作方式和口味，馒头的形状圆润，口感软糯，也是很多人喜爱的主食之一。

（4）点心　也是主食类的一种。相传东晋时期一大将军，见到战士们日夜血战沙场，英勇杀敌，屡建战功，甚为感动，随即传令烘制民间喜爱的美味糕饼，派人送往前线，慰劳将士，以表"点点心意"。自此，"点心"的名字便传开了，并一直沿用至今。饼和点心主要是面点为主，中国面点的类型见表5-1。

表5-1　中国面点分类

依据	分类
按原料分类	麦类制品、米类制品、杂粮制品
按形态分类	糕、饼、团、包、条、饺、酥饭、粥、羹、冻等
按熟制方法分类	蒸、煮、煎、炸、烤、烙、综合熟制法等
按馅心分类	荤馅、素馅、荤素馅
按口味分类	本味、单独味、混合味

（二）副食

在饮食文化中，副食是相对于主食而言的菜类食品，是主食的补充食物，如菜肴、小菜等。大自然中可供制作菜肴、小菜的原料，都在副食的范畴之列，具体包括肉类、蛋类、豆制品、乳制品、蔬菜、水果、坚果、海鲜等。《素问》中"五果为助，五畜为益，五菜为充，气味合而服之，以补精益气。""五果"指桃、李、杏、栗、枣。"五畜"指牛、羊、豕、鸡、犬。"五菜"指葵、韭、藿、薤、葱。果、蔬和肉食为副食，起辅助、增益作用，提供人体所需的蛋白质、脂肪、纤维、维生素、矿物质等多种营养物质。

（三）饮品

1. 水　最经常饮用的饮品应该是水，主要来源于井水、泉水和河水等。其中井水是最为常见的，《孟子·告子》曰："夏则饮水，冬则饮汤。"人们普遍将水加热后使用，称之为"汤"。

2. 浆　是在水的基础上发展出来的一种饮品，在汉代是另一种主要饮品，浆应该是以米汁制成的。

汉代浆的种类有很多，浆在先秦时是只有贵族或有重大庆典时才食用的饮品，到了汉朝，已经成为相对普遍、平民百姓也可以饮用的饮料，甚至带动了卖浆业的发展。此时，人们对于乳类饮品的评价也很高，认为其营养性很高。除了牛羊乳之外，还有马乳。除了直接饮用牛羊奶之外，当时还将其制成"酪"，认为"酪"可"使人肥泽"，具有很高的营养价值。受到北方游牧民族的影响，生乳及乳制品在汉代日常饮食中的地位逐步上升，但仍有部分人并不习惯牛羊乳的味道，因而乳或者乳制品并不如浆、酒等盛行。

3. 茶 最早的用途是药材，直至汉代才开始成为一种饮品。在西汉时期的巴蜀地区，上层社会对于茶叶的食用已经相当普遍，并且已经出现产茶的集中地。虽然汉代饮茶有了一定的发展，但司马相如的《凡将篇》中，茶仍然被列为药物，说明汉代，饮茶仅处在一种早期阶段，自魏晋起才有了进一步发展。

4. 酒 自先秦时期开始，酒就是生活中的重要饮品，无论是祭祀拜祖，或是求雨祈福，抑或宴请宾客，酒都在其中扮演着不可或缺的角色。汉代饮酒风气盛行，无论是宫中饮宴还是日常在家中自饮自酌、宴请客人，酒永远必不可少。由于农业的进步，为酿酒提供了充足的原料。《周礼》将酒分为不同的类别和规格，称为"五齐三酒"，"三酒"指的是王宫内酒的分类，分别是事酒、昔酒和清酒。事酒就是为祭祀所准备的酒，因此酿造时间短，无须储藏。昔酒酿造时间较长，冬酿春熟，其味较醇厚。清酒酿造时间长，冬酿夏熟，味更厚，且需要经历过滤、澄清等步骤，过滤后色清，被称为"三酒"之冠。"五齐"就是按照酒的清浊程度分为五个等级，分别是泛齐、醴齐、盎齐、缇齐和沈齐，其中泛齐最次，沈齐渣滓都沉于酒底，是相对来说比较清澈的一种酒。

（四）其他

1. 调料 饮食的日益发展，促使人们不局限于食物原始的味道，而更倾向于更多的美味，这也推动了调料的形成与发展。五味调料的合剂被称为"勺药"，指代调味之意。在汉代时，辣椒并没有传入中国，因而"五味"中的"辛"是以葱、姜、蒜、花椒、芜荑等代替，五味之中，咸居首位，因此盐是非常重要的调味料。先秦时期，盐的生产就曾得到过迅速的发展，在汉代时，产盐地多且广，并且各个地区所产出的盐在质地上也有所不同。汉武帝开始，实行官盐专卖，除官府外，禁止私人进行制盐卖盐。并且官府会根据各地产盐量，招募平民和卒徒进行煮盐。盐的食用方式，除了将其直接烹调外，还将其掺入豆、肉等食物中制成酱来食用。

2. 汤品 在中国的饮食文化中也占有重要的地位，汤可以增加菜肴的口感和营养价值。中国的汤品种类多样，有骨头汤、海鲜汤、豆浆汤等，骨头汤是用猪骨、鸡骨等熬制而成的，味道鲜美，富含胶原蛋白，对皮肤有保养作用。海鲜汤以海鲜为主要原料，清爽鲜美，营养丰富。豆浆汤是将黄豆磨成豆浆，再经过煮沸而成的，是中国人早餐中常见的汤品。

3. 小吃 中国的小吃种类繁多，口味各异，各个地区都有自己特色的小吃，比如北京的炸酱面、四川的辣子鸡、广东的肠粉等，都是中国小吃的代表，小吃一般以小分量便携、口感丰富为特点，适合在街边摊或夜市上品尝。

4. 甜点 中国传统甜点讲究色香味俱佳，制作精细，有很高的观赏性，代表性的甜点有月饼、汤圆、糖葫芦等。月饼是中国传统节日中必不可少的食品，有着多种口味和馅料，如豆沙、莲蓉、五仁等。汤圆主要由糯米粉制作而成，馅料有花生、豆沙等。糖葫芦是将水果或者山楂，穿在竹签上沾上糖浆而制成的传统糖果。

中国饮食文化的历史源远流长，博大精深。在几千年的历史长河中，已成为中国传统文化的一个重要组成部分。在长期的发展、演变和积累过程中，中国人从饮食结构、食物制作、食物器具、营养保健和饮食审美等方面，逐渐形成了自己独特的饮食民俗，最终创造了具有独特风味的中国饮食文化，成为世界饮食文化宝库中的一颗璀璨的明珠。同时，中国饮食文化也在逐渐影响着西方一些国家的饮食文化，逐渐渗透融合、博采众长，形成精巧专维、自成体系的饮食文明。

二、传统饮食的特点

中国传统饮食结构具有以下几大特点。

（一）主副食分明

古代不同的阶层主食是不一样的，主食就是指这个阶层主要的食物来源，只是一个简称，特别是平民阶层，如果主食不够的情况还要找别的食物来补充。古代人吃的东西很不一样，猎人把肉当主食，农民把粮食当主食，富人想把什么当主食都可以，穷人的主食在某些阶段可能是草根树皮。现代意义上餐桌上的主要食物（如谷类、豆类和块茎类），是人类日常饮食所需蛋白质、淀粉、油脂、矿物质和维生素等的主要来源，也是能量的主要来源。

烹饪方式上，从被动的采集、渔猎到主动的种植、养殖，有人出现的地方就有主食、副食，远古时期没有分开，比如用鬲来煮混合流质食物，就好比现在的大杂烩的粥。后来才有蒸熟的饭，饭菜分开吃，东汉王充《论衡．量知》曾记述："谷之始熟，名之曰粟。舂之于臼，簸其秕糠，蒸之于甑，爨之以火，成熟为饭。"主副食划分明显，传统膳食较注重谷物的健康作用。

命名上，最早在西周中提出"百谷"的概念，如《诗经．小雅＜大田＞》中提到的"播厥百谷，既庭且硕，曾孙是若"。"百"是用来指多的意思，也并不是真有一百种。西周时期的主食中除了"黍""稷""麦"，还有少量的水稻类作物，但是当时阶级分明及种植技术有限，这些主食产量都不高，吃得起这些主食的人也就是为数不多的贵族，对于大多数人而言，还是需要在主食中加一些副食才能充饥，后来演化成"五谷"。孔子曾在《论语·微子》曰："四体不勤，五谷不分"。这一名词的出现，标志着人们已经有了比较清楚的分类概念。

重要性上，主食是指传统餐桌上的主要食物，主要提供碳水化合物、蛋白质和纤维素等营养素，其中的碳水化合物是人体主要的能量来源，主要包括米饭、馒头、大饼、面条或者其他谷类、薯类制品。在农村，这些谷类食物占到居民一日三餐提供能量的80%以上，而城市居民也超过50%。副食主要提供蛋白质、脂肪、维生素和无机盐等营养物质，对人体健康有重要的作用。

（二）重视各色蔬菜

蔬菜作为一种中华传统美食，从先秦至今一直受到大众的喜爱。在古代史料、诗集中对蔬菜种类、作用、烹饪手法的记载也是当今"美食"界的瑰宝。在数不胜数的诗句中，在世家大族、市井百姓的餐桌上，蔬菜都是一种必不可少的食物品种。作为中华传统美食的蔬菜，赋有的美食内涵、对人体健康的作用以及衍生出的展现中国劳动人民智慧的多种烹饪方式得到了大众的喜爱。

蔬菜品种繁多，主要包括叶菜、根菜、豆类、瓜果等。其中，叶菜主要指一些绿色蔬菜，如菠菜、生菜、油菜等，这些蔬菜在古代中国的菜肴中使用频率较高。人们认为这些叶菜具有清热解毒、健胃消食等功效，常用来制作清汤、蒸菜等菜品。此外，古代中国的老百姓还会食用一些比较特殊的蔬菜或野菜，比如蒲公英、马齿苋、地锦等。这些蔬菜或野菜在现代可能已经比较少见，但在古代的时候却被广泛食用。蒲公英含有丰富的维生素和矿物质，可以清热解毒、利尿消肿，而马齿苋则是一种富含钙、铁等营养成分的野菜，可以滋补身体。老百姓在生活中常常采集这些野菜，制作成各种美味可口的菜肴，成为他们饮食中不可或缺的一部分。

蔬菜的烹饪方式多种多样，可以直接用水煮，简单便捷。也可以采用腌制的方法，用盐裹至蔬菜叶身，放在瓷器罐里腌制少许时刻，晒干就是一道美食。还有些蔬菜有着某些医药的作用，对人体健康有着极大的好处。例如黄花菜，它的烹饪方式同样丰富——热水焯、煎炒、熬汤、凉拌，应有尽有，并且口感也是非常爽口润滑。

在古代，还有一些与蔬菜有关的文化习俗和谚语。例如，"菜蔬不离三月半，自然无病补衣裳"，意思是每年三月半要开始吃鲜蔬菜，这样可以保持身体健康，同时也是新的一年的开始，需要做好身体的保健工作。这些文化习俗和谚语也反映了古代中国的饮食文化中对蔬菜的高度重视和对健康的关注。

（三）多食豆类豆制品

相传豆腐是西汉时期淮南王刘安发明的，豆腐为素菜的发展立下了汗马功劳。因为豆腐不仅是素菜的重要原料，也是素食中的优质蛋白，它的发明无疑让素食也能成为维持人体基本能量的饮食。

豆类主要包括黄豆、绿豆、豌豆等，不仅可以制作豆腐、豆腐皮等食品，还可以作为汤菜、煮菜等。老百姓认为这些豆类具有滋阴降火、益气养血的功效，尤其是黄豆，更是被认为是滋补佳品，经常被用来制作各种营养丰富的菜肴，如黄豆汤、豆腐炖肉等。

现在的膳食结构中也强调"可一日无肉，不可一日无豆""青菜豆腐保平安"的原则，这是因为经常把豆腐作为食药兼备的食物，其具有益气补虚等方面的功能，据测定，一般100g豆腐含钙量为140～160mg。豆腐又是植物食品中含蛋白质比较高的，含有八种人体必需的氨基酸，还含有动物性食物缺乏的不饱和脂肪酸、卵磷脂等。常吃豆腐不仅可以保护肝脏，促进机体代谢，还可以增加免疫力，并且有解毒作用。

（四）以炒炖为主，坚持低温烹饪

烹调方法中以炒炖为主，不仅快捷而且可以保留较多的维生素。炖菜包括煲汤和红烧。这种较长时间的烹调方法不仅有利于菜肴，特别是荤菜营养成分的分解，而且可以使其中某些对人体有益的成分大量增加。蒸也是近些年来被营养专家普遍赞誉的烹调方法，它不会过多地破坏食物的营养素，从美食角度来看蒸会更好地保持食物的形状与口味。主食馒头、米饭、面条、饺子、粥等烹制都在水环境中进行，采用100℃左右的温度加热蒸熟，比烘烤的温度要低得多。爆炒菜肴短时间完成，不仅有益于保持蔬菜的营养成分不受损失，也满足了菜肴表面杀菌的需要，同时也减少了油脂的氧化。

低温烹饪是随着时代和技术的发展而来的一种新的烹饪技术，由西方传入中国，与传统烹饪方式相比，低温烹饪对于食材的损害更小。低温烹饪全名为"真空低温烹调法"，在进行低温烹调之前，需要先将食材放入袋子中，然后抽真空密封；接着再将密封的袋子放入热水中，借由热度缓慢让肉成熟，以达到肉质软嫩多汁的口感。低温慢煮出来的肉质非常鲜美，真空包装保留了食材原有的鲜美与营养，最常见的是低温烹饪牛扒，与传统的高温煎煮牛扒对比，传统烹饪法的牛排外层焦，里层却是可能不熟。而低温慢煮的牛排则由内至外均匀煮熟。简单来说，低温烹调也就是低温慢煮，就是使用低温让食物熟成，这里的低温是对比一般使用油炸、煎炒的高温来说的，视不同食材熟成温度由50～80℃不等。如西餐厅的慢煮牛排、慢煮三文鱼等。

三、中国饮食结构的变化

（一）中国古代的饮食结构

中国古代饮食从分餐到合餐的就餐方式经历了漫长的演变，在与不同历史阶段的生产力水平、社会制度、文化民俗相适应的过程中，饮食文化从单一到多元化发展，分餐制由代表统治阶层森严尊卑贵贱等级的繁文缛节形式，以及平民为求最大化生存的自保之举，渐渐向迎合深受儒家文化影响的世人心理、注重人际情感交流的合餐制转变。

最早的分餐制要追溯到原始部落时期，由于生产力水平极低，在群居生活中，为了维护部落的生存和发展，食物都是平均分配为主，这也就是最初的分餐制形态。商周时期开始，古代的贵族一直采取分餐制，以此区分地位的尊卑。普通的老百姓"庶民"是不具备分餐资格的。这一时期的分餐制度，具备一定的政治和社会意义。在唐朝，"会食制"作为分餐制与合餐制之间的过渡餐制十分流行。"会食制"就是在主人请客人吃饭时，虽然大家同在一张桌子，除了像饼或汤、粥等食物是合食的方式，其他的饭菜都由厨师或仆人按人头分配好，即同桌不共餐。

明清时期，饮食文化进入另一个高峰，不仅继承和发展了唐宋饮食的习俗，还融合了满族和蒙古族的特色。在中原文明与外来文化的不断融合中，合餐制最终定型为流传至今的主流就餐方式。人们的宴饮活动除了饮食需求外，其中更有交际需要的存在，而合餐制显然比分餐制更能营造用餐时的和谐气氛。

（二）中国近代的饮食结构

从 1949 年开始，中国居民的膳食结构发生了翻天覆地的变化。从简朴到丰富多样，从满足基本需求到追求健康品质，人们的味蕾也经历了一次次的飞跃。饮食文化的变迁反映了中国社会发展的轨迹，也见证了国民口味和生活方式的转变。

1949 年后，面对战争的废墟和经济的困难，饮食结构更为简单朴素。大米、面粉、白菜、土豆等主食成为日常，肉类等高蛋白食物普遍稀缺。人们用大米或面条兑水喝，以填饱肚子。从 1960—1979 年，在这段时间里，中国推行了大规模的农村集体化运动和人民公社制度，提倡"人人吃饱饭"。出现了以大锅饭为代表的集体用餐模式，集体在公共食堂用餐，食物品种单一，味道也相对平淡。主食依然是大米和面粉，蔬菜、豆类等辅助食品供应充足，肉类是节日才有机会享受的奢侈品。随着改革开放的推进，中国的经济迅速发展。这一时期的饮食结构开始发生巨大的变化，开始接触到更多的外来食物和烹饪方式。西餐、快餐、小吃摊点等新的餐饮形式逐渐兴起。各地特色菜肴的普及，使得饮食更加多样化，浙江的东坡肉、四川的麻辣火锅、广东的粤菜等成为餐桌上的美味。之后，多元化与健康意识的崛起，生活水平不断提高，消费升级成为时尚，人们开始关注更多的营养和口味。进口食品如牛奶、巧克力、咖啡等开始进入市场，不再是一种奢侈品。同时，速冻食品的普及带来了更多方便快捷的选择，烹饪习惯也逐渐改变。当代中国的饮食结构越来越多元化，中西合璧、中式快餐、异国风味等都成为餐桌上常见的食物。随着健康意识的崛起，更多人开始关注膳食结构的平衡和营养价值，有机食品、素食、低糖、低盐等概念逐渐深入人心。

（三）中国现代的饮食结构

1. 世界四大膳食结构模式

（1）动物性食物为主的膳食结构　属于高热能、高脂肪、高蛋白质的营养过剩型。这种膳食结构引起的后果之一便是肥胖病、高血压、冠心病、糖尿病等现代"文明病"。这种"三高"型饮食以欧美发达国家为代表。这些国家植物性食品消费量较少，动物性食品消费量很大，能量、蛋白质、脂肪摄入量均高，虽然营养丰富，但也带来慢性非传染性疾病的不良后果。

（2）植物性食物为主的膳食结构　其特点是谷物消费量大，人均年消费量200kg 左右，动物性食品消费量较少（动物性蛋白只占蛋白质总量的10%~20%，蛋白质、脂肪摄入量均低）。以多数发展中国家为代表，他们的饮食以植物性食物为主，能量基本上可满足机体的需要，但蛋白质、脂肪偏少，常导致一些营养缺乏病。

（3）动植物平衡的膳食结构　这种模式以植物性食物为主，动物性食物为辅，该结构模式的标准食谱是"123456"：一个水果，二盘深色蔬菜，三勺素油，四两米饭，五份高蛋白食物（瘦肉50 克、鱼30 克、豆腐50 克、鸡蛋一个、牛奶一杯），六杯水。以日本为代表，既保留东方饮食的一些特点，又吸收西方饮食的一些长处，植物性和动物性食品比较均衡，其中植物性食品占较大比重，但动物性食品仍有适当数量，动物性蛋白质占饮食蛋白质总量的 50%，并有丰富的蔬菜、水果等，饮食结构比较合理，基本符合营养要求。不过动物性食品仍稍偏高，慢性非传染性疾病也有增加趋势，但营养失调轻微。

（4）地中海的膳食结构 以植物性食物为主，谷物作主食，副食则是新鲜的天然食品，不作精细加工。烹调大多使用植物油且搭配大豆酱、醋等发酵食品。膳食富含植物性食物，包括水果、蔬菜、全谷类、豆类和坚果等。食谱的加工程度低，新鲜度高，以食用当季和当地产的食物为主。地中海膳食结构，是居住在地中海地区居民所特有的饮食结构，以意大利、希腊为代表；其中海产品较多，饮葡萄酒，烹调用橄榄油。特点是食物中 70% 的热量与 67% 的蛋白质来自占人均 60%~65% 的主食谷物。

2. 近年来膳食结构变化趋势 近二三十年中，由于中国经济快速发展，膳食结构也进入转型期，与传统膳食结构有很大的差异。具体可以概括为三个方面。

（1）膳食质量明显提高 据调查，城乡居民能量及蛋白质摄入得到基本满足，肉、禽、蛋等动物性食物消费量明显增加，优质蛋白比例上升；农村居民膳食结构趋向合理，优质蛋白质占蛋白质总量的比例基本达到三分之一，脂肪供能比例增加，碳水化合物供能比例降低。

（2）城市居民膳食结构不尽合理 城市居民畜肉类及油脂消费过多，谷类食物消费偏低。钙、铁、维生素 A 等微量营养素摄入不足，奶类、豆类制品摄入过低，仍是全国普遍存在的问题。脂肪供能比达到 35%，超过 WHO 推荐 30% 上限。城市居民谷类食物供能比仅为 47%，明显低于 55%~65% 的合理范围。

（3）营养健康状况不乐观 虽然食物供应日渐丰富，但中国居民蔬菜、乳类、薯类、豆类摄入量低，目前要改善居民的营养状况存在着"双重压力"，一是减少某些营养素供应预防慢性疾病；二是增加微量营养素供应预防营养缺乏病。具体包括以下几点。

1）农村儿童的发育不良问题有所改善 但主要微量营养素的缺乏问题并未得到明显改善。贫困地区儿童因缺乏多种营养素，生长发育不良问题较为突出。

2）我国城乡居民缺铁性贫血、缺锌、维生素 A 不足 这些问题仍然不可忽视，维生素 B_2 和维生素 B_1 的供应量也不足。

3）随着食物加工程度的不断提高慢性病增加 城市地区和农村富裕人群各种慢性病的发病率上升。

4）能量、脂肪、蛋白质过剩的问题与营养不良同时存在 居民的疾病模式从急性感染性疾病转为慢性非传染性疾病为主。

5）一些相对不发达的地区营养问题 微量营养素供给不足的问题依然普遍存在。

可见，要改善国民的营养状况、预防慢性疾病，就必须通过健康教育和政策引导，调整居民的膳食结构。比如应保持传统的以植物性食物为主的原则，遏制粗粮、薯类、豆类摄入量下降的趋势，保持主食多样化的饮食传统；奶类食品和豆制品的摄入量应适当增加，提高深绿色和橙黄色蔬菜的摄入量；贫困地区适当提高动物性食物的摄入水平，而富裕地区适当降低动物性食物的摄入量；大力提倡少油少盐的烹调方法等。

3. 中国当前饮食结构 中国传统饮食特点是主食以碳水化合物为主，摄入蛋白，特别是优质的动物蛋白较少，盐的摄入较高，钾、钙、镁及纤维素偏少。其特点是高碳水化合物、高膳食纤维、低动物脂肪。目前食物总量供求已基本平衡，居民膳食结构朝合理方向发展，人均日摄入能量 2387kcal，蛋白质 70.5g，脂肪 54.7g，已经基本达到营养专家提出的理想膳食标准。但我国人口众多，城乡居民食物结构中还存在着问题：城镇居民动物性食物消费量持续增加，致使患肥胖、糖尿病、心血管疾病等慢性病的危险性增加。谷物来源的热能比下降，将造成膳食纤维降低。农村居民谷物来源的热能比偏高，动物性食物比例偏低，优质蛋白质偏少，营养不够平衡。这种状况仍需要逐步改善，加以引导。

根据居民的饮食习惯、国情状况和食物结构的特点，我国人民的膳食结构应当仍保持植物性食物为主、动物性食物为辅的基本特点，适当降低谷类食物所占膳食能量的比例，在保持膳食的能量大半来自谷物的同时，逐步提高动物性食物与大豆蛋白在膳食成分中的比例，改进膳食蛋白质的营养质量；同时也要避免出现西欧、北美等发达国家过多地食用动物性食物而导致的营养问题。

4. 饮食指南 科学合理的饮食不仅可以满足身体各种营养素的需求，还对预防疾病和保持健康至关重要。《中国居民膳食指南（2022）》（以下简称《膳食指南》）中，一般人群的膳食指南共有 8 条指导准则，为 2 岁以上的人群提供了健康、合理的膳食指导，以促进全民健康和慢性疾病的预防。平衡膳食八准则包括：食物多样，合理搭配；吃动平衡，健康体重；多吃蔬果、奶类、全谷、大豆；适量吃鱼、禽、蛋、瘦肉；少盐少油，控糖限酒；规律进餐，足量饮水；会烹会选，会看标签；公筷分餐，杜绝浪费。

准则 1：食物多样，合理搭配

食物多样性与合理搭配是保持营养均衡摄入的重要因素，为了实现食物多样化，《膳食指南》提出了以谷物为主的平衡膳食模式，选择多样的食材并控制食量，注意各类食物的搭配，确保每餐都有谷物，并在外出就餐时注意选择主食。

准则 2：吃动平衡，健康体重

《膳食指南》中，强调了饮食搭配和身体活动的重要性。对于各年龄段的人群，积极进行运动锻炼是必要的。饮食提供营养，身体活动促进新陈代谢和维持合理体重。若只有饮食而缺乏身体活动，则容易发胖和出现代谢问题。因此，为了保持健康，需要保持饮食和身体活动的平衡。

准则 3：多吃蔬果、奶类、全谷、大豆

蔬果和奶豆类是重要的营养来源，含有丰富的维生素、矿物质、膳食纤维和植物化学物质。其中，奶豆类富含钙、优质蛋白质和 B 族维生素，对预防慢性病具有重要作用。要重视从两个方面来改善膳食结构：一是保证蔬果的新鲜度和多样性；二是增加奶制品摄入量，同时考虑各种奶制品的合理搭配。

准则 4：适量吃鱼、禽肉、蛋类、瘦肉

在日常膳食中，应注意鱼肉、禽肉、蛋类及瘦肉的适量摄入。在选择肉蛋类时，应尽量选择新鲜的肉类自行烹饪，减少过度加工、肥肉、熏制和腌制肉制品的摄入。总之，注重以多蒸煮、少烤炸为更健康的烹饪方式。值得一提的是，《膳食指南》强调水产品的重要性，鱼虾蟹贝等水产品脂肪含量较低，又是高质量蛋白质的来源之一。此外，水产品也是获取 EPA 和 DHA（两种多不饱和脂肪酸）的最佳途径。因此，建议适当增加水产品的摄入量。

准则 5：少油少盐，控糖限酒

在饮食方面，随着生活水平的提高，人们的口味也变得越来越重，高盐高脂高糖的饮食成为常态。这种饮食习惯对身体健康，特别是心血管健康造成了极大的威胁，

针对盐的摄入量，在烹饪少用盐的同时还要积极控制调料、零食、饮料等隐形盐的摄入。与此同时，应尽量减少或避免摄入含糖饮料，并且要严格控制饮酒。

准则 6：规律进餐，足量饮水

规律进餐是实现合理膳食的前提，良好的饮食节律有助于保护消化系统健康，促进全面营养吸收利用。建议合理安排三餐，定时定量，不漏餐，避免暴饮暴食和过度节食。而水是构成人体成分的重要物质并发挥着多种生理作用，在饮水方面，应少量多次饮水，保持身体水分充足。如出汗多或活动量大，则应增加摄入量。

准则 7：会烹会选，会看标签

饮食与身体健康息息相关，因此应做好个人饮食规划，根据实际情况选择适宜的膳食平衡搭配，并

学习烹饪技巧，可有效减少食物浪费、传承中华传统饮食文化。在选择预包装食品时，应仔细查看标签，了解其营养成分含量。此外，外出就餐时要避免暴饮暴食，注意控制食量。

准则8：公筷分餐，杜绝浪费

公筷是保障饮食卫生、避免疾病传播的重要实践。在不同场合，如家庭餐桌或外出就餐，适度分餐、使用公筷，都是值得推广的健康饮食好习惯。此外，《膳食指南》也提出了珍惜食物、节约用餐、分餐减少浪费等可持续发展的饮食方式，值得践行。

《膳食指南》强调均衡饮食的重要性，提倡多样化、科学化的饮食。建议大家遵循指南的建议，制定健康的饮食计划，以促进身体健康。

同时，世界卫生组织（WHO）发布了多项健康饮食指南，包括《成人和儿童碳水化合物摄入量》《预防成人和儿童不健康体重增加的总脂肪摄入量》《成人和儿童饱和脂肪酸和反式脂肪酸摄入量》《非糖甜味剂使用》等，旨在降低非传染性疾病发展和过早死亡风险，有效增进人类健康福祉。相信合理的饮食准则和建议会大大降低身体的风险指数，实现健康饮食。

任务三　大数据与人工智能对餐饮业的影响

在数字经济时代，实现信息的高效利用成为行业发展的必然要求，通过云计算整合海量数据、5G通信加速信息传输、人工智能促进全自动化生产。通过与互联网的融合等智能技术的推广应用，餐饮行业发展将获得新动能。这使餐饮产业的发展表现为线上线下一体化、供应链垂直整合以及餐饮零售化的大趋势。通过线上线下一体化、数据化、科技化，未来餐厅可以把每一位顾客变成用户、每一个用户变成会员，店长可以通过大数据了解顾客的喜好，提供千人千面的服务，这是餐饮业必将面临的一次革新。

一、大数据驱动

大数据时代，智慧餐饮已经成为餐饮服务行业管理创新的一种新模式、新理念。智慧的来源取决于数据的丰富性。餐饮业因其扮演的社会角色和行业特性而拥有一系列结构化、非结构化以及半结构化数据等数据资源，这些都构成了大数据的分析基础，分析结果的利用能够为经营者提供更加全面和准确的洞察力，从而提升经营效益，促进整个餐饮业的创新发展。

二、智慧升级

（一）餐饮设备智能化

随着物价、人工等费用不断的上涨，餐饮设备开始逐渐引进自动搅面机、自动烤箱、自动洗碗机等先进的厨房设备，让厨房彻底进入了具有现代化、机械化、智能化的发展新阶段。在中国餐饮企业标准化发展趋势的推动下，选择使用智能烹饪设备的餐饮企业数量和范围不断增多，如快餐厅、酒楼酒店、大型食堂等。智能烹饪设备也已经开始细化，如全自动智能炒菜机、智能煮面机、智能油炸炉等，并且正不断升级优化。

以智能炒菜机为例，人工智能的发展使得餐饮设备的发展也进入了2.0时代。第一代智能炒菜机以半自动滚筒炒锅为主；第二代在第一代基础上加入编程特色，成为可编程全自动滚筒炒锅；第三代则从滚筒炒锅成为可编程全自动煸炒锅。如今，随着AI智能化的飞速发展，智能炒菜机已迭代出第四代智能炒菜机，即AI烹饪机器人。

（二）餐饮制作智能化

餐饮的制作过程实现了智能化，如借助移动终端的 APP 实现下单、出茶、饮用的智能茶饮机，自动制茶机上接茶桶下连果汁瓶，冰柜保温，可全自动一键式清洗处理；支持多种物料如茶汤、果汁、果酱、奶基底等，顾客下单后只需要将相关二维码扫码进机器。最快 6 秒就可以出品一杯茶饮产品。

（三）餐饮环境智能化

近年来，一种新型热门技术 VR，又名虚拟现实技术，意指新生代的信息交互技术，非常受年轻人的喜爱与追捧。据了解，目前在餐饮方面最先引进 VR 技术的主题餐厅主要出现在上海。据某新闻网站报道，顾客在就餐时仿佛身临在另外一个世界中，每道菜都搭配独特的音乐、影像等，让顾客在就餐时充满惊喜。VR 技术的实现成就了餐厅线上的体验场景，SR（模拟现实）相信在未来几年定将会成为顾客追"宠"的新兴对象。不仅如此，相信未来会有更多的高科技手段运用到餐厅消费体验场景当中，如餐饮店里可以出现活灵活现的动漫人物，可以与偶像共进晚餐。

（四）餐饮机器人

餐厅的智能化较多地体现在餐饮机器人的使用上，电子机器人代替迎宾员以及服务员，并自动为顾客安排餐位，让客人点菜后不再需要等待，机器人就能全部搞定。新型研发的厨房垃圾处理器让最为头疼的厨房垃圾直接压缩为一块块"垃圾砖"，从此以后告别脏乱差。

从供给角度来看，餐饮机器人企业不断加码，拓宽了餐饮机器人的种类，为餐饮企业提供了更为多样的选择空间。越来越多的企业开始布局餐饮机器人行业，在推动整个行业向前发展的同时，也加剧了行业竞争。目前，餐饮机器人企业围绕产品、功能、服务、渠道等多个方面下功夫以提升自身的竞争力，受此影响，餐饮机器人的种类也得以不断丰富，餐饮企业也可以根据自身实际情况选择合适的餐饮机器人产品。据了解，从产品形态来看，当前的餐饮机器人主要有送餐机器人、炒菜机器人、回盘机器人、消毒机器人、外卖机器人、迎宾机器人等。

三、智慧餐厅

国务院发布《扩大内需战略规划纲要（2022—2035 年）》，提出要顺应消费升级趋势，提升传统消费，发展智慧餐厅等新零售业态，培育"互联网＋社会服务"新模式，着力满足个性化、多样化、高品质消费需求。

智慧餐厅是基于物联网和云计算技术为餐饮店量身打造的智能管理系统，通过客人自主点餐系统、服务呼叫系统、后厨互动系统、前台收银系统、预订排号系统以及信息管理系统等可显著节约用工数量、降低经营成本、提升管理绩效。"智慧餐厅"系统完善、功能强大，不仅可以取代传统纸质菜谱，而且排号机、收银机、无线寻呼机和管理软件全部覆盖，可减少饭店在这方面的资金投入，并且通过销量排行、进销存分析等功能，有效减少物耗，降低运营成本。

与传统餐厅相比，智慧餐厅能更好地保障食品安全。比如利用餐盘上的识别码，可以实现对菜品信息的数字化管控，使食品安全可追溯。利用全自动出菜机，可以直接从中央厨房运至店铺的转运箱中抓取菜品，减少人为操作的失误，并阻挡飞虫等异物混入菜品。此外，智慧餐厅的服务也更适应顾客的个性化需求，能够让顾客获得更多元、更有趣的用餐体验。

智慧餐厅可以提供更高效的服务和更好的就餐体验。智慧餐厅的主要特点是利用智能技术，通过数字化手段来提升餐厅的管理效率。

智慧餐厅主要针对前端、中端及后端三个方向的数字化升级推进，前端主要是利用大数据分析技术，通过收集分析数据为商家推荐最佳门店选址。包括会员管理系统，通过微信公众号、APP 等运营平台收集会员信息，描绘用户画像，维护会员社区。中端则主要利用云计算功能，开设预订排号、线上点餐、线上支付等服务。后端利用物联网系统打造智能后厨，将顾客订单、收银系统、供应中央厨房与后厨一体化，实时监控后厨运营情况；引入信息系统打造标准化供应链管理，数字化助力促进标准化餐饮商家迭代。

如今，智慧餐饮已经成为大势所趋，从早前的交易、运营、供应链及管理数字化到现在的无人智慧餐厅，餐饮业已经探索到了更高阶的玩法。如果说预制菜能让人人都具备自制美味珍馐的机会，那么比起预制菜，无人智慧餐厅则更具有提供高品质现制菜肴的机会，因此也更接近于打通解放厨师的最后一道关卡。可以预见的是，无人智慧餐厅能够成为一个新的行业风口。

练 习 题

答案解析

一、选择题

（一）单选题

1. 五味调和的美食观是指咸、苦、酸、（　　）、甘。

    A. 辣　　　　　　　　B. 鲜　　　　　　　　C. 涩　　　　　　　　D. 辛

2. 饮食上所说的五谷杂粮中的五谷指的是（　　）。

    A. 稻谷、麦子、大豆、玉米、薯类　　　　B. 小米、黄米、燕麦、荞麦、玉米

    C. 高粱、青稞、黄豆、蚕豆、大麦　　　　D. 绿豆、豌豆、土豆、红薯、山药

3. 从饮食思想出发，中国人选择了"五谷为养、五果为助、五畜为益、五菜为充"为饮食结构，其中"五果"是指（　　）。

    A. 枣、李、杏、栗、桃　　　　　　　　　B. 杏、蕉、橘、柿、桃

    C. 枣、杏、枣、桃、柿　　　　　　　　　D. 杏、蕉、桃、柿、栗

4. 从这些饮食头脑出发，中国人选择了"五谷为养、五果为助、五畜为益、五菜为充"为饮食结构，其中"五畜"是指（　　）。

    A. 牛、羊、猪、鸡、鸭　　　　　　　　　B. 牛、羊、鹅、鸡、鸭

    C. 牛、羊、兔、鸡、鸭　　　　　　　　　D. 牛、羊、猪、鸡、犬

（二）多选题

5. 中国传统餐饮结构的特点主要指（　　）。

    A. 主副食分明　　　　　　　　　　　　　B. 重视各色蔬菜

    C. 豆类豆制品　　　　　　　　　　　　　D. 以炒炖为主，坚持低温烹饪

6. 世界膳食结构模式主要包括（　　）。

    A. 动物性食物为主的膳食结构

    B. 植物性食物为主的膳食结构

    C. 动植物平衡的膳食结构

    D. 地中海的膳食结构

7. 我国现代膳食结构的特点是（　　）。

    A. 谷类食物多　　　　　　　　　　　　　B. 动物食物少

    C. 膳食能量基本满足需要　　　　　　　　D. 膳食纤维充足

    E. 动物脂肪低

8. 天人相宜的饮食生态观讲究体质虚弱者，应该适量多吃（ ）类补虚作用较好的食品。

A. 禽　　　　　　　B. 蛋　　　　　　　C. 肉

D. 乳　　　　　　　E. 蔬菜　　　　　　F. 水果

二、简单题

1. 中国饮食烹饪科学思想的核心主要是指什么？

2. 现代智慧餐厅是指什么？有哪些组成？

书网融合……

重点小结　　　　　　题库

中国菜点的制作技艺与特点

PPT

菜点的制作技艺不仅仅是简单的烹饪过程，更是一种艺术的体现。具体来说，菜点的制作技艺包括食材选择、清洗和切割、烹饪技巧、调味、摆盘、食品卫生、成本控制以及创新和研发等多个方面。只有全部掌握这些技巧，融会贯通，才能制作出美味可口的佳肴，满足消费者的需求。

任务一　用料技艺

菜点用料技艺作为餐饮业的核心，是菜点开发与创新中非常重要的一环，不仅反映了就餐者的饮食偏好，也是厨师们艺术才能的体现。

（一）选料讲究

用料技艺的首要任务是选择优质的食材。只有选择新鲜、优质的原料，才能保证菜品的口感和风味。在选择食材时，需要注重季节性和地域性，以便呈现出最佳的食物特色。此外，根据不同的菜点要求，关注食材的产地、季节和品种等因素，以确保菜品的品质和口感。

（二）创新的食物处理方式

用料技艺鼓励创新的食物处理方式，包括精细的刀工。刀工是厨师必备的技能之一，通过对食材进行切割、切片、雕刻等操作，使其呈现出不同的形状和大小。精细的刀工不仅可以使菜点更美观，还可以加快烹饪过程，增加食材的入味程度。因此，优秀的厨师必须掌握各种刀法，熟练运用各种刀具，新颖的切割方式也为菜点的制作打下良好的基础，使菜品呈现出与众不同的形态和口感，给使用者带来全新的食物体验。

（三）烹调方法多样

烹调方法是菜点用料技艺的重要方面。不同的烹调方法可以发挥出食材的不同特点，从而丰富菜肴的口感和风味。常见的烹调方法包括炒、炖、煮、蒸、炸等，每种方法都有其独特的操作技巧和适用场景。制作者需要熟练掌握多种烹调方法，根据不同的食材和菜品要求，选择合适的烹调手段，以呈现出一道道美味的佳肴。

（四）热菜冷菜兼备

热菜和冷菜是餐饮业中的两种主要菜品类型。热菜注重菜品的温度和口感，冷菜则更注重造型和风味的独特性。在菜点用料技艺中，热菜和冷菜都有其独特的特点和要求。需要了解和掌握两种菜品类型的制作技巧，以满足不同顾客的需求。

（五）菜肴色香味俱佳

菜品的色香味是评判餐饮质量的重要标准之一。在菜点用料技艺中，需要关注食材的颜色搭配和造型美观程度，以提高菜品的视觉吸引力。还需要关注食材的香气和口感，以呈现出令人愉悦的味觉体验。因此，需要通过合理的搭配和烹饪技巧，使菜点达到色香味俱佳的效果。

（六）配菜合理

配菜是菜点用料技艺中的重要环节。合理的配菜可以使菜品的口感和营养更加丰富，也可以使整桌餐点更加协调和美观。在配菜过程中，需要了解不同食材的营养成分、味道和口感，确保配菜的合理性和科学性，通过将传统与现代、东方与西方的食材相结合，创造出独特的口感和味道，为菜品带来丰富的层次和多样性。

（七）重视饮食文化

饮食文化是菜点用料技艺的重要组成部分。在菜品制作过程中，制作者需要了解和传承中华民族的饮食文化，将文化元素融入菜品中，以提高菜品的文化内涵和独特性。同时，还需要关注饮食习惯和健康的关系，为顾客提供营养均衡的餐食。

（八）摆盘和装饰

用料技艺不仅关注菜品的口感，还注重美学和视觉效果的呈现。通过合理的摆盘和装饰，使菜品在视觉上更具吸引力和诱人度，增加食欲和消费者的满意度。

任务二　刀工技艺

一、刀工的要求

（一）必须掌握原料的不同特性

不同的原料有不同的质地和特性，需要采用不同的刀法进行处理。每种食材都有其独特的质地、纹理和口感，而刀工的艺术在于能够准确地切割和处理这些食材，从而达到最佳的烹饪效果。对于柔软细嫩的食材，如鱼肉或蔬菜，需要使用轻柔而精细的刀法，以避免损坏其原有的质感和口感。而对于坚硬坚韧的食材，如肉类或根茎类蔬菜，需要运用较大的力度和适当的角度来纵切或横切，以确保切割的均匀和顺畅。

在刀工技艺中，还需要注意不同食材的水分含量和纤维结构。水分含量高的食材容易滑动，因此需要掌握好力度和手指的姿势，以确保切割的稳定性和准确性。而纤维结构复杂的食材，如肉类，需要根据纤维走向判断最佳的切割方式，以保证口感的最佳表现。深入了解并熟悉不同食材的特性。

只有充分掌握食材的纹理、质感、水分含量和纤维结构等特点，才能准确地运用刀法，展现出刀工的真正魅力。例如，有些原料需要切成薄片，而有些则需要切成细丝。如果不了解原料的特性，就很难做到精准地切割，影响菜品的口感和美观度。因此，在刀工处理原料时，需要充分了解原料的特性，选择适合的刀法和切割方式进行处理。

（二）必须使改刀后的原料整齐划一、清爽利落

在进行刀工改刀后，确保原料整齐划一、清爽利落是至关重要的。这不仅仅是为了保持菜品的美观，更是为了提升菜品的口感和食用体验。整齐划一的切片、切块或切丝可以确保食材在烹饪过程中均匀受热，保持一致的口感和烹饪时间。无论是蔬菜、水果还是肉类，通过精准的刀工技巧，将其切割成统一大小的块状或片状，不仅能够提高食材的烹饪效果，还能展现出精致的菜品造型。

清爽利落的刀工手法能够削减掉不需要的部分，去除多余的骨头、皮肉和筋膜，使食材更加纯净和易于烹饪。同时，利用恰到好处的力度和角度，切割时的动作流畅而自然，使得食材表面光滑，不伤口感，并增加食材的观赏性。

（三）必须与烹调方法相适应

不同的烹调方法需要不同的原料形状和大小，例如，炖汤需要将原料切成大块，而炒菜则需要将原料切成小块或丝状。因此，在处理原料时，需要根据烹调方法选择适合的刀法和切割方式，以确保烹制出的菜品口感和味道都达到最佳状态。

（四）操作姿势必须准确

准确的刀工操作姿势不仅能够提高切割的准确性和效率，还能够减少手部和腰部的疲劳。刀要拿得稳，切得快，同时还要保持身体和手臂的舒适姿态。在进行刀工操作时，应该保持身体正直，眼睛平视，肩部放松，手臂自然悬肘，手指灵活有力。操作时，要根据不同的原料和刀法要求，选择合适的操作姿势，确保姿势准确、舒适、安全。

二、刀法及其特点

（一）刀法

1. 直刀法　是一种最常用的刀法，其刀刃与砧板或与原料接触面成直角。这种刀法根据用力大小和刀刃切割角度的变化可以切成不同的形状，如切、砍、剁、片等。直刀法操作时，一般左手扶稳原料，右手持刀，直着下刀。在烹饪中，直刀法常用于脆性原料的切割，如蔬菜、水果等。

2. 平刀法　又称片刀法、批刀法，可分为平刀片、推刀片、拉刀片、抖刀片、滚料片等，将材料底部切平，或者对半切开。右手持刀，与砧板平行，左手压住食材，刀由底部平行片入，片成适当厚的片。一般适用于无骨的原料，如豆腐、猪血、肉冻等。

3. 斜刀法　刀面与墩面成小于90°角。这种刀法按刀的运动方向可分为斜刀片和反刀片两种方法。斜刀片主要用于加工软质、脆性或韧性原料，如鸡片、肉片、鱼片等，其操作方法是将刀身倾斜，刀背朝右前方，刀刃自左前方向右后方运动，将原料片开。反刀片则适用于加工脆性原料，如芹菜、白菜等，其操作方法是将左手中指伸直，用中指关节抵住刀，右手操刀，使刀紧贴着左手中指的关节片进原料。

4. 锯刀法　结合了直刀法和斜刀法的要求。在具体操作中，锯刀法的刀刃角度小于45°，并且用力向下切割原料，同时需要将原料滚动，以保持刀刃的锋利。这种刀法常用于加工圆形或圆柱形的原料，如圆白菜、胡萝卜等。

（二）刀法的特点

1. 刀工细腻　中国烹饪刀工追求刀工的精细和均匀，力求将原料切成大小一致、形态优美的形状。这不仅有利于烹饪的均匀性和口感，也能增加菜点的美观度。

2. 讲究火候　不同的刀工技巧需要在不同的火候下进行，以达到最佳的烹饪效果。例如，较硬的原料如骨头需要在大火下快速切割，而较软的原料如蔬菜则需要在小火下慢慢切制。

3. 善于调味　刀工技艺的另一个特点是善于调味。通过对原料的切割方式和形状进行改变，可以更好地融入调料的味道，提高菜肴的口感。

4. 讲究选料　刀工技艺对选料的要求也很高。无论是植物性原料还是动物性原料，都需要新鲜、洁净、质地优良。这不仅能保证菜肴的口感和品质，也有利于保障食用安全。

5. 注重情调　中国的刀工技艺不仅注重实用性，还注重艺术性和情调。通过精湛的刀工技巧，将原料切割成各种形态，如蝴蝶、菊花、牡丹等，使得烹饪不仅是一种生活技能，更是一种艺术表现。

任务三　调味技艺

一、调味的方法

（一）加热前调味

加热前调味是指在烹制食品前，先用调味品如盐、酱油、料酒、糖等将食品腌制一定时间，以便入味。这个过程通常在加热前进行，以使原料初步入味，消除一些原料的腥膻气味，为后续的加热过程打下良好的基础。

加热前调味对食品的营养价值和口感有很大的影响。首先，加热前调味可以促进蛋白质水解，增加氨基酸的释放，提高食品的鲜味。此外，加热前调味也可以使食品在加热过程中更加均匀地受热，避免某些成分在高温下过度流失或破坏。然而，加热前调味的时机和方式对食品的营养价值和口感有一定影响。如果过早调味，调味品可能会渗透到食物内部，导致某些营养成分的流失。此外，如果调味品的使用不当，也可能会对口感产生负面影响，如过咸、过甜等。

（二）加热中调味

加热中调味是指在烹制食品的过程中，根据需要加入不同的调味品，以增加食品的味道和口感。常用的调味品包括盐、酱油、糖、醋、料酒、香料等。

加热中调味对食品的营养价值和口感有重要影响。在加热过程中，一些营养素会因为高温而流失，但合适的加热中调味可以减少营养素的损失。例如，在煮肉时，如果过早加入盐，会使肉中的蛋白质凝固，导致营养价值降低，如果在煮至一定程度后再加入盐，则可以减少营养素的流失。

此外，加热中调味还可以改变食品的口感和质地，如煮肉类时加入一些醋，可以使肉更加软嫩。

（三）加热后调味

加热后调味是指在食品已经烹制完成后，再加入一些调味品进行调味，以达到更佳的口感和味道。常用的加热后调味方法包括撒香菜、葱花、辣椒油、花椒粉等，使用的调味品也根据不同的食品和口味而异。

加热后调味对食品的营养价值和口感有一定影响。在加热过程中，一些调味品可能会渗透到食品内部，导致食品某些营养成分的流失。此外，如果调味品的使用不当，也可能会对食品的口感产生负面影响，如过咸、过甜等。

因此，根据不同的食品特性和烹饪方式，选择合适的调味方法和调味时机，可以最大程度地保留食品的营养价值和口感。

二、调味的基本要求

（一）要掌握调味品的性质

要掌握调味品的性质，需要了解各种调味品的味道、香气、质地、营养价值等方面。例如，盐是咸味的代表，可以增强食物的口感和质感，但过多会使食物变得过于咸；酱油可以增加咸味和鲜味，同时还含有多种氨基酸、糖类等营养成分；醋具有酸味和香气，可以增加食物的口感和提味，同时还含有多种维生素和矿物质；糖可以增加甜味和鲜味，但过多会使食物变得过于甜腻；香料可以增加香气和口感，但过多会掩盖食物原有的味道。

掌握调味品的性质，正确地使用调味品，可以达到最佳的口感和营养价值。例如，对于一些质地较硬的调味品，如辣椒、蒜等，可以先将其加工成适当的大小，以便更好地释放其味道和香气；对于一些具有特殊气味的调味品，如鱼露、虾酱等，可以根据需要进行适当的搭配，以避免味道过于浓烈。

（二）下料必须恰当、适时

下料必须恰当、适时是指在烹饪过程中，根据所做菜肴的需要，准确把握原料的投放时间和数量。这是调味的重要环节，如果投放不当会影响到菜品的口感和风味。

要达到恰当、适时的下料，需要了解各种原料的性质和烹饪方法。对于一些需要提前处理的原料，如腌制、焯水等，需要提前准备好。在烹饪过程中，要根据菜肴的要求和烹制方法，适时投放原料。例如，对于需要炒制的菜品，可以先将不易熟的原料炒至断生，再加入易熟的原料继续翻炒；对于需要炖制的菜品，可以先将原料焯水或煸炒，再加入调味料和适量清水炖煮。

下料还要根据不同菜肴的风味要求进行投放。例如，对于口味偏重的菜品，可以适当增加盐、酱油等调味品的用量；对于口味偏淡的菜品，则要减少调味品的用量，以免影响原料原有的口感和风味。

（三）严格按照一定的规格调味，保持风味特色

严格按照一定的规格调味，保持风味特色，是指在烹制菜肴时，根据不同菜系的要求，使用合适的调味品和调味方法，以达到保持菜肴独特风味特色的目的。

要实现这一目标，需要了解和掌握不同菜系的调味特点和要求。例如，川菜以麻辣、酸辣为主要特色，调味时需要使用辣椒、花椒、醋等调味品，并掌握好用量和投放时机；粤菜以清淡、鲜嫩为特点，调味时应注意减少调料品种和用量，突出原料的本味。

在调味过程中，需要注意根据原料的特性，选择适合的调味品和烹饪方法，以充分展现原料的口感和风味。按照菜肴的要求，准确掌握调味品的用量和投放时机，避免出现过咸、过甜、过辣等不良口感。注意不同调味品的搭配和组合，发挥调味品的协同作用，增强菜肴的口感和风味。关注不同季节、不同地域的口味变化，适当调整调味品的用量和品种，以满足消费者的需求。

（四）根据季节变化适当调节菜点的口味和颜色

根据季节变化适当调节菜点的口味和颜色，是指在不同的季节，根据气候和人们饮食习惯的变化，适当调整菜肴的口味和色彩，以适应季节变化对口感和健康的影响。

在夏季，天气炎热，食欲往往会受到影响，菜点的口味应以清淡、爽口、解暑为主，如增加凉菜、酸辣口味等。同时，菜点的颜色也应以清新、明亮的色调为主，如绿色、黄色、白色等，以增强食欲。

在冬季，天气寒冷，食欲相对旺盛，菜点的口味可以相对浓郁、油腻一些，如增加火锅、烤肉等菜肴。同时，菜点的颜色也应以暖色调为主，如红色、棕色等，以增强菜肴的温暖感。

在不同的季节，菜点的配菜和配料也可以适当调整，如在夏季增加黄瓜、番茄等清凉爽口的蔬菜，而在冬季则增加萝卜、南瓜等根茎类蔬菜。

（五）根据原料的性质进行调味

根据原料的性质进行调味，是烹饪过程中非常重要的一环。不同的原料具有不同的性质，如口感、味道、营养成分等，因此需要选择合适的调味品和调味方法，以充分展现原料的独特风味和特点。

对于质地鲜嫩、口感鲜美的原料，如肉类、海鲜等，应尽量保持其原有的口感和味道，使用较少的调味品和较轻的烹饪方法，避免过重的味道掩盖其本身的鲜美。对于腥膻气味较重的原料，如羊肉、鱼类等，应适当增加调味品的用量，以解除其腥膻异味，增强其口感和食用安全性。对于本身无显著鲜味的原料，如豆制品、淀粉类食品等，应适当增加美味调味品的用量，以提高其口感和食用价值。

根据原料的形状、烹制方法和配菜的不同，调味的方法和重点也会有所不同。因此，在调味时需要

根据不同的原料和菜点要求，灵活运用各种调味品和调味方法，以达到最佳的调味效果。

任务四　制熟技艺

制熟技艺是指将食材通过一定的烹调方法进行熟化的过程。常见的制熟技艺如下。

一、烧

烧是一种将食材放在火焰上直接加热的制熟技艺。在烧的过程中，食材的表面会因为高温而收紧，形成一层焦香的外壳，同时内部也会因为热量的传导而熟化。了解不同食材的烹饪时间和温度要求，掌握火候是烧菜的关键。烧制的菜肴具有焦香、酥脆的特点，适合作为主菜或配菜。

二、烤 ⓔ 微课

烤是一种将食材放在烤箱或烤炉中加热，以蒸发其中的水分，收紧食材表面的制熟技艺。烤的过程中，食材会因为热量的传导而熟化，同时表面也会因为高温而形成一层金黄或焦香的外壳。烤的技巧包括烘烤、烤制、焙等，例如，烤面包、烤饼干等适合使用烘烤的方法，烤鸡、烤羊排等则需要使用烤制的方法，而焙则是将食材放在烤箱中以较低的温度慢慢烤熟的一种技巧。烤制的菜肴具有酥脆、焦香的特点，适合作为主食或小吃，如烤面包、烤饼干、烤肉串等。

三、烘

烘是将食材放在干燥的环境中，通过蒸发水分来干燥食材的制熟技艺。烘的过程中，食材会因为失去水分而熟化，同时也会因为热量的传导而熟化。烘的技巧包括烘干、烤干等，不同的技巧适用于不同的食材和菜肴。例如，烘山芋、烘南瓜等适合使用烘干的方法，烘虾、烘鱼片等则需要使用烤干的方法。烘制的菜肴具有干香、酥脆的特点，适合作为小吃或零食，如烤干的花生、山芋片等。

四、熏

熏是一种将食材放在熏室中，通过燃烧木材等产生烟雾，使食材吸收其中的香气和味道的制熟技艺。熏的技巧包括烟熏、熏制等，不同的技巧适用于不同的食材和菜肴。例如，烟熏鱼、烟熏肉等适合使用烟熏的方法，熏鸡、熏鸭等则需要使用熏制的方法。熏制的菜肴具有独特的烟熏香味和口感，适合作为主菜或配菜，如烟熏鸭、烟熏鸡等。

五、炖

炖是一种将食材放在密封的锅中，加入适量的水和其他调料，以高温慢炖的方式将食材煮软、煮透的制熟技艺。炖的过程中，食材中的水分和调料会因为热量的传导而融合，形成一种浓郁的汤汁。炖的技巧包括煲、炖汤等，不同的技巧适用于不同的食材和菜肴。例如，炖鸡汤、炖猪骨汤等适合使用炖汤的方法，煲仔饭、煲汤等则需要使用煲的方法。炖制的菜肴具有浓郁的汤汁和软烂的口感，适合作为主菜或汤菜，如鸡汤、猪骨汤等。

六、煮

煮是一种将食材放入开水中，以不同的时间和温度进行加热，使其软化、熟透或溶解的制熟技艺。

煮的过程中，食材中的水分会因为热量的传导而沸腾，从而使食材煮熟。煮的技巧包括水煮、汤煮等，不同的技巧适用于不同的食材和菜肴。例如，水煮鱼、水煮肉片等适合使用水煮的方法，汤煮饭、汤煮面等则需要使用汤煮的方法。煮制的菜肴具有汤汁丰富、口感嫩滑的特点，适合作为主菜或配菜，如水煮肉片、汤煮面等。

七、蒸

蒸是一种将食材放在蒸锅中，通过蒸汽加热，使其熟透、软化或溶解的制熟技艺。蒸的过程中，蒸汽的温度和热量会通过食材的表面和内部，使其熟化和软化。蒸的技巧包括清蒸、干蒸等，不同的技巧适用于不同的食材和菜肴。例如，清蒸鱼、清蒸鸡等适合使用清蒸的方法，干蒸虾、干蒸蟹等则需要使用干蒸的方法。蒸制的菜肴具有原汁原味、口感鲜嫩的特点，适合作为主菜或配菜，如清蒸鱼、干蒸虾等。

八、炸

炸是一种将食材放入油中，通过高温油煎的方式将其炸熟的制熟技艺。炸的过程中，油温会很高，食材会因为油温的高热而熟化，同时表面也会因为油温的高热而形成一层金黄或焦香的外壳。炸的技巧包括炸制、酥炸等，不同的技巧适用于不同的食材和菜肴。例如，炸鸡、炸鱼等适合使用炸制的方法，酥炸虾、酥炸鸡翅等则需要使用酥炸的方法。炸制的菜肴具有金黄酥脆、香气扑鼻的特点，适合作为主菜或小吃，如炸鸡、酥炸虾等。

九、炒

炒是一种将食材放入热锅中，加入适量的油和其他调料，快速翻炒，使其熟透、调味均匀的制熟技艺。炒的过程中，热锅的高温会迅速将食材表面加热，同时翻炒可以促进食材内部的热量传导，使其熟化和调味均匀。炒菜时火太大容易糊底，火太小则影响食材熟透，需要根据不同的菜品调整火力。还要掌握不同食材的烹饪顺序，以保证每种食材都能够熟透而不过熟。例如，先炒熟硬质的蔬菜再加入嫩质的蔬菜或肉类，以免导致煮烂或过火。炒的技巧包括炒菜、爆炒等，不同的技巧适用于不同的食材和菜肴。例如，炒肉丝、炒青菜等适合使用炒菜的方法，爆炒腰花、爆炒虾仁等则需要使用爆炒的方法。炒制的菜肴具有鲜嫩、爽口的特点，适合作为主菜或配菜，如炒肉丝、爆炒虾仁等。

十、焖

焖是一种将食材放锅中，加入适量的油和其他调料，以中火慢炖的方式将其煮软、煮透的制熟技艺。焖的过程中，锅内的温度和压力会逐渐升高，使食材内部的热量和水分得以传导，使其熟化和软化。焖的技巧包括红烧、炖等，不同的技巧适用于不同的食材和菜肴。例如，红烧肉、红烧鱼等适合使用红烧的方法，炖牛肉、炖鸡肉等则需要使用炖的方法。焖制的菜肴具有浓郁的汤汁和软烂的口感，适合作为主菜或配菜，如红烧肉、炖牛肉等。

任务五　菜点装饰技艺

菜点装饰是近几十年来得到快速发展普及的菜肴美化工艺。菜点装饰是指在烹饪和摆盘过程中，通过精心设计和巧妙搭配，用美食的形式和色彩展现出菜品的美感和艺术性。菜点装饰是菜点外在形式的扩展与延伸，是菜点主体部分的陪衬和美化。菜点装饰可以包括使用各种食材雕刻成各种花纹、造型或图案，以及运用调味料、酱汁等进行细致的涂抹、点缀和绘制。通过菜点装饰，可以提升菜肴的吸引力、美观度和享受度，为食客带来视觉和味觉的双重享受。

一、菜点装饰的特点

菜点装饰，是采用适当的原料或者器物，经过一定的技术处理，在餐盘中摆放成特定的造型，以美化菜点，提高菜点审美与食欲的制作工艺，具体特点如下。

1. 制作工艺应该简单快捷　菜点装饰是为了菜点更加美观、更加突出，是根据菜点特点量身制作的，大多数都是预先摆放在空的餐盘中。这样的特殊性使其装饰技法更加简洁明了。装饰的时候要少花时间，简单加工，快速完成，这样才能起到美化作用，才能适合菜点装饰的发展。

2. 用料多以果蔬为主　适用于菜点装饰的原料主要是瓜果和蔬菜，但近年来，面塑与糖艺也在烹饪中迅速发展起来，更加丰富了菜点的颜色，这些原料选用起来比较简单，而且在市场无论是新鲜的瓜果蔬菜还是面塑糖艺的原料都能轻易买到，为菜点装饰提供了原料保障。

3. 使用广泛，美化效果好　菜点装饰虽不是每一个菜点都用，但是却能应用在很多不同品种的菜品中，即高档的鲍、参、翅、肚、熊掌、燕窝等菜肴可以装饰，普通的鸡鸭鱼肉也可以装饰美化。简单来说只要装饰得当就能起到画龙点睛的效果。

二、菜点装饰的原则

1. 实用性　是指菜点装饰要始终坚持为菜点服务的原则。菜点装饰属于菜点的陪衬，而不是菜点的主体。菜点内在的品质、风味特色及其外在的感官优良，要看菜点制作过程中对原料的合理使用，加工方法运用得当。

2. 简单化　是指菜点装饰要以最简略的方式达到最大的美化效果。但是在实际应用中，对菜点进行过度装饰的现象比比皆是，这类装饰用料多、时间长、造型体积大，喧宾夺主，违背了菜点装饰的初衷。

3. 鲜明性　是指菜点装饰要具体形象的感性形式来协助表现菜点的美感。比如，人们说花是美的，指的是具体可以感知的花，抽象的花是无所谓美与丑的。所以在菜点装饰时，要善于利用装饰原料的色、形、质等属性，在盘中摆出鲜明、生动、具体的图形。

4. 协调性　是说菜点自身与菜点装饰之间要和谐。首先，菜点装饰装饰造型、色彩及其与餐盘之间应该是协调的。好比红花、绿叶，放在白色盘子的一端，它们之间是相互协调的。

三、菜点装饰的方法

（一）点缀法

点缀法是用少量的物料通过一定的加工，在菜点的某侧，形成对比呼应，使其菜点的重心突出，这类方法加工简洁，明快，易做。常见的用雕刻制品对菜点的装饰多属于点缀法，但是随着餐饮业的发展，除了平时所用简易的食品雕刻外，又有了糖塑、面塑、果酱等手法用于菜肴点缀装饰也非常普遍。具体的点缀法包括以下几类。

1. 局部点缀　用各类蔬菜、水果加工成一定形状后，点缀在盘子一边或一角，以渲染气氛，衬托菜品。比如用柠檬片切成心形或半圆形，放在盘子边缘作为装饰。

2. 对称点缀 用装饰料在盘中做出相对称的点缀物。此法多用于圆形的餐盘，装饰物对称、协调，简单易掌握。比如在盘子中央放一颗樱桃，在其左右两侧各放一片柠檬，形成对称的装饰效果。

3. 半围式点缀 运用点缀物进行不对称点缀。点缀物约占盘子的三分之一，主要是追求某种主题和意境。比如在盘子一半的位置放一些不对称的装饰物，如水果块、蔬菜片等。

4. 中心点缀 将立体雕塑放在盘子的中心，以突出意趣或主题。比如在盘子中央放一小堆樱桃，周围用蓝莓和薄荷叶装饰。

5. 全围点缀 如"八宝葫芦鸭"，中间有一"葫芦鸭"，周围用 12 只小葫芦围之，大与小相称，立体感强。

（二）围边法

围边也称"镶边"，行业中有时作菜点装饰美化的统称。围边较之点缀复杂，也可以说是若干点缀物的组合，因此具有一定的连续性。恰如气氛的围边可使菜肴的色、香、味、形、器有机统一，产生诱人的魅力，刺激食者产生强烈美感及食欲。常见的方式有几何形围边和具体形象围边。

1. 几何围边 是利用某些固有的形态或者经加工成为集合形状的物料，按照一定顺序方向，有序的排列，组合在一起。如"乌龙戏珠"用鹌鹑蛋围在扒海参的周围。还有一种半围花边也属于此类方法，半围发围边时，关键是掌握形态比例、色彩比例等，其制作没有固定的模式，可根据需要进行组配。

2. 象形围边 是以大自然物象为刻画对象，用简洁的艺术方法提炼出活泼的艺术形象，这种方式能把零乱而没有秩序的菜肴统一起来，使其整体变得统一美观。如动物类，孔雀、蝴蝶等；植物类，树叶、寿桃等；器物类，花篮、宫灯、扇子等。

（三）切割和造型

利用刀具和切割技术，将食材切割成各种形状和图案，如花形、叶形、动物形等。切割技术可以包括切片、切条、切块、切片等，创造出别致和吸引人的形状。利用水果或蔬菜的自然颜色进行装饰，例如，将西瓜切成小块，将每一块都削去一圈皮，然后将西瓜肉挖出，形成一个个小圆圈，用来装饰菜点。利用食物雕刻技术进行装饰，例如，利用雕刻刀将黄瓜、胡萝卜等食材雕刻出各种形状的花、动物等装饰物，然后放在菜肴的盘子上。

在菜点装饰中，切割和造型需要根据不同的菜品和自己的技巧进行选择和调整。通过不同的切割和造型技巧，可以创造出更多的装饰效果。

（四）层叠和堆叠

利用不同大小和形状的食材，将它们层叠或堆叠在一起，形成丰富的层次感和立体感。这可以通过蔬菜片、水果片、海鲜块等来实现。层叠是将不同颜色、形状或质地的食材按照一定的顺序排列，形成层次分明的效果。例如，将不同颜色的蔬菜片一层层叠放，形成彩虹效果。堆叠是将不同食材按照一定的形状和比例堆放在一起，形成整体效果。例如，将不同形状的水果堆放在一起，形成色彩缤纷的水果塔。

（五）色彩组合

吸引人的色彩组合可以提升菜品的视觉效果。注意选择不同颜色的食材，例如混合不同颜色的蔬菜、水果和调味料，创造出鲜艳、丰富和平衡的色彩搭配。在多种颜色的组合中，可以选择其中一种颜色作为主色调，其他颜色作为辅助色，形成呼应。例如，主色调为绿色，辅助色为红色和白色，可以形成一种清新自然的效果。

（六）场景和构图

将食材和装饰物摆放在特定的场景中，创造出有趣、富有故事性的构图。例如，利用盘子的形状、餐具和环境元素来完善整体效果。使用不同颜色的食材制成彩盘，例如，用不同颜色的水果或蔬菜组成彩虹效果的彩盘。将不同颜色的食材切成小块，然后组合成彩球形状，例如，用不同颜色的蔬菜丁组成彩球。根据菜品主题和食材特点，设计合适的摆盘造型，如圆形、条形、塔形等。

以上只是一些常见的菜点装饰方法，这些装饰形式并不是独立使用的，有时候可以混合使用进行装饰美化，许多场合下还要根据个人经验的积累，思维的创新和精湛的技巧，加以发挥和创造，同时应该坚持安全、简单、快捷、经济、美观、实用思想。

四、菜点装饰的注意事项

1. 卫生安全 装饰美化是制作美食的一种辅助手段，但如果操作不当，容易传播污染。所以，蔬果饰物一定要进行洗涤消毒处理，尽量少用或不用人工色素。装饰美化菜点时，在每个环节中都应重视卫生，无论是个人卫生还是餐具、刀具卫生都不可忽视。

2. 实用为主 菜点装饰美化的实用性，实质上就是装饰物能够食用，方便进餐，而不只是作摆设。所以，以食用的小件熟料、菜肴、点心、水果作为装饰物来美化菜点的方法就值得推广；而采用雕刻制品、琼脂或冻粉、生鲜蔬菜、面塑作为装饰物来美化菜点的方法就有一定局限性。

3. 经济快速 菜点进入筵席后往往被一扫而空，其装饰物没有长期保存的必要，加之价格、卫生等因素及工具的限制，不可能搞很复杂的构图，也不能过分地雕饰和投放太多的人力、物力和财力。

4. 和谐一致 首先，装饰物与菜点的色泽、内容、盛器必须和谐一致，使整个菜点在色香味形诸方面形成完整统一的艺术体系。其次，筵席菜点的美化还要结合筵席的主题、规格、与宴者的喜好与忌讳等因素，要锦上添花，忌弄巧成拙。

练习题

答案解析

一、选择题

（一）单选题

1.（　　）是刀工美化的一种。

    A. 滚切　　　　　　B. 平片　　　　　　C. 斜片　　　　　　D. 菊花形花刀

2. 面包适合（　　）进行加工。

    A. 滚料切　　　　　B. 直刀切　　　　　C. 锯刀切　　　　　D. 拉刀切

3. 烤制法根据火焰状况分为（　　）两类。

    A. 挂炉烤、火槽烤　　　　　　　　　B. 焗炉烤、炙炉烤

    C. 铁板烤、地坑烤　　　　　　　　　D. 明火烤、暗火烤

4. 调味在丰富菜品属性方面，对菜品的（　　）作用更为突出。

    A. 香、味、色　　　　　　　　　　　B. 香、形、味

    C. 香、味、养　　　　　　　　　　　D. 香、味、质

5. 麻酱是调味过程常用的增稠剂，其制法是将麻酱用（　　）澥开，可代替淀粉使用。

  A. 水   B. 油   C. 料酒   D. 液体状调料

6. 氽制方法说法正确的是（　　）。

  A. 原料形状较大   B. 原料必须上浆处理

  C. 采用沸水或沸汤加热   D. 选用块状动物原料

7. 烹炒的肉类原料需要经过的前期热处理方法是（　　）。

  A. 水焯   B. 焯煮   C. 油滑   D. 油炸

8. 清蒸是菜品制作过程中常用的烹饪方法，下列说法正确的是（　　）。

  A. 保持菜品本色   B. 蒸制过程不加调料

  C. 口味软烂酥松   D. 不加汤汁和水

9. 下列烹调方法中（　　）在火候上要求急火热油速成。

  A. 炖菜   B. 软炸   C. 爆菜   D. 熘菜

10. 菜点装饰的地位与作用是（　　）。

  A. 融入个人偏见，点明宴会主题

  B. 美化菜肴，突出重点菜肴

  C. 随便装饰席面

  D. 为片面追求经济效益而融入文化

（二）多选题

11. 中国菜点制作的三要素是指（　　）。

  A. 刀工   B. 调味   C. 火候   D. 装饰

12. 按成菜色泽，烧可分为（　　）。

  A. 汤烧   B. 红烧   C. 糖烧   D. 白烧

13. 在菜点制作过程中对刀工技艺的要求比较高，刀工的作用包括（　　）。

  A. 便于烹制和调味   B. 利于造型和美化

  C. 便于食用和消化   D. 提高嫩度，改进质感

14. 雕刻是菜点装饰的重要手段之一，下列影响雕刻选材的主要因素有（　　）。

  A. 根据造型大小去选材

  B. 根据作品色泽要求去选材

  C. 根据造型的要求选择质地好的原料

  D. 根据个人喜欢去选材

二、简答题

1. 刀工的基本要求是什么？

2. 菜点装饰的方法有哪些？

书网融合……

重点小结	微课	题库

菜点的开发与创新

PPT

任务一　菜点开发与创新的原则

一、创新菜点

（一）创新菜点的概念

创新菜点是在菜品开发与创新过程中，注重独特性、创造力和前瞻性。它代表了大胆尝试新鲜理念和独特创意的精神，挑战旧有菜品的传统模式，为人们带来新鲜、惊喜和激动的味蕾体验。

在创新菜点的设计中，追求独特的口味组合，将传统与现代、东方与西方的元素融合，创造出令人惊叹的味觉旅程。注重材料的选择与搭配，精选顶级食材，并通过创新的制作技艺和烹调手法，将其提升到一个新的高度。

创新菜点关注食物的健康价值和平衡，追求菜品的营养均衡，增加食物的功能性，使人们在品尝美味的同时，也能获得健康的益处。倡导用新的食材处理方式，减少对油炸和煎炒等传统烹饪方式的依赖，提供更为清淡、健康的选择。

（二）创新菜点的要求

1. 新颖性　创新菜点需要有新颖的创意和独特的特点，不同于已有的菜品，它们应该能够引起顾客的兴趣和好奇心。

2. 可行性　创新菜点要能够在实际运营中得以实现，它们需要考虑食材的可获取性、调配的可行性和烹饪的可操作性等因素。

3. 口感和味道　创新菜点的口感和味道要令人满意，它们应该融合各种食材和调味品，创造出独特而丰富的口味体验。

4. 健康与营养　创新菜点应该注重健康和营养，选择新鲜、健康的食材，并采用合理的烹饪方式，满足现代人对健康饮食的需求。

5. 可持续性　创新菜点要考虑可持续性的因素，包括采用可回收材料、选择可持续种植的食材、减少浪费等，以促进环境保护和可持续发展。

6. 利润性　创新菜点不仅要满足口味和创意的要求，还需要考虑经济效益。它们应该有利润空间，能够吸引顾客并带来销售增长。

二、菜点开发与创新的作用

菜点开发与创新在餐饮行业中具有重要的作用，它能够为餐厅带来以下几方面的好处。

1. 吸引力和独特性　创新的菜点能够吸引顾客的注意力，与众不同的口味和风格将使餐厅在竞争激烈的市场中脱颖而出，同时，拥有独特的菜品将为餐厅带来更多的口碑和知名度。

2. 提升顾客体验 创新的菜点能够提供顾客与众不同的用餐体验。通过创造性的菜品设计和精心挑选的食材，餐厅能够给顾客带来新鲜、惊喜和激动的味蕾享受，留下深刻的印象。

3. 增加客户留存率 通过不断创新菜点，餐厅能够满足顾客对新奇和变化的追求，增加兴趣和好奇心。顾客对于创新菜品的喜爱将使他们愿意重复光顾餐厅，提高客户的留存率。

4. 创造新的销售机会 创新菜点能够带来新的销售机会和增加收入来源。通过不断尝试新的口味和风格，餐厅能够推出限时特供菜品、节日主题菜单等，吸引更多的顾客光顾，提高销售额。

5. 促进员工创造力 菜点开发与创新不仅激发了顾客的创意和好奇心，也激发了餐厅员工的创造力和激情，通过参与菜品创新的过程，员工能够锻炼创造性思维，提高团队的凝聚力和工作积极性。通过不断创新和追求卓越，餐厅能够在竞争激烈的市场中不断发展壮大。

三、菜点开发与创新的内容

1. 口味创新 创新菜点具备独特的特色和风格，与传统菜品区别开来。通过尝试新的调味料、配料或烹饪方法，为传统菜品带来全新的口味体验。它们在味道、口感、外观或食材选择等方面都有与众不同之处。

2. 融合创新 将不同菜系或食材进行融合，创造出独特的菜品组合，让顾客领略到不同文化和口味的碰撞，尤其是文人雅客为美食的推广和设计增添了更多的诗意和魅力，文人将文化生活、文学内容与情趣爱好寄于美味佳肴中，提升菜品的文化内涵，菜因文脉而风雅，菜因文名而传承。创新菜点有时还会将不同的菜系、食材或烹饪技巧进行融合，带来多样性的口味和文化体验，这种融合能够创造出令人惊喜的味觉组合。

3. 健康与营养创新 创新菜点注重健康与营养，在食材选择、烹饪方法和食品加工方面进行创新，利用新鲜、有机或特殊食材来设计和制作菜点，追求健康、营养和独特的味道，以满足现代人对健康饮食的需求和追求。

4. 创意造型 以创意的手法塑造出令人叹为观止的形象。每一道菜点都像一幅立体的画作，以细腻的笔触展现出丰富的层次感和生动的表现力。从可口的小巧点心到精致的主菜，每一款菜点都以精心的设计，通过菜品的摆盘、外观和装饰创意，运用色彩的对比和形状的变化，在盘中创造出一个个独特的景象。有时，一道菜点可以如同一幅艺术品，用食材的装饰、摆放和切割，让人们在品尝菜点的同时，感受到一种审美的愉悦。

5. 可持续创新 创新菜点不停止于一次创新，也会不断演进和改进，以适应不同的顾客需求和市场变化。在菜点开发过程中，注重环保和可持续性，选择有机、可回收或植物性替代品等食材，为顾客提供更加健康和环保的选择，持续改进和创新是创新菜点的重要特征。

四、菜点开发与创新的具体原则

菜点开发与创新需要综合考虑多方面的因素，包括传统与现代的结合，基本功与技巧的掌握，调味料的运用，本地区饮食习惯的遵循，不同菜系的借鉴与整合，立足于易得、价廉物美的原料基础之上，创新烹调方法和菜品，运用新的烹饪技术和菜品组合方法，发掘和运用地方食材和特色食材等。在菜点开发与创新中，应遵循以下原则。

1. 尊重传统，但不迷信传统 既要承袭传统的烹饪技艺和口味，又要敢于突破传统的束缚，勇于创新。尊重传统，对传统菜点的历史和文化背景怀有敬意。深入研究传统的配方和烹饪方法，保留和传承经典的美味。传统的菜点有其独特的历史背景和文化底蕴，因此尊重传统是菜点开发与创新的基础。

但是，又不能迷信传统，应该根据现代人的口味和需求进行合理的创新。

2. 坚持基本功扎实　菜点开发与创新需要扎实的基本功，如刀工、火候、烹饪技巧等。只有掌握了这些基本技能，才能开发出高品质的菜点。了解各种调味料的属性，调味是菜点制作的关键之一。要想做出味道鲜美的菜点，需要了解各种调味料的属性，掌握调味的技巧。

3. 合理借鉴与整合　菜点的开发与创新应该合理借鉴和整合不同菜系的特色和优点，然后进行巧妙的融合与创新。同时，还要借鉴其他相关领域的创意和设计理念，如艺术、文化、科技等，以打破常规，为菜品注入新的元素和体验。通过整合不同的创意和灵感，可以创造出让人耳目一新的菜点，为顾客带来独特的美食体验。这样可以丰富菜点的口味和多样性，提高菜点的吸引力。

4. 原料易得、价廉物美　菜点的开发与创新应该立足于原料易得、价廉物美、广大食客能够接受的基础之上。这样可以降低菜点的成本，提高菜点的市场竞争力，同时满足广大食客的需求。

5. 新的烹饪技术和菜品组合　在传统菜品的基础上进行创新，加入新材料、新工艺或新烹饪方法，以赋予菜品新的口味和风貌。新的烹饪技术和菜品组合方法可以为菜点的开发与创新带来新的思路和灵感。同时，也可以从其他地区或文化中获取灵感，将不同的元素融合在一起。这样可以提高菜点的技术含量和艺术价值，满足现代人对美食的追求。

6. 发掘和运用地方食材和特色食材　地方食材和特色食材可以带来独特的口感和风味，因此菜点的开发与创新应该发掘和运用地方食材和特色食材。这样可以提高菜点的地域特色和文化内涵，满足现代人对美食的好奇心和探索欲望。

任务二　菜点开发与创新的思路

菜点研发创新是餐饮企业经营策略的重要内容之一，是企业可持续发展的动力源泉。必须紧紧围绕企业，围绕市场，紧扣时代脉搏，紧密结合社会需求，根据市场定位、企业文化及经营特点和消费者的心理与生理需求，利用各类新的原料，经过独特的构思设计，研发创作出较为新颖的菜品。

一、创新菜点的研发途径

菜点开发与创新的多种途径。①精心策划。通过深入了解市场趋势、顾客需求和竞争对手情况，可以寻找到切入点和创新点。②注重菜点的呈现方式。通过精心设计的摆盘、菜品造型与装饰、配套餐具和用餐环境等，可以为顾客带来独特的视觉享受和感官体验。③探索创新。鼓励厨师和团队不断尝试新的食材、调味料和烹饪技法，以创造出口味独特的菜品。④实用性和选择性也需要考虑。菜点的创新应该符合市场需求，满足顾客口味偏好，并具备一定的可选择性，以便适应不同消费者的需求。⑤持续改进和与客人互动是菜点创新的关键。通过积极收集顾客反馈、观察消费习惯和市场动态，不断改善和调整菜单，可以不断提升顾客满意度和留存率。通过这些途径，实现菜点开发与创新的目标，并创造出独具魅力和创意的菜品。

二、菜点开发与创新的具体思路

1. 融汇多样，展现独特　结合不同的风味、烹饪技巧和餐饮文化，打造出别具一格的菜点。可以从各地菜系中汲取灵感，将不同的口味和元素融合在一起，创造出新颖而独特的菜点。

2. 注重健康，追求平衡　健康成为现代人的追求之一，通过使用新鲜、有机的食材，减少油盐糖的使用，以及采用健康的烹饪方法，打造出既美味又健康的菜点。

3. 易于品味，多样化选择　菜单应设计得简洁明了，让客人轻松选择自己喜欢的菜点。应提供多样化的选项，包括适合素食者、有特殊饮食需求的顾客以及喜好不同风味的人群。

4. 眼前一亮，味蕾满足　视觉呈现是一个成功菜品的关键。通过精心摆盘和富有创意的装饰，使菜点在色彩、形状和质感上吸引客人的眼球。同时，要确保味道的丰富、口感的多样，给客人带来舌尖上的享受。

5. 持续演进，不断改进　菜点开发与创新是一个不断演进的过程。通过与客人的互动和反馈，了解他们的喜好和需求，不断改进和优化菜品，以提供更好的餐饮体验。

任务三　菜点开发与创新的方法

一、菜点开发与创新的程序

菜点开发与创新的过程，包括策划、呈现、探索、改进等步骤，强调创新菜点的独特性和前瞻性，以及对口味和健康平衡的追求。同时，提倡持续演进与客人互动的理念。创新菜点的开发能够吸引顾客，提升顾客体验，增加留存率，并创造新的销售机会，同时激发员工的创造力。创新菜点有多种类型，例如口味创新、融合创新、食材创新、创意造型和可持续创新。这些菜点的特点包括独特、前瞻、融合、多样、健康和持续演进。创新菜点的开发需要满足新颖、可行、口感、味道、健康、营养、可持续和盈利等要求。

1. 策划与研究　首先，需要进行菜点创新的策划和研究。这包括了解顾客需求和市场趋势，以及对竞争对手的分析。通过市场调研和顾客反馈，获取有关消费者口味偏好和需求的信息。

2. 创意生成　基于策划和研究的结果，进行创意的生成。可以组织团队会议、进行头脑风暴或与厨师们进行讨论，以产生创新的菜点想法。鼓励团队成员提出不同的想法和观点，以激发创新。

3. 厨师试验　选择一些创意菜点进行厨师试验。厨师们可以根据初步的想法和口味组合进行试验，并根据实际情况调整配方和烹饪方法。试验包括尝试不同的食材组合、调味品和烹饪技巧，以寻找最佳的味道和口感。

4. 产品开发与测试　在厨师试验的基础上，进一步开发和完善创新菜点的配方和制作工艺。进行试制并邀请一些顾客尝试，并收集他们的反馈意见。根据顾客的反馈，进行调整和改进，直至达到满意的效果。

5. 菜点推广与推出　一旦创新菜点确定，可以开始进行菜点的推广和推出。这包括设计菜单描述、菜品照片和宣传材料，并与营销团队一起制定推广策略。同时，对厨师和服务员进行培训，确保他们准确地理解和传达创新菜点的特点和卖点。

6. 反馈与持续改进　菜点推出后，定期收集顾客的反馈意见，并根据反馈不断进行改进。这可以通过客户满意度调查、口碑传播或与顾客进行面对面的交流来进行。通过持续的改进，将满足不断变化的顾客需求，并提升菜点的质量和创新性。

二、创新菜点研发的方法

1. 利用市场调研和趋势分析　通过对市场进行调查和趋势分析，了解顾客的需求和偏好，把握时尚和流行的菜品类型，为研发提供指导和灵感。

2. 注重口味创新　在研发过程中注重口味的独特性和创新性，可以选择结合不同地域、文化和风味的元素，打造出令人惊喜的口味组合。

3. 融合多样的食材和烹饪技法　尝试结合不同的食材和烹饪技法，创造出新颖的菜点。可以通过研究不同国家和地区的烹饪传统，将其与现代烹饪技法相结合，形成独特的菜点风格。

4. 强调菜点的视觉效果　在研发过程中注重菜点的摆盘和装饰，通过精美的摆盘和独特的造型，提升菜点的视觉吸引力，增加顾客的兴趣和购买欲望。

5. 引入健康和营养的元素　结合顾客对健康和营养的关注，研发出符合健康饮食要求的菜点。考虑使用新鲜食材、减少油脂和添加剂等，以满足顾客对健康餐饮的需求。

6. 持续试错和改进　在研发过程中不断尝试和改进菜品的配方和制作方法。通过反复试验和顾客反馈，进行微调和改良，确保菜品的口感和质量得到不断提升。

以上方法可以帮助餐厅实现创新菜点的研发，满足顾客的多样化需求，增强竞争力，并为企业增加销售机会。

三、菜点开发与创新的艺术

创新菜点是在保持传统的基础上，突破常规，追求更高的艺术水准和美感，让菜品充满诗意和故事性。通过创新，不断突破自己的极限，为客人带来独一无二的用餐体验，让他们领略到美食艺术的魅力和无限可能性。

在探索菜点开发与创新的道路上，以精心策划和呈现为出发点，借鉴过去的经验，追求独特而令人印象深刻的味觉体验。同时，推陈出新，不断探索可能性，挖掘新的食材组合和烹饪技巧。

创新不仅仅是为了追求炫技，更关键的是要提供实用性和选择性。菜点应该满足客人需求，既有利于身心健康，又能够满足个人口味偏好。在这个过程中，需要与客人保持持续互动，倾听他们的意见和反馈，不断改进和完善菜品。

在创新菜品时，要保持对传统的敬畏之心，将传统元素融入创新中。不同地域和文化的菜肴的融合，可以带来新的创意和惊喜。同时，也应该注重菜品的健康性，追求食物的平衡和营养价值。通过简单而精致的烹饪技巧，让菜品的美味和品质得到最大程度的展现。

不断改进和演进是菜点开发与创新的重要环节。需要时刻保持警惕，不断寻找改进的机会，并对菜品进行不断调整和优化。只有这样，才能够始终保持在创新菜点的前沿，为客人带来持续的惊喜和满意。

任务四　菜点开发与创新的案例

（一）松鼠鳜鱼的改良

松鼠鳜鱼（图7-1）是一道传统的中国菜品，通常将鳜鱼剔骨，鱼皮不破，然后将其切分成松鼠状，用热油炸至金黄色，最后再淋上糖醋汁。现在，可以尝试对其进行一些创新，使其更加美味和有趣。

1. 改良步骤

（1）鳜鱼去骨　将鳜鱼去骨，从鱼腹处将鱼骨剔除，保持鱼身完整。

（2）鱼肉不改刀　将去骨的鳜鱼肉用水清洗干净，不进行任何切割，保持其完整。

（3）热油炸制　将干淀粉和玉米淀粉混合，加水调成浓稠的浆糊，将鳜鱼肉蘸上浆糊，放入180℃的油锅中炸至金黄色，待用。

（4）调制糖醋汁　在干净的锅中加入番茄酱、白醋、白糖、盐、料酒、姜汁、少许水，煮开后用淀粉勾芡，制成糖醋汁。

（5）装盘　将炸好的鳜鱼肉放在盘子上，淋上糖醋汁。

（6）装饰　用松子仁和煮熟的豌豆点缀在鳜鱼肉上。

2. 创新表现

（1）食材选择　鳜鱼是这道菜的主要食材，选择新鲜的鳜鱼对于菜品的口感和品质至关重要，选用新鲜的松鼠鳜鱼，它身姿修长、脂肪含量适中，肉质鲜嫩且味道鲜美。同时，为了增加口感和美观度，可以选择在鱼身上放置一些诸如松子仁、芝士等食材。

（2）制作方法　松鼠鳜鱼的制作方法相对比较繁琐，需要进行多道工序的处理。在创新过程中，可以考虑简化制作流程，比如用现成的面包糠替代部分干淀粉，或者用烤制的方法替代部分油炸等，既保留了鱼的原汁原味，又展现了多层次的口感。

图7-1　松鼠鳜鱼成品图

（3）菜品口味　松鼠鳜鱼的口味以甜酸为主，可以根据地域和消费者口味进行适当调整，对调味品的选择也讲究独特性，选用的酱料混合了精心调配的中草药和香料，让整道菜色香味更加浓郁且充满层次感。比如，可以增加一些其他的调料，如蒜泥、辣椒等，或者加入一些果酱、芝士等来增加口感和层次感。

（4）菜品形态　松鼠鳜鱼的形态是其主要特色之一，将其改变可能会影响整体美观度。因此，可以在细节上做些改变，比如在鱼身上划几刀，或者将鱼肉稍微整形等，以及菜品呈现时，注重美学的运用，使其成为一道艺术品般的摆盘，让人一见倾心。

（5）营养健康　松鼠鳜鱼是一道高脂肪、高热量的菜品，可以考虑使用健康的食材和制作方法来降低其热量。比如，使用橄榄油替代部分食用油，或者在糖醋汁中加入一些蔬菜汁等。

创新的松鼠鳜鱼在保留传统口感和形态的基础上，结合现代烹饪技术和消费者需求进行创新，以打造更加美味、健康和有趣的菜品。这道松鼠鳜鱼不仅仅是一道美食，更是对创新菜点的一种探索。

（二）晾衣白肉的改良

晾衣白肉（图7-2）是一道别具创意的菜品。精心挑选上乘的猪肉，肉质鲜嫩细腻，高度肥瘦相间，再采用晾晒工艺，让白肉在自然环境下晾干，使其更加爽口而不腻。运用美学的原理，精心摆盘，使其看起来仿佛是一件艺术品。创新晾衣白肉的特点在于采用阳光晾晒的方式制作，使白肉具有了独特的口感和风味。同时，在制作过程中可以根据个人口味加入不同的调料，增加口感层次。

图7-2　晾衣白肉成品图

1. 改良步骤

（1）选取一块肥瘦相间的五花肉，洗净后放入锅中加水、姜片、料酒煮至八成熟，然后晾凉。

（2）将晾凉的白肉切成薄片，排放在晾肉架上。

（3）将晾肉架放在阳光充足的地方晾晒1~2天，直到肉片变成红褐色，并且肉片中间会出现油花。

（4）将晾晒好的白肉放入冰箱中保存。

（5）需要食用时，取出白肉用温水浸泡10分钟，然后切成薄片，可以直接食用或者加入喜欢的调料拌匀后食用。

2. 创新表现

（1）原料选择　晾衣白肉选用猪五花肉为原料，因为五花肉肥瘦相间，经过晾晒和腌制后，肥肉变得入口即化，瘦肉则更加鲜嫩可口。同时，五花肉也具有较高的油脂含量，能够增加菜品的香味。

（2）晾晒过程　晾衣白肉的制作过程中，晾晒是一个关键步骤。将五花肉切成薄片后，放在晾衣架上，然后放在阳光充足的地方晾晒1~2天。这个过程可以让五花肉中的水分慢慢蒸发，使得肉片更加干燥，同时也会让肉片表面产生油花，形成独特的口感和风味。

（3）腌制调料　晾晒完成后，还需要对白肉进行腌制，以增加其口感和风味。通常使用的腌制调料包括盐、糖、料酒、生抽、花椒粉、辣椒粉等。腌制的时间可以根据个人口味而定，一般来说，腌制1~2天即可。

（4）食用方式　晾衣白肉可以直接食用，也可以根据个人口味加入其他调料，如蒜泥、香菜、芝麻等。此外，还可以将晾衣白肉用于制作其他菜品，如凉拌黄瓜、炒饭等。

通过对晾衣白肉的制作过程和特点的分析，可以看出这是一道富有创意和独特风味的菜品。它的制作需要一定的时间和耐心，一旦制作完成，将会给人们带来一种全新的口感体验。

练习题

答案解析

一、选择题

（一）单选题

1. 下列属于全新菜品优点的是（　　）。

    A. 具有极强的竞争优势   B. 投入少

    C. 收效快   D. 方便制作

2. 下列不属于宴席创新菜品设计的方法和技巧的是（　　）。

    A. 营造和突出宴席主题

    B. 菜品要有独创性

    C. 菜品具有艺术性

    D. 考虑厨师的烹调技术和厨房设备能力

3. 菜点开发流程是（　　）。

    A. 酝酿构思，选择设计和试制完善

    B. 试制、酝酿构思、选择设计和完善

    C. 选择、试制、酝酿构思、设计和完善

    D. 策划、酝酿构思、设计和试制和完善

4. 菜品创新时最要优先考虑的是保证菜品有（　　）。

    A. 诱人的味道   B. 科学的营养

    C. 合理的搭配   D. 耳目一新的视觉效果

5. 下列说法正确的是（　　）。

    A. 菜点创新首要追求炫技，新菜点越复杂越成功

    B. 菜点创新就是要摒弃传统，越新越符合顾客的猎奇心理

    C. 菜点创新立足于原料易得、价廉物美、广大食客能够接受的基础之上

    D. 菜点创新第一步要求开发者发挥天马行空的想象力想象出新菜品

（二）多选题

6. 创新菜点开发时，其装饰的创新也是重要的环节之一，应遵循的原则是（　　）。

 A. 实用性　　　　　B. 简单化　　　　　C. 鲜明性　　　　　D. 协调性

7. 创新菜点是在菜品开发与创新过程中，注重（　　）。

 A. 独特性　　　　　B. 创造力　　　　　C. 前瞻性　　　　　D. 营养性

8. 菜品原材料创新的方法是（　　）。

 A. 异地购买　　　　B. 土料洋用　　　　C. 西料中用　　　　D. 一料多用

二、简答题

1. 在实际生活中，你认为哪些是衡量创新菜点的标准？

2. 结合当下餐饮潮流，分析什么样的菜名能够使创新菜点更被熟记。

三、实训题

请设计一个创新菜品，详细写出制作过程。

书网融合……

重点小结　　　　题库

模块四　饮食营养与健康

学习目标

知识目标

1. **掌握**　人体必需营养素的功能；常见的缺乏症及主要的食物来源。
2. **熟悉**　粮、豆、薯类食物的主要来源；常用蔬菜的种类；食用菌、各类副食、干鲜果品种类及来源。
3. **了解**　儿童饮食规律；常见食物营养成分表。

能力目标

能进行膳食的搭配，具备选择健康食物的能力。

素质目标

通过本模块的学习，树立良好的饮食习惯，传承中华民族的饮食文化。

情境导入

情境　患儿，男，6岁，身高120cm，体重20kg。近来常精神较差，易感冒。现因口角糜烂，口腔黏膜溃疡，阴囊皮肤瘙痒到医院就诊。患者喜欢吃油腻荤腥食物，吃米饭和蔬菜较少，挑食严重。检查：阴囊皮肤边缘鲜明的红斑，覆以灰色或棕褐色薄痂，表面粗糙，将痂剥去后，露出微红的皮肤，无显著浸润。其他检查未见异常。

问题　1. 能否对患儿的营养状况作出初步评价？
　　　　2. 患儿最有可能缺乏的营养素是什么？

项目八

食物营养概述

PPT

任务一　粮、豆、薯类食物

一、谷薯类

（一）谷类营养价值

谷类食物包括大米、大麦、小麦，以及高粱、玉米、小米、燕麦、荞麦等杂粮，是我国居民热能、蛋白质、B族维生素和部分无机盐的主要来源。粮谷类营养价值受品种、气候及地质特点和施肥等因素的影响。

1. 蛋白质

（1）蛋白质含量　蛋白质一般为7%～12%，主要存在于糊粉层和胚乳中，其中燕麦含量最高（约15.6%），小麦约10%，稻米和玉米约8%。粮谷类蛋白质的含量及营养价值虽不高，但作为主食，摄入量高，目前仍然是我国居民蛋白质的重要来源。

（2）蛋白质种类　根据溶解性不同，将粮谷类蛋白质分为4种：醇溶蛋白、谷蛋白、清蛋白和球蛋白。粮谷类蛋白质以醇溶蛋白和谷蛋白为主，含较多谷氨酸、脯氨酸和亮氨酸，赖氨酸缺乏。麦胚和米胚的蛋白质主要是球蛋白，含有丰富的赖氨酸，由于加工去除了大多数胚芽，导致成品粮中的赖氨酸含量较低。

（3）必需氨基酸模式　粮谷类蛋白质中必需氨基酸组成不平衡，赖氨酸为第一限制氨基酸，苏氨酸为第二限制氨基酸（玉米为色氨酸），其蛋白质营养价值低于动物性食物和大豆类食品。要提高粮谷类蛋白质的营养价值，可以通过对粮谷类所缺少的氨基酸进行强化；或根据食物蛋白质互补作用的原理，合理搭配。此外，也可以利用基因调控的科技手段改良品种，改善粮谷类蛋白质的氨基酸组成，提高其营养价值。

2. 脂类

脂肪主要分布于糊粉层和胚芽，以三酰甘油为主，还有少量植物固醇和卵磷脂。粮谷类脂肪含量较低，除玉米和小米可达4%外，其他多为1%～2%。从玉米和小麦胚芽中提取的胚芽油，80%为不饱和脂肪酸，其中亚油酸高达60%，具有降低血胆固醇、防止动脉粥样硬化的作用。从米糠中可提取米糠油、谷维素和谷固醇。

3. 糖类

主要分布在胚乳的淀粉细胞内，90%为淀粉，10%为糊精、果糖、戊聚糖、葡萄糖和膳食纤维等。粮谷类淀粉经烹调后易消化吸收，是人体最理想的能量来源。每100g平均可供能量约1.46MJ（350kcal），每天500g粮食，可获7.30MJ（1750kcal）能量，为轻体力劳动者全天所需能量的65%～70%。粮谷类一般含20%～30%直链淀粉和70%～80%支链淀粉，糯米中几乎全为支链淀粉。直链淀粉溶于热水后成胶体溶液，易被人体消化。支链淀粉的血糖生成指数高于直链淀粉，因此糖尿病患者慎用富含支链淀粉的食物。

4. 维生素

粮谷类是B族维生素的重要膳食来源，B族维生素主要集中在糊粉和胚芽。小麦胚芽中含有丰富的维生素E，黄色玉米中含有少量的胡萝卜素。玉米中的烟酸以结合型为主，经过加工烹调成为游离型烟酸后方能被机体吸收利用。

5. 矿物质

粮谷类矿物质主要分布于谷皮和糊粉层，含量为1.5%～3.0%，以磷、钙、镁为主。粮谷类中的磷和钙等多以植酸盐形式存在，故机体吸收率低，营养价值相对较低。

（二）薯类营养价值

薯类是马铃薯、红薯、芋头、山药、木薯等根茎类食物的统称，富含淀粉、膳食纤维，含有较多的矿物质和B族维生素。

1. 薯类的营养价值

（1）蛋白质　薯类中的蛋白质含量比谷类低，马铃薯约为2%，红薯约为1%，但红薯的氨基酸组成与大米相近。

（2）碳水化合物　主要是淀粉和膳食纤维，薯类的淀粉含量仅次于谷类，含16%～30%，能量仅相当于相同重量谷类的1/4～1/3。

（3）矿物质　薯类中含有一定量的钙、磷、铁、钾等矿物质。

（4）维生素　马铃薯含有丰富的维生素C、B族维生素和胡萝卜素，其中以维生素C含量最多，达27mg/100g。红薯含胡萝卜素非常丰富，是胡萝卜素的良好来源，其含量为马铃薯的4倍，维生素C含量为 25mg/100g。木薯维生素 C 含量高达 35mg/100g。各种鲜薯（如红薯、马铃薯）中的维生素 C 含量均比大米高。

2. 薯类的保健作用　薯类富含膳食纤维，马铃薯为 0.7%，红薯为 1.3%，木薯为 1.6%，膳食纤维可在肠内吸收大量的水分，增大粪便体积，促进肠蠕动，具有通便作用，可预防结直肠肿瘤；薯类含有丰富的胶原和黏多糖类物质，可促进胆固醇代谢，抑制胆固醇在动脉壁沉积，保护动脉血管的弹性，预防动脉粥样硬化。

二、豆类

（一）分类

豆类可分为大豆类和其他豆类。大豆类根据表皮颜色分为黄豆、青豆、黑豆、褐豆和双色大豆五种；其他豆类包括蚕豆、豌豆、绿豆、小豆、芸豆、豇豆等。大豆或绿豆等经加工可制成豆浆、豆腐、豆芽、豆腐干等豆制品。

（二）豆类营养价值

1. 蛋白质　大豆的蛋白质含量为 35% 左右，含有人体所需的全部氨基酸，为优质蛋白，营养价值接近于动物性食品，是最优植物蛋白。其他豆类蛋白质含量一般在 20% 以上。大豆蛋白质赖氨酸含量较多，蛋氨酸较少，与粮谷类食物混合食用，能发挥蛋白质的互补作用。

2. 脂类　大豆的脂肪含量最高，为 15%～20%，其他豆类脂肪为 1% 左右。豆类脂肪中不饱和脂肪酸高达 85%，其中油酸占 32%～36%，亚油酸占 52%～57%，亚麻酸占 2%～10%。此外，大豆油脂含有 1.6% 左右的磷脂和维生素 E，为高血压、动脉粥样硬化等疾病患者的理想食物。

3. 糖类　大豆的糖类为 20%～30%，其中 50% 是机体不能消化的寡聚糖（棉子糖和水苏糖）。其他豆类糖类的含量多在 55% 以上，其中豌豆、赤小豆等糖类的含量约 65%，主要以淀粉形式存在。

4. 维生素　豆类含有胡萝卜素、维生素 B_1、维生素 B_2、烟酸、维生素 E 等，其中维生素 B_1、维生素 B_2 的含量均高于粮谷类和某些动物食品，被视为维生素 B_1 的最佳来源。鲜豆含维生素 C，干豆类几乎不含维生素 C，但经发芽做成豆芽后，其含量明显提高。

5. 矿物质　豆类含有丰富的矿物质，钙、磷、钾较大多数植物性食物高，含有微量元素铁、锌、铜等，是难得的高钾、高镁、低钠食品，适合于低血钾患者食用。

任务二　蔬　菜

一、蔬菜的分类

按照食用器官分类分为根菜类、茎菜类、叶菜类、花菜类、果菜类等五种。

1. 根菜类　以肥大根部为产品器官蔬菜，分为肉质根—以种子胚根生长肥大的主根为产品，如萝卜；块根类是以肥大的侧根或营养芽发生的根膨大为产品，如豆薯等。

2. 茎菜类　以肥大茎部为产品器官蔬菜，分为肉质茎类是以肥大的地上茎为产品，如莴笋；嫩茎类是以萌发的嫩芽为产品，如竹笋；块茎类是以肥大的块茎为产品，如马铃薯；根茎类是以肥大的根茎为产品，如莲藕；球茎类是以地下的球茎为产品，如慈菇；鳞茎类是由叶鞘基部膨大形成鳞茎，如洋葱等；常见的蔬菜有黄瓜、卷心菜、冬桥散瓜、辣椒、山药、丝瓜、生菜、西兰花、白菜、空心菜、西红柿、生瓜、茭白、紫角叶等。

3. 叶菜类 以鲜嫩叶片及叶柄为产品的蔬菜，分为普通叶菜类—小白菜，结球叶菜类—结球甘蓝，辛香叶菜类—大葱等。

4. 花菜类 以花茎或肥嫩的花枝为产品，如金针菜、朝鲜蓟、花椰菜、紫菜薹、芥蓝等。

5. 果菜类 以果实及种子为产品，分为瓠果类—南瓜，浆果类—番茄，荚果类—菜豆，杂果类—甜玉米等。

二、蔬菜营养价值

蔬菜按其结构及可食部分，分为叶菜类（白菜、油菜、菠菜等）、根茎类（萝卜、马铃薯、芋头、洋葱）、瓜茄类（冬瓜、黄瓜、苦瓜、西葫芦、茄子、青椒、西红柿等）、花芽类（菜花、黄花菜、豆芽等）和菌藻类（蘑菇、紫菜、海藻等）。

1. 糖类 包括可溶性糖、淀粉和膳食纤维。根茎类的糖类含量比较高（马铃薯为16.5%，藕为15.2%），淀粉为主，其他蔬菜的糖类含量较低（2%~6%），几乎不含淀粉。含单糖、双糖较高的有胡萝卜、西红柿和南瓜；蔬菜含膳食纤维1%~3%，是人体膳食纤维主要来源。

2. 维生素 蔬菜含有粮谷类、豆类、动物性食品中缺乏的维生素 C，以及能在体内转化为维生素 A 的胡萝卜素。蔬菜含有维生素 B_1、维生素 B_2、维生素 B_6、烟酸、泛酸、生物素、维生素 E 和维生素 K，是维生素 B_2 和叶酸的重要膳食来源。菌类蔬菜中还含有维生素 B_{12}。蔬菜中维生素一般叶部含量比根茎高，嫩叶含量比枯叶高，深色菜叶含量比浅色高。深绿色和红黄色的蔬菜含有较丰富的胡萝卜素。

3. 矿物质 蔬菜含丰富的钾、钙、磷、镁和微量元素铜、铁、锌、硒等，以钾含量最高。叶菜含矿物质为多，尤以绿叶蔬菜更为丰富。由于蔬菜含有一定量的草酸抑制钙吸收，所以蔬菜不是钙的良好膳食来源。

4. 蛋白质和脂肪 叶菜类蛋白质含量较低，一般为1%~2%，脂肪含量不足1%。根茎类蛋白质含量为1%~2%，脂肪含量不足0.5%。瓜茄类蛋白质含量为0.4%~1.3%，脂肪微量。

任务三 食用菌

一、概述

食用菌是可供人类食用的大型真菌。具体地说食用菌是可供食用的蕈菌，蕈菌是指能形成大型的肉质（或胶质）子实体或菌核类组织并能供人们食用或药用的一类大型真菌，通称为蘑菇。常见的食用菌有香菇、草菇、蘑菇、木耳、银耳、猴头、竹荪、（松茸）、口蘑、红菇、灵芝、虫草、松露、白灵菇和牛肝菌等；其他还有羊肚菌、马鞍菌、块菌等。上述真菌分别生长在不同的地区、不同的生态环境中。

菌类中的糖类主要为菌类多糖，如香菇多糖、银耳多糖等，它们具有多种保健作用。海藻类中的糖类则主要为可溶性的海藻多糖，能够促进人体排出多余的胆固醇和体内的某些有毒、致癌物质，对人体有益。

二、菌藻类的营养价值

1. 蛋白质 菌藻类食物中蛋白质的含量可高达20%以上，如蘑菇每100g含21g蛋白质，香菇每100g含20.0g蛋白质，紫菜每100g含26.7g蛋白质，与动物性食品的瘦猪肉和牛肉的蛋白质含量相当。

并且，蛋白质氨基酸的组成亦较合理，必需氨基酸含量占 60% 以上，是膳食中植物蛋白质的良好补充。

2. 碳水化合物　菌藻类食物中碳水化合物含量为 20%～35%，膳食纤维丰富，如香菇每 100g 含膳食纤维 31.6g，银耳每 100g 含膳食纤维 30.4g，黑木耳每 100g 含膳食纤维 29.9g，部分碳水化合物为植物多糖，具有很好的保健作用。

3. 脂肪　菌藻类食物中脂肪含量很低，约为 1.0% 左右。

4. 维生素　菌藻类食物中 B 族维生素如维生素 B_1、维生素 B_2 和烟酸含量丰富，尤其是维生素 B_2。蘑菇每 100g 含维生素 B_2 1.10mg，香菇每 100g 含维生素 B_2 1.26mg，比其他植物性食物都高。某些菌藻类脂溶性维生素如维生素 E 含量丰富，如蘑菇每 100g 含维生素 E 6.18mg，黑木耳每 100g 含维生素 E 11.34mg，发菜每 100g 含维生素 E 21.7mg。胡萝卜素含量差别较大，蘑菇和紫菜中每 100g 胡萝卜素含量高达 1mg 以上，其他菌藻中较低。

5. 无机盐　菌藻类食物中微量元素含量丰富，尤其是铁、锌和硒，其含量是其他食物的数倍甚至十几倍。黑木耳含每 100g 含铁 97.4mg、紫菜每 100g 含铁 54.9mg，发菜每 100g 含铁 99.3mg，所以菌藻类食物是良好的补铁食品。菌藻类含锌也很丰富，例如香菇每 100g 含锌 8.57mg、蘑菇每 100g 含锌 6.29mg、黑木耳每 100g 含锌 3.18mg。值得提出的是，菌藻类食物含有较多的硒，蘑菇硒含量每 100g 高达 39.2mg。海产植物，如海带、紫菜还含有丰富的碘。

任务四　副　食

一、概述

副食是指除了米、面等主食以外，用以下饭的鸡鸭鱼肉、水果蔬菜等不是主食的食品。副食品，即非主食，指经过精加工的食品，一般包括食糖、糖果、罐头、茶叶、调味品、乳制品、蜜制品、豆制品、饮料、饼干、糕点、小食品以及烟、酒、果品等。

副食能给人体提供丰富的蛋白质、脂肪、维生素和无机盐等营养物质，对人体健康有重要的作用。副食的种类很多，如肉类、蛋类、奶类、禽类、鱼类、豆类和蔬菜等。其营养作用也各有长短，如肉类等动物性食品和豆类富含蛋白质和脂肪，缺少维生素和无机盐，尤其是不含维生素 C。蔬菜中含有极少量蛋白质，但富含维生素和无机盐，有的蔬菜含有丰富的维生素 C。如果把各类副食品搭配食用，能互相取长补短，人体就可以获得较为全面的营养素。

二、副食的合理利用

1. 荤素搭配　是副食品调配上的一个重要原则。荤素搭配可以解决蛋白质的互补问题，如豆制品、面筋和肉、蛋、禽等动物性蛋白质搭配，能大大提高蛋白质的营养价值。含蛋白质丰富的食物和蔬菜搭配，除了充分利用蛋白质的互补作用外，还可以得到丰富的维生素和无机盐。特别是要充分利用大豆蛋白质。大豆含蛋白质丰富，质量好，价格又便宜，是优质蛋白质的良好来源。豆制品和各种蔬菜搭配，如葱烧豆腐、腐竹炒油菜、砂锅豆腐、豆腐丝炒雪里蕻等，都受到人们的欢迎。荤素搭配还能调整食物的酸碱失调。许多动物性食品，如鱼类、肉类、蛋类、奶类等都属于酸性食物，如果动物性食物吃得过多，会造成人体酸碱失衡。许多植物性食品，如叶菜类、花苔类、果茄类等都属于碱性食物，食之可调整体内的酸碱平衡。如豆制品和肉类搭配，再和叶菜类或花苔类、果茄类蔬菜搭配，不仅可获得全面的营养，而且还能保持酸碱平衡，有利于身体健康。

2. 生熟搭配　这一点对蔬菜尤其重要，因为蔬菜中维生素 C 和 B 族维生素，遇热容易受到破坏。经过烹调的蔬菜维生素总要损失一部分，因此，吃一些新鲜的生菜，既可保持大量的维生素，也可增进食欲。尤其在夏天，可以多吃些凉拌菜，如熟肉丝拌黄瓜、粉皮；小水萝卜拌熟肉丝、粉皮；小葱拌豆腐等。当然，吃生菜时一定要注意卫生，最好先消毒，再食用。

任务五　干鲜果品

一、干果

干果，即果实果皮成熟后为干燥状态的果子。干果又分为裂果和闭果，它们大多含有丰富的蛋白质，维生素，脂质等。我们生活中常见的干果有很多，例如板栗、锥栗、霹雳果、榛子、腰果、核桃、瓜子、松仁、杏仁、白果、开心果、碧根果、沙漠果、榧子、白瓜子、南瓜子、花生、巴旦木、夏威夷果等。

干果属于高能量食物，富含脂类，虽然干果总脂肪含量很高，但几乎总脂肪有一半是不饱和脂肪酸。花生和核桃的亚油酸含量丰富，其他成分如卵磷脂、维生素和矿物质及植物化学物具有良好的健脑益智、强身健体作用。花生的蛋白质含量高于肉类，且不含胆固醇，有"植物肉"之美称。干果含有一定量的植物固醇，富含精氨酸、膳食纤维、微量元素及镁和钾元素，钠含量则较低，与人体健康密切相关。研究表明，适量摄入干果可降低心血管疾病、高血压、结肠肿瘤的发病风险，改善血脂异常。但过量食用会增加总能量的摄入，导致营养过剩。食用干果最好选择原味的，富含活性物质，且加工了的干果通常会含有较多的盐或糖，也破坏了干果原有的活性物质。

二、鲜果

（一）鲜果的分类

1. 按照水果类别分类

（1）浆果类　果皮为一层表皮，中果皮及内果皮几乎全部为浆质，如草莓、蓝莓、黑莓、桑椹、覆盆子、葡萄、青提、红提、水晶葡萄、马奶子等。

（2）柑橘类　外皮含油泡，内果皮形成果瓣，如蜜橘、砂糖橘、金橘、蜜柑、甜橙、脐橙、西柚、柚子、葡萄柚、柠檬等。

（3）核果类　内果皮形成硬核，包有一枚种子，如桃、李子、樱桃、杏、梅子、杨梅、西梅、乌梅、大枣、沙枣、海枣、蜜枣、橄榄、荔枝、龙眼、槟榔等。

（4）仁果类　花托发育成肥厚的果肉，包围在子房的外面，外果皮及中果皮与果肉相连，内果皮形成果心，里面有种子，如苹果、梨、蛇果、海棠果、沙果、柿子、山竹、黑布林、枇杷、杨桃、山楂、圣女果、无花果、白果、罗汉果、火龙果、猕猴桃等。

（5）瓜类　果皮在老熟时形成坚硬的外壳，内果皮为浆质，如西瓜、美人瓜、甜瓜、香瓜、黄河蜜、哈密瓜、木瓜、乳瓜。

2. 按照水果作用分类

（1）控制血压　山楂、西瓜、梨、菠萝。

（2）减缓衰老　在常见的水果中，猕猴桃被认为是最接近完美的水果，它含有丰富的维生素 C、维生素 A、维生素 E、叶酸和微量元素钾、镁及食物纤维等营养成分，而热量却很低。这都使猕猴桃能为工作节奏快、精神紧张的现代都市人注入生命的活力。另外，猕猴桃中所含的氨基酸，能帮助人体制造激素，减缓衰老。

（3）控制体重　有些水果中含有丰富的膳食纤维，膳食纤维是不能为小肠所消化的，在结肠内，膳食纤维可提供给肠腔营养物质，这有助于促进身体的新陈代谢以及帮助抑制食欲。此类水果有苹果、西柚、火龙果等。

（4）保养皮肤　人体的面部天天暴露在外，受空气中有害物质的损伤和紫外线的照射，以致毛细血管收缩，皮脂腺分泌减少，皮肤变得干燥、脱水。水果中含丰富的抗氧化物质维生素 E 和微量元素，可以滋养皮肤。此类水果有香蕉、芒果、哈密瓜、草莓、橙子、苹果等。

知识链接

解酒佳品

饮酒过量常为醉酒，醉酒多有先兆，语言渐多，舌头不灵，面颊发热发麻，头晕站立不稳等都是醉酒的先兆，这时需要解酒。吃一些带酸味的水果或饮服 1~2 口食醋可以解酒。这是因为，水果里含有机酸，而酒里的主要成分是乙醇，有机酸能与乙醇相互作用而形成酯类物质从而达到解酒的目的。同样道理，食醋也能解酒是因为食醋里含有 3%~5% 的乙酸，乙酸能跟乙醇发生酯化反应生成乙酸乙酯。尽管带酸味的水果和食醋都能使过量乙醇的麻醉作用得以缓解，但由于上述酯化反应在体内进行时受到多种因素的干扰，效果并不十分理想。因此，防醉酒的最佳方法是不贪杯。

（二）干果的营养价值

1. 蛋白质和脂肪　鲜果类的营养价值近似新鲜蔬菜，含有大量的水分，蛋白质和脂肪含量低，不超过 1%.

2. 糖类　包括淀粉、蔗糖、果糖和葡萄糖，柠檬鲜果为 1.5%、干果达 50% 以上。未成熟果实中淀粉含量较高，成熟后淀粉转化为单糖或双糖，甜度增加。

3. 矿物质　主要是钾、镁、钙等，是钾的重要来源。草莓、大枣和山楂含铁较高，富含维生素 C 和有机酸，铁的生物利用率高。

4. 维生素　水果中 B 族维生素含量较低，香蕉含有丰富的叶酸和维生素 B_6；芒果、柑、橘、柿子、黄桃胡萝卜素含量高；鲜枣、草莓、山楂、猕猴桃和柑、橘含维生素 C 高。野生水果维生素 C 的含量大大高于普通水果。

练习题

答案解析

一、选择题

（一）单选题

1. 下列关于大豆的说法，正确的是（　）。

    A. 糖类含量为 20%~30%

    B. 他豆类糖类的含量多在 55% 以上

    C. 豌豆、赤小豆等糖类的含量约 65%

D. 以淀粉形式存在

E. 以上都对

2. 关于蔬菜中的糖类的说法，不正确的是（   ）。

    A. 包括可溶性糖、淀粉和膳食纤维

    B. 根茎类的糖类含量比较高

    C. 双糖较高的有胡萝卜和辣椒

    D. 其他蔬菜的糖类含量较低（2%~6%），几乎不含淀粉

    E. 蔬菜含膳食纤维 1%~3%，是人体膳食纤维主要来源

3. 冬瓜是一种很好的耐贮蔬菜，种植成本低，产量高，营养成分丰富，（   ）。

    A. 耐贮藏运输　　　　　　　　　　B. 耐热性强

    C. 肉质洁白、脆爽多汁　　　　　　D. 是适于现代化农产品加工的良好原料

    E. 以上都对

4. 海藻类中的糖类则主要为（   ），能够促进人体排出多余的胆固醇和体内的某些有毒、致癌物质，对人体有益。

    A. 可溶性的海藻多糖　　　　　　　B. 菌类多糖

    C. 香菇多糖　　　　　　　　　　　D. 银耳多糖

    E. 木瓜多糖

（二）多选题

5. 关于菌藻类食物中蛋白质的描述，正确的是（   ）。

    A. 含量可高达 20% 以上

    B. 动物性食品的瘦猪肉和牛肉的蛋白质含量相当

    C. 蛋白质氨基酸的组成亦较合理

    D. 是膳食中植物蛋白质的良好补充

    E. 蘑菇每 100g 含蛋白质 21g，香菇每 100g 含蛋白质 20g

6. 下列关于副食的描述，正确的是（   ）。

    A. 副食的种类很多，如肉类、蛋类、奶类、禽类、鱼类、豆类和蔬菜等

    B. 肉类等动物性食品和豆类富含蛋白质和脂肪，缺少维生素和无机盐

    C. 可以替代主食

    D. 蔬菜中含有极少量蛋白质，但富含维生素和无机盐，有的蔬菜含有丰富的维生素

    E. 荤素搭配是副食品调配上的一个重要原则

二、简答题

菌类食物的营养素对人体的营养价值有哪些？

书网融合……

重点小结　　　　　题库

人体必需营养素及来源

PPT

任务一　人体必需的营养素

一、蛋白质

蛋白质（protein）是一切生命的物质基础，也是人体必需营养素之一。正常成年人体内蛋白质含量为 16%～19%，主要由 C、H、O、N 等元素组成，氨基酸是蛋白质的营养与代谢的基本单位。人体内蛋白质始终处于不断分解和不断合成的动态平衡中，使组织蛋白不断更新和修复。人体每天约更新 3% 的蛋白质。

（一）氨基酸

氨基酸（amino acid）是构成蛋白质的基本单位，它是含有氨基和羧基的一类有机化合物的通称。自然界中氨基酸有 300 多种，但构成人体蛋白质的氨基酸只有 21 种，根据对氨基酸的必需性，可分为必需氨基酸、半必需氨基酸（也称条件必需氨基酸）与非必需氨基酸。

必需氨基酸（essential amino acid，EAA）指的是人体自身不能合成或合成速度不能满足人体需要，必须从食物中摄取的氨基酸。成年人体内的必需氨基酸共有八种，分别是赖氨酸、色氨酸、苯丙氨酸、甲硫氨酸（也称为蛋氨酸）、苏氨酸、异亮氨酸、亮氨酸、缬氨酸。如果饮食中经常缺少上述氨基酸，可影响健康。此外，组氨酸为小儿生长发育期间的必需氨基酸。半胱氨酸和酪氨酸在体内可分别由蛋氨酸和苯丙氨酸合成，若膳食中能够直接提供两种氨基酸，则人体对蛋氨酸和苯丙氨酸的需要分别降低 30% 和 50%，因此，半胱氨酸和酪氨酸被称为半必需氨基酸或条件必需氨基酸。

（二）蛋白质

1. 蛋白质的生理功能

（1）构成人体组织　蛋白质是机体细胞的重要组成部分，是人体生长发育、组织更新和修补的主要原料。人体的组织中，如肌肉、心脏、肝脏、肾脏等器官含大量的蛋白质；骨骼和牙齿中含大量胶原蛋白；细胞的各种结构均含有蛋白质。

（2）构成体内各种重要的生理活性物质　蛋白质构成酶、激素、抗体、血红蛋白、胶原蛋白等。细胞膜和血液中的蛋白质担负着各种物质的运输和交换。体液内的可溶性蛋白质维持体液的渗透压和酸碱度。此外，血液的凝固、视觉的形成、人体的运动等都与蛋白质有关。

（3）供给能量　蛋白质可以为人体提供能量，为三大产热营养素之一。1g 蛋白质在体内氧化分解可产生 16.7kJ（4kcal）的能量。正常情况下，蛋白质不是机体的主要能量来源，但当碳水化合物和脂肪供给能量不足时，可通过蛋白质的氧化分解来提供能量，其过程为蛋白质在体内首先分解成氨基酸，经过脱氨基作用生成 α-酮酸，α-酮酸可进入三羧酸循环氧化分解并释放能量。

2. 缺乏的表现　蛋白质长期摄入不足，成年人会出现消化不良、易疲倦、免疫力下降、体重减轻，

严重者出现贫血和水肿；儿童、青少年还会出现生长迟缓、体重过轻；婴幼儿可出现智力发育障碍；妇女可出现月经障碍，乳汁分泌减少等。蛋白质缺乏往往与能量缺乏同时出现，称为蛋白质 – 能量营养不良（protein – energy malnutrition，PEM）。

3. 过量的表现 蛋白质摄入过高也对人体有害，常伴有过多的饱和脂肪酸和胆固醇摄入，同时过多的蛋白质在体内代谢分解会增加肾的负担，还可加速骨骼中钙的丢失，易引起骨质疏松。

（三）氮平衡

人体内的蛋白质是处于不断分解与合成的动态变化之中。氮平衡是指氮的摄入量与排出量之间的平衡状态。计算公式为：

$$氮平衡 = 摄入氮量 - 排出氮量$$

$$排出氮量 = 尿氮 + 粪氮 + 经皮肤排出的氮$$

氮平衡包括零氮平衡、正氮平衡和负氮平衡三种情况。一般可通过测定每日食物中的含氮量（摄入氮量），以及从尿液、粪便、皮肤等途径排除的氮量（排出氮）就可以了解氮平衡的状态，从而估计蛋白质在体内的代谢量和人体的生长营养等情况。氮平衡常用于蛋白质代谢、机体蛋白质营养状况评价以及蛋白质需要量的研究。

1. 零氮平衡 摄入氮等于排出氮。这表明体内蛋白质的合成量和分解量处于动态平衡。一般营养正常的健康成年人就属于这种情况。

2. 正氮平衡 摄入氮大于排出氮。这表明体内蛋白质的合成量大于分解量。生长期的儿童少年妊娠期妇女和恢复期的伤病员等就属于这种情况。所以，在这些人的饮食中，应该尽量多给些含蛋白质丰富的食物。

3. 负氮平衡 摄入氮小于排出氮，即氮的摄入量少于排泄物中的氮量。这表明体内蛋白质的合成量小于分解量。慢性消耗性疾病、组织创伤和饥饿等就属于这种情况。蛋白质摄入不足，就会导致身体消瘦，对疾病的抵抗力降低，患者的伤口难以愈合等。当碳水化合物供给不足时，或处于病态、紧张状态时，都会影响机体的氮平衡。当长期处于负氮平衡时，将引起蛋白质缺乏、体重减轻、机体抵抗力下降，应尽量避免和改善。

> **知识链接**
>
> #### 蛋白质 – 能量营养不良分型
>
> 蛋白质 – 能量营养不良（protein – energy malnutrition，PEM）主要由于食物缺乏和蛋白质供给不足引起，也可继发于某些疾病，如恶性肿瘤、结核病、肝硬化、肾病、失血、慢性胃肠炎等。根据其临床特征不同可分为三种类型：①恶性营养不良综合征，主要表现为全身水肿，是蛋白质严重缺乏而能量勉强满足需要时出现的疾病；②消瘦症，主要表现为消瘦、皮下脂肪缺失，多因能量和蛋白质长期严重缺乏引起；③混合型，兼有上述两型的特征，较多见。患有 PEM 的儿童常伴有腹泻、感染和多种营养素缺乏。

（四）食物中蛋白质营养价值的评价

1. 蛋白质含量 食物中蛋白质含量的多少是评价该类食物蛋白质营养价值的前提和基础。食物中蛋白质的含量可用微量凯氏定氮法测定：先测定食物的含氮量，再乘以蛋白质换算系数，就可以得到食物蛋白质含量。一般食物的蛋白质换算系数为 6.25。豆类及其制品蛋白质含量最高（一般在 20% 以上，大豆可达到 40%），动物性食物含蛋白质也很丰富（10%～20%），粮谷类较低（6%～10%），蔬菜水果类含量很少（1%～2%）。

2. 蛋白质消化率　是反映蛋白质被机体消化酶分解程度的指标。蛋白质消化率越高，被吸收利用的可能性越大，营养价值也越高。计算公式为：

$$蛋白质真消化率（\%）= \frac{食物氮 -（粪氮 - 粪代谢氮）}{食物氮} \times 100\%$$

粪代谢氮是指肠道内源氮，是完全不摄入蛋白质时粪中的含氮量。实际应用中往往不考虑它，此时消化率叫表观消化率，表观消化率比真消化率要低，具有一定安全性。

动物性食物消化率一般较高（90%以上），植物性食物由于膳食纤维的包裹，其消化率较低（80%以下）。但食物加工可提高其消化率，如大豆整粒食用时，其消化率仅有65.3%，而加工成豆腐后，消化率可提高到90%以上。

3. 蛋白质利用率　指蛋白质经消化吸收后被机体利用的程度。测定蛋白质利用率的方法很多。

（1）生物价（biological value，BV）　是指食物蛋白质被吸收后的储留氮量与吸收氮量的比值。BV越高，说明其被机体利用程度越高。BV的最大值为100。计算公式为：

$$生物价 = \frac{储留氮}{吸收氮} \times 100$$

$$吸收氮 = 食物氮 -（粪氮 - 粪代谢氮）$$

$$储留氮 = 吸收氮 -（尿氮 - 尿内源性氮）$$

BV是评价食物蛋白质营养价值较常用的方法。食物蛋白质中必需氨基酸的种类及相互比值决定蛋白质生物价的高低，其种类齐全、相互比例适宜，则蛋白质在体内利用程度越高。通过食物搭配可充分发挥蛋白质互补作用，提高生物价。生物价对指导肝、肾病患者的膳食有很多指导意义。生物价高，表明食物蛋白质中氨基酸主要用来合成人体蛋白，极少有过多的氨基酸经肝、肾代谢而释放能量或由尿排出多余的氮，从而大大减少肝、肾负担。

（2）蛋白质净利用率　是指机体利用的蛋白质占食物中蛋白质的百分比。它考虑了食物蛋白质的消化和利用两个方面，能更全面地反映该蛋白质的实际利用程度。

$$蛋白质净利用率（\%）= 消化率 \times 生物价 = \frac{储留氮}{食物氮} \times 100\%$$

（3）蛋白质功效比值（protein efficiency ratio，PER）　是指生长阶段的实验动物在规定的实验条件下每摄取1g蛋白质体重增加的量。蛋白质功效比值越大，其营养价值越高。该指标是测量蛋白质利用率最简单而易行的方法，被广泛用于婴幼儿食品中蛋白质的评价。

$$蛋白质功效比值 = \frac{动物体重增加（g）}{摄入食物蛋白质（g）}$$

（4）氨基酸评分（amino acid score，AAS）　亦称蛋白质化学分，是用化学分析方法测定食物蛋白质的EAA组成和含量，再与推荐的理想蛋白质的氨基酸模式进行比较，并按下式计算氨基酸分。

$$AAS = \frac{被测蛋白质每克氮（或蛋白质）中氨基酸量（mg）}{理想模式或参考蛋白质中每克氮（或蛋白质）中氨基酸量（mg）} \times 100$$

较低的氨基酸即为限制性氨基酸。根据AAS由低到高，依次称为第一、第二和第三限制性氨基酸。AAS是目前广为应用的评价蛋白质营养价值的一种方法，不仅适用于单一食物蛋白质的评价，还可用于混合食物蛋白质的评价；既可明确蛋白质的限制性氨基酸，也可以看出其他氨基酸的不足。AAS的缺点是没有考虑食物蛋白质的消化率。因此，可采用消化率修正后的氨基酸评分，即将氨基酸评分乘以真消化率。

知识链接

氨基酸评分

例如，1g 某谷类蛋白质中赖氨酸、苏氨酸与色氨酸含量分别为 29mg、24mg 与 13mg，1g 参考蛋白中赖氨酸、苏氨酸与色氨酸含量分别为 58mg、34mg 与 11mg，按照公式可得赖氨酸、苏氨酸、色氨酸的比值分别为 50、71 与 118，故该谷类蛋白质的氨基酸评分为 50。

氨基酸评分的方法虽然简单，但没有考虑食物蛋白质的消化率，为此，美国食品药品管理局（FDA）提出了一种新方法，即经消化率修正的氨基酸评分（PDCAAS），其计算公式如下。

$$PDCAAS = 氨基酸评分 \times 蛋白质消化率$$

（五）食物来源与参考摄入量

1. 蛋白质的食物来源 蛋白质普遍存在于各种食物中，包括粮谷类、肉类、蛋类和奶类、豆类及其制品等，通过膳食摄取的蛋白质按其来源可分为植物性蛋白质和动物性蛋白质两大类。虽然谷类蛋白含量并不高，约 10%，但却是我国居民的主食，因此谷类仍然是我国居民膳食蛋白的主要来源。

2. 蛋白质的参考摄入量 中国营养学会建议蛋白质推荐摄入量（RNI）：成年男性 65g/d，成年女性 55g/d。一般而言，正常成年人每天摄取 30g 蛋白质即可维持零氮平衡，但从安全性和消化吸收等因素综合考虑，我国成年人蛋白质推荐摄入量为 1.16g/（kg·d），若按能量计算，蛋白质摄入量应占到总能量摄入量的 10%~12%，儿童和青少年应为 12%~14%。且每日供给的蛋白质中优质蛋白质需占到 1/3 以上。

二、脂类

脂类（lipids）是脂肪和类脂的总称，是由 C、H、O 三种元素组成的有机化合物，由 1 分子的甘油和 3 分子的脂肪酸缩合而成，又称三酰甘油，占总脂的 95%，因其含量易受机体营养状况与活动量的影响而变动又称动脂。类脂包括磷脂、糖脂、固醇类和脂蛋白等，占总脂脂含量的 5%，因其含量稳定，不受机体营养状况与活动量的影响，又称其定脂。

（一）脂类的生理功能

1. 提供能量和贮存能量 脂肪是体内供能的重要物质，每克脂肪在体内氧化可产生 37.7kJ（9kcal）能量，比蛋白质和碳水化合物的两倍还多，是"浓缩的能源"。当人体摄入能量过多不能被利用时，就转变为脂肪贮存起来。

2. 构成机体组织 脂肪占体重的 10%~20%，是机体组织的重要组成成分；磷脂、糖脂、固醇类等主要存在于细胞膜和神经组织，是细胞和神经组织维持正常结构和功能不可缺少的物质。

3. 维持体温、保护脏器 脂肪主要分布于皮下和脏器周围，具有隔热保温、保护脏器的作用。

4. 供给机体必需脂肪酸 必需脂肪酸（essential fatty acid，EFA）是指人体维持正常的生命活动不可缺少而自身又不能合成，必须通过食物摄取的脂肪酸。

5. 促进脂溶性维生素在肠道的吸收 脂肪是脂溶性维生素 A、维生素 D、维生素 E、维生素 K 的良好溶剂，这些维生素只有溶于脂肪才能被更好地吸收。脂肪摄取不足的人，经常伴有脂溶性维生素的缺乏。

6. 增加食物的美味、增进食欲、增加饱腹感 在烹调过程中油脂能增进膳食色、香、味，促进食欲，由于脂肪在胃内停留时间较长，故富含脂肪的食物具有较高的饱腹感。

（二）脂肪酸的分类

脂肪酸是构成三酰甘油的基本单位，其种类有很多种。

1. 按脂肪酸饱和程度分类　分为饱和脂肪酸（SFA）和不饱和脂肪酸（USFA）。SFA可显著升高血清总胆固醇和低密度脂蛋白的水平。USFA又可分为单不饱和脂肪酸（MUFA）和多不饱和脂肪酸（PUFA）。MUFA可降低血胆固醇、三酰甘油、低密度脂蛋白胆固醇水平，升高高密度脂蛋白胆固醇水平；PUFA可降低血清总胆固醇和低密度脂蛋白胆固醇水平，但不升高高密度脂蛋白胆固醇水平，过多摄入会产生脂质过氧化反应，促进化学致癌，n-3系列脂肪酸有抑制免疫功能作用。

2. 根据是否必须由食物提供分类　分为必需脂肪酸和非必需脂肪酸。必需脂肪酸有亚油酸和α-亚麻酸2种。亚油酸可转变生成γ-亚麻酸、花生四烯酸等n-6系列脂肪酸；α-亚麻酸可转变生成二十碳五烯酸（EPA）、二十二碳六烯酸（DHA）等n-3系列脂肪酸。必需脂肪酸生理功能如下。

（1）是磷脂的重要组成成分　而磷脂是细胞膜与线粒体的主要结构成分，因此必需脂肪酸与细胞膜、线粒体的结构和功能直接相关。

（2）亚油酸是合成前列腺素的前体　后者具有多种生理功能，如促进血管扩张、影响神经刺激的传导等。

（3）参与胆固醇的代谢　体内约70%的胆固醇与必需脂肪酸酯化成酯，被转运和代谢。必需脂肪酸缺乏时，由于胆固醇得不到转运，可与一些饱和脂肪酸结合而沉积在动脉壁上导致动脉粥样硬化。

（4）维护智力和视力发育　在大脑皮质中，α-亚麻酸的衍生物二十二碳六烯酸（docose hexaenoie acid，DHA）不仅是神经传导细胞的主要成分，也是细胞膜形成的主要成分，缺乏时可影响婴幼儿大脑和智力的发育。此外，DHA也是维持视网膜光感受体功能所必需的脂肪酸，缺乏可引起光感受器细胞受损，视力减退。

（5）参与精子的形成　长期缺乏可导致不孕症。必需脂肪酸长期缺乏，可引起生长迟缓，伤口愈合慢，皮肤出现皮疹及肾、肝、神经和视觉功能障碍等多种疾病。

（6）按脂肪酸空间结构分类　分为顺式脂肪酸和反式脂肪酸。反式脂肪酸可以使血清总胆固醇、低密度脂蛋白胆固醇和极低密度脂蛋白胆固醇升高，而使高密度脂蛋白胆固醇降低，因此增加心血管疾病的危险。

> **知识链接**
>
> #### 反式脂肪酸
>
> 20世纪80年代，由于担心动物脂肪中的饱和脂肪酸会增加心血管疾病的发生，植物油高温下不稳定及无法长时间储存等问题，科学家利用氢化过程，将不饱和脂肪酸的不饱和双键与氢结合变成饱和键，随着饱和度的增加，油类由液态变为固态。在此过程中，一些未被饱和的不饱和脂肪酸的空间结构由顺式转为反式，成为反式脂肪酸。有研究发现，反式脂肪酸可升高低密度脂蛋白胆固醇，降低高密度脂蛋白胆固醇水平，从而增加冠心病风险；人造脂肪中的反式脂肪酸可诱发肿瘤、2型糖尿病等疾病。人造黄油、蛋糕、饼干、油炸食品、乳酪食品以及花生酱等食品是反式脂肪酸的主要来源。

（三）膳食脂类的营养价值评价

1. 脂肪的消化率　与其熔点密切相关。熔点越低，越容易消化。熔点低于体温的脂肪消化率可高达97%~98%，多见于植物脂肪；熔点高于50℃的脂肪较难消化，多见于动物脂肪。一般植物脂肪的消化率要高于动物脂肪。

2. 必需脂肪酸含量 一般植物油中亚油酸和 α - 亚麻酸含量高于动物脂肪，其营养价值优于动物脂肪。但椰子油中亚油酸含量很低，其不饱和脂肪酸含量也少。

3. 各种脂肪酸的比例 机体对 SFA、MUFA 和 PUFA 的需要不仅要有一定的数量，也应有一定的比例。有研究推荐三者比例应为 1：1：1。

4. 脂溶性维生素含量 脂溶性维生素含量高的脂类其营养价值也高。植物油中富含维生素 E，特别是谷类种子的胚油（如麦胚油）维生素 E 的含量非常丰富。动物脂肪几乎不含维生素，而器官脂肪如肝脏脂肪中含有丰富的维生素 A、维生素 D，某些海产鱼肝脏脂肪中维生素 A、维生素 D 含量更高。

（四）食物来源与参考摄入量

膳食脂类的主要来源是动物脂肪组织、肉类和油料植物种子或植物油（表 9 - 1）。动物脂肪中 SFA 和 MUFA 含量较多，而 PUFA 含量较少。海生动物和鱼也富含不饱和脂肪酸。植物油主要含不饱和脂肪酸。胆固醇只存在于动物性食物中。

表 9 - 1 脂类的主要食物来源

脂类		主要食物来源
饱和脂肪酸		动物脂肪（猪油、牛油、羊油）（40%～60%）；黄油；棕榈油；椰子油（93%～94%）
单不饱和脂肪酸（油酸）		橄榄油、茶树油（80%）；花生油、芝麻油（40%）；动物脂肪（30%～50%）
多不饱和脂肪酸	亚油酸	普遍存在于植物油中，在葵花籽油、豆油和芝麻油、玉米胚油中较多
	亚麻酸	菜籽油、豆油、羊油、紫苏油
	EPA、DHA	鱼贝类
磷脂		蛋黄、肝脏、大豆、麦胚、花生
胆固醇		动物脑、肝、肾、肠等内脏和皮；蛋类、鱼子、蟹子；蛤贝类；肉类；奶类

有资料显示，成年人每日膳食中有 50g 脂肪即能满足需要；每人烹调油摄入量不宜超过 25g；亚油酸摄入量占总能量的 2.4%、α - 亚麻油酸占 0.5%～1% 时即可预防必需脂肪酸缺乏症。中国营养学会提出脂肪适宜摄入量（AI）：脂肪供给量占总能量的百分比，儿童青少年 25%～30%。成年人和老年人 20%～30%；成人和老年人胆固醇含量低于 300mg/d。

三、碳水化合物 @微课

碳水化合物（carbohydrates）也称糖类，是由 C、H、O 三种元素组成的一大类有机化合物。

（一）碳水化合物的生理功能

1. 提供能量 碳水化合物是人类能量的最经济和最重要的来源。1g 碳水化合物在体内氧化可提供 16.7kJ（4kcal）能量。葡萄糖在体内释放能量较快，供能也快，是神经系统和心肌的主要能源，也是肌肉活动时的主要"燃料"，对维持神经系统和心脏的正常供能，增强耐力，提高工作效率都有重要意义。

2. 构成人体组织及生理活性物质 每个细胞都有碳水化合物，主要以糖脂、糖蛋白和蛋白多糖的形式分布在细胞中。脑和神经组织含大量糖脂，碳水化合物与蛋白结合生成的糖蛋白如黏蛋白和类黏蛋白是构成软骨、骨骼和眼球角膜、玻璃体的组成成分。一些具有重要生理功能的物质，如抗体、酶和激素的组成成分，也需碳水化合物参与。

3. 节约蛋白质作用和抗生酮作用 碳水化合物的主要作用是供应能量，如果摄入碳水化合物不足，那么人体必须要挪用蛋白质来获取能量。但蛋白质主要是用来合成和修补组织的，而且价格较高。如果摄入充足的碳水化合物，就会避免将宝贵的蛋白质用来提供能量，即起到蛋白质节约作用。当体内碳水化合物供给不足，身体所需能量将大部分由脂肪供给。脂肪如果不能彻底氧化，会产生酮体，酮体在体内积存过多，即可引起酸中毒。因此供给体内充足的碳水化合物，可防止脂肪氧化不全而造成酮体堆积，即起到抗生酮作用。

4. 血糖调节作用 食物对于血糖的调节作用主要在于食物消化吸收速率和利用率。碳水化合物的含量、类型和摄入总量是影响血糖的主要因素。不同类型的淀粉、碳水化合物等成分，可以很快在小肠吸收并升高血糖水平；而一些抗性淀粉、寡糖或其他形式的膳食纤维，则在 4 小时内不显著升高血糖，而是一个持续、缓慢的释放过程。这是因为抗性淀粉只有进入结肠经细菌发酵后才能吸收，对血糖的应答影响缓慢而平衡。因此在糖尿病患者膳食中，合理使用和调节碳水化合物的量是关键因素。

5. 保肝解毒作用 机体摄取的碳水化合物除了提供能量外，多余的会以肝糖原的形式贮存在肝脏中备用。当肝糖原储备不足的时候，肝脏对有害物质（乙醇、砷等）的解毒作用明显下降，所以说碳水化合物具有保肝解毒的作用，其解毒作用的大小和肝糖原的数量有明显关系。

（二）碳水化合物分类及食物来源

1. 分类 按照单糖分子（DP）聚合度，可将碳水化合物分为 3 类：糖（1~2 个 DP）、寡糖（3~9 个 DP）和多糖（≥10 个 DP）；糖又分单糖、双糖和糖醇（表 9-2）。

表 9-2 主要的膳食碳水化合物分类和组成

分类	亚组	组成
糖（1~2 个 DP）	单糖	葡萄糖、半乳糖
	双糖	蔗糖、乳糖、海藻糖
	糖醇	山梨醇、甘露醇
寡糖（3~9 个 DP）	异麦芽低聚寡糖	麦芽糊精
	其他寡糖	棉籽糖、水苏糖、低聚果糖
多糖（≥10 个 DP）	淀粉	直链淀粉、支链淀粉、变性淀粉
	非淀粉多糖	纤维素、半纤维素、果胶、亲水胶质物

2. 食物来源 碳水化合物来源甚广，我国居民膳食中的碳水化合物主要来自谷类（如小麦、稻米、玉米、小米、高粱米），含量 70%~75%；干豆类（如绿豆、赤豆、豌豆、蚕豆），含量 50%~60%；薯类（如甜薯、马铃薯、芋头）含碳水化合物也较多，含量 20%~25%，这些食物主要含有淀粉。甘蔗和甜菜是蔗糖的主要来源，蔬菜和水果除少量可利用的单糖、双糖外，还含有纤维素和果胶类。

（三）碳水化合物的参考摄入量

中国营养学会根据我国人民的营养需求和饮食习惯以及 FAO/WHO 的建议，提出成年人每日碳水化合物的参考摄入量为占总热量的 55%~65%（AI）。同时对碳水化合物的来源也作出要求：碳水化合物应包括复合碳水化合物淀粉、不消化性的抗性淀粉、非淀粉多糖以及低聚糖等碳水化合物；限制纯能量化合物如精制糖的摄入量，从而保障能量与营养素供给以及改善消化道功能与预防龋齿。

（四）膳食纤维

膳食纤维（dietary fiber）是植物的可食部分、不能被人体小肠消化吸收、对人体健康有意义、聚合度 ≥3 的碳水化合物，其组分非常复杂，包括纤维素、半纤维素、木质素、果胶、菊糖。木质素虽然不是碳水化合物，但因检测时不能排除木质素，故仍将它包括在膳食纤维中。

1. 膳食纤维的分类 根据其水溶性不同，可分为水溶性和非水溶性膳食纤维。水溶性膳食纤维包括果胶和树胶。果胶是不可消化的多糖，多存在于水果蔬菜的软组织中。果胶类物质均溶于水，与碳水化合物、酸在适当条件下形成凝冻，一般用作果冻、冰激凌等食品的稳定剂。非水溶性膳食纤维包括纤维素、半纤维素和木质素，存在于植物细胞壁中。谷物的麸皮、全谷粒、干豆、干蔬菜和坚果类等食物含有较多的非水溶性膳食纤维。

2. 膳食纤维的主要生理功能

（1）增加饱腹感　膳食纤维进入消化道内，在胃中吸水膨胀，增加胃内容物的容积，而可溶性膳食纤维黏度高，使胃排空速率减缓，延缓胃中内容物进行小肠的速度，同时使人产生饱腹感，从而有利于糖尿病和肥胖症患者减少进食量。

（2）促进排便　不溶性膳食纤维可组成肠内容物的核心，由于其吸水性可增加粪便体积，以机械刺激使肠壁蠕动；可被结肠细菌发酵产生短链脂肪酸和气体以化学刺激肠黏膜，从而促进粪便排泄；膳食纤维可增加粪便含水量，减少粪便硬度，利于排便。

（3）降低血糖和血胆固醇　膳食纤维可以减少小肠对碳水化合物的吸收，使血糖不致因进食而快速升高，因此也可减少体内胰岛素的释放，而胰岛素可刺激肝脏合成胆固醇，所以胰岛素释放的减少可以使血浆胆固醇水平受到影响。各种纤维因可吸附胆酸，使脂肪、胆固醇等吸收率下降，也可达到降血脂的作用。

（4）改变肠道菌群　进入大肠的膳食纤维能部分、选择性地被肠内细菌分解与发酵，所产生的短链脂肪酸可降低肠道pH，从而改变肠内微生物菌群的构成与代谢，诱导益生菌大量繁殖。不仅对肠道健康有重要作用，而且具有其他重要功能。

四、能量

人类维持生命和一切体力活动都需要能量。食物中的碳水化合物、脂肪和蛋白质进入人体后进行氧化分解可释放出能量以满足机体的需要。人体所需要的能量均来自这三大产能营养素。

（一）能量单位

营养学上惯用的能量单位是卡（cal）或千卡（kcal），国际通用单位焦耳（J）、千焦耳（kJ）或兆焦耳（MJ）表示。其换算关系为：

$$1kcal \approx 4.184kJ, \quad 1kJ \approx 0.239kcal, \quad 1MJ \approx 239kcal, \quad 1MJ = 1000kJ, \quad 1kJ = 1000J。$$

（二）人体能量消耗量

人体能量消耗主要用于维持基础代谢、食物热效应和日常体力活动。而妊娠期妇女、哺乳期妇女、儿童、青少年还要满足其特殊生理需要；创伤患者康复期间也需要额外的能量；精神紧张工作者大脑活动加剧，能量消耗也增加。

1. 基础代谢消耗的能量　基础代谢是指维持人体基本生命活动所必需的能量消耗，如维持体温、呼吸、血液循环、肌紧张、细胞内外液中电解质浓度差及蛋白质等大分子合成，是人体能量消耗的主要部分，占人体总能量消耗的60%~70%。人体的基础代谢因体表面积、年龄、性别而异，也受内分泌状况和气候的影响。瘦高的人基础代谢高于矮胖的人，主要是前者体表面积大，向外环境散热越快，基础代谢能量消耗越高；人体瘦体组织（包括肌肉、心脏、肝和肾等）是代谢活跃的组织，其消耗的能量占基础代谢能量消耗的70%~80%，因此同等体重条件下，瘦高且肌肉发达者的基础代谢能量消耗高于矮胖，年龄和体表面积相同，男性瘦体组织所占比例高于女性，其基础代谢能量消耗比女性高5%~10%；婴幼儿和青少年生长发育迅速，基础代谢能量消耗相对较高，成年后基础代谢随年龄增加基础水平不断下降，更年期后下降较多，且能量消耗更少，老年人比青壮年人更低；热带地区人群的基础代谢较温带同类居民低10%，温带地区较寒带地区同类居民低10%。

2. 体力活动消耗的能量　是影响人体总能量消耗的最重要部分，占总能量的15%～30%。体力活动包括生活活动和劳动。不同体力活动消耗的能量不同，其能量的消耗与劳动强度、劳动持续时间以及工作熟练程度有关。劳动强度越大、持续时间越长、工作越不熟练，能量消耗越多，其中劳动强度为主要影响因素。中国营养学会将体力活动强度分为轻、中、重三级，成年人能量的推荐摄入量用基础代谢率（basal metabolism rate，BMR）（kcal/d）乘以不同的体力活动水平（physical activity level，PAL）。中国成年人体力活动水平分级见表9-3。

表9-3　中国成人活动水平分级

活动水平	职业工作时间	工作内容	体力活动水平	
			男	女
轻	75%时间坐或站立 25%时间站着活动	办公室工作、修理电器钟表、柜台售货工作、酒店服务工作、化验室操作、讲课等	1.55	1.56
中	25%时间坐或站立 75%时间特殊职业活动	学生日常活动、机动车驾驶、电工安装、车床操作、金工切割等	1.78	1.64
重	40%时间坐或站立 60%时间特殊职业活动	非机械化农业劳动、炼钢、舞蹈、体育运动、装卸、采矿等	2.10	1.82

3. 食物热效应消耗的能量　食物热效应指人体在摄食过程中引起额外的能量消耗，也称食物特殊动力作用。食物中的营养素在进行消化、吸收、代谢、转运等过程中都需要额外消耗能量。食物热效应与食物成分有关，其中蛋白质最高，消耗本身产生能量的20%～30%，碳水化合物为5%～10%，脂肪为0%～5%，混合膳食为其基础代谢耗能的10%。

（三）产能系数

人体所需要的能量来源于碳水化合物、脂肪和蛋白质。1g碳水化合物、脂肪和蛋白质在体内进行氧化分解所释放出的能量值称产能系数或热价。1g产能营养素在体内氧化所产生的能量称为生理价，在体外燃烧所释放的能量称为物理价。1g碳水化合物、脂肪和蛋白质在体外完全燃烧时产生的能量分别为17.15kJ（约4.10kcal）、39.54kJ（约9.45kcal）、23.64kJ（5.65kcal）。在体内氧化时，碳水化合物和脂肪的最终产物均为二氧化碳和水，与体外燃烧相同，产生的能量也相同。蛋白质在体外燃烧时的最终产物为二氧化碳、水、氨气和氮气等，而在体内氧化时，其最终产物为二氧化碳、水、尿素、肌酸及其他含氮有机物，即在体内氧化不如在体外燃烧充分。若将1g蛋白质在体内氧化产生的尿素等有机含氮物收集起来，在体外继续燃烧，还可产生5.44kJ（约合1.3kcal）的能量，由此可推算1g蛋白质在体内氧化产生的能量为：23.64-5.44=18.2（kJ）（约4.35kcal）。正常人普通混合膳食时，碳水化合物的平均吸收率为98%，脂肪为95%，蛋白质为92%。因此计算膳食的能量时，还应考虑吸收率因素。通常将1g产能营养素在体内氧化时实际为机体提供的能量称为营养学热价。三种营养素的产热系数见表9-4。

表9-4　三种营养素的产能系数

营养素	物理热价（kcal/g）	生理热价（kcal/g）	吸收率（%）	营养学热价（kcal/g）
蛋白质	5.65	4.35	92	4.0
脂肪	9.45	9.45	95	9.0
碳水化合物	4.10	4.10	98	4.0

（四）能量的食物来源与参考摄入量

人体所需能量主要由蛋白质、脂肪和碳水化合物三大营养素提供。这三大营养素普遍存在于各种食物中。其中碳水化合物主要存在于谷类、薯类和根茎类食物中，是最主要、最经济的膳食能量来源；脂肪主要存在于植物油脂和肉类中；蛋白质主要存在于动物类和豆类食物中，蔬菜和水果中脂肪和蛋白质含量较低。另外，酒类饮料中的乙醇也能提供较高的能量。

三大产能营养素提供的能量应该有合理的摄入比，才能满足机体需要。按我国人民的膳食结构、饮食习惯和营养状况，建议成年人蛋白质提供的能量占总能量的 10%～15%，脂肪占 20%～30%，碳水化合物占 50%～65% 为宜，其中脂肪提供的能量不宜超过总能量的 30%。

（五）能量平衡与健康体重

机体消耗的能量和摄入的能量大体相等，营养学上称为能量平衡。体重为能量平衡的常用观察指标。如果长期能量摄入小于消耗，人体可逐渐消瘦，并影响其他营养素的代谢出现身体功能紊乱等。而长期能量摄入大于消耗，则过多的能量转化为脂肪储存于体内，可导致肥胖、心脑血管疾病、糖尿病等疾病的患病率增加。在胚胎期，如果妊娠期妇女能量摄入量过剩，也会造成婴儿出生时体重过重。

五、维生素

维生素（vitamin）是维持机体生命活动过程所必需的一类微量的低分子有机化合物。共同特点：以其本体形式或以可被机体利用的前体形式存在于天然食物中；在体内既不参与构成组织又不能提供能量，但常以辅酶或辅基形式担负着特殊的代谢功能；机体需要量极少，否则缺乏到一定程度会引起相应疾病；一般不能在体内合成（维生素 D、维生素 K 例外），或合成数量极少，必须由食物供给。根据其溶解性可将维生素分为两大类，即脂溶性维生素和水溶性维生素。脂溶性维生素包括维生素 A、维生素 D、维生素 E、维生素 K；水溶性维生素包括维生素 B 族（维生素 B_1、维生素 B_2、维生素 PP、维生素 B_6、维生素 B_{12}、叶酸、泛酸、生物素等）和维生素 C。脂溶性维生素在食物中与脂肪共存，吸收时也与脂肪有关，摄入过多时可在体内蓄积产生有害影响；缺乏时可缓慢出现缺乏症状。水溶性维生素易溶于水，烹调时易损失，一般不在体内蓄积，若摄入过少，可较快出现缺乏症状。

知识链接

临床和亚临床维生素缺乏

人体维生素不足或缺乏是一个渐进过程。当膳食中长期缺乏某种维生素时，最初表现为组织中维生素的贮存降低，继而出现生化指标和生理功能异常，进一步发展则引起组织的病理改变，并出现临床体征。当维生素缺乏出现临床症状时，称为维生素的临床缺乏。维生素的轻度缺乏常不出现临床症状，但一般可降低劳动效率及对疾病的抵抗力，这称为亚临床维生素缺乏或不足，也称维生素边缘缺乏。维生素临床缺乏类型类疾病已不多见，而维生素的亚临床缺乏则是营养缺乏中的一个主要问题。维生素的亚临床缺乏引起的临床症状不明显、不特异，易被忽视，故应对此有高度警惕。

（一）维生素 A

维生素 A（vitamin A）又名视黄醇或抗眼干燥症因子，包括只存在于动物性食物中的维生素 A 和植物性食物中的维生素 A 原——胡萝卜素。维生素 A 的数量单位以视黄醇活性当量（RAE）来表示。

1. 理化性质　维生素 A 和胡萝卜素遇热和碱均稳定，一般烹调和罐头加工不易破坏，但在存放过程中，空气中的氧能使其氧化破坏，紫外线可促进维生素 A 和胡萝卜素的氧化破坏。当食物中含有磷脂、维生素 E、维生素 C 或其他抗氧化物质时，均有保护维生素 A 与胡萝卜素稳定性的作用。

2. 生理功能 维持正常视觉，维生素 A 能促进视觉细胞内感光物质合成与再生，以维持正常视觉；维持上皮正常生长与分化；促进生长发育；抑癌作用；维持机体正常免疫功能。

3. 缺乏或过多 缺乏最早症状是暗适应能力下降，即在黑夜或暗光下看不清物体，在弱光下视力减退，暗适应时间延长，严重者可致夜盲症。维生素 A 缺乏最明显的结果是患眼干燥症，患者眼结膜和角膜上皮组织变性，泪腺分泌减少、发炎、疼痛等，发展下去可致失明；还会导致指甲出现凹陷线纹、皮肤瘙痒、脱皮、粗糙发干、脱发等；血红蛋白合成代谢障碍，免疫功能低下，儿童生长发育迟缓等。摄入大剂量维生素 A 可引起急性、慢性及致畸毒性；大量摄入胡萝卜素可出现高胡萝卜素血症，易出现类似黄疸皮肤，但停止使用，症状可逐渐消失，未发现其他毒性。

4. 食物来源 维生素 A 最丰富的食物来源是各种动物肝脏、鱼肝油、鱼卵、全奶、奶油、禽蛋等。维生素 A 原良好来源是深色蔬菜如菠菜、冬苋菜、空心菜、莴笋叶、芹菜叶、胡萝卜、豌豆苗、红心红薯、辣椒，水果如芒果、杏子及柿子等。

5. 参考摄入量 中国营养学会推荐摄入量（RNI）：成年男性为 $800\mu gRAE/d$，成年女性为 $700\mu gRAE/d$。

（二）维生素 D

维生素 D（vitamin D）属于固醇类，主要包括维生素 D_2 和维生素 D_3。在人和动物皮下组织中的 7-脱氢胆固醇，经紫外线照射形成维生素 D_3；存在于藻类植物及酵母中的麦角固醇，经紫外线照射形成维生素 D_2。

1. 理化性质 维生素 D 的化学性质比较稳定，在中性和碱性环境中耐热，不易被氧化破坏，如在 130℃下加热 90 分钟，仍能保持其活性，但在酸性环境中则逐渐分解，当脂肪酸败时可使其中的维生素 D 破坏。

2. 生理功能 调节体内钙、磷代谢，促进钙、磷的吸收和利用，以构成健全的骨骼和牙齿。

3. 缺乏或过多 维生素 D 缺乏或不足，钙、磷代谢紊乱，血中钙、磷水平降低，致使骨组织钙化发生障碍，在婴幼儿期出现佝偻病；成年人发生骨软化症，多见于妊娠期妇女、哺乳期妇女和老年人。过量摄入维生素 D 也可引起维生素 D 过多症，多见于长期大量给儿童浓缩的维生素 D，可出现食欲缺乏、体重减轻、恶心、呕吐、腹泻、头痛等。

4. 食物来源 主要存在于动物性食物包括海水鱼如沙丁鱼、动物肝、蛋黄及鱼肝油制剂中。

5. 参考摄入量 中国营养学会推荐摄入量（RNI）：0~64 岁为 $10\mu g/d$，65 岁以上为 $15\mu g/d$。

（三）维生素 E

维生素 E（vitamin E）又名生育酚，为黄色油状液体，溶于脂肪，对热、酸稳定，遇碱易被氧化，在酸败的油脂中维生素 E 多被破坏，一般的食物烹调方法对其影响不大。

1. 生理功能 抗氧化作用，促进蛋白质更新合成，预防衰老，与动物生殖功能和精子生成有关，调节血小板黏附力和聚集作用。

2. 缺乏症 不能正常吸收脂肪的患者可出现维生素 E 缺乏，导致红细胞膜受损，出现溶血性贫血，给予维生素 E 治疗有望治愈。

3. 食物来源 维生素 E 在自然界分布甚广，通常人类不会缺乏。维生素 E 含量丰富的食物有植物油、麦胚、坚果、种子类、豆类、蛋黄等；绿叶植物中的维生素 E 含量高于黄色植物；肉类、鱼类等动物性食物及水果维生素 E 含量很少。

4. 参考摄入量 中国营养学会适宜摄入量（AI）：青少年、成年人为 $14mg\ \alpha-TE/d$。

（四）维生素 B_1

维生素 B_1（vitamin B_1）又称硫胺素，也称抗脚气病因子、抗神经炎因子，是人类发现最早的维生素之一。

1. 理化性质 维生素 B_1 为白色结晶，易溶于水，在酸性中稳定，比较耐热，不易被破坏，在碱性中对热极不稳定，一般煮沸加温可使其大部分破坏。故在煮粥、蒸馒头时加碱，会造成米面中维生素 B_1 大量损失。

2. 生理功能 构成脱羧酶的辅酶，参加碳水化合物代谢，即与能量代谢有关；维持神经、肌肉特别是心肌正常功能；维持正常食欲和胃肠蠕动等。

3. 缺乏症 维生素 B_1 缺乏可导致消化、神经和心血管诸系统的功能紊乱，主要表现为疲乏无力、肌肉酸痛、头痛、失眠、食欲不佳、心动过速、多发性神经炎、水肿及浆液渗出等。因缺乏维生素 B_1 引起的全身性疾病又称脚气病，临床上可分为干性脚气病、湿性脚气病和混合性脚气病三种类型，主要发生于以精白米面为主食的人群和胃肠道及消耗性疾病患者。

4. 食物来源 维生素 B_1 广泛存在于各类食物中，其良好来源是动物内脏，如肝、肾、心和瘦肉及全谷类、豆类和坚果类。目前谷类仍为我国传统饮食摄取维生素 B_1 的主要来源。维生素 B_1 主要存在于谷物糊粉层和胚芽中。过度碾磨的精白米、精白面会造成维生素 B_1 大量丢失；清洗、烫漂过程中也会有损失。

5. 参考摄入量 中国营养学会推荐摄入量（RNI）：成年男性为 1.4mg/d，成年女性为 1.2mg/d。

（五）维生素 B_2

维生素 B_2（vitamin B_2）又称核黄素，膳食中的大部分维生素 B_2 是以黄素单核苷酸（FMN）和黄素腺嘌呤二核苷酸（FAD）辅酶形式和蛋白质结合存在。

1. 理化性质 维生素 B_2 为橙黄色针状结晶，带有微苦味，在水中溶解度很低。在酸性溶液中对热稳定，在碱性环境中易于分解破坏。有游离及结合两种形式，结合状态比较稳定。

2. 缺乏症 维生素 B_2 是我国饮食最容易缺乏的营养素之一。维生素 B_2 缺乏症病变主要表现有口角炎、口唇炎、舌炎、阴囊炎、脂溢性皮炎、眼部的睑缘炎，临床上称为口腔 – 生殖综合征。

3. 食物来源 主要是动物性食物，以肝、肾、心、蛋黄、乳类尤为丰富。植物性食物中则以绿叶蔬菜类，如菠菜、韭菜、油菜及豆类含量较多；而粮谷类含量较低，尤其研磨过于精细的粮谷类食物。

4. 参考摄入量 中国营养学会推荐摄入量（RNI）：成年男性为 1.4mg/d，成年女性为 1.2mg/d。

（六）维生素 B_6

维生素 B_6（Vitamin B_6）又称吡哆素，其包括吡哆醇、吡哆醛及吡哆胺，在体内以磷酸酯的形式存在，是一种水溶性维生素。

1. 理化性质 维生素 B_6 为无色晶体，易溶于水及乙醇，在酸液中稳定，在碱液中易破坏，吡哆醇耐热，吡哆醛和吡哆胺不耐高温。

2. 生理功能 抗体的合成；消化系统中胃酸的制造；脂肪与蛋白质利用，尤其在减肥时应补充；维持钠钾平衡，稳定神经系统。

3. 缺乏症 缺乏维生素 B_6 时会有食欲不振、食物利用率低、呕吐、下痢等。严重缺乏会有粉刺、贫血、关节炎、痉挛、忧郁、头痛、掉发、易发炎、学习障碍等表现。

4. 食物来源 维生素 B_6 的食物来源很广泛，动物性、植物性食物中均含有。通常肉类、全谷类产品特别是小麦、蔬菜和坚果类中含量较高。

5. 参考摄入量 中国营养学会推荐摄入量（RNI）：成年人 1.4mg/d。

（七）维生素 B_{12}

维生素 B_{12} 又叫钴胺素，是唯一含金属元素的维生素。自然界中的维生素 B_{12} 都是微生物合成的，高等动植物不能制造维生素 B_{12}。维生素 B_{12} 是唯一一种需要一种肠道分泌物（内源因子）帮助才能被吸收的维生素。

1. 理化性质　维生素 B_{12} 为浅红色的针状结晶，易溶于水和乙醇，在 pH 为 $4.5 \sim 5.0$ 弱酸条件下最稳定，强酸（pH < 2）或碱性溶液中分解，遇热可有一定程度破坏，但短时间的高温消毒损失小，遇强光或紫外线易被破坏。普通烹调过程损失量约为 30%。

2. 生理功能

（1）作为甲基转移酶的辅因子，参与蛋氨酸、胸腺嘧啶等的合成，如使甲基四氢叶酸转变为四氢叶酸而将甲基转移给甲基受体（如同型半胱氨酸），使甲基受体成为甲基衍生物（如甲硫氨酸即甲基同型半胱氨酸）。因此维生素 B_{12} 可促进蛋白质的生物合成，缺乏时影响婴幼儿的生长发育。

（2）保护叶酸在细胞内的转移和贮存。维生素 B_{12} 缺乏时，人类红细胞叶酸含量低，肝脏贮存的叶酸降低，这可能与维生素 B_{12} 缺乏，造成甲基从同型半胱氨酸向甲硫氨酸转移困难有关，甲基在细胞内聚集，损害了四氢叶酸在细胞内的贮存，因为四氢叶酸同甲基结合成甲基四氢叶酸的倾向强，后者合成多聚谷氨酸。

3. 缺乏症　维生素 B_{12} 缺乏多因吸收不良引起，膳食维生素 B_{12} 缺乏较少见。膳食缺乏见于素食者，由于不吃肉食而发生维生素 B_{12} 缺乏。老年人和胃切除患者胃酸过少可引起维生素 B_{12} 的吸收不良。常见表现有恶性贫血、月经不调、恶心、食欲不振、体重减轻、眼睛及皮肤发黄，皮肤出现局部红肿并伴随蜕皮等。

4. 食物来源　自然界中的维生素 B_{12} 主要是通过草食动物的瘤胃和结肠中的细菌合成的，因此，其膳食来源主要为动物性食品，其中动物内脏、肉类、蛋类是维生素 B_{12} 的丰富来源。豆制品经发酵会产生一部分维生素 B_{12}。人体肠道细菌也可以合成一部分。

5. 参考摄入量　中国营养学会推荐摄入量（RNI）：成年人 $2.4\mu g/d$。

（八）维生素PP

维生素 PP（vitamin PP）又名烟酸、尼克酸、维生素 B_3、抗癞皮病因子等，为一种白色结晶，溶于水，性质稳定，在酸、碱、光、氧环境中加热也不易破坏，通常食物加工烹调对其损失极少。

1. 生理功能　维生素 PP 是一系列以 NAD 和 NADP 为辅基的脱氢酶类绝对必需成分，在细胞的生理氧化过程中起着重要的递氢作用，并参与了碳水化合物、脂肪、蛋白质的能量代谢；维生素 PP 还是葡萄糖耐量因子的重要成分，具有增强胰岛素效能的作用。

2. 缺乏症　维生素 PP 缺乏症又称癞皮病，主要损害皮肤，口、舌、胃肠黏膜及神经系统。其典型症状可有皮炎（dermatitis）、腹泻（diarrhea）和痴呆（dementia），又称"三D"症状。

3. 食物来源　维生素 PP 广泛存在于动植物食物中，良好的来源为肝、肾、瘦肉、全谷、豆类等，乳类、绿叶蔬菜也含相当数量。玉米中所含的维生素 PP 是结合型的，不能被人体直接吸收，长期以玉米为主食的地区，易患癞皮病。但是色氨酸约占蛋白质总量的 1%，若饮食蛋白质达到或接近 $100g/d$，通常不会引起维生素 PP 缺乏。

4. 参考摄入量　中国营养学会推荐摄入量（RNI）：成年男性为 $15mgNE/d$、成年女性为 $12mgNE/d$。

（九）叶酸

叶酸（folic acid）最初从菠菜中分离出来而得名，为鲜黄色粉末状结晶，微溶于水，不溶于有机溶剂。

1. 生理功能　叶酸作为辅酶成分，对蛋白质、核酸的合成和各种氨基酸的代谢有重要作用。近年来研究发现，叶酸可以调节致病过程，降低癌症危险性。

2. 缺乏症 饮食摄入不足、酗酒、抗惊厥和避孕药物等，妨碍叶酸的吸收和利用，而导致其缺乏。叶酸缺乏时，临床表现为恶性巨幼细胞贫血或高同型半胱氨酸血症。妊娠期妇女摄入不足时胎儿易发生先天性神经管畸形。

3. 食物来源 叶酸广泛存在于动植物食物中，其良好来源为动物的肝、肾、鸡蛋、豆类、酵母、绿叶蔬菜、水果及坚果等食物。叶酸摄入量通常以膳食叶酸当量（DFE）表示，DFE（μg）＝膳食叶酸（μg）＋1.7×叶酸补充剂（μg）。

4. 参考摄入量 中国营养学会推荐摄入量（RNI）：14 岁以上者为 400μg DFE/d。

（十）维生素 C

维生素 C（vitamin C）是一种具有预防坏血病功能的有机酸，故曾称为抗坏血酸。

1. 理化性质 维生素 C 溶于水、有酸味，性质不稳定，易被氧化破坏，尤其遇碱性物质、氧化酶及铜、铁等重金属离子，更易被氧化破坏。在酸性环境中对热稳定，所以烹调蔬菜时加少量醋可以减少维生素 C 被破坏。

2. 生理功能 构成体内氧化还原体系，参与氧化还原过程；促进组织中胶原的形成，维持结缔组织及细胞间质结构的完整性，促进创伤愈合，防止微血管脆弱引起的出血；参与胆固醇代谢，降低血浆胆固醇水平；维生素 C 可将铁传递蛋白中的三价铁还原为二价铁，与铁蛋白结合组成血红蛋白，因而对贫血有一定的治疗作用；具有广泛的解毒作用，如铅、苯、砷等化学毒物进入人体，给予大量的维生素 C 可增加体内的解毒功能；阻断致癌物质 N-亚硝基化合的形成，从而降低肿瘤的形成风险。

3. 缺乏症 维生素 C 严重摄入不足可致维生素 C 缺乏症即坏血病。临床症状早期表现为疲劳、倦怠、皮肤出现瘀点或瘀斑、毛囊过度角化，继而出现牙龈肿胀出血，球结膜出血，机体抵抗力下降，伤口愈合迟缓，关节疼痛及关节腔积液等。

4. 食物来源 维生素 C 主要来源为新鲜蔬菜和水果。一般叶菜类含量比根茎类多，酸味水果比无酸味水果含量多。含量较丰富的蔬菜有柿子椒、番茄、菜花及各种深色叶菜类；含量较多的水果有柑橘、柠檬、青枣、山楂、猕猴桃等。某些野菜野果中维生素 C 含量尤为丰富，如苋菜、苜蓿、刺梨、沙棘、猕猴桃和酸枣等。

5. 参考摄入量 中国营养学会推荐摄入量（RNI）：婴幼儿为 40～50mg/d，儿童为 65～90mg/d，青少年、成年人为 100mg/d，妊娠期妇女为 100～115mg/d，哺乳期妇女为 150mg/d。

六、矿物质

人体组织中含有自然界各种元素，目前在地壳中发现的 92 种天然元素在人体内几乎都能检测到。这些元素除了碳氢氧氮等主要以有机物的形式存在以外，其余元素均称为矿物质，亦称无机盐或灰分。矿物质其中含量大于体重 0.01% 的元素称为常量元素或宏量元素，如钙、磷、钠、钾、氯、镁与硫等；含量小于体重 0.01% 并有一定生理功能的元素为微量元素，其中必需微量元素有铁、碘、锌、铜、硒、钴、钼及铬，可能必需微量元素有锰、硅、硼、钒及镍。矿物质是构成机体组织如骨骼、牙齿等的重要材料，也是维持机体酸碱平衡和正常渗透压的必要条件，参与生理活性物质如血红蛋白、甲状腺素的合成。

（一）钙

钙（Ca）是人体含量最多的矿物质元素，正常人含钙总量为 1000～1200g，相当于成年人体重的 1.5%～2.0%，其中 99% 集中在骨骼和牙齿中；其余 1% 的钙分布于软组织、细胞外液和血液中，统称为混溶钙池。

1. 生理功能 构成骨骼和牙齿；维持神经与肌肉活动；促进体内某些酶活性等；还参与血凝过程、激素分泌、维持体液酸碱平衡及细胞内胶质稳定性。

2. 影响钙吸收的因素 促进机体吸收的因素有维生素 D、蛋白质或氨基酸、乳糖、胃酸和胆汁的分泌等；而抑制钙吸收的因素有草酸、植酸、脂肪酸、膳食纤维、绝经期和老年期等。

3. 缺乏或过多 儿童长期钙缺乏和维生素 D 不足可致佝偻病，中老年人随年龄增加逐渐脱钙易引起骨质疏松症和骨质软化症。缺钙者易患龋齿，影响牙齿质量。钙为毒性最小的一类元素，无明显毒作用，过量摄入致高钙尿是肾结石的危险因素。

4. 食物来源 钙的良好食物来源是奶与奶制品，这也是婴儿理想的钙来源。水产品中小虾皮含钙特别多，其次是海带。豆类及其制品及油料种子和蔬菜含钙也不少。特别是黄豆及其制品，黑豆、赤小豆、各种瓜子、芝麻酱、海带、发菜等钙含量丰富。

5. 参考摄入量 钙的推荐摄入量（RNI）成年人为 800mg/d，妊娠期妇女为 800～1200mg/d，哺乳期妇女为 1200mg/d。成年人钙的可耐受最高摄入量（UL）为 2000mg/d。

（二）铁

铁（Fe）是人体必需微量元素中含量最多的元素，成年人体内铁总量为 4～5g。

1. 生理功能 作为血红蛋白与肌红蛋白、细胞色素 A 及某些呼吸酶的成分，参与体内氧和二氧化碳的转运、交换和组织呼吸过程；铁与红细胞形成和成熟有关；铁还可促进胶原合成，参与许多重要功能。

2. 影响铁吸收的因素 食物中的铁有两种形式，即血红素铁（Fe^{2+}）和非血红素铁（Fe^{3+}）。血红素铁主要存在于动物性食物中，可直接被肠黏膜上皮细胞吸收而不受其他因素的影响，吸收率可达 25%～35%；非血红素铁主要存在于植物性食物中，需在胃酸的作用下还原成 Fe^{2+} 后才能吸收，并受很多因素的影响，吸收率一般小于 10%。维生素 C、含巯基氨基酸、胃酸等能促进铁吸收；膳食中的植酸、草酸、磷酸和碳酸等可与铁结合形成难溶的铁盐而抑制铁的吸收。铁的吸收也受体内铁存量和需要量的影响，铁存量丰富时铁的吸收率低，体内需要量高时铁的吸收率高，如在生长发育期和妊娠铁吸收率较高。

3. 缺乏或过量 缺铁性贫血是常见的营养缺乏病，婴幼儿、妊娠期妇女及哺乳期妇女更易发生。缺铁还可发生智力发育的损害及行为改变，损害儿童的认知能力，降低抗感染能力等。铁过量可引起肝纤维化、肝细胞瘤，增加心血管疾病的风险。

4. 食物来源 膳食中铁的良好来源为动物性食物，如肝脏、瘦肉、鸡蛋、动物全血、禽类、鱼类等。但奶的含铁量较少，牛奶的含铁量更低，长期食用牛奶喂养的婴儿应及时补充含铁量丰富的食物。海带、芝麻的铁含量较高，豆类及红蘑、蛏子、蚌肉、油菜、芹菜、藕粉含铁量也较丰富。使用铁锅炒菜也是铁的一个很好来源。口服铁剂和输血可致铁摄入过多。

5. 参考摄入量 铁的适宜摄入量（AI）：成年男性为 12mg/d，成年女性为 20mg/g；妊娠期及哺乳期妇女为 24～29mg/d；老年人为 12mg/d；成年人可耐受最高摄入量（UL）为 42mg/d。

（三）钠

钠（Na）是人体不可缺少的常量元素，是细胞外液的主要阳离子。钠约占体重的 0.15%。氯化钠是人体获得钠的主要来源。正常情况下每日摄入的钠只有小部分为身体所需，大部分通过肾脏从尿排出。钠可从汗中排出。钠摄入量高时会减少肾小管对钙的重吸收从而增加钙的排泄，故高钠膳食会导致骨中钙的丢失。

1. 生理功能 调节体内水分与渗透压，维持酸碱平衡，增加神经肌肉的兴奋性，钠泵，维持血压正常。研究发现，膳食钠摄入与血压有关，为防止高血压，建议每日钠的摄入量少于 5g。

2. 缺乏或过多　当胃肠道消化液因腹泻或引流等原因丧失、大面积皮肤烧伤、大量出汗、体液积聚在间隔内、肾脏疾病、腹腔积液或胸腔积液等情况下，可能会发生钠缺乏。钠摄入量过多，是导致高血压的重要因素，还可导致水肿、血清胆固醇升高等。

3. 食物来源　钠普遍存在于各种食物中，一般动物性食物钠含量高于植物性食物，但人体钠来源主要是食盐，其次是含盐的加工食物如酱油、腌制品、发酵豆制品或咸味膨胀食品等。

4. 参考摄入量　中国居民膳食钠适宜摄入量（AI）不同年龄段标准不同，18 岁以上成年人、妊娠期和哺乳期妇女为 1500mg/d，50 岁以上为 1400mg/d，80 岁以上为 1300mg/d。

（四）碘

健康成年人体内含碘（I）15～20mg，其中 70%～80% 存在于甲状腺组织。

1. 生理功能　碘的生理功能通过甲状腺素完成，主要是促进和调节代谢及生长发育。

2. 碘缺乏或过多　机体因缺碘所导致系列障碍统称为碘缺乏病，在成年人可引起甲状腺肿，在胎儿期和新生儿期可引起呆小症（克汀病）。较长时间高碘摄入可导致高碘甲状腺肿。碘过量通常发生于摄入含碘量高的食物及在治疗甲状腺肿等疾病中使用过量碘剂时。

3. 食物来源　机体所需碘主要来自食物，占每日总摄入量的 80%～90%；其次来自饮水与食盐。海产品碘含量高于陆地食物，其中含碘丰富的海产品有海带、紫菜、鲜鱼、蛤干、干贝、虾、海参及海蜇等。陆地食品中蛋、奶的碘含量较高，大于一般肉类，肉类大于淡水鱼，植物性食物含碘量最低，尤其是蔬菜和水果。

4. 参考摄入量　中国营养学会建议碘的推荐摄入量（RNI）：成年人为 120μg/d，妊娠期妇女为 200μg/d；成人可耐受最高摄入量（UL）为 600μg/d。

（五）锌

正常成人体内含锌（Zn）量为 2～2.5g，主要存在于肌肉、骨骼、皮肤。

1. 生理功能　锌是体内酶的重要成分或酶的激活剂，体内已知含锌酶有 200 多种。锌可促进生长发育与组织再生，促进食欲，促进维生素 A 代谢和生理作用，参与免疫功能。

2. 锌缺乏或过多　锌缺乏表现为生长迟缓、认知行为改变等症状。生长期儿童极容易出现锌缺乏，常有食欲缺乏、异食癖、味觉迟钝甚至丧失、皮肤创伤不易愈合、易感染、第二性征发育障碍等症状，严重时出现生长发育停滞，长期缺乏可导致侏儒症。成年人长期锌缺乏可导致性功能减退、皮肤粗糙和免疫力下降等。成年人一次性摄入 2g 以上的锌可锌中毒，表现为上腹疼痛、腹泻、恶心、呕吐。

3. 食物来源　锌来源广泛，但动物性食物与植物性食物的锌含量与吸收率有很大差异。贝壳类海产品、红色肉类、动物内脏是锌极好来源，干果类、谷类胚芽和麦麸也富含锌。

4. 参考摄入量　我国锌推荐摄入量（RNI）：成年男性为 12.5mg/d，成年女性为 7.5mg/d；妊娠中后期为 9.5mg/d，哺乳期妇女为 12mg/d。

（六）钾

钾（K）为人体重要的阳离子之一，正常人血浆中钾的浓度为 3.5～5.3mmol/L，摄入人体的钾大部分由小肠吸收，吸收的钾通过钠泵将钾转入细胞内，使细胞内保持高浓度的钾。肾是维持钾平衡的主要调节器官，约 90% 摄入人体的钾由肾脏排出。

1. 生理功能　维持碳水化合物、蛋白质的正常代谢，维持细胞内外正常的酸碱平衡、维持神经肌肉的应激性和正常功能，维持心肌的正常功能、降低血压。

2. 食物来源　大部分食物都含有钾，但蔬菜和水果是钾最好的来源。每 100g 食物含量为 800mg 以上的食物有紫菜、黄豆和冬菇等，谷类含钾 100～200mg，蔬菜和水果含钾 200～500mg，肉类含钾

150~300mg。

3. 参考摄入量　中国营养学会提出的膳食钾适宜摄入量（AI）与年龄段有关，14 岁以上为 2000mg/d，哺乳期妇女为 2400mg/d。

（七）硒

硒（Se）在人体内总量为 14~20mg，广泛分布于所有组织和器官中，肝、胰、肾、心、脾、牙釉质及指甲中硒浓度较高，脂肪组织较低。

1. 生理功能　进入人体内的硒绝大部分与蛋白质结合，称为硒蛋白，目前认为只有硒蛋白具有生物功能，如构成谷胱甘肽过氧化物酶；增强免疫作用；保护心血管功能；促进生长、保护视觉器官；抗肿瘤作用；对有毒重金属的解毒作用。

2. 硒缺乏或过多　硒缺乏已被证实是发生克山病的重要病因，克山病是以多发性灶状心肌坏死为主要病变的地方性心肌病。缺硒还可引起大骨节病，主要发生于青少年，严重影响骨发育。硒摄入过多可致中毒，主要表现为手发变干、变脆、易断裂及脱落，其他部位如眉毛、胡须及腋毛也有上述现象。并有指甲变形，肢端麻木、抽搐，甚至偏瘫，严重者可致死亡。

3. 食物来源　动物的肝肾、肉类和海产品都是硒的良好来源。但食物中的硒含量受当地水土中硒含量影响很大。

4. 参考摄入量　中国营养学会提出硒推荐摄入量（RNI）：成年人为 60μg/d，妊娠期妇女为 65μg/d。成年人可耐受最高摄入量（UL）为 400μg/d。

（八）铜

铜在人体内含量为 100~150mg，对于血液、中枢神经和免疫系统，头发、皮肤和骨骼组织以及脑、肝和心等内脏的发育和功能都有重要影响。

1. 生理功能　构成含铜酶与铜结合蛋白的成分、维持正常造血功能、促进结缔组织形成、维护中枢神经系统的健康、促进正常黑色素形成及维护毛发正常结构、保护机体细胞免受超氧阴离子的损伤。

2. 铜缺乏或过多　铜缺乏可导致贫血，一般最常见的临床表现为头晕、乏力、易倦、耳鸣、眼花。皮肤黏膜及指甲等颜色苍白，体力活动后感觉气促、心悸。严重贫血时，即使在休息时也出现气短和心悸，在心尖和心底部可听到柔和的收缩期杂音。铜缺乏亦可导致骨骼改变，临床表现为骨质疏松，易发生骨折。铜缺乏与冠心病、白癜风病、女性不孕症有关。铜短期内摄入过多可导致急性铜中毒，临床表现为急性胃肠炎、肝内胆汁淤积症。长期大量地吸入含铜的气体或摄入含铜的食物可导致慢性铜中毒、肝豆状核变性。

3. 食物来源　铜广泛存在于各种食物中，牡蛎、贝类食物以及坚果类是铜的良好来源，其次是动物肝脏、肾脏，谷类发芽部分，豆类等。

七、水

水是重要的营养物质，是机体的主要成分。体内水主要分布在细胞内液、细胞间液和血浆中。水是人体中含量最多的成分，成年人体内水分含量约为体重的 65%，年龄越小，体内含水量越多。人体除与外界交换水分外，体内各部分体液也不断相互交换。

（一）水的生理功能

水构成机体细胞，是体液的重要组成成分。水参与体内新陈代谢，是体内一切生化反应的主要介质，促进各种生理活动和生化反应过程。水调节人体体温，可吸收代谢过程中产生的热使体温不至于过热，同时高温下体热可随水经皮肤蒸发散热而维持体温恒定。水有润滑作用，人体在关节、胸腔和肠胃道等部位都存在一定水分，以润滑和保护相应组织器官。

（二）水的适宜摄入量

水的实际需要量因年龄、性别、运动量和生理状况等不同而不同。中国营养学会建议饮水适宜摄入量（AI）：4 岁以上为 0.8L；7 岁以上为 1.0L；11 岁以上男性为 1.3L，女性为 1.1L；14 岁以上男性为 1.4L，女性为 1.2L；18 岁以上男性为 1.7L，女性为 1.5L。如果在高温或进行中等以上身体活动时，应适当增加水摄入量。

（三）水的种类

1. 按软硬度分类 水的种类有很多分类方法，有较大营养学意义的是按软硬度分类。软水指的是不含或含较少可溶性钙、镁化合物的水。硬水则与软水相反，是指含有较多可溶性钙镁化合物的水。如果饮用水硬度过大，饮用后对人体健康与日常生活有一定影响。没有经常饮硬水的人偶尔饮硬水，则可能会造成肠胃功能紊乱，即所谓"水土不服"。用硬水烹调鱼肉、蔬菜，常因不易煮熟而破坏或降低营养价值。而硬水泡茶会改变茶的色香味而降低饮用价值。用硬水做豆腐不仅使产量降低，而且会影响豆腐的营养成分。长期饮用水应该软硬适中，否则可能会导致矿物质摄入低和皮肤粗糙等危害。

2. 富硒水 指的是水溶入了岩石或土地里的硒元素，且含有比平均水平更多的硒。

3. 矿泉水 是从地下深处自然涌出的或者是经人工采集的、未受污染的地下矿水；含有一定量的矿物盐、微量元素或二氧化碳气体。矿泉水是在地层深部循环形成的，含有国家标准规定的矿物质及限定指标。

（四）水的平衡

在正常情况下，机体水的摄入量和水的排出量大约相等。如成年人每日水摄入量约 2500ml，排出量约 2500ml。水的摄入主要通过饮水或饮料、食物获得，少量来源于营养素体内氧化形成的内生水。水的排出通过肾脏、皮肤、肺和胃肠道等器官组织。水摄入不足或丢失过多，可导致各种类型的脱水。根据水与电解质丧失比例的不同，脱水出现不同的临床症状和体征。水的排出量减少或摄入过多同样可引起脑水肿、举止异常等临床表现。

任务二　常见食物营养成分表

常见食物营养成分表如表 9-5 所示。

表 9-5　常用食物营养成分表

名称	可食部（%）	重量（g）	水分（g）	蛋白质（g）	脂肪（g）	碳水化合物	能量（kcal）	能量（kJ）	膳食纤维（g）	灰分（g）
稻米［粳标］	100	100	13.7	7.7	0.6	76.8	343	1435	0.6	0.6
富强粉	100	100	12.7	10.3	1.1	74.6	350	1464	0.6	0.7
糯米［粳糯］	100	100	13.8	7.9	0.8	76	343	1435	0.7	0.8
藕粉	100	100	6.4	0.2	0	92.9	372	1556	0.1	0.4
豆腐干［香干］	100	100	69.2	15.8	7.8	3.3	147	615	1.8	2.1
豆腐［北］	100	100	80	12.2	4.8	1.5	98	410	0.5	1
豆浆	100	100	96.4	1.8	0.7	0	13	54	1.1	0.2
母乳	100	100	87.6	1.3	3.4	7.4	65	274	0	0.3
牛乳	100	100	89.8	3	3.2	3.4	54	226	0	0.6

名称	可食部 （%）	重量 （g）	水分 （g）	蛋白质 （g）	脂肪 （g）	碳水 化合物	能量 （kcal）	能量 （kJ）	膳食纤维 （g）	灰分 （g）
酸奶	100	100	84.7	2.5	2.7	9.3	72	301	0	0.8
羊乳［鲜］	100	100	88.9	1.5	3.5	5.4	59	247	0	0.7
鸡蛋［红皮］	88	100	73.8	12.8	11.1	1.3	156	653	0	1
鸡蛋白［清］	100	100	84.4	11.6	0.1	3.1	60	251	0	0.8
鸡蛋黄	100	100	51.5	15.2	28.2	3.4	328	1372	0	1.7
鸭蛋［咸］	88	100	61.3	12.7	12.7	6.3	190	795	0	7
豆角	96	100	90	2.5	0.2	4.6	30	126	2.1	0.6
胡萝卜［红］	96	100	89.2	1	0.2	7.7	37	155	1.1	0.8
萝卜［白萝卜］	95	100	93.4	0.9	0.1	4	20	84	1	0.6
土豆	94	100	79.8	2	0.2	16.5	76	318	0.7	0.8
茴香菜	86	100	91.2	2.5	0.4	2.6	24	100	1.6	1.7
韭菜	90	100	91.8	2.4	0.4	3.2	26	109	1.4	0.8
芹菜［茎］	67	100	93.1	1.2	0.2	3.3	20	84	1.2	1
藕［莲藕］	88	100	80.5	1.9	0.2	15.2	70	293	1.2	1
白菜［大白菜］	92	100	93.6	1.7	0.2	3.1	21	88	0.6	0.8
菠菜	89	100	91.2	2.6	0.3	2.8	24	100	1.7	1.4
菜花	82	100	92.4	2.1	0.2	3.4	24	100	1.2	0.7
小白菜	81	100	94.5	1.5	0.3	1.6	15	63	1.1	1
圆白菜	86	100	93.2	1.5	0.2	3.6	22	92	1	0.5
油菜	87	100	92.9	1.8	0.5	2.7	23	96	1.1	1
冬瓜	80	100	96.6	0.4	0.2	1.9	11	46	0.7	0.2
黄瓜	92	100	95.8	0.8	0.2	2.4	15	63	0.5	0.3
西葫芦	73	100	94.9	0.8	0.2	3.2	18	75	0.6	0.3
茄子	93	100	93.4	1.1	0.2	3.6	21	88	1.3	0.4
长茄子	96	100	93.1	1	0.1	3.5	19	79	1.9	0.4
柿子椒	82	100	93	1	0.2	4	22	92	1.4	0.4
西红柿	97	100	94.4	0.9	0.2	3.54	19	79	0.5	0.5
海带（浸）	100	100	94.1	1.1	0.1	2.1	14	59	0.9	1.7
蘑菇（鲜）鲜蘑	99	100	92.4	2.7	0.1	2	20	84	2.1	0.7
木耳［水发］	100	100	91.8	1.5	0.2	3.4	21	88	2.6	0.5
平菇［鲜］	93	100	92.5	1.9	0.3	2.3	20	84	2.3	0.7
紫菜	100	100	12.7	26.7	1.1	22.5	207	866	21.6	15.4

答案解析

练 习 题

一、选择题

1. 评价食物蛋白质的质量高低，主要看（　　）。

　　A. 蛋白质的含量和消化率

　　B. 蛋白质的消化率和蛋白质生物学价值

　　C. 蛋白质含量、氨基酸含量、蛋白质生物学价值

　　D. 蛋白质含量、蛋白质消化率及蛋白质生物学价值

　　E. 氨基酸组成、蛋白质互补作用的发挥

2. 植物性蛋白质的消化率低于动物性蛋白质，是因为（　　）。

　　A. 蛋白质含量低　　　　　　　　　B. 蛋白质被纤维包裹，不易与消化酶接触

　　C. 蛋白质含量高　　　　　　　　　D. 与脂肪含量有关

　　E. 蛋白质分子结构不同

3. 谷类食物中存在的第一限制性氨基酸是（　　）。

　　A. 谷氨酸　　　　　B. 组氨酸　　　　　C. 蛋氨酸

　　D. 赖氨酸　　　　　E. 色氨酸

4. 豆类食物中存在的第一限制性氨基酸是（　　）。

　　A. 谷氨酸　　　　　B. 组氨酸　　　　　C. 蛋氨酸

　　D. 赖氨酸　　　　　E. 色氨酸

5. 脂肪摄入过多与许多疾病有关，因此，要控制膳食脂肪的摄入量，一般认为，脂肪的适宜供能比例是（　　）。

　　A. 10%～15%　　　B. 60%～70%　　　C. 20%～25%

　　D. 30%～40%　　　E. 40%～50%

6. 必需脂肪酸与非必需脂肪酸的根本区别在于（　　）。

　　A. 前者是人体必需的，而后者不是

　　B. 前者可以在人体合成，而后者不能

　　C. 前者不能在人体合成，而后者可以

　　D. 前者不是人体所必需的，而后者是

　　E. 前者不是人体所必需的，后者也不是

7. 目前确定的最基本必需脂肪酸是（　　）。

　　A. 亚油酸、花生四烯酸、α-亚麻酸　　　B. 亚油酸、α-亚麻酸

　　C. 亚油酸　　　　　　　　　　　　　　D. 花生四烯酸、α-亚麻酸

　　E. 亚油酸、花生四烯酸

8. 人体的能量来源于膳食中蛋白质、脂肪和碳水化合物，它们在体内的产能系数分别为（　　）。

　　A. 4kcal/g、9kcal/g、9kcal/g　　　　　B. 4kcal/g、9kcal/g、4kcal/g

　　C. 9kcal/g、4kcal/g、4kcal/g　　　　　D. 4kcal/g、4kcal/g、4kcal/g

　　E. 4kcal/g、4kcal/g、9kcal/g

9. 下列属于薯类保健作用的是（　　）。

    A. 薯类富含膳食纤维

    B. 有丰富的胶原和黏多糖类物质

    C. 能预防结直肠肿瘤

    D. 保护动脉血管的弹性，预防动脉粥样硬化

    E. 以上都对

二、简答题

1. 优质蛋白的主要来源有哪些？

2. 人体能量消耗量主要有哪些？

书网融合……

重点小结	微课	题库

模块五　中国饮食民俗民风与美食策划

学习目标

知识目标

1. **掌握** 中国民俗民风的形成原因及其对社会文化的影响。
2. **熟悉** 中国各地的饮食文化及其特色。
3. **了解** 中国饮食礼仪及餐具的使用。

能力目标

1. 具备对中国各地美食进行鉴赏和分析的能力。
2. 具备一定的食品营养搭配和健康饮食知识，能够对不同人群进行营养配餐。
3. 具备在食品策划中运用中国饮食文化元素的能力。

素质目标

通过本模块的学习，增强跨文化交流能力，促进不同饮食文化的融合与发展；培养良好的审美素养，能够欣赏美食的艺术美和内涵美；提升职业道德素质，遵守食品安全法规，保障消费者健康。

情境导入

情境　有一个小镇叫作"食味村"，名字来源于村子里的人们对食物的热爱和对烹饪的精湛技艺。在这个充满生活气息的小镇上，人们用一道道美食诉说着中国的饮食民俗和民风。食味村的人们善于将普通的食材变得非凡。他们烹饪的方式和技巧五花八门，从传统的蒸、煮、炖到现代的炒、炸、烤，每一种烹饪方式都被他们运用得恰到好处。而村子里的厨艺传承也是一项重要的工作，老一辈的人们会将自己的烹饪技巧传授给年轻人，让他们将这门手艺继续传承下去。食味村的人们注重饮食的礼仪和习俗。在他们的生活中，饮食并不仅仅是为了满足饥饿，更多的是一种情感的交流和文化的传承。他们会在重要的节日、庆典和活动时，准备丰盛的餐食和亲朋好友共同分享。而在日常生活中，他们也喜欢通过聚餐来加强彼此之间的联系和感情。在这个充满魅力和风情的小镇上，人们用食物来表达自己的情感和对生活的热爱。

问题　你身边有哪些饮食的礼仪和习俗？

中国饮食民俗民风

PPT

民俗是指特定地区、特定群体在日常生活和社会活动中形成的习俗和风俗。它是一个民族的文化传统的重要组成部分，通过代代相传的方式，承载着人们对于社会规范、道德准则、宗教信仰等的认同和传承。

民风则指风俗习惯和道德伦理观念。中国是一个讲究礼仪和尊卑有序的国家，这也体现在饮食方面。在饭桌上，人们注重以长辈和客人为先，尊重他人和食物。此外，在有席间礼仪的场合，人们会遵循一定的行为规范和规则。注重社交礼仪和尊重他人的价值观念。

饮食民俗是指在中国传统文化中与饮食相关的各种传统习俗和礼仪。其中，春节、元宵节、清明节、端午节、中秋节和重阳节等节日都有特定的食品与之相关。这些传统食品和习俗既体现着中国人对美食的热爱，也寄托了对幸福和美好生活的期望。中华传统的饮食民俗和民风丰富多样，反映了中国千年文化的独特性和多元性。另外，中国的饮食文化也注重养生和健康。中医养生理念在中国饮食中得到广泛应用。同时，中国人普遍重视饮食的节制与平衡，注重五谷杂粮和蔬菜水果的搭配，以达到营养均衡的目的。

知识链接

广东的早茶

说起广东早茶的来源，最早要从清朝的乾隆时期说起，当时处于"闭关锁国"的朝廷下令除广州外其余地区皆停止对外贸易，就是所谓的"一口通商"政策。作为当时与世界唯一的贸易接口，广州的经济空前繁荣，茶叶、丝绸、各种新鲜事物源源不断，连底层人民也有了便宜的茶叶喝。

到了清朝的咸丰同治年间，广州出现了一种叫作"一厘馆"的馆子，门口挂着"茶话"的木牌，提供茶水点心和几把简易的木桌木凳，供往来的路人歇脚聊天，各行各业的人常常会在这里交流信息，这样的馆子渐渐演变为今天的茶楼。

现如今，饮茶已经成为当地的一种社交文化，也体现了独特的岭南文化风貌，除了早茶，还有下午茶、夜茶、音乐茶座等，不过早茶更出名。在很多海外华人聚集的大城市，都很容易找到广东茶楼，喝广式早茶的习惯经由广东华人传到了世界各地。早茶的对象不论身份、阶层、年龄，男女老少皆宜，享受香茗美食的同时，也体会着生活的乐趣、人生的乐趣。

任务一　居家饮食民俗

一、概述

居家饮食民俗是指在家庭中生活和进食时形成的一系列习俗和传统。这些民俗反映了家庭成员之间的互动、传统饮食文化和家庭价值观。

在居家饮食中，家人会经常进行聚餐，共同享受美食并加强家庭凝聚力。家庭聚餐通常强调团结和谐，家庭成员会共同参与准备和烹饪食物，并一起享用。居家饮食民俗通常包括传统的烹饪方法和家传菜谱。家庭会传承一些特定的烹饪技巧和秘诀，以保持家族或地区的独特风味。比如，某些家庭可能有自己特制的调味料或烹饪工具，用于制作特色菜肴。每个家庭都有自己喜欢的传统家常菜。这些菜肴通常是家庭成员钟爱的经典菜品，代表着家族的口味和传统。在家庭聚餐时，一些特殊的家常菜可能被优先准备，以满足家人的口味和偏好。不同家庭可能有不同的饮食习惯和禁忌。例如，有些家庭可能有素食习惯，而另一些家庭可能讲究饮食合理搭配。在一些地区，还有一些避讳和禁忌，比如不吃特定的食物，或避免在特定的节气或纪念日食用某些食物。在居家饮食中，家庭成员可能会将传统的食谱代代相传。这些食谱不仅是食物的制作方法，还融入了家族的记忆和情感。通过传承家庭食谱，家庭成员可以感受到家族的历史和纽带。居家饮食民俗是家庭生活和饮食文化的重要组成部分。它们不仅提供了美味和营养，还加深了家庭成员之间的情感联系，传承了家族的文化和传统。在家庭生活和进食中所体现出来的特定的民间风俗和习惯可以因地区、民族、宗教信仰和家庭价值观的差异而有所不同。

二、居家饮食民俗的特点

1. 家庭聚餐　家庭成员会努力保持团结和谐，通过共同聚餐来增进感情和凝聚力。这反映了居家饮食的民风重视家庭价值观、家族传统和家人之间的互动。在这个过程中，家人可以共同准备和烹饪食物，并一起坐下来享用。这种共同参与的过程增进了家庭成员之间的交流和亲密感，加强了彼此之间的关系。家庭聚餐也是一种团结和谐的象征。在许多文化中，家庭聚餐是重要的社交场合，家人可以在这个时刻分享彼此的生活、忧乐和心情。通过聚餐，家庭成员能够彼此关心、理解和支持，增强了家庭的凝聚力和稳定性。此外，家庭聚餐还有助于培养健康的饮食习惯。当家庭成员一起进餐时，他们可以共同选择和准备健康的食物，分享膳食知识和经验。这种共同的关注和倡导有助于形成良好的饮食习惯，促进家人的健康。值得注意的是，家庭聚餐并不仅限于特殊的场合，例如生日、节日或重要庆祝活动。它也可以是日常生活中的常规习惯，无论是早餐、午餐或晚餐，家人都可以一起享用。

2. 重视传统烹饪　传统烹饪体现了一种对食物的敬畏和尊重。对于某些文化和宗教信仰来说，食物不仅是一种物质的满足，还具有象征意义和精神内涵。通过传统烹饪方式，家庭成员可以感受到食物背后的文化价值和情感，加深对食物的敬重和领悟。传统烹饪也反映了人们对地域特色和自然资源的关注。许多地方的传统菜肴都是根据当地的农产品和自然条件来创作和烹饪的。这种食材的选择和利用使家庭能够体验到土地的丰富和独特之处，同时也彰显出对可持续发展和环保意识的重视。在现代社会，随着城市化和全球化的发展，人们也开始接触和尝试不同的烹饪方式和菜肴。然而，仍然有很多家庭坚持传统烹饪的方式，他们认为传统的味道无法替代，是对家族历史和文化的守护和传承。崇尚传统烹饪体现了对传统文化和食物传承的尊重和保护，以及对食物的敬畏和尊重。通过传统烹饪，家庭成员可以感受到家族或地区的独特风味，弘扬传统文化，培养家庭的凝聚力和认同感。

3. 对食物的尊重和节俭　家庭会教育家庭成员珍惜粮食和养成节约用餐的习惯。这反映了适应资源有限的历史背景，以及对可持续发展和环保的思考。居家饮食民俗中的健康和均衡饮食是指人们在日常生活中注重选择营养丰富、多样化的食物，以保持身体健康和平衡的营养摄入。家庭成员在饮食选择上注重各类食物的搭配和平衡。他们追求蛋白质、碳水化合物、脂肪以及维生素、矿物质等各类营养物质的合理搭配，以满足身体各种需要。他们尽量避免单一的饮食结构，倡导多样化的膳食习惯。保持饮食的多样性也是重要的一点。家庭成员会注意摄入来自不同食物类别的食材，如谷物、蔬菜、水果、肉类、豆类和奶制品等。这样能够提供全面的营养，有助于强身健体。此外，在居家饮食中，家庭成员还注重健康食材和烹饪方式的选择。他们倾向于使用新鲜、天然、有机的食材，以及健康的烹饪方法，如蒸、煮、烤或炒等，以保留食物的原汁原味和营养价值。他们也会尽量避免使用过多的油脂、盐和调味品，以避免不健康的饮食习惯。健康和均衡饮食还与适量的饮水和定期的体育运动相结合。家庭成员会鼓励彼此养成良好的饮水习惯，同时注重适量的运动和锻炼，以保持身体的健康和活力。居家饮食民俗中的健康和均衡饮食是一种重要的民风特点。它强调了营养摄入的平衡和多样性，注重选择健康的食材和烹饪方式，以及保持适量的饮水和体育运动。这种均衡的饮食习惯能够保持身体的健康，增强抵抗力，使家庭成员拥有更好的生活质量。

4. 家庭的独特口味和家常菜　每个家庭都有自己喜欢的家常菜，这些菜肴代表着家族的口味和传统。家庭成员会根据家人的喜好、季节和地区的特色来选择和准备食物。家庭会根据不同的季节和特殊的节日来选择食材和烹饪方法，这体现了人们对于自然和季节律动的敬畏，以及对传统节日的重视和庆祝。在居家饮食中，餐桌礼仪也是一种重要的特点。家庭成员会注重在餐桌上的仪态和礼貌，包括正确使用餐具、进食的姿势和举止、与他人交流的方式等。这种餐桌礼仪反映了对他人的尊重和文明素养，使用良好的餐桌礼仪能够增强家庭成员间的和睦和团结。这些传统可能是家庭世代相传的，可以是特殊的宴席、节日盛宴、祭祀仪式等。透过这些特殊的餐饮传统和仪式，家庭成员可以感受到文化传承的重要性，发扬家族的独特风采。合理运用餐桌礼仪能够增强家庭成员间的和睦和团结，而家庭聚餐是家庭成员之间交流沟通的重要时刻，有助于增进家人之间的情感联系和家庭凝聚力。此外，传承和保留一些特定的餐饮传统和仪式也能够弘扬家族的独特文化和风采。这些特点共同构成了居家饮食民俗的民风特点，展现了家庭生活中的传统、互动、共享和节俭等价值观。这些民风特点在家庭内部及整个社会中都具有重要的文化和社会意义。

任务二　社交饮食食俗

中国是一个拥有悠久历史和灿烂文化的国家，其中社交饮食食俗是其重要组成部分，它涉及食物的选择、烹饪方式、餐桌礼仪以及食物在社交活动中的作用等方面。在中国的传统文化中，饮食不仅是满足生理需求的手段，更是一种社交方式和文化传承的载体。中国社交饮食食俗具有多样性、礼仪性、情感交流和节庆性的特点，它对人际关系、商业交流和国际交往等方面产生了深远的影响。同时，随着时代的发展，中国社交饮食食俗也在不断地演变和创新。在餐桌上的交流和互动，不仅可以拉近人与人之间的距离，还可以传递信息和情感。因此，对中国社交饮食食俗进行研究具有重要的意义。

一、宴会礼仪

礼出于俗，俗化为礼，礼仪规范在交往中十分常见且形式多样，掌握礼仪规范十分重要。在社交礼仪中很大一部分来自宴会，宴会是一种社交活动，是接待宾客的一种礼遇，必须按照规定的礼仪礼节要求进行准备：①确定宴请对象、范围、规格；②确定宴请时间；③邀请与请束，这三点可以总括为5W1H。5W1H：Why（确定宴请目的）、Which（确定宴请形式）、When（确定宴请时间）、Where（确定宴请地点）、Who（确定宴请对象）、How（如何发出邀请）。

（1）Why（确定宴请目的）　可以是欢迎、欢送或答谢，说明为什么要宴请，然后敬请对方光临。也可是庆贺或纪念，还可以是为某一事件、某一个人等，明确了宴会目的也就便于安排宴会的范围及形式。

（2）Who（确定宴请对象）　宴会准备邀请哪些人、多少人；己方有多少人、多少人出席作陪、主宾的身份、习俗、爱好等，以便于确定宴会的规格；规格过低，会显得势利，规格过高，则造成浪费。

（3）Which（确定宴请形式）　宴会的形式要根据规格、对象和目的来确定。宴请的形式是多种多样的，较为大众的分类如下。①如果按照接待的规格来分类，第一类是国宴，国宴是国家元首或政府为招待国宾以及其他贵宾或在重要节日为招待各界人士而举行的正式宴会。国宴菜是国家主席或国务院总理等国家领导人为招待外宾（或以政府名义的外国援华人员，以及为国家做出突出贡献人士）的菜肴，每年国庆时，国务院总理举行的招待会，都称国宴。《周礼》《仪礼》《礼记》中已有奴隶制国家王室为招待贵宾而举行国宴的记载。第二类是正式宴会，通常是政府和团体等有关部门为欢迎应邀来访的宾客或为来访的客人答谢主人而举行的宴会；有时要安排乐队奏席间乐，宾主按身份排位就座；许多国家的正式宴会十分讲究排场，在请柬上注明对宾客服务的要求。第三类是便宴，便宴是一种非正式的宴请，规格较小，不拘泥于严格的礼仪，宾主可以随意、气氛比较宽松和谐。第四类是家宴，家宴是在家中以私人名义举行的一种宴请活动。②如果按宴请活动的性质分类，第一类是礼仪性宴请，带有较为浓厚的政治色彩；第二类是交易性宴请，部分便宴和家宴属于此种形式，主要表示友好及联络感情；第三类是商务型宴请，主要进行商务洽谈。③如果按照宴请的时间分类，可分为早宴、午宴、晚宴这三种形式。

（4）Where（确定宴请地点）　宴请的地点恰当与否，体现着主人对宴请的重视程度，宴请的环境要优雅，不仅仅为了吃东西，也要吃文化，在可能的情况下要选清静、优雅的就餐环境，在确定宴会地点时要考察宴会的环境，否则会破坏用餐者的食欲；同时要考虑用餐者的交通是否方便，是否要为用餐者准备交通工具。

（5）When（确定宴请时间）　一般来说确定宴请时间要遵从民俗、惯例。①主人确定宴请时间要讲究主随客便，充分考虑主宾的实际情况，不能不闻不问；②一般还应该规避重要的节假日、重要的活动日或禁忌日，例如欧美人忌讳"13"，日本人忌讳"4""9""6""3"，如果宴请的是外宾，宴请的时间还需要作相应的调整。

（6）How（如何发出邀请）　邀请一般有两种形式，一种是口头的，一种是正式的，正式的邀请要发出请柬，请柬应书写清晰，通常要提前一周左右；一般正式的请柬的内容包括宴会的目的、宴会的种类、宴会的时间、宴会的地点、宴会的服装要求，最后一点是回帖要求，以便于帮助主办方确认能够出席的人数。

二、餐桌礼仪

"左右尊卑皆有序"，尊卑之礼历来是中国礼仪中的一个重要内容，子女与父母、下属对上司、少小对尊长，要表现出尊重和恭敬。因此，古人将餐桌礼仪立为伦理纲常、家训甚至法律予以遵守。古时陪伴长者饮酒时，年少者须起立为长者斟酒，并离开座席面向长者施礼。当长者表示不必如此时，年少者方可入座而饮。如果长者举杯一饮未尽，少者不得先干。清人张伯行《养正类编》卷三引《屠义英童子礼》，就提到这样的训条：凡进馔于长，先将几案拂拭，然后双手捧食器，置于其上，器具必干洁，肴蔬必序列。视尊长所嗜好而频食者，移近其前，尊长命之息，则退立于傍。食毕，则进而撤之。如命之侍食，则揖而就席，食必视尊长所向。未食，不敢先食；将毕，则先毕之，俟其置食器于案，亦随置之。中华礼仪之美在于传承，也在于包容、吸纳、融合。

任务三　中国年节食俗

年节是指一年中特定的日子或时期，被视为具有特殊或重要意义的节日。它们在不同的文化和传统中有不同的名称和庆祝方式。年节在许多文化中都是重要的庆典活动，被用来纪念、庆祝或祈福。年节的庆祝活动和仪式也是社会交流、文化交流和互动的重要渠道。

一、立春食俗

立春食俗是中国传统文化中的重要组成部分，它不仅体现了中国人对自然的敬畏之心，也反映了人们对生活的热爱和追求。在立春这一天，全国各地都有丰富多彩的食俗，寓意着迎接新春、祈求丰收和幸福。立春是二十四节气中的第一个节气，标志着春天的到来。在古代，立春是一个非常重要的节日，人们会举行各种庆祝活动，其中最重要的一项就是饮食。据《礼记·月令》记载："是月也，天子乃以元日祈谷于上帝。"这说明在古代，天子会在立春这一天向上天祈祷，以求得五谷丰收。而在民间，人们则会通过食用一些特殊的食物来庆祝立春，寓意着迎接新春和祈求丰收。

据汉代文献记载，中国很早就有"立春日食生菜……取迎新之意"的饮食习俗，而到了明清以后，又出现了所谓的"咬春"，主要是指在立春日吃萝卜。如明代刘若愚的《饮食好尚纪略》载："至次日立春之时，无贵贱皆嚼萝卜"。又如清代潘荣陛、富察敦崇《燕京岁时记》载："打春即立春，是日富家多食春饼，妇女等多买萝卜而食之，曰'咬春'，谓可以却春困也"。除此之外，民间在立春之日还有其他食俗。自唐朝起，民间普遍流传着吃春盘的立春食俗。如南宋后期陈元靓所撰的《岁时广记》一书引唐代《四时宝镜》记载："立春日，都人做春饼、生菜，号'春盘'"。"春盘"一词也屡见于唐代的诗词作品中，如诗人岑参在《送杨千牛趁岁赴汝南郡觐省便成婚》一诗中写道："汝南遥倚望，蚤去及春盘"。到了宋代这一习俗更加普遍，北宋词人苏轼在其诗词作品中多次提及这一习俗，如"沫乳花浮午盏，蓼茸蒿笋试春盘""愁闻率曲吹芦管，喜见春盘得蓼芽"，南宋诗人陆游在其《伯礼立春日生日》和《立春日作》两词中分别有"正好春盘细生菜""春盘春酒年年好"这样的诗句。到了清代，潘荣陛在《帝京发时纪胜·正月·春盘》中也有立春吃春盘的记载。

立春这天，民间有吃春饼的习俗。传说吃了春饼和其中所包的各种蔬菜，将使农苗兴旺、六畜茁壮。有的地区认为吃了包卷芹菜、韭菜的春饼，会使人们更加勤（芹）劳，生命更加长久（韭）。晋代潘岳所撰的《关中记》记载："（唐人）于立春日做春饼，以春蒿、黄韭、萝芽包之"。清代诗人袁枚的《随园食单》中也有春饼的记述："薄若蝉翼，大若茶盘，柔腻绝伦"。旧时，立春日吃春饼习俗不仅普遍流行于民间，在皇宫中春饼也经常作为节庆食品颁赐给近臣。如陈元靓的《岁时广记》载：立春前一日，大内出春饼，并酒以赐近臣。盘中生菜染萝卜为之装饰，置食中。立春吃春卷春卷也是立春之日人们经常食用的一种节庆美食。"春卷"的名称最早见于南宋吴自牧的《梦粱录》一书，该书中曾提到过"薄皮春卷"和"子母春卷"这两种春卷。到了明清时期，春卷已成为深受人们喜爱的风味食品。

随着时间的推移，立春食俗逐渐发展成为一种独特的文化现象。不同地区、不同民族的人们形成了各自的立春食俗，这些食俗各具特色，但都与庆祝春天和祈求丰收有关。例如，在南方地区，人们喜欢吃春卷、春饼等食物，而在北方地区，人们则更喜欢吃春饼、春盘等食物。这些食物的名称中都带有"春"字，寓意着迎接新春的到来。

二、春节食俗

春节是中国最重要的传统节日之一，也是中国人民最重视的、具有浓厚风味的节日之一。传说春节起源于原始社会末期的"腊祭"，当时每逢腊尽春来，先民便杀猪宰羊，祭祀神鬼与祖灵，祈求新的一年风调雨顺，免去灾祸。因此，春节的饮食多取吉利的用语。如春节必吃炒青菜，寓意"亲亲热热"，必吃豆芽菜，因黄豆芽形似"如意"，必食鱼头，但不能吃光，叫作"吃剩有鱼（余）"等。春节食俗，一般以吃年糕、饺子、糍粑等美食为主，还伴有众多活动，极尽天伦之乐。

春节食俗，一般以吃年糕、饺子、糍粑等美食为主，还伴有众多活动，极尽天伦之乐。年糕是中国人欢度春节的传统食品，主要用蒸熟的米粉经舂、捣等工艺再加工而成。关于年糕的来历，民间还有一段佳话。相传春秋战国时，吴王夫差建都苏州，终日沉湎酒色，大将伍子胥预感必有后患。所以，伍子胥在兴建苏州城墙时，以糯米制砖，埋于地下。当吴王赐剑逼其自刎前，他嘱咐亲人："吾死后，如遇饥荒，可在城下掘地三尺觅食。"伍子胥死后，吴越战火四起，城内断粮，此时又值新年来临，乡亲们想起伍子胥生前的嘱咐，争而掘地三尺，果得糯米砖充饥。苏州百姓为纪念伍子胥，每逢过年，都以米粉做成形似砖头的年糕。之后，春节做年糕、吃年糕逐渐成为一种民俗，风行全国各地。

北方地区春节喜吃饺子，有"好吃不过饺子"之说。据考证，饺子是由南北朝至唐朝时期的"偃月形馄饨"和南宋时的"燥肉双下角子"发展而来的，距今已有1400多年的历史。清朝史料记载：元旦子时，盛馔同离，如食扁食，名角子。取其更岁交子之义。又说："每届初一，无论贫富贵贱，皆以白面做饺食之，谓之煮饽饽，举国皆然，无不同也。富贵之家，暗以金银小锞藏之饽饽中，以卜顺利，家人食得者，则终发大吉。"这说明新春佳节人们吃饺子，寓意吉利，以示辞旧迎新。千百年来，饺子作为贺岁食品，受到人们喜爱，相沿成习，流传至今。饺子在其漫长的发展过程中，名目繁多，古时有"牢丸""扁食""饺饵""粉角"等名称。唐代称饺子为"汤中牢丸"，元代称为"时罗角儿"，明末称为"粉角"，清朝称为"扁食"。清代徐珂的《清稗类钞》中说："中有馅，或谓之粉角……而蒸食煎食皆可，以水煮之而有汤叫作水饺。"春节饺子讲究在除夕夜十二点钟包完，此刻正届子时，以取"更岁交子"之意。吃饺子寓意团结，表示吉利和辞旧迎新。为了增加节日的气氛和乐趣，人们在饺子里包上钱，谁吃到意味着来年会发财；在饺子里包上蜜糖，谁吃到意味着来年生活甜蜜等。

制作糍粑也是中国春节庆祝的一项民间风俗，流行于南方地区。糍粑和年糕都是用糯米做成的一种食品。糍粑是把米蒸成饭后趁热放到石臼舂，一直舂到看不到有粒状的饭，再用手揉成斗笠形状的成品糍粑。在南方一些地区，制作糍粑又叫作"打糍粑"，每年冬至前一个月家家户户便开始碾好糯米，备好干柴，准备做糍粑。不少地方将做糍粑当作一项协作活动，也是一项吉祥如意的事。由村里的长者统一安排日期，排定顺序，互助进行。必须赶在冬至这一天之前做成。据说冬至这一天将做好的糍粑用水漂起来，可一直保留到第二年春天也不会变质。糍粑柔软细腻，香甜可口，食用方便，是招待客人、馈赠亲友的上等佳品。

三、元宵节食俗

元宵节是中国传统节日之一，通常在农历正月十五这一天庆祝。正月是农历的元月，古人把圆形的月亮叫作"元宵"，因此，正月十五的夜晚便被称为"元宵节"。元宵节的形成有一个较长的过程，其起源说法有很多。其中，一种说法称元宵节起源于汉文帝时期。相传，汉文帝为庆祝周勃于正月十五戡平诸吕之乱，每逢此夜，必出宫游玩，与民同乐。在古代，"夜"同"宵"，正月又称"元月"，汉文帝就将正月十五定为元宵节，这一夜就叫元宵。另外一种说法认为元宵节起源于隋朝。隋朝统一中国后，把正月十五定为元宵节，这一夜就叫元宵。此外，也有人认为元宵节起源于唐朝。唐朝时佛教大兴，仕官百姓普遍在正月十五这一天"燃灯供佛"，于是佛家灯火遍布民间，从唐代起，元宵张灯即成为法定之事。

唐代诗人苏味道在他的《正月十五夜》一诗中曾记载了"火树银花合，星桥铁锁开。暗尘随马去，明月逐人来"的诗句，生动形象地描述了唐代的太守为了观赏灯会，命令城上放烟火，并在桥上加锁放人通行。人们身穿新衣，手持火把和各种美食前往观看花灯的盛况。

在元宵节期间，人们会遵循各种食俗，以下是一些常见的元宵节食俗。①吃元宵：元宵就是以糯米粉制成的圆球状甜点，它们通常是甜的，有各种不同的馅料，如豆沙、芝麻、花生等。元宵象征着团圆，因为元宵的发音与"团圆"谐音。人们在元宵节这一天会品尝元宵，意味着家人团圆、幸福快乐。②猜灯谜：是元宵节的传统活动之一。人们会在元宵灯笼上挂上谜语，其他人尝试猜出谜底。一些谜语和答案与食物有关，如猜测水饺、汤圆等，从而与元宵相关的食俗紧密相连。③观赏花灯：元宵节的另一个重要活动是赏花灯。人们会在公共场所或自家院子里摆放各种各样的花灯，包括大型彩灯、灯笼和灯谜等。这些花灯通常形状各异，有动物、花卉、人物等。在观灯的同时，人们也品味元宵，增添了节日气氛。④探月亮：元宵节的夜晚通常是一轮皎洁的圆月。人们会在户外或家庭中举行活动，如赏月、放天灯、猜灯谜等。与此同时，一些地区也会在元宵节的夜晚举办烟火表演，增添喜庆和欢乐。这只是一些元宵节食俗的例子，不同的地区和家庭可能存在差异。元宵节是一个庆祝新年结束、美好开始的重要时刻，这些食俗寓意着团圆、幸福和吉祥。通过享用美食、猜灯谜和观赏花灯等传统习俗，人们以特殊的方式庆祝这个特别的节日。

四、清明节食俗

清明节是中国传统节日之一，通常在公历的 4 月 4 日至 6 日之间，也是祭祖和扫墓的重要时期。在清明节期间，人们会遵循一些特定的食俗，以表达对祖先的思念和缅怀，也是人们亲近自然、踏青游玩、享受春天的节日。清明节的食俗作为节日的重要组成部分，具有鲜明的地域特色和历史渊源。

清明节的起源，据传始于古代帝王将相"墓祭"之礼，后来民间亦相仿效，于此日祭祖扫墓，历代沿袭而成为中华民族一种固定的风俗。清明节的名称最初是古代二十四节气之一，清明一到，气温升高，正是春耕春种的大好时节，故有"清明前后，种瓜种豆""植树造林，莫过清明"的农谚。寒食节是在冬至后的 105 天，也就是清明节的前一两天，这个节日最初是为了纪念春秋时期的介子推而设立的。介子推是晋国的忠臣，他因忠谏而被晋文公放火烧山，最终被烧死在山上。为了纪念他，人们在清明节前会进行一系列的祭祀活动，包括禁火、吃冷食等，这些习俗逐渐演变为寒食节的传统。后来，由于清明与寒食的日子接近，而寒食是民间禁火扫墓的日子，渐渐地，寒食与清明就合二为一了，而寒食既成为清明的别称，也变成清明时节的一个习俗，清明之日不动烟火，只吃凉的食品。清明节是祭祀祖先的重要时刻。人们会在这一天回到故乡，扫墓祭祖，缅怀先人。在祭拜过程中，会献上鲜花、纸钱等物品，表达对祖先的敬意和思念之情。这种祭祀活动体现了传统文化中对于祖先的尊重和怀念。除了祭祀仪式，清明节还有丰富多彩的食俗。在江南地区，清明节期间会吃青团。青团是用糯米粉和青草汁混合蒸制而成的一种绿色糕点，通常作为祭祀祖先的必备食品。

在浙江地区，清明节期间有轧蚕花和挑青的食俗。轧蚕花是用五颜六色的绉纸扎成的纸花，是蚕农们为了祈求风调雨顺、丝绸丰收而举行的一种祈福活动。挑青则是吃螺蛳，用针挑出螺蛳肉烹食，寓意着清明节吃螺蛳可以明目。在北京地区，清明节期间有吃寒食十三绝的食俗。寒食十三绝是北京地区清明节期间的一种传统小吃，包括焦圈儿、豆汁儿、炸酱面、油糕、糖火烧等。这些小吃各有特色，成为北京独特的饮食文化。海南地区，清明节期间会举行祭祖仪式。人们会准备猪、鹅、鱼、糕果点心等祭品，在家中祖先牌位前祭拜，以表达对祖先的敬意和怀念之情。在四川地区，清明节期间有祭火神的食俗。人们会用柳枝编成帽子戴在头上，以示祭火神。此外，四川成都一带有以炒米作团，用线穿之，或大或小，各色点染，名曰"欢喜团"，这是四川地区清明节期间的特色食品。

除了具有地域特色的食俗外，清明节期间的饮食文化也具有深厚的历史渊源。在清明节期间，新茶成为人们品尝的主要饮品。清明节前夕，茶农们会采摘茶树的新芽，经过精心制作，成为清香可口的新茶。自古以来，茶文化在中国传统文化中占据着重要的地位。清明节期间，除了享受新茶的美味之外，人们还会举行茶宴、茶道等活动，以表达对自然和祖先的敬意。

五、端午节食俗

每年农历五月初五，是中国传统的端午节。"端"为开始之意，一个月中的第一个五日称为"端五"。五月初五，二五相重，也称"重五"。因中国习惯把农历五月称作"午月"，所以又把端五称为"端午"。古人以为阴历五月是恶月，"阴阳争，血气散"，易得病，因而包括饮食在内的一些习俗均与抗病健身有关。可以说，端午节实际上是一个健身强体、抗病消灾节。

端午节在中国已有两千多年的历史。关于端午节的来源，说法有二：一是端午节起源于古代华夏人对龙的祭祀活动，华夏先民以龙为图腾，将伏羲、女娲、颛顼、禹等著名祖先视为法力无边的龙，端午节是祭祀龙的最隆重的节日。另一种说法是端午节起源于纪念屈原，战国时期的屈原就于五月初五投江自尽。由于屈原伟大爱国主义精神及其诗作的深刻影响，南北朝以后，屈原一说由楚地逐渐传播到全国，为大部分地区所公认，并相沿至今。相传，在屈原投江之日，当地百姓出动大小船只打捞他的尸体，为了不让蛟龙吞食屈原，人们又将黏软的糯米饭投入汩罗江，让蛟龙吃后黏住嘴，以后，黏米饭又演变成粽子。端午节吃粽子是最具有代表性的节令食俗。

1. 端午节吃粽子 早在春秋时期人们就用菰叶包黍米成牛角状，称"角黍"，还用竹筒装米密封烤熟，称之为"筒粽"。东汉末年人们就开始用草木灰水浸黍米，因水中含碱，用菰叶包黍米成四角形。魏晋南北朝时，粽子被正式定为端午节食品。这时包粽子的原料除米外，还添加中药材益智仁，煮熟的粽子称"益智粽"。唐代粽子用的米"白莹如玉"，粽的形状出现锥形、菱形，品种增多，还出现杂粽。如米中掺杂禽兽肉、板栗、红枣、赤豆，裹成的粽子还用作交往的礼品。宋代吃粽子已经成为一种时尚，出现了"以艾叶浸米裹之"的"艾香粽"，还有"蜜饯粽"。到了元代粽子的包裹料已从菰叶变革为箬叶，突破菰叶的季节局限。明代人们开始用芦苇叶包的粽子，附加料已出现豆沙、猪肉、松子仁、枣子、胡桃，品种更加丰富多彩。清代之后的粽子更是千品百种，璀璨纷呈。当今的粽子，其形状、馅料多种多样。

2. 端午节吃五黄 在中国许多地方流行有端午节食"五黄"的习俗，"五黄"指雄黄酒、黄鱼、黄瓜、咸蛋黄、黄鳝（有的地方也指黄豆）。雄黄的颜色橙红，有解毒杀虫之功，可治痛疮肿毒，虫蛇咬伤。俗信端午节时有"五毒"之说，"五毒"指蛇、蝎、蜈蚣、壁虎和蟾蜍。民间认为，饮了雄黄酒便可杀"五毒"。雄黄酒，是将蒲根切细、晒干，拌少许雄黄，浸白酒，或单用雄黄浸酒制成。端午时，人民午时饮少许，将余下的雄黄酒涂抹儿童面额耳鼻，或在额门上画"王"字，预示小孩子如虎之健。或将雄黄酒挥洒于床间、墙角和四壁，以避虫毒。《白蛇传》故事中，白娘子饮了雄黄酒现出原形，正是人们认为雄黄酒能避毒邪的反映。但是，雄黄如果和烧酒同饮，稍不留意也会引起中毒。

3. 端午节吃鸡蛋 江南水乡的孩子们在端午节这天，胸前都要挂一个用网袋装的鸡蛋。关于此俗，民间有一个传说：在很久以前，天上有个瘟神，每年端午的时候总要下界传播瘟疫害人。受害者多为孩子，轻则发烧厌食，重则卧床不起。一些妈妈纷纷到女娲娘娘庙烧香磕头，求她消灾降福，保佑小孩。女娲得知此事就去找瘟神说："今后凡是我的嫡亲孩儿，决不准许你伤害。"瘟神知道女娲法力无比，不敢和她作对，就问："不知娘娘有几个嫡亲孩儿在下界？"女娲一笑说："我的孩儿很多，这样吧，我在每年端午这天，命我的嫡亲孩儿在衣襟前挂上一只蛋袋，凡是有蛋袋的孩儿，都不准许你胡来。"到了这年端午，瘟神又下界，只见一个个孩子胸前都挂着一个小网袋，里面装着煮熟的鸡蛋。瘟神以为都是女娲的孩子，就不敢动手了。从此，端午吃鸡蛋之俗逐渐流传开来。

4. 端午节吃煎堆 福建晋江地区，每逢端午节有"煎堆补天"的风俗。所谓煎堆，又叫麻团，就是用面粉、米粉或番薯粉和其他配料调成面团，下油锅煎成一大片。端午节正逢当地梅雨季节，常常阴雨不断。传说远古时代，女娲炼石补天处，每年都有裂缝，所以才阴雨连绵，必须用煎堆补天，方能塞漏止雨。人们相信，端午吃了煎堆，节后就没有阴雨天气。这一食俗，反映了老百姓担心久雨成涝，影响夏季农作物收成的心理。

无论是吃粽子、吃五黄、吃鸡蛋还是吃煎堆，端午节的应节食品最初的目的都是逐疫辟邪，后来逐渐成为一种饮食文化，形成了别具特色的祛病求吉的端午节食俗，并代代相传。

六、七夕节食俗

七夕节，也被称为中国的情人节，通常在农历的七月初七庆祝，寓意着牵手缘分和双星相依。尽管七夕节并没有特定的食俗，但在一些地区人们会以特定的食物来庆祝这一节日。在七夕节，人们喜欢购买各种水果来庆祝。西瓜、葡萄和草莓是最常见的选择，因为它们呈现出红色或粉红色，象征着爱情和浪漫。同时，吃水果也寓意着美好和幸福的生活。巧克力是七夕节常见的情人节礼物之一，表示甜蜜的爱情和浓厚的感情。在七夕节，情侣们会互赠巧克力，表达对彼此的爱意和心意。七夕节也是情侣们享受美食的日子。一些情侣会选择在这一天一起制作、享用特别的晚餐，例如烛光晚餐、浪漫的自制甜点等。这种共享美食的方式可以增进彼此之间的感情和互动。虽然汤圆在元宵节时更为常见，但有些地区也会在七夕节期间食用汤圆。汤圆寓意着团圆和幸福，吃汤圆也象征着祈福爱情美满。需要注意的是，七夕节的食俗因地域和个人习俗的不同会有一些差异。总的来说，七夕节是一个浪漫的节日，人们通过食物来表达爱情和情感，共同庆祝这一特殊的节日。

七、中秋节食俗

中秋节是中国传统的重要节日之一，通常在农历八月十五这一天庆祝，也被称为月亮节或团圆节。按照古代历法，农历八月居秋季之中，而八月的三十天中，十五又居一月之中，故八月十五日称为"中秋"。中秋节源自古代汉族的祭月活动，后来逐渐演变为一个民间传统节日，至今已有数千年的历史。

在中秋节这一天，人们通常会与亲朋好友团聚，一起赏月、吃月饼、猜灯谜、观花灯等。在中秋节期间，人们会遵循一些特定的食俗，月饼是中秋节最经典的食物之一。月饼通常由糯米、豆沙或其他馅料包裹而成，外皮酥脆。传统的月饼形状呈圆形，象征着团圆和圆满。北宋时期流行一种民间俗称为"小饼""月团"的小吃，被认为是现代月饼的雏形。这种饼以小麦粉、饴糖、猪油等材料制皮，口感酥甜。饼馅有猪油丁、松子、果仁等，类似于现在的苏式月饼和京式月饼。在当时，这种饼是一种日常甜点。苏轼曾在《留别廉守》中写道："小饼如嚼月，中有酥与饴。"但这里的"月"与中秋并无联系，只是说明这种饼形如满月，并不能推证是中秋十五所食的月饼。"月饼"一词正式出现是在南宋吴自牧所著的《梦粱录》中，不过这种月饼和芙蓉饼、菊花饼、梅花饼儿等众多点心一样，只是一种市井小吃，而且"市食点心，四时皆有，任便索唤，不误主顾"。可见那时候的月饼并没有与某个特定节日关联在一起。

其实中秋节吃月饼的习俗到明朝时才开始盛行，而在此之前的中秋食品，仍以应季的瓜果为主。明代宦官刘若愚编写的《酌中志》中记载："自初一日起，即有卖月饼者，至十五日，家家供奉月饼、瓜果……如有剩月饼，乃整收于干燥风凉之处，至岁暮分用之，曰团圆饼也。"可见，明朝人在中秋节祭月后，就有一家人围坐在一起吃月饼、月果的习俗，月饼"团圆"之寓意也逐渐深入人心。

自明代之后，有关中秋赏月吃月饼的记述就比较普遍了。如明代田汝成所著的《西湖游览志余》中记载："八月十五日谓之中秋，民间以月饼相赠，取团圆之义。"明代沈榜在《宛署杂记》里说，每到中秋，百姓们都制作面饼互相赠送，大小不等，呼之为"月饼"。可见当时月饼不仅代表着"团圆"，还成为人们在中秋节相互馈赠的佳品，互送月饼的习俗已蔚然成风。

到了清代，一位叫潘荣陛的人曾在雍正年间进入皇宫任事，退休后赋闲在家，根据自己在皇宫多年的经历，逐月记录当时京师一年四季各节令的相关习俗事务，汇编成一本《帝京岁时纪胜》，其中在中秋节这一条也提到："中秋，十五日祭月，香灯品供之外，则团圆月饼也。"那时候的月饼已经与"中秋"和"团圆"无法再割舍了。

因为月饼为圆形，所以富有家家团圆、欢乐之意，逐渐成为中秋节最重要的食品之一。月饼有着悠久的历史和深厚的文化底蕴，时至今日，月饼仍然是中秋佳节必不可少的节令食品。现在的月饼品种繁多，按产地分为京式、广式、苏式、台式、滇式、港式、潮式，甚至日式等。就口味而言，有甜味、咸味、咸甜味、麻辣味。从馅心讲，有五仁、豆沙、冰糖、芝麻、火腿月饼等。按饼皮分，则有浆皮、混糖皮、酥皮三大类；就造型而论更是品种繁多，不胜枚举。

当然，除了吃月饼外，中秋节吃螃蟹、吃田螺、饮桂花酒、吃芋头、吃南瓜等也是一些地区的民俗。时至今日，中秋节已经成为人们团聚、感恩和祈愿的重要节日，也是中华文化的重要组成部分，象征着中华民族的丰收与团圆。中秋节吃月饼等食俗也展示了人们对团圆和睦、和谐美满的憧憬。中秋节时，家人会一起品尝月饼，表示忠诚、团聚和祝福。柚子是中秋节期间常见的水果之一，也被称为"月桂柚"。柚子寓意着好运和幸福，人们相信吃柚子能够带来好兆头和福运。此外，柚子的形状也与月亮相似，与中秋节的主题相符。中秋节也是水果盛宴的时刻，人们会在这一天赏月之余品尝各种水果。常见的水果有葡萄、苹果、桃子、荔枝等。水果富含营养，吃水果也寓意着家庭幸福和健康。莲蓉糕是一种传统的中秋节食品，由糯米、莲蓉等材料制成。莲蓉糕的形状往往象征着好运和团圆，可以作为中秋节期间的甜点食用。此外，还有一些地区性的食俗，如广东地区的饼果、四川地区的花灯酥等，各地的中秋节食俗因地域、习俗和口味的不同而有所差异。总的来说，中秋节的食俗是人们庆祝团圆和祈求吉祥的一种方式，通过共享美食，分享幸福和家庭情感。

八、重阳节食俗

重阳节是中国传统节日之一，又被称为登高节、菊花节等。这个节日旨在庆祝秋天的丰收和感恩大自然的馈赠，同时也是弘扬中华民族传统文化的重要时刻，更是感恩敬老的重要节日。在重阳节这一天的庆祝活动中，美食是不可或缺的重要组成部分。

重阳节还是一个重要的敬老节日。它提醒我们要尊老、爱老、助老，关心和照顾老年人。在现代社会中，随着人口老龄化的加剧，老年人越来越需要社会的关注和帮助。因此，重阳节的庆祝活动也强调了老年人的地位和作用，促进社会和谐发展，让人们认识到孝道是中国传统文化的重要组成部分，是中华民族的传统美德。重阳节还是一个健康、积极的节日。在这个节日里，人们会进行各种体育活动、文化活动等，以丰富节日的庆祝方式。这些活动可以促进身体健康、增强体质，同时也可以提高文化素养和审美水平。

重阳节食俗丰富多样，其中最具有代表性的食物是重阳糕和菊花酒。重阳糕是一种用糯米粉、粳米粉和果料等制成的糕点，外形美观且口感软糯，寓意着"登高步步高"，象征着人们追求事业顺利、生活幸福的美好愿望。而菊花酒则是一种以菊花为原料酿制的传统酒品，具有疏风散热、清肝明目的作用，同时也是重阳节期间人们辟邪祛灾的饮品。此外，不同地区也有着独特的重阳节食俗，如福建的"蟹酿橙"和陕西的"重阳蒸糕"等。重阳节食俗注重养生保健，许多食物都具有滋补作用。如重阳糕中的糯米、粳米等原料具有补中益气、健脾暖胃的功效，菊花酒则具有疏风散热、清肝明目的作用。重阳节食俗寓意深远，寄寓了人们对美好生活的向往。如重阳糕的"糕"与"高"谐音，寓意着"登高步步高"，象征着事业顺利、生活幸福。此外，菊花酒也寓意着吉祥如意、健康长寿。重阳节食俗因地域不同而各具特色。如福建的"蟹酿橙"是当地特有的美食，以橙子为容器，将蟹肉、酒、醋等混合后置于橙子中，再用橙叶封口后蒸熟，具有浓郁的地方风味。

九、冬至食俗

冬至是我国传统二十四节气之一，一般是每年的 12 月 21 日或 22 日，"阴极之至，阳气始生，日南至，日短之至，日影长之至，故曰冬至"这一天，北半球白天最短，夜间最长，标志着冬季的到来。冬至从古至今都受到中国人的重视，有"冬至大如年"之说。周代以十一月为正，已有祭神仪式。秦代沿其制，也以冬至为岁首，这就是把冬至视为"过年""过小年"的历史原因。汉代称冬至为"冬节""日至"，官场互相庆贺。南北朝时，民间有拜父、拜母之礼，吃赤豆粥以辟邪之俗。唐宋时，冬至与岁首并重。明清仍承冬至过节习俗。节日期间，有祭天、祭祖、送寒衣、宴饮、腌制鱼肉等习俗。冬至的饮食有鲜明的冬令特点，各地的饮食风俗也不尽相同。

在中国北方大部分地区，每到农历冬至这一天，不论贫富都有吃饺子的习俗。民谚有："十月一，冬至到，家家户户吃水饺"和"冬至饺子夏至面"的说法。追溯冬至吃饺子的传统，相传与医学家张仲景有关，饺子就是他发明的，原名"娇耳"，他当时曾用"驱寒娇耳汤"救治了很多被冻坏了耳朵的贫苦百姓。后来，每逢冬至，大家模仿做着吃，以不忘"医圣"张仲景"祛寒娇耳汤"之恩，渐渐也就有了吃饺子的习俗。至今南阳仍有"冬至不端饺子碗，冻掉耳朵没人管"的民谣。冬至这天，京师人家多食馄饨。南宋时，当时临安（今杭州）也有每逢冬至这一天吃馄饨的风俗。宋朝人周密说，临安人在冬至吃馄饨是为了祭祀祖先。到了南宋，中国开始盛行冬至食馄饨祭祖的风俗。从饮食文化的角度分析，出现这一现象是因为，古人有"天圆地方"之说，觉得方方的馄饨皮代表地，中间包的馅就是天，包在一起是"天地不分、天地相融"的"混沌世界"，冬至夜吃"馄饨"，寓意吃掉"混沌世界"，让世界变得神清气爽、更加美好。

旧时上海，有诗云："家家捣米做汤圆，知是明朝冬至天"。江南一带在冬至这一天习惯吃汤圆，来庆祝冬至的到来。当地有"吃了汤圆大一岁"之说。汤圆也称"汤团"，冬至吃汤团又叫"冬至团"。清朝文献记载，江南人用糯米粉做成面团，里面包上精肉、苹果、豆沙、萝卜丝等。冬至团可以用来祭祖，也可用于互赠亲朋。在江南一带，民间还有冬至之夜全家欢聚一堂共吃赤豆糯米饭的习俗。从古至今，中国人在冬至之日还有喜吃年糕的习俗，而且要做三种不同风味的年糕，早上吃的是芝麻粉拌白糖的年糕，中午是油墩儿菜、冬笋丝、肉丝炒年糕，晚餐是雪里蕻、肉丝、笋丝汤年糕，一碗下肚，暖身暖胃，更有"一年更比一年高"的好寓意。在我国台湾还保存着冬至用九层糕祭祖的传统，在冬至这天，人们用糯米粉捏成鸡、鸭、猪、牛、羊等象征吉祥如意福禄寿的动物，然后用蒸笼分层蒸成，用以祭祖，以示不忘老祖宗。每到冬至前后，湖南人就忙着制作腊鱼腊肉，鸡鸭鱼用盐腌四五天，悬挂在通风处，把肉阴干，称为冬至肉。有俗话说"吃过冬至肉，身体赛牛犊"，这样处理过的肉，带着一股淡淡的香味，可以贮留到隔年夏天都不会腐败，肉质变得紧致，吃起来香味浓郁，越嚼越香。最有特色的冬至食品，当属烟台一带的姜母鸭，当地人会在这一天用正番鸭佐以姜汁，炖一锅滋补鸭汤，一来驱寒强身，二来增加节日的欢乐气氛，以讨吉祥。其实，无论在哪里，无论吃什么，都能体会到人们对于冬至的重视，每一种食物的寓意都体现了人们对美好生活的向往。

十、腊八节食俗

腊八节是中国传统的节日之一，通常在农历十二月初八这一天庆祝。在腊八节期间，人们会遵循一些特定的食俗。腊八节的最重要食物是腊八粥，也称为八宝粥。腊八粥是用多种杂粮、干果、豆类等熬煮而成的一种粥。腊八粥代表着丰收和祈福，人们相信吃腊八粥可以驱邪、祈求平安和健康。在腊八节期间，人们会准备腌制的食品，如腊肉、腊肠、腊鱼等。这些腌制食品需要提前几天或更长时间进行腌制，以确保口感和风味的可口。腌制食品在寒冷的冬天里能够保存较长时间，也供应给家人和客人享用。腊八节还是泡发食物的时候。人们会用水泡发各种食材，如豆类、莲子、花生等。这些泡发的食物被认为具有滋补身体、增强体力和健康的功效。在一些地区，人们会在腊八节煮排骨汤来供家人享用。排骨汤具有温补身体、增强体力的作用，也是一道美味的节日食品。在腊八节还会吃一些地方特色的节日食品，如糖藕、糖瓜、腊梅等。这些食品有时会在寺庙中供奉给神灵，然后由参与庆祝的人们品尝。腊八节的食俗因地域和个人习俗的不同而有所差异，但总体上腊八节是一个庆祝丰收、祈福健康的节日，人们通过特定的食物来表达祝愿和庆祝。

十一、送灶节食俗

送灶节是中国传统的节日，通常在农历十二月二十三或二十四这一天庆祝。在送灶节期间，人们会遵循一些特定的食俗。在送灶节这一天，人们会烧面和包饺子。烧面是指将面条煮熟，象征着欢送灶神返回天界。而包饺子则象征着家庭团聚和庆祝。这些食物往往代表着对灶神的感恩和祈求。在送灶节，家庭会准备各种糖果和糕点，如糖葫芦、糖金桔、花生糖等。这些甜食代表着甜蜜和好运，也是欢庆的象征。送灶节的一个传统食品是红龟糕。红龟糕是用糯米制成的，形状像小龟，寓意长寿和吉祥。人们相信吃红龟糕可以带来好运和长寿。在一些地方，人们在送灶节也会吃鱼。鱼在中国文化中象征着富贵和年年有余。吃鱼寓意着新年将会有好运和丰收。在送灶节，人们还会准备各种粥品，如豆粥、薏米粥等。吃粥代表着祈求健康和平安。送灶节的食俗因地域和个人习俗的不同会有一些差异。总的来说，送灶节是一个感恩、祈福和庆祝的节日，人们通过特定的食物来表达祝愿和庆祝。

任务四　宗教食俗

一、概述

宗教是一个涵盖信仰体系、道德准则、仪式实践和社区组织的广泛概念。它是人类对于存在、精神和超越性力量的信仰和寻求的集合体。宗教通常包含一系列信仰、教义、神话、仪式和道德规范，它们通过神圣的经文、传统和教派来传承和发展。宗教的核心是人类与超越性存在之间的关系。宗教信仰可以体现为对神、神灵、超自然力量或者抽象概念的崇拜和尊敬。它们反映了人类对宇宙和人生意义的探索，以及对生死、道德价值和人类存在的思考。

宗教还涉及一系列的仪式和实践，如礼拜、祈祷、祭祀、朝圣等。宗教往往包括一个组织结构或社区，它为信徒提供了互相交流、支持和合作的平台。宗教社区通常由教堂、寺庙、清真寺、教派或修道院等组织形式体现。不同宗教在信仰内容、教义和仪式上存在差异。世界上存在着多种不同的宗教，如基督教、伊斯兰教、佛教、印度教、道教、锡克教等。宗教的多样性是人类文化和社会的重要组成部分，它们对于人类的思想、艺术、伦理、社会制度和个人生活产生了深远的影响。宗教信仰的食俗具有以下特性。

1. 清洁与禁忌　宗教信仰通常规定信徒在饮食方面需要遵循特定的清洁准则和禁忌。这可能包括禁止食用特定的食物或遵循特定的饮食方式。

2. 仪式性食物　宗教信仰通常涉及一些特殊的食物，这些食物在宗教仪式和庆典中具有特殊的象征意义。

3. 节制和斋戒　宗教信仰常常鼓励节制和斋戒。节制指的是对食物和饮食习惯的限制，以达到身心的净化和控制。斋戒则是一种特定时期内的禁食或特殊饮食方式。这些实践有助于信徒培养自律、反省和灵性的意识。

4. 社会共享与慈善　一些宗教信仰鼓励信徒在饮食方面表达慈善与社会责任。通过与他人分享食物、参与慈善烹饪和提供免费餐食，宗教信徒可以展示对他人的关怀和扶助。

这些特性以及其他因素导致了不同宗教信仰的食俗习惯的多样性和独特性。宗教信仰的食俗不仅是人们对于宗教教义和仪式的遵循，也是一种文化传统和身份认同的表达方式。同时，宗教信仰的食俗也能够促进信徒之间的团结和社会凝聚力的形成。

二、各宗教饮食食俗

（一）佛教食俗

佛教起源于公元前6世纪的印度，其创始人是释迦牟尼（又称佛陀）。佛教经过几个世纪的发展，形成了不同的教派和宗派，如南传佛教和北传佛教（大乘佛教和小乘佛教）。佛教强调中道思想，主张追求和谐和平衡，摒弃极端的苦行和享乐主义。佛教不仅在宗教领域有显著的影响力，也在文学、艺术、哲学和心理学方面产生了广泛的影响。佛教十分强调慈悲和无私的心态。佛陀教导人们要培养慈悲、善良和智慧，以帮助自己和他人脱离苦难。

佛教自汉代传入中国可以追溯到公元1世纪。根据历史文献记载，最早的佛教传入中国可以追溯到汉明帝时期（公元67年左右），当时来自印度的佛教僧人首次抵达中国。然而，佛教在汉朝时期并没有得到广泛传播和接受。佛教在中国的传播受到官方的支持，是在北魏时期（公元386—534年），官方开始保护佛教寺院，使其免受掠夺和破坏。佛教也开始与中国文化融合，汉族的经典翻译、佛教艺术、建筑和哲学思想都在这一时期得以发展。随着时间的推移，佛教在中国逐渐分化为不同的宗派和教派，如禅宗、净土宗、天台宗等。这些宗派在中国历史的不同阶段发挥了重要的作用并影响了中国社会和文化。佛教的传入对中国产生了深远的影响，它为中国的宗教、哲学、文化和艺术领域带来了新的元素。佛教教义中强调的慈悲、无私和智慧也对中国社会产生了积极的影响。佛教的传入和融合在中国的历史进程中扮演了重要角色，并持续影响了中国人民的思想和生活方式。佛教的饮食习俗是一种追求慈悲和无害的生活方式，佛教作为一种传统的精神信仰和生活方式，对于饮食的选择有其特殊的习俗和理念。佛教饮食习俗是基于佛教教义的指导，倡导慈悲、无害和清净的生活方式。

首先，佛教徒通常坚守素食主义，即避免食用肉类和动物产品。这种选择源于佛教教义中的慈悲和无杀生原则。佛教教义强调生命平等和尊重一切有情众生，因此佛教徒认为食用动物与杀害生灵相连。素食被视为一种减少伤害和促进和平共处的方式。通过选择素食，佛教徒试图减少对动物的痛苦和死亡，并表达他们对生命的尊重与关爱。其次，佛教徒也遵守五辛忌。五辛包括大蒜、洋葱、韭菜、蒜薹和香菜等食材。这些食材被认为具有刺激和兴奋作用，可能会干扰修行和冥想的安宁。避免食用五辛也是为了保持内心的清静和平和。佛教饮食还强调清淡和健康的食物选择。佛教徒认为过于刺激和油腻的食物会导致身心的不平衡。因此，他们通常选择天然、新鲜和高营养的食物。蔬菜、水果、谷物、豆类和坚果等被认为是理想的食物，富含营养且易于消化。佛教饮食倡导摄取适量的食物，避免贪婪和浪费，同时也注重食物的品质和准备过程。

在佛教饮食习俗中，还有一个重要的方面是对食物的尊重和感恩。佛教徒认为食物是一种供养，来自自然和他人的恩赐。因此，佛教徒要学会节制、珍惜食物，尽可能减少浪费和破坏。在他们的餐桌上，对待食物时心存感激，品尝时专注于其中的滋味和营养。佛教饮食习俗的目的不仅在于个人的养生和身体健康，更重要的是培养慈悲与思维的智慧。通过选择素食、清淡和健康的食物，佛教徒试图通过饮食的方式实践慈悲和无害的生活，从而推动个人和社会的和谐。佛教饮食习俗的背后，融合了对众生慈悲般的关怀和对生命平等的尊重，强调了个人与环境之间的互动关系。在实践佛教饮食习俗的过程中，佛教徒不仅仅是关注自己的食物选择，还努力影响周围人的饮食观念和行为。通过饮食的方式，佛教徒希望传递出和平与宽容的信息，以及对自然与人类社会的尊重。他们相信通过自己的努力，可以为建立一个更慈悲和和谐的世界作出贡献。佛教饮食习俗是一种追求慈悲和无害的生活方式。通过断肉素食、避免五辛、选择清淡健康的食物、珍惜和感恩食物，佛教徒试图以饮食的方式实践慈悲和无害，促进个人的修行和和谐社会的建立。无论我们是否是佛教徒，了解和尊重不同文化的饮食习俗，都是促进多元宽容和谐社会的重要一步。

（二）伊斯兰教食俗

伊斯兰教是世界上最大的宗教之一，它起源于公元 7 世纪的阿拉伯半岛，由先知穆罕默德创立。伊斯兰教的饮食习俗是信仰和文化的重要组成部分。伊斯兰教律法对食物和饮食有一系列规定，以确保食物的清洁度、健康性和合法性。伊斯兰教有一项重要原则，即食物必须符合"清真"的标准。清真食品是指符合伊斯兰教法规定的食品。①禁止食用猪肉：伊斯兰教明确禁止穆斯林食用猪肉及其副产品。这是因为猪被认为是不洁的动物，其肉被认为是禁食的。②不允许食用血液和血制品：伊斯兰教禁止食用动物的血液和血制品。在屠宰过程中，宰杀者必须确保彻底排除动物体内的血液。③认证宰杀：穆斯林只能食用通过伊斯兰教宰杀规则宰杀的肉类。这种宰杀方式被称为"阿拉宰杀"，必须由合格的宰杀者（称为"卜力"或"清真屠夫"）进行。它包括念诵上帝的名字，用快速而精确的方式宰杀动物，以确保它们遭受的痛苦最小化。④禁止食用激素和麻醉品：清真食品不得使用激素或麻醉品，以保证食物的纯度和健康程度。⑤健康饮食：伊斯兰教鼓励穆斯林保持健康和谨慎的饮食习惯。穆斯林被教导要适量饮食，不过度进食或贪食。这有助于维持身体的健康和平衡；鼓励穆斯林摄取均衡的饮食，包括谷物、蔬菜、水果、蛋白质和适量的脂肪。穆斯林被鼓励遵循适当的膳食建议，确保获得足够的营养。⑥禁止乙醇和毒品：伊斯兰教禁止饮用乙醇和使用毒品。这是为了保护个人的身体和精神健康，避免对自身和社会造成不良影响。⑦禁止过食和浪费食物：伊斯兰教教导穆斯林要节约食物，并避免过度浪费。浪费食物被认为是一种不负责任的行为，而节约食物被视为对上帝恩惠的感激和对他人的关怀。⑧清洁卫生：伊斯兰教强调保持食物和饮水的清洁卫生。它教导穆斯林在吃饭前和饭后要彻底洗手，并确保使用干净的餐具和容器。

伊斯兰教不仅仅是一种宗教信仰，还是一种文化和生活方式。饮食在伊斯兰教的传统和民俗中扮演着重要的角色，反映了该宗教及其追随者对食物的态度和价值观。伊斯兰教的宴会礼仪反映了文化和宗教价值观。伊斯兰教鼓励穆斯林相互分享和共同享用餐食。人们聚集在一起，在同一个餐桌上共进餐食，以体现团结和友谊。在伊斯兰教文化中，主人被视为宴会的主人公，他们负责招待客人并确保他们的需求得到满足。尊重主人的权威和关怀客人的需求是宴会中的重要礼仪。在伊斯兰教文化中，有一些餐桌礼仪需要穆斯林尊重。例如，用右手进食被视为传统，在注重清洁的同时也是对上帝的敬畏。

伊斯兰教地区有许多美食传统，其中一些源自特定的地域文化和历史习俗。

1. 开斋饭 在斋戒月的日落时刻，穆斯林会享用开斋饭。这是一道庆祝斋戒结束的丰盛晚餐，通常包含各种传统菜肴，如沙特阿拉伯的萨姆巴萨、土耳其的肉串、摩洛哥的塔吉等。开斋饭是一个重要的社交活动，家人和朋友聚集在一起享受美食，共同庆祝斋戒的结束。

2. 牛羊肉美食 在伊斯兰教地区，牛羊肉被广泛用于许多传统美食中。例如，伊拉克的巴巴甘杜是一道由烤茄子和牛肉或羊肉制成的红烩菜；伊朗的肉馅饺子则是用细面皮包裹填满羊肉馅料。

3. 奶制品和甜点 奶制品在伊斯兰教饮食中也占据重要地位。例如，伊朗的奶酪和酸奶是常见的食物，而摩洛哥的甜奶羹是一种以牛奶、玫瑰水和大米制成的传统甜点。同时，传统的甜点如土耳其的拔古罗和阿拉伯的布兰也广受欢迎。

伊斯兰教的饮食民俗民风体现了其独特的宗教价值观和文化传承。穆斯林秉持清真食品的准则，在饮食上遵循伊斯兰教法律的规定。在宴会和社交活动中，人们共享并尊重餐桌礼仪。同时，美食传统代表了伊斯兰教地区丰富多样的食物文化。了解伊斯兰教的饮食民俗民风有助于我们更好地理解和尊重不同文化之间的差异和共同之处。通过品尝和学习伊斯兰教的美食传统，我们能够更深入地体验这个充满历史和独特文化的宗教。

（三）基督教食俗

基督教作为世界上最大的宗教之一，拥有丰富多样的饮食风俗习惯。这些习俗通常源于圣经中的教导、历史传统以及各地区文化的独特影响。

禁食在基督教中是一项重要的宗教习俗。在某些特定的时间周期，如大斋期或复活节前，许多基督教徒选择禁食，也就是暂时放弃某些食物或饮料。禁食的目的是加强信徒与上帝的联系，净化身心，并以此警醒自己对世俗事物的欲望。①大斋期是一段为期40天的斋戒时间，通常在复活节前开始。基督徒在这段时间内进行节食和禁食，放弃某些特定的食物或饮料，如肉类、奶制品、糖以及其他特定的享受品。这个习俗旨在帮助信徒更加专注于信仰和反省自己的罪过，准备接受复活节的庆祝。②在许多基督教传统中，周五被认为是耶稣被钉在十字架上的日子，因此被视为禁食的日子。许多信徒选择在周五过斋戒日，放弃吃肉或选择素食，作为对耶稣受难的纪念。③圣周跌打日是复活节前的一个重要日子，是纪念耶稣受难和被钉在十字架上的日子。在这一天，许多基督徒会选择进行禁食和节食，回忆和反思基督为人类的救赎所付出的牺牲。这些习俗强调了信仰者在特定的时间周期内通过食物的限制和禁忌来加强灵性和修行，使其更加专注于与上帝的关系。同时，禁食也提醒信徒们对物质享受的节制和自制力，在信仰的指导下过更加充实和有意义的生活。

在基督教中，圣餐仪式是一项重要的宗教仪式，也被称为圣餐或主餐。这个仪式纪念耶稣基督的最后晚餐，并象征着神与信徒的合一。通常使用面包和葡萄酒（或代替品）作为象征基督的身体和血，信徒在仪式中一同分享，并接受这个象征着救赎的盛宴。圣餐仪式的意义和实施方式在不同的基督教教派和团体间可能有一些差异，但基本的意义和举行方式大致相同。

基督教各个派别和区域都有自己独特的节日和食物习俗。例如，圣诞节期间，许多基督徒会准备丰盛的晚餐，包括火鸡、烤鸭、蔬菜、馅饼等传统食物。复活节期间，人们习惯性地准备和分享装饰华丽的复活蛋和复活节饼干。这些节日食物象征着喜庆和希望，并成为家庭团聚和社区共享的重要元素。基督教教导信徒在饮食方面保持节制和负责任的态度。食物被视为上帝赐予的恩典，应当被珍惜和尊重。许多基督教徒遵守清肉节和齐全节，主要是限制肉类食品的摄入并保持自我克制。基督教强调关心弱势群体和慈善事业。许多教会和基督教组织在社区中开展志愿活动，提供免费的饮食服务，帮助那些需要帮助的人。

任务五　传统礼仪食俗

传统礼仪指的是在人生不同阶段或特定场合中，按照一定的仪式和礼仪举行的相关活动。它是一种传统文化表达方式，在不同文化和地区可能略有差异，但都强调了对人生重要时刻的庆祝、纪念或哀悼。人生礼仪的目的是通过规定的仪式和礼仪，传递对人生转折点的重视，表达个人和社会对此的重要性和认同，并以一种正式和庄重的方式去迎接或面对这些重要的人生时刻。在不同文化中，人生仪礼的形式和内容有所不同。人生礼仪也常常伴随着特定的食俗和饮食文化，以增加仪式的庄重和纪念意义，在社会中起到了凝聚力和认同感的作用，它有助于加强人与人之间的关系，传承文化传统，并为个人和群体赋予了特定的意义和纪念价值。

一、诞生礼食俗

诞生礼的食俗是中华饮食文化中重要的一部分，妇女生育之后，新生命降临，为了表达对孩子的祝福，民间诞生了很多育婴礼仪，最常见的有"三朝""满月""抓周"等，这些仪式当中也都掺杂着很多有关中华饮食的内容。

1. 报喜食俗　孩子出生后，女婿要到岳父岳母家"报喜"。因地域不同，具体做法各异。如湖北通城家贫者用樽酒，家庭富裕者用猪羊报知产妇娘家。浙江地区报喜时，送公鸡表示生男孩，送母鸡表示生女孩。陕西渭南一带则带酒一壶，上拴红绳为生男，拴红绸则为生女。安徽淮北地区女婿去岳父家时，要带煮熟的红鸡蛋，生男，蛋为单数；生女，蛋为双数。产妇的娘家则要送红鸡蛋、十全果、粥米等作为回礼。有的还要送红糖、母鸡、挂面等。

2. 三朝食俗　"三朝"，指三日、三天。新生儿刚刚诞生的第三天，亲戚朋友就都要前往祝贺，主家则办酒席答谢，民间称此习俗为"做三朝"。按照民间礼仪，生子之家收礼受贺后要安排宴席来招待亲戚朋友。举办"三朝宴"，古代也称其为汤饼宴。汤饼也就是面饼，在唐代时就经常被作为新生儿之家设置宴席招待来客的第一道食品。清朝冯家吉《锦城竹枝词》描写道："谁家汤饼大排筵，总是开宗第一篇。亲友人来齐道喜，盆中争掷洗儿钱"。清朝以后，汤饼在"三朝"之中的地位逐渐被红蛋取代。

3. 满月食俗　婴儿降生一个月称为"满月"。婴儿满月时也要举行宴会，置办满月酒。清代顾张思《风土录》载："儿生一月，染红蛋祀先，曰做满月。"汉族人认为婴儿出生后存活一个月就是度过了一个难关。这个时候，家长为了庆祝孩子渡过难关，祝愿新生儿健康成长，通常会举行满月礼仪式。该仪式需要邀请亲朋好友参与见证，为孩子祈祷祝福。美味佳肴甚为丰盛，亲朋好友相聚，热闹异常。酒席散时，主人要向宾客分送"红蛋""红长生果"，即染红的鸡蛋和花生。满月设宴的习俗在一些少数民族地区也广为流行，白族人在婴儿满月时，孩子的外婆和其他亲友就会带上鸡蛋前去探望和贺喜，孩子的父母或者祖母就会用红糖鸡蛋和八大碗招待宾客。广西梧州把满月酒席称为"姜宴"，以要吃酸姜而得名，此俗至今未改。讲究的人家把酒席摆在酒店，主人在门口放一块写着"姜宴"的红纸板，人们就知道这里有满月酒席。还有些地方，在满月宴席上，孩子的父母要端着糖饼请长辈为孩子取名，这叫"命名礼"。满月设宴的习俗起于唐代，延续至今。

4. 百禄食俗　婴儿出生满百日为"百禄"，还要举行宴会，称为"百日酒"，是祝婴儿长寿的仪式。前来祝贺的亲友要带上米面、鸡蛋、红糖、烧饼、礼馍等礼物，贺礼必须以百计数，体现"百禄"，象征和祝愿孩子长命百岁。

5. 抓周食俗　婴儿出生满一年称周岁，许多地方则要举行"抓周"礼，以孩子抓取之物来预测小儿的性情、志趣、前途与职业。适时也要操办宴席，请亲友捧场助兴。抓周已经有着悠久的历史了，最早可追溯到南北朝时期。北齐颜之推的《颜氏家训·风操》中有记载："江南风俗，儿生一期，为制新衣，盥浴装饰，男则用弓、矢、纸、笔，女则刀、尺、针、缕，并加饮食之物及珍宝服玩，置之儿前，观其发意所取，以验贪廉愚智。"常见的抓周食物有鸡蛋、馒头等，如果婴儿抓周时选择了食物，则寓意有吃有喝。抓周时，亲朋都要带着礼物前来祝福、观看，主人家需要设宴招待。这种宴席上菜重十，须配以长寿面，菜名多为"长命百岁""富贵康宁"之意，要求吉庆、风光。周岁席后诞生礼就告一段落了。

诞生礼活动中的饮食风俗，是饮食民俗的一个重要组成部分，我们透过诞生礼饮食风俗，可以窥见中国饮食民俗的丰富多彩。

二、婚事食俗

婚礼是中国传统文化的传承和延续。婚礼的习俗和仪式往往与历史、文化和地域相关联，通过婚礼可以传递和弘扬一个地区的文化传统。婚礼是人生大事，为了婚姻缔结的圆满，男女双方都对婚礼精心准备，饮食在其中扮演了极其重要的角色。婚礼中举办婚宴、闹洞房、合卺等重要婚俗都需要饮食参与。

婚宴在民间又被称为"喜宴""吃喜酒"，为表达对来访贺喜之人的感谢而设置，热闹隆重而又讲究颇多。在古代，婚礼之时办酒席宴请众人是男女正式成婚的一种权威证明。即便到了现代，这种观念依然根深蒂固地存在于一些人的观念中。

婚宴菜肴不仅以菜品数量来彰显规格的高低，还有许多讲究。俗谓"双喜、四全、婚扣八"，"双喜"即讲究菜肴要成双成对，寓意喜事成双；"四全"指有全鸡、全鸭、全鹅、全鱼；婚扣八，即逢四扣八，"待要发，不离八"。菜肴除了有传统的成双配对的讲究之外，菜谱的编制和菜名的拟定都应饱含吉祥祝福之意，比如"龙凤呈祥""四喜丸子""全家福""八宝羹"等。在民间婚宴上，有的菜不是在婚宴上吃的，而是给赴宴宾客带回家吃，这类菜叫"分菜"。分菜一般是无汁菜，常做成块状或圆子便于分装携带，比如包子、鸡蛋、肉坨、煎炸类食品等。婚宴结束之后，新郎、新娘进入洞房，为了增加婚礼的喜庆程度，众人也都会利用食品为道具，把婚礼气氛推向高潮。洞房食俗五花八门。在中国一些地方，新人入洞房时有"撒喜果"的婚俗，有的地方也叫"撒帐礼""撒五子"。这种习俗起源于汉代，到了宋代撒豆谷已成为流行于民间和上流贵族社会的一种风俗。撒帐之时，新郎、新娘坐在床沿上，由一位父母、子女健在，有一定财富及社会地位的"全福人"手捧果盘，将盘中各种干果向帐内抛撒，边撒边呼彩语。

除了"撒帐礼"，很多地方、很多民族，还有一个"食圆礼"。洞房中央摆上一张小圆桌，新婚夫妇相对而坐，相互交替吃着早已准备好的"圆食"。这种"圆食"可以是汤羹、点心、糊粥、肉食等，按各地各民族的不同习俗而定。"食圆"象征夫妇幸福团圆。鄂伦春族、达斡尔族团圆饭吃的是被称为"老考太"的黏粥，新郎新娘共用一双筷子、一个碗吃"老考太"，寓意同甘共苦、白头偕老。蒙古族则新郎新娘共吃坚韧的羊颈骨或羊膝骨，表示新婚夫妇会甘苦同尝，忠贞不渝，永远相爱。随着时代的变迁，传统婚庆食俗也经历着不断的迭代更新，不少传统食俗逐渐消亡，新的食俗正活跃在现实的舞台之上。我们应尊重婚庆食俗的多元化，让婚庆食俗"百花齐放"。

三、寿庆食俗

寿诞，指的是人们的生日，是人们庆祝生命的一个重要时刻。在不同的文化和传统中，生日庆祝的方式各不相同，但其核心都是对生命的赞美和对未来的期待。在中国，寿诞食俗是生日庆祝活动中的一个重要组成部分，它反映了人们对长寿、健康和幸福的追求。在中国传统文化中，寿诞食俗有着悠久的历史和丰富的文化内涵。早在周代，人们就已经开始为老年人过生日，称之为"寿考"。在《诗经》中，就有描述人们为长寿老人祝寿的场景。随着时间的推移，寿诞庆祝逐渐发展成为一种文化习俗，被广大人民所接受和传承。在中国古代，饮食被认为是养生的重要手段之一。因此，在寿诞庆祝中，美食佳肴是不可或缺的一部分。人们相信，通过享用美味的食物，可以滋补身体、延年益寿。同时，寿诞食俗也体现了中国传统的家庭观念和尊老敬老的价值观。

在中国，老人做寿都是过虚年生日，有过九不过十的习俗。这个习俗符合中国的文化理念，是老子"不盈"思想的体现。九是阳数，而且九之后又归为零，所以民间视其为吉祥的数字。因此，老人们过整寿常常习惯提前一年。比如60大寿，就在59岁那年庆祝。寿诞当日，小辈们要叩拜庆寿老人。中午之时吃准备好的寿面，晚上亲友聚餐。宴席散去后，主人不仅要向亲友赠送寿桃，还要多送一对饭碗，人们称其为"寿碗"，因为人们都认为接受馈赠的老人可以沾到寿星的福气。寿宴又称为"寿筵"，是生日时举办的庆祝宴会。举办寿宴，特别重视逢十的生日和宴会，有贺天命、贺花甲、贺古稀、贺期颐等名称。寿宴之上有很多讲究，菜品名称多扣"九""八"等吉祥数字，如"九九寿席""八仙菜"等，也有象征长寿的"松鹤延年""六合同春""福如东海""白云青松"等菜品，总之这些名字都包含了对中老年人健康长寿的祝愿。前来贺寿的宾客要带上寓意吉祥的礼物，其中最重要的就是寿面、寿桃了。寿面就是生日当天吃的面条，古代又称"生日汤面""长命面"。因面条形状具有绵长不断的特点，"面"与"绵"又是谐音，取其绵绵不断之意，于是便形成了寿日吃面以祈延年益寿的习俗。人们还常常在寿面上贴上一团篆字寿花，也寄寓着做寿者福星高照，寿运绵长。寿面一般长1米，每束要百根以上，盘成塔形，用红绿镂纸拉花罩上，作为寿礼献给寿星，而且要备双份，祝寿之时一份放于寿案之上。寿宴之时，寿面是必不可少的主食。长寿面的吃法也是有讲究的，必须一口气吸食一箸，不能把面条从中间咬断，而且一整碗面都要按照这种方法吃完，否则会被视为不吉利。

寿桃又被人称作蟠桃，也是民间普遍认可的象征长寿的吉祥物。寿桃的传说有着悠久的历史，在中国古代神话中，西王母做寿，曾经在瑶池边设置了蟠桃会招待众位前来贺寿的仙人们，后世祝寿就沿袭了这个传统。许多古籍中都记载西王母长寿桃的神话传说，由此演绎出东方朔偷桃的故事。汉代东方朔在《神异经》中说道："东北有树焉，高五十丈，其叶长八尺，广四五尺，名曰桃。其子径三尺二寸，小狭核，食之令人知寿。"其中表达了吃这种直径长三尺二寸的桃子可以长寿、聪明之意。于是桃便在人们心目中象征长寿。献寿桃也因此成为祝寿礼上的一项传统。但鲜桃并非一年四季都有，人们寿诞之日也并不一定在桃子成熟之时，于是人工制桃便应运而生。民间寿桃多以米面粉为原料捏成桃形，里面包入豆沙、枣泥、莲蓉、豆蓉、椰蓉等馅料，蒸制而成。蒸制的寿桃要在桃嘴之处用颜色染红，并且要加上祥云、吉祥话等装饰。庆寿之时，寿桃会被陈列在寿案之上，9桃相叠为一盘，3盘并列。也有的选用上好的新鲜桃子，一般为客人送的贺礼。随着社会的发展和时代的变迁，寿诞食俗也在不断地发展和变化，无论庆祝方式如何变化，寿诞食俗所蕴含的文化内涵和价值观始终如一。人们仍然希望通过庆祝生日来表达对生命的赞美和对未来的期待，同时也希望通过美食来滋补身体、延年益寿。因此，在现代社会中，寿诞食俗仍然是中国传统文化的重要组成部分之一，它反映了人们对长寿、健康和幸福的追求，它所蕴含的文化内涵和价值观始终如一。通过了解和传承寿诞食俗，我们可以更好地了解和弘扬中国的传统文化。

四、丧事食俗

丧葬礼仪是人生之中最后一项"通过礼仪"和"脱离仪式"。丧礼在民间俗称"送终""办丧事"，在这仪式上，对前来吊唁以及帮助处理丧事的亲友及工人则要以酒菜招待，这就有了丧葬食俗。丧葬食俗是在人们丧失亲人后进行的一系列符合特定风俗和传统的饮食习俗。这种食俗的实践旨在表达对逝者的哀思和对家庭的支持。在面对亲人离世时，人们经历着深深的悲痛和哀伤。为了向逝者致敬，帮助家庭度过这段困难的时期，丧葬食俗应运而生。这些食俗不仅代表着对逝者的尊敬，也是社会支持和关怀的一种表达。

丧葬食俗是世界各地不同文化传统中的重要组成部分。无论是亚洲、欧洲、非洲还是美洲，这些食俗都可以在不同形式下找到。它们与文化、宗教信仰和地域背景有着紧密的联系。在一些地区，慎食素食是常见的丧葬食俗。这是为了表示对逝者的敬意和悼念，并表达对生命的节哀。素食往往清淡容易消化，适合在悲痛时期食用。除了选择食物的类型，丧葬食俗还可能涉及饮食禁忌。例如，在某些文化中，禁止食用辛辣食物、酒精或特定的蔬菜水果。这些禁忌可能与宗教信仰、传统习俗或对逝者的尊重有关。丧葬期间，家人通常会持续备饭，为前来吊唁的亲友提供食物。这个举动既是对逝者的悼念，也是对家庭的尊重和感谢。在这个过程中，食物成为团聚和代表支持的纽带。分享食物也是丧葬食俗的一个重要环节。家庭会向前来吊唁的人们提供食物，以表达对他们的关怀和感谢。这种分享食物的举动不仅是物质上的供养，更是情感上的慰藉和团结。丧葬食俗作为一种特殊的饮食习俗，承载着对逝者的哀思和对家庭的支持。无论是慎食素食、遵守饮食禁忌，还是持续备饭和分享食物，这些习俗都传递着人们对逝者的尊重和对生命、亲情的深切感慨。通过更好地了解丧葬食俗，我们可以更加尊重和支持那些正在经历失去亲人的家庭。

在北方地区，人们通常会在丧葬期间提供肉类、禽类和鱼类。猪肉和鸡肉是常见的食材，往往被烹饪成各种菜肴。此外，北方地区还有一种特殊的食品称为"馄饨"，馄饨的制作需要投入大量的时间和精力，家人之间准备馄饨的过程也是一种联结感情的方式。在南方地区，人们通常会准备丰盛的家常菜和海鲜供应丧葬期间的吊唁者。这些菜肴味道独特，受到地方菜系的影响。例如，广东地区的丧葬食俗中会供应烧腊（如烧鸭、烧鹅）和其他各种粤菜；福建地区的丧葬食俗则注重海鲜和闽菜。在西南地区，丧葬食俗往往与辣椒和豆花有关。例如，在湖南地区，人们会准备辣味菜肴，如辣椒炒肉和辣椒炖豆腐。同时，豆花也是丧葬食俗中常见的食品，这是一种用大豆制成的柔软食物。台湾地区的丧葬饮食与传统中式菜肴有所不同。人们通常会准备排骨汤、香菇炖鸡和水煮鱼等菜肴。此外，台湾的丧葬食俗还包括一种特殊的传统糕点，称为"敬香糕"。这种糕点是用糯米和红豆制成，象征着对逝者的敬意。

中国是一个多民族的国家，不同民族在丧葬食俗方面也存在一些差异。汉族民间有吃豆腐饭风俗，汉族民间有送葬回来之后共进一餐的风俗。这一顿饭，各地都有不同的说法。有的称其为"吃白喜酒"，有叫"吃送葬"饭的，但大多数地方都叫"吃豆腐饭"。"豆腐饭"的由来有一个传说。相传古代的豆腐是由乐毅发明的，乐毅发明豆腐的初衷是为了让上了年纪的父母吃上不用咀嚼的豆制品。豆腐不仅使乐毅的孝敬之心如愿以偿，而且惠及广大乡亲百姓。后来，乐毅的父母因经常食用豆腐而长寿。在父母去世送葬归来之时，乐毅就把家中所有的黄豆都做成了豆腐，办了豆腐酒席招待四乡八邻，祝愿大家都健康长寿。从那以后，人们都学乐毅在老人过世后用豆腐酒席招待送葬的亲友。吃豆腐饭的风俗遂代代相传，沿袭至今。古代的"豆腐饭"，素菜素宴。宋代朱熹《家礼》规定，丧礼禁止饮酒食肉，以示哀戚。后来也出现有少量的荤菜。如今，已经发展为大鱼大肉了，但是人们依旧按照老风俗称其为"吃豆腐饭。"除了吃豆腐饭食俗，各个地区的丧席饮食风俗也都有着区别。在鲁北平原，出殡当日会准备八碗菜，并且要使用祭礼上的食品来做成杂烩菜款待众人。当地民间也称"八大碗"为丧宴的代称，因此在喜庆场合禁止提到这个词。扬州地区的丧席一般都是6样菜：红烧肉、红烧鸡块、红烧鱼、炒豌豆苗、炒大粉、炒鸡蛋，当地民间称其为"六大碗"。其中的肉、鸡、鱼代表猪头三牲，表达对死者的孝敬；豌豆苗、大粉、鸡蛋是希望大家和平相处，和睦相待。四川一带的"开丧席"，多用巴蜀田席，即由凉菜、炒菜、镶碗、墩子、蹄髈、干盘菜、烧白、汤菜、鸡或鱼等组成的"九大碗"。在胶东，人去世当天，必须立即通报亲友，入殓、守灵。出殡下葬之后，亲属都会着急的赶回家，人们称之为"抢福"。进餐之时，为了表达哀思要吃白面馒头和白米饭。在吉林，白事宴席较简单，多在送葬完毕设便宴款待亲友，以客人吃饱为度，菜档次较低。菜肴数应是奇数，即"上单不上双"。客人可喝酒，但主人只斟一次，表表谢意即可。一般不互敬酒，饮宴过程也很短。丧葬食俗中的"端百岁饭"和"偷碗计寿"，是生者在念死者的同时，为下一代祈福的特殊方式。"端百岁饭"是江西杨树一带的习俗：人们在吃"送葬饭"时，端一碗饭，夹几块肉，带回去给孩子吃，以此举为孩子讨个"长命百岁"的吉利。《海州民俗志》记载："用从喜丧人家拿来的碗筷给孩子吃饭，也能讨来长寿。因此喜丧人家常多买些碗筷供人取用。"这就是丧葬食俗中的所谓"偷碗计寿"。可见，民间的丧习俗，主题有二：一是尽孝，二是祈福。除了在葬礼宴席之上各地有不同的食俗，在奉祭逝者之时各地区同样有着不同的饮食风俗。济南旧俗，老人去世后第三天，丧家会携带盛着米汤的瓦罐赶赴土地庙，呼唤死去的亲人并在各处撒上米汤，民间称此为"送三"。在出殡之日，全家和亲友会聚在一起吃丧葬饭。老北京风俗，人去世后要在灵位前供干鲜果品和奶油饽饽，奶油饽饽要一层层的码起来，有时会多达数百枚。灵前供上香的瓦盆，在出殡之时儿子要摔碎瓦盆，并且人们认为摔得越响越碎越好。灵前还要准备一个罐子，出殡时将各种食品尽可能多的放到里面，由女主妇抱着葬在棺前，当作送给死者的粮食。1949 年之后，这种风俗才逐渐消失。

蒙古族的丧葬食俗体现了他们的草原生活方式。在蒙古族丧家，通常会准备烤全羊作为主要食物。烤全羊象征着对逝者的敬意和纪念，同时也是一种对亲友来临的款待。哈萨克族的丧葬食俗也与草原文化密切相关。在哈萨克族的丧家，通常会准备马肉、牛肉等肉类，同时还会有奶制品，如奶茶和奶酪，以及面食和烧烤等。傣族的丧葬食俗有着浓厚的南方民族特色。丧家会准备各种糕点、水果和米饭，代表着对逝者的祝福和纪念。维吾尔族的丧葬食俗有着伊斯兰教的影响。在维吾尔族的丧家，通常会准备清真食品，如羊肉、面食、瓜子等，用以招待亲友并表示对逝者的敬意。

需要注意的是，中国的丧葬食俗因地区和家庭习惯的差异而不同。每个家庭都有自己独特的方式来表达哀思和敬意。因此，在了解丧葬食俗时，应尊重当地的传统和习俗，以免冒犯误解。

任务六　现代饮食礼仪

参与宴会的时候，一般都是比较正式的，人们不管是在着装用餐都有着比较严格的礼仪。

一、赴宴礼仪

1. 应邀赴宴时，你对同桌进餐的人和餐桌上的谈话，或许要比对饮食要更感爱好。因此进餐时，应当尽可能地少一些声响，少一些动作。

2. 女主人一拿起餐巾时，你也就可以拿起你的餐巾，放在腿上。有时餐巾中包有一只小面包；假如是那样的话就把它取出，放在旁边的小碟上。

3. 餐巾假如很大，就双叠着放在腿上；假如很小，就全部打开。千万别将餐巾别在领上或背心上，也不要在手中乱揉。可以用餐巾的一角擦去嘴上或手指上的油渍或脏物。千万别用它来擦刀叉或碗碟。

4. 正餐通常从汤开头。在你座前最大的一把匙就是汤匙，它就在你的右边的盘子旁边。不要错用放在桌子中间的那把匙子，因为那可能是取蔬菜和果酱用的。

5. 在女主人拿起她的匙子或叉子以前，客人不得食用任何一道菜。女主人通常要等到每位客人都拿到菜后才开头。她不会像中国习惯那样，请你先吃。当她拿起匙或叉时，那就意味着大家也可以那样做了。

6. 假如有鱼这道菜的话，它多半在汤以后送上，桌上可能有鱼的一把专用叉子，它也可能与吃肉的叉子相像，通常要小一些，总之，鱼叉放在肉叉的外侧离盘较远的一侧。

7. 通常在鱼上桌之前，鱼骨早就剔净了，假如你吃的那块鱼还有刺的话，你可以左手拿着面包卷，或一块面包，右手拿着刀子，把刺拨开。

8. 假如嘴里有了一根刺，就应静静地，尽可能不引起留意地用手指将它取出，放在盘子边沿上，别放在桌上，或扔在地下。

二、餐具摆放礼仪

餐巾的使用。

1. 餐巾主要防止弄脏衣服，兼做擦嘴及手上的油渍。

2. 必须等到大家坐定后，才可使用餐巾。

3. 餐巾应摊开后，放在双膝上端的大腿上，切勿系入腰带，或挂在西装领口。

4. 切忌用餐巾擦拭餐具。

三、餐桌上的一般礼仪

1. 入座后姿势端正，脚踏在本人座位下，不能任意伸直，手肘不得靠桌缘，或将手放在邻座椅背上。

2. 用餐时须温文尔雅，从容安静，不能急躁。

3. 在餐桌上不能只顾自己，也要关怀别人，尤其要招呼两侧的女宾。

4. 口内有食物，应避开说话。

5. 自用餐具不得伸入公用餐盘夹取菜肴

6. 必须小口进食，不要大口的塞，食物未咽下，不能再塞入口。

7. 取菜舀汤，应使用公筷公匙。

8. 吃进口的东西，不能吐出来，如系滚烫的食物，可喝水或果汁冲凉。

9. 送食物入口时，两肘应向内靠，不直向两旁张开，碰及邻座。

10. 自己手上持刀叉，或他人在咀嚼食物时，均应避开跟人说话或敬酒。

11. 好的吃相是食物就口，不可将口就食物。食物带汁，不能匆忙送入口，否则汤汁滴在桌布上，极为不雅。

12. 切忌用手指掏牙，应用牙签，并以手或手帕遮掩。

13. 避开在餐桌上咳嗽、打喷嚏、怄气。万一不禁，应说声对不起。

14. 喝酒宜各随意，敬酒以礼到为止，切忌劝酒、猜拳、吆喝。

15. 如餐具坠地，可请侍者捡起。

16. 遇有意外，如不慎将酒、水、汤计溅到他人衣服，表示歉意即可，不必恐慌赔罪，反使对方难为情。

17. 如欲取用摆在同桌其他客人面前之调味品，应请邻座轻松地用客人帮忙传递，不可伸手横越，长驱取物。

18. 如系主人亲自烹调食物，勿忘予主人观赏。

19. 如吃到不洁或异味，不可吞入，应将入口食物，拇指和食指 取出，放入盘中。倘发觉尚未吃食，仍在盘中的菜肴有昆虫和碎石，不要大惊小怪，宜候侍者走近，轻声告知侍者更换。

20. 食毕，餐具务必摆放整齐，不可凌乱放置。餐巾亦应折好，放在桌上。

21. 主食进行中，不宜抽烟，如需抽烟，必须先征得邻座的同意。

22. 在餐厅进餐，不能抢着付账，推拉争付，至为不雅。倘系做客，不能 抢付账。未征得伴侣同意，亦不宜代友付账。

23. 进餐的速度，宜与男女主人同步，不宜太快，亦不宜太慢。

24. 餐桌上不能谈悲戚之事，否则会破坏欢愉的气氛。

西方餐桌礼仪起源于法国梅罗文加王朝，当时因着拜占庭文化启发，制定了一系列细致的礼仪。到了罗马帝国的查理曼大帝时，礼仪更为简单，甚至专制。皇帝必须坐最高的椅子，每当乐声响起，王公贵族必须将菜肴传到皇帝手中。在十七世纪以前，传统习惯是戴着帽子用餐。在帝制时代，餐桌礼仪显得繁琐、严苛，不同民族有不一样的用餐习惯。高卢人坐着用餐；罗马人卧着进食；法国人从小学习把双手放在桌上；英国人在不进食时要把双手放在大腿上。欧洲的餐桌礼仪由骑士精神演化而来。在十二世纪，意大利文化流入法国，餐桌礼仪和菜单用语均变得更为优雅精致，训练礼仪的著作亦纷纷面世。时至今日，餐桌礼仪还在欧洲国家连续传留下去。若你前往伴侣家做客，须穿上得体的衣服，送上合宜的礼物，处处表现优雅的言谈举止。餐具摆放的位置主要是为便利用餐，由外而内取用。用过的餐具切忌放回桌上，通常侍应会收起用过的餐具。①红酒杯：喝酒时应拿着杯脚，而非杯身，避开手温破坏酒的味道；②水杯：喝饮品前最好先抹嘴，以免在杯上留下油渍；③白酒杯；④甜品匙；⑤甜品叉；⑥面包碟；⑦牛油刀；⑧鱼叉；⑨大叉（主菜叉）；⑩餐巾：大餐巾可对折成三角形放在膝盖上，抹嘴时，宜用餐巾角落的位置；离开座位时，可把餐巾折好放在椅上或桌上；用餐后，应把餐巾折好，放在餐盘的右边；⑪大刀（主菜刀）；⑫鱼刀；⑬汤匙：喝汤时忌发出声音。喝汤后，汤匙不应放在碗中，应把汤匙拿起放在汤碟上。

假如是以主人的身份举办宴会，则男女主人应当分别坐在长餐桌的中间、面对面而坐。身为主人的你要逐一邀请全部来宾入座，而关于邀请入座的座次方面，第一位支配入座的应当是贵宾的女伴，位置在男主人的右手边，贵宾则坐在女主人的右手边。假如没有特殊的主客之分，除非有长辈在场，必须礼让他们，否则女士们可以大方地先行入座，一个有礼貌的绅士也应当等女生坐定之后，再行入座。外出用餐时，免不了会随身携带包包，这时候应当将包包放在背部与椅背间，而不是任凭放在餐桌上或地上。坐定之后要维持端正坐姿，但也不必僵硬到像个木头人，并且留意与餐桌保持适当的距离。遇到需要中途离席时，跟同桌的人招呼一声是确定必要的，而男士也应当起身表示礼貌，甚至如离开的是隔座的长辈或女士，还必须帮忙拖拉座位。用餐完毕之后，必须等男女主人离席后，其他的人才能开始离座。温文尔雅，从容安静，不急不躁，才是就餐时最重要的进餐态度。

当您走进西餐馆，服务员先领您入座，待您坐稳，首先送上来的便是菜单。菜单被视为餐馆的门面，老板也一向重视，用最好的面料做菜单的封面，有的甚至用软羊皮打上各种美丽的花纹。如何点好菜，有个绝招，打开菜谱，看哪道菜是以饭店名称命名的，一定可以取之，要知道，哪位厨师也不会拿自己店名开玩笑的，所以他们下功夫做出的菜，肯定会好吃的，一定要点。看菜单、点菜已成了吃西餐的一个必不可少的程序，是一种生活方式。第二个是"Music"（音乐）豪华高级的西餐厅，要有乐队，演奏一些柔和的乐曲，一般的小西餐厅也播放一些美妙的乐曲。但，这里最讲究的是乐声的"可闻度"，即声音要达到"似听到又听不到的程度"，就是说，要集中精力和友人谈话就听不到，要想休息放松一下就听得到，这个火候要掌握好。第三个是"Mood"（气氛）西餐讲究环境雅致，气氛和谐。一定要有音乐相伴，有洁白的桌布，有鲜花摆放，所有餐具一定洁净。如遇晚餐，要灯光暗淡，桌上要有红色蜡烛，营造一种浪漫、迷人、淡雅的气氛。第四个是"Meeting"（会面）也就是说和谁一起吃西餐，这要有选择的，一定要是亲朋好友，趣味相投的人。吃西餐主要为联络感情，很少在西餐桌上谈生意。所以西餐厅内，少有面红耳赤的场面出现。第五个是"Manner"（礼俗）也称之为"吃相"和"吃态"，总之要遵循西方习俗，勿有唐突之举，特别在手拿刀叉时，若手舞足蹈，就会"失态"。使用刀叉，应是右手持刀，左手拿叉，将食物切成小块，然后用刀叉送入口内。一般来讲，欧洲人使用刀叉时不换手，一直用左手持叉将食物送入口内。美国人则是切好后，把刀放下，右手持叉将食物送入口中。但无论何时，刀是绝不能送物入口的。西餐宴会，主人都会安排男女相邻而坐，讲究"女士优先"的西方绅士，都会表现出对女士的殷勤。第六个是"Meal"（食品）一位美国美食家曾这样说："日本人用眼睛吃饭，料理的形式很美，吃我们的西餐，是用鼻子的，所以我们鼻子很大；只有你们伟大的中国人才懂得用舌头吃饭。"我们中餐以"味"为核心，西餐是以营养为核心，至于味道那是无法同中餐相提并论的。第二条原则是"餐饮适量"原则，在餐饮活动中不论是活动的规模、参与的人数、用餐的档次、还是餐具的具体数量都要量力而行。三大纪律、八项注意。三大纪律：守时、友上往来、学习+

实践；八项注意：座次、买单才有话语权、慎重夹菜、搞清状况再行动、人抬人高、保守秘密、不随便劝酒、点单和买单。

练习题

答案解析

一、选择题

（一）单选题

1. 诗人（ ）的《随园食单》中也有春饼的记述："薄若蝉翼，大若茶盘，柔腻绝伦。"
   A. 苏轼　　　　　B. 袁枚　　　　　C. 陆游　　　　　D. 陈元靓

2. 清明节前夕，茶农们会采摘茶树的新芽，经过精心制作，成为清香可口的新茶，称为（ ）。
   A. 清明茶　　　　B. 明前茶　　　　C. 雨前茶　　　　D. 新茶

3. 汉文帝为庆祝（ ）于正月十五戡平诸吕之乱，每逢此夜，必出宫游玩，与民同乐。
   A. 霍去病　　　　B. 霍光　　　　　C. 周勃　　　　　D. 周亚夫

4. 青团是用（ ）和艾草汁混合蒸制而成的一种绿色糕点，通常作为祭祀祖先的必备食品。
   A. 糯米粉　　　　B. 大米粉　　　　C. 玉米面粉　　　D. 小麦粉

5. 在中国一些地方，新人入洞房时有"撒喜果"的婚俗，有的地方也叫"撒帐礼"，这种习俗起源于（ ）。
   A. 汉代　　　　　B. 晋代　　　　　C. 唐代　　　　　D. 宋代

6. 寿日吃面以祈延年益寿的习俗是因为面条形状具有（ ）的特点。
   A. 美味可口　　　B. 软滑筋道　　　C. 绵长不断　　　D. 口感细腻

（二）多选题

7. 除了吃月饼外，中秋节（ ）也是一些地区的民俗。
   A. 吃螃蟹　　　　B. 吃田螺　　　　C. 吃蘑菇　　　　D. 饮桂花酒

8. 诞生礼食俗包括（ ）、百禄食俗和抓周食俗。
   A. 报喜食俗　　　B. 成长食俗　　　C. 三朝食俗　　　D. 满月食俗

二、简答题

1. 饺子在其漫长的发展过程中，名目繁多，都曾被称为什么？
2. 月饼按产地分，有几大类？

三、实训题

中华饮食文化中，宴席的礼仪和规矩有哪些？请举例说明。

书网融合……

重点小结　　　　　　题库

美食节与美食策划

任务一　美食节

美食节是一种以节庆的形式来汇集和展示某一地域或者某些区域的美食的盛会。美食节是文化生活中的一部分，它可以弘扬和传承当地的美食文化，并进一步推动旅游、商贸、文化交流等方面的发展。在美食节上，人们可以品尝到来自各地的特色美食，包括小吃、甜品、饮品等。除了品尝美食之外，美食节还会举办各种活动，如烹饪比赛、美食展览、美食品鉴等。这些活动可以让人们更加深入地了解当地的美食文化，并有机会与厨师、美食家等交流互动。此外，美食节还可以成为城市名片的一部分。通过美食节，人们可以更加深入地了解这个城市的文化底蕴和历史背景，从而增加对这个城市的认知度和好感度。

中国有很多美食节，如青岛国际啤酒节是中国最大的啤酒节之一，每年都会吸引来自世界各地的游客和啤酒爱好者。广州国际美食节是中国最大的美食节之一，以广州地区的特色美食为主，同时还有来自世界各地的美食。成都美食节是在成都地区举办的美食节，以成都地区的特色小吃为主，如麻辣烫、串串香等。南宁美食节是在南宁地区举办的美食节，以广西地区的特色美食为主，如桂林米粉、螺蛳粉等。新疆哈密瓜节是在新疆哈密地区举办的美食节，以哈密瓜为主，同时还有各种新疆特色小吃和美食。

知识链接

啤酒节由来

青岛国际啤酒节始创于1991年，是融旅游休闲、文化娱乐、经贸展示于一体的国家级大型节庆活动，青岛国际啤酒节是国内规模最大的酒类狂欢活动，在国内外具有较广泛的知名度和影响力，被誉为亚洲最大的啤酒盛会。啤酒节通过举办开幕式、啤酒品饮、嘉年华娱乐、艺术巡游、饮酒大赛、经贸展示、闭幕式晚会等活动，营造浓郁热烈的喜庆氛围。节日期间，青岛的大街小巷装饰一新，举城狂欢。节日每年都吸引近数十个世界知名啤酒品牌参节，也引来百多万余名海内外游客相聚狂欢。

美食节的作用有以下几点。①促进旅游业发展：结合旅游活动，美食节能够吸引游客前来消费，进而推动旅游业和相关产业的发展。②加强文化交流：提供一个通过美食沟通不同文化和人群的平台，增进相互之间的理解和友谊。③丰富精神生活：除了提供美味的享受外，美食节还包含各种文化娱乐活动，使人们的生活更加丰富多彩。④增加经济效益：对餐饮业和食品加工业有直接的经济拉动作用，同时也是吸引投资和合作的一个重要途径。

任务二　美食策划

美食策划是指为特定场合或活动设计并策划美食的过程。

一、美食策划的要点

（一）设定目标

确定美食策划的目标是非常重要的。需要考虑活动的性质、主题和受众群体，以及想要传达的信息或感受。这有助于确定美食类型、菜单内容和食物风格。

目标设定是美食策划的关键一环，它能够指导整个策划过程，确保所有选择和设计都与活动的性质、主题和受众群体相一致。美食策划中的目标设定是确定活动的目标和期望结果，为策划和执行过程提供方向和指导。一个常见的目标是为参与者提供一个独特而难忘的美食体验。这可以通过提供高品质的食物、创意的菜单、愉悦的环境和专业的服务来实现。参与者对美食的味觉、视觉和文化体验的满足，是衡量美食策划成功的重要标准之一。美食策划通常是由特定的客户或组织委托的，因此满足客户的需求和期望是必需实现的目标，这包括在预算范围内提供高质量的食物和服务，确保活动按照客户的要求和标准进行。通过超越客户的期望，可以提高客户的满意度和忠诚度。美食策划也可以作为品牌推广的一种手段。通过策划与品牌形象相符合且独特的活动，可以提高品牌知名度和形象的积极评价。例如，策划一个与品牌理念相关的主题活动，可以吸引目标受众并帮助品牌巩固其在市场中的地位。美食策划可以作为一个市场拓展的机会，吸引新的客户和受众群体。通过选择合适的场地、合适的菜单和有吸引力的活动元素，可以吸引更广泛的受众，并开拓新的市场机会。对于商业性的美食策划，利润增长通常是一个重要的目标。通过合理控制成本、增加销售额、提高效率等手段，可以实现利润的增长和持续的业务发展。在设定目标时，重要的是要确保目标是明确、可衡量的，并与美食策划的整体愿景和目的相一致。目标设定和后续的评估和分析对于策划活动的成功和未来改进至关重要。

（二）确定主题和概念

根据活动的性质和目标，确定一个独特的主题和概念，以在美食方面打造独特的体验。可能涉及使用特定的食材、烹饪风格或文化元素来增加吸引力和个性化。在美食策划中，主题和概念开发是非常重要的，它们为活动提供了独特的魅力和焦点。选择一个合适的主题是美食策划中的关键一步。主题可以是地区性的，如意大利美食、亚洲美食；可以是特定的食材或菜系，如海鲜、素食、甜点；也可以是特定的概念，如现代料理、复古风格等。主题应该与目标受众和事件类型相匹配，并能够吸引和引起参与者。一个好的主题应该能够讲述一个故事，通过美食传递有意义的信息和情感。可以考虑菜品背后的历史、文化、创作灵感或者与特定场景相联系的故事，并将其融入美食策划中。通过故事叙述，可以增加美食活动的情感共鸣和体验深度。主题和概念开发也包括对视觉元素的考虑。色彩、装饰、布置、摆盘等都可以在美食策划中用来传达主题和概念。选择合适的色彩方案和视觉元素，使参与者在视觉上能够与主题和概念产生联想和互动。主题和概念开发可以通过互动和体验来进一步提升。可以设计活动工作坊、互动游戏或烹饪表演等，使参与者可以亲身参与和体验主题和概念。这样的互动和体验可以增加活动的趣味性和参与感。在主题和概念开发中，可以考虑多元化和创新性。尝试引入新颖的概念、跨文化的元素、当代或个性化的触发点等来创造独特的美食体验。创新和多元化的主题可以吸引更广泛的受众，并创造出与众不同的美食策划。总而言之，主题和概念开发在美食策划中是至关重要的。一个好的主题能够为活动提供独特的魅力和焦点，通过故事叙述、色彩和视觉、互动体验等手段，传达信息、引发情感共鸣，并吸引和留住参与者。通过创新和多元化的主题开发，可以创造出独特且难忘的美食体验。

（三）设计菜单

设计一个多样而平衡的菜单，需考虑到味道、颜色、质地和营养需求。菜单应与主题和活动相协调，并考虑到客人的口味和饮食偏好。同时，也要考虑到特殊饮食要求和过敏情况。美食策划中的菜单设计是非常重要的，它直接影响参与者对活动的期望和满意度。在菜单设计之前，需先考虑目标受众的口味和喜好。不同的人有不同的饮食习惯和喜好，因此需要根据目标受众的需求来设计菜单。例如，一些人可能偏好素食，另一些人则更喜欢海鲜或肉类。确保菜单上有多种选择，以满足不同人群的需求。如果活动有特定的主题，菜单设计应与之一致。菜单上的食物和饮品可以体现主题的元素和文化特色。比如，如果是意大利主题活动，可以包括意式比萨、面条、意式冰淇淋等。这样的一致性可以提升活动的独特性和体验感。菜单设计应包含多种不同类型的食物，例如前菜、主菜、甜点等，以提供丰富的选择。同时，还应确保菜单中有足够的平衡，包括植物性食物、蛋白质来源以及各种口味的菜品。这样可以满足不同人的膳食需求和偏好。考虑到季节性的食材和菜品可以为菜单增添新鲜感和特色。选择当季的水果、蔬菜、海鲜等，可以保证食物的新鲜度和质量，并增加参与者对美食的欣赏和期待。菜单设计应该有一定的创意和独特性，以吸引参与者的兴趣和好奇心。可以考虑特殊的烹饪方法、新颖的配料组合、创意的摆盘，甚至是与菜品相关的故事或文化背景，这样可以增加参与者对菜单的关注和期待。在菜单设计中要确保菜品的质量和口味。尽量选择高品质的食材，并与专业的厨师合作，以确保菜品的口感和风味达到高水准。菜单设计是一项复杂的工作，需要综合考虑各种因素，但它可以为美食策划增添独特的魅力和品味。

（四）寻找厨师和厨房准备

美食策划中的厨师和厨房准备是确保活动成功的重要因素。寻找经验丰富、热情好客的厨师，能够为活动提供高质量和创新的美食。确保厨房设备齐全，并进行食品安全和卫生管理，以确保食品质量和安全。在美食策划中，厨师应具备扎实的烹饪知识和技巧，能够根据菜单要求准确地准备和烹饪食物。他们应该对食材的处理、烹饪方法和卫生要求非常熟悉。在活动实施之前，厨师们应该进行菜品的测试和调整，这样可以确保菜品的质量、口味和创意得到保证。测试过程中，厨师可以根据口味反馈和参与者的需求进行菜品的微调，使其更符合活动的要求。厨师们应确保选择高质量的食材，并妥善存储。他们需要与可信赖的供应商合作，以保证食材的新鲜度和质量。同时，在厨房中建立合适的储存区域和方法，以确保食材的安全和卫生。厨师们需要密切协作和良好的组织能力，分工清楚，相互配合，确保菜品的准备和烹饪井然有序。有效的沟通和团队合作对于提供高质量的菜品至关重要，应该始终保持卫生和安全意识，应严格遵守食品安全的标准和法规，包括正确的食材处理和储存、避免交叉污染、烹饪过程中的卫生措施等，确保食品安全可以避免潜在的卫生问题和不良后果。厨师们需要确保厨房配备了适当的烹饪设备和工具，这些设备和工具应适用于菜品的准备和烹饪过程，并且需要保持干净和正常工作。定期维护和检查设备，以确保其正常运行。总之，美食策划中的厨师和厨房准备是确保菜品质量和服务满意度的关键要素。通过选择专业的厨师、进行菜品的测试和调整、妥善处理食材、协作和组织、保持卫生和安全意识，以及拥有适当的设备和工具，可以确保美食活动的成功实施。

（五）设计菜品呈现方式

考虑到菜品的美观性和吸引力，精心设计菜品的呈现和摆盘方式，使用独特的器皿、餐具和装饰物，增加食物的视觉吸引力，使每道菜品都成为一件艺术品。美食呈现和摆盘在美食策划中起着至关重要的作用。一个漂亮、精心设计的摆盘可以增加食物的吸引力，并为参与者提供更完整的用餐体验。通过创造独特、有吸引力的视觉效果，可以提升食物的价值和品牌形象。摆盘时需要考虑食物的形状、颜色、质地和口感等特点。例如，某道菜品可能以红色为主色调，那么可以在摆盘时加入绿色或白色食材作为点缀，以增加对比和视觉冲击力。同时，需要考虑食物的质地和口感，将柔软和脆脆的食材巧妙地组合在一起，营造丰富的口感体验。在摆盘时，可以利用盘子或盘子上的空间来营造层次感。通过垂直摆放食材、叠放或倾斜食材，可以增加视觉的丰富性和立体感。同时，适当利用空白空间可以让食物更加突出，避免过于拥挤和杂乱的摆盘效果。对称和平衡是摆盘中的重要原则。对称性可以使整个摆盘看起来更加整齐和有序。将食材根据形状和数量均匀地分布在盘子上，以实现平衡的视觉效果。此外，可以通过结构和形状的对称来营造出更具美感的摆盘。

在美食策划中，可以通过创意和个性化的摆盘来吸引食客的眼球。可以使用特别的盘子或器皿，或者在摆盘过程中借鉴艺术元素和风格。此外，可以使用植物、花朵、香料等装饰品对菜品进行点缀，增加视觉的多样性和趣味性。美食呈现和摆盘的同时，必须确保食物的安全和实用性。避免使用不适合食品的材料或装饰品，确保食物与周围环境的卫生安全。此外，摆盘的设计也应该考虑到食物的可食用性，确保参与者可以方便地品尝食物，并保持舒适的用餐体验。

（六）口味体验和交流

口味体验和交流在美食策划中起着至关重要的作用。它们涉及食物的味道、口感和与客户/消费者的互动。为客人提供美食品尝体验的机会。可以考虑设置各种互动环节，如烹饪示范、品酒活动或分享美食知识。此外，提供对食物品尝的解释和故事，加强与客人的交流和参与感。美食策划需要考虑到不同人群对口味的偏好和需求。通过提供多样化的口味选择，可以满足不同客户的个人口味，扩大受众群体。例如，可以提供咸、甜、辣等不同口味的食物，让客户有更多选择的机会，体验到不同的美食享受。美食策划可以通过与客户的互动来增强口味体验。例如，在美食展示或活动中，可以设置互动环节，鼓励客户品尝食物、提供反馈或参与烹饪体验。这种互动可以增加客户的参与感和满足感，提升他们对食物的兴趣和认同感。可以尝试开发创新口味，通过独特的味道和食材组合来吸引客户。这需要研究市场趋势和消费者喜好，并进行食物创意和试验。通过不断创新，可以为客户提供新鲜感和惊喜感，以及与众不同的口味体验。也可以通过口味交流和教育来增强客户对食物的理解和欣赏。通过提供有关食材来源、制作工艺和口味特点的信息，可以帮助客户了解食物的背后故事，并培养他们的味觉和鉴赏能力。这种交流和教育可以提升客户对美食文化的认知，并增强他们对食物的尊重和欣赏。

在美食策划中，个人口味的考虑也是重要的因素之一。不同人有不同的口味偏好、饮食习惯和饮食限制，如素食、无麸质等。因此，在策划食物提供时，需要考虑到不同人群的需求，并提供个性化的口味选择，以满足多样化的客户需求。口味体验和交流是实现客户满意度和成功策划活动的关键因素。通过提供多样化的口味选择、与客户的互动、创新口味开发、口味交流与教育以及考虑个人口味偏好，可以丰富客户的用餐体验，创造出有趣、美味且令人难忘的美食活动。比如在一个美食展示和品尝会上，参与者可以品尝来自不同地区或国家的食物。他们可以尝试各种口味，例如中式、西式、印度风味等。展示会可以提供有关食物的背景信息，让参与者了解食材来源、传统烹饪方法和特色口味。参与者可以与食物供应商交流，分享他们对食物的喜好和体验。一些策划活动可以提供厨师互动和烹饪课程，让参与者了解不同菜系的烹饪技巧和口味特点。厨师可以解释食材的选择、调味品的使用和食物的烹饪步骤，让参与者有机会亲身参与到烹饪过程中。这样的交流和互动可以加深参与者对口味的理解，使他们更好地欣赏和品味美食。向参与者介绍特定的食材，可以讲解食材的种类、产地、制作过程和特色口味，并引导参与者进行品尝和比较。通过美食展示和品尝会、厨师互动和烹饪课程、食材讲解和品尝活动以及主题餐厅和特色菜单，可以激发参与者对口味的兴趣和好奇心，提升味觉敏感度和鉴赏能力。同时，口味交流也为供应商、厨师和消费者之间提供了一个沟通的平台，促进了美食文化的传播和交流。

（七）选择食材及供应方式

在美食策划中，食材选择和供应链管理是两个关键的方面。它们直接影响到美食的质量、口感和可持续性。

选择新鲜、高质量的食材，并建立可靠的供应链和供应商关系，确保从采购到加工的整个过程符合食品安全和质量标准。美食策划需要考虑选择高质量、新鲜的食材来确保菜品的品质。食材的选择也应考虑到食物的本地特色、时令因素和客户的需求。通过挑选适合菜品搭配的食材，并注重它们的质量和口感，可以提供令人满意的美食体验。供应链管理涉及食材的采购、储存、运输和分发等环节。这些环节的高效管理对于保证食材的新鲜度和安全性非常关键。美食策划需要建立稳定可靠的供应链，确保食材的及时交付和质量控制。供应链的管理也需要关注农产品的可持续性和生态友好性，例如考虑采用有机食材、减少食材浪费等措施。在食材和供应链管理中，与供应商和农民等合作伙伴之间建立良好的关系至关重要。理解供应商的业务流程、生产标准和可持续实践可以帮助策划者选择合适的合作伙伴，并确保食材的可靠来源。通过与供应商的密切合作，可以实现食材的实时交付、协调库存管理以及共同努力推动可持续发展。美食策划也鼓励食材创新和多样性。通过挖掘并引入新的食材，或通过改变食材的使用方式和烹饪方法，可以为客户带来新颖、创意的美食体验。例如，使用传统的本地食材来创作现代化的菜品、尝试新型的植物性蛋白食材等。食材创新可以提升菜品的独特性和吸引力，同时也能推动食材供应链的发展。在美食策划中，食材的可持续性和环境责任是重要的考虑因素。策划者应关注食材的生产方式、采购方式和处理方式，以减少对环境的负面影响。通过选择可持续的食材供应链，例如使用有机食材、支持当地农民和生产者组织，可以促进环保和社会责任意识。食材选择和供应链管理是确保美食质量、口感和可持续性的关键要素。

一些农场到餐桌的餐厅或食品公司采取直接从农场采购食材的模式，以确保可追溯、新鲜和高质量的食材。这种模式可以减少供应链中的中间环节，确保食材的产地和生产过程可控。餐厅或食品公司会与农场建立密切的合作关系，共同制定采购计划，并确保食材按时交付。无论是高端餐厅、快餐连锁店、酒店宴会还是农场到餐桌的模式，都需要仔细考虑和管理食材资源和供应链，以保证食物的品质、可持续性和客户满意度。

（八）收集反馈信息

在美食策划中，反馈和改进是非常重要的环节。通过收集和分析反馈信息，策划者可以了解客户的需求和偏好，并及时进行调整和改进，以提供更好的美食体验。及时收集来自客人和参与者的反馈，并进行评估和改进。了解他们对美食的评价和意见，以不断提升美食策划的质量和满意度。策划者可以通过不同的渠道收集反馈信息，例如客户满意度调查、口碑评论、社交媒体互动等。这些反馈可以来自顾客、员工、供应商或合作伙伴。起初，可以通过定期的反馈调查或问卷来了解顾客的意见和建议。收集的反馈数据需要进行仔细的分析。策划者可以使用数据分析工具和技术，例如统计分析、文本挖掘等，来理解和挖掘隐藏在反馈信息中的洞察和趋势。这有助于策划者识别存在的问题、了解客户需求的变化，并找出改进的方向。针对收集到的反馈，策划者应该及时回应，并采取措施来解决存在的问题。这可能包括重新考虑菜单设置、改进食材质量、改进服务流程、培训员工等。同时，策划者也可以与顾客沟通，了解问题的具体细节，以便更好地改善和调整。美食策划是一个不断发展和变化的过程。通过收集和分析反馈信息，并实施相应的改进，策划者可以逐步提升美食品质和客户满意度。此外，策划者也应积极探索创新的美食概念和新的菜品，以满足不断变化的客户需求，并保持竞争力。为了有效地收集反馈并实施改进，策划者应建立反馈机制和文化。这可以包括设置反馈渠道，如在线平台、意见箱等，鼓励员工和顾客提出反馈和建议。此外，策划者还应鼓励员工参与和贡献改进的想法，并将持续改进作为团队的共同目标。通过积极收集反馈、认真分析和科学改进，美食策划者可以不断提升菜品质量、服务水平和顾客体验。将反馈和改进作为持续的循环过程，并将其融入美食策划的日常运作中，可以帮助策划者在竞争激烈的美食市场中脱颖而出。

二、美食策划的意义

美食策划是一个综合性的工作，需要细心和创意。通过有序的策划和精心的执行，可以为活动或场合提供独特和难忘的美食体验。美食策划在餐饮行业中具有重要的意义，它可以为美食企业带来以下好处。

1. 市场竞争力　美食策划可以帮助企业在激烈的市场竞争中脱颖而出。通过提供独特的菜单、创新的食品概念和吸引人的呈现方式，企业可以吸引更多的顾客并提高市场份额。

2. 品牌建设　美食策划有助于塑造和传达企业的品牌形象。通过打造独特的品牌故事、食品理念和独特的就餐体验，企业可以建立起独特的品牌认知和品牌价值观，为顾客提供与众不同的体验。

3. 顾客满意度　美食策划可以使企业更好地满足顾客的需求和期望。针对不同的顾客，企业可以提供个性化的菜单选择、优质的服务和特色的就餐氛围，提升顾客的满意度和忠诚度。

4. 创新与持续发展　美食策划推动企业的创新和持续发展。通过不断研发新的菜品概念、烹饪技巧和服务模式，企业可以不断吸引新顾客，保持竞争力，并顺应市场趋势和顾客需求的变化。

5. 提高盈利能力　成功的美食策划可以帮助企业提高盈利能力。通过提供高附加值的菜品和服务，增加销售量和平均客单价；保持顾客忠诚度，提高回头率；控制成本和提高效率，企业可以实现盈利的增长。

综上所述，美食策划对于餐饮企业来说非常重要，它不仅可以提高竞争力和盈利能力，同时也能够塑造企业的品牌形象、满足顾客需求、推动创新和持续发展。

练　习　题

答案解析

一、选择题

（一）单选题

1. 美食节是一种以（　　）的形式来汇集和展示某一地域或者某些区域美食的盛会。

A. 会议　　　　　　B. 节庆　　　　　　C. 展览　　　　　　D. 公告

（二）多选题

2. 寿诞之时有吃（　　）的习俗。

A. 寿面　　　　　　B. 寿桃　　　　　　C. 饺子　　　　　　D. 包子

3. 元宵节有着丰富多彩的民俗活动，如（　　）等。

A. 点花灯　　　　　B. 吃汤圆　　　　　C. 猜灯谜　　　　　D. 放风筝

4. 立春这天，人们喜欢吃（　　）等食物。

A. 春卷　　　　　　B. 饺子　　　　　　C. 春饼　　　　　　D. 面条

二、简答题

1. 美食策划可以为美食企业带来哪些好处？

2. 美食策划可以选择什么类型的主题?

三、实训题

请描述一次你参加的具有地方特色的美食节活动,并分析其文化内涵。

书网融合……

重点小结   题库

模块六　中国饮食烹饪文化

学习目标

知识目标

1. **掌握**　中国烹饪风味流派的划分以及中国八大菜系。
2. **熟悉**　中国菜品的属性及构成。
3. **了解**　中国饮食文化的理论与原则。

能力目标

能运用本模块的知识，介绍中华美食的分类及特点。

素质目标

通过本模块的学习，在理解中国传统饮食特征的同时，品味中国烹饪文化的特点，学会关注现代饮食环境变化，具备基本的膳食营养知识，养成健康的饮食习惯。

情境导入

情境　中国是具有五千年历史的文明古国，中华饮食文化与烹调技艺是其文明史的一部分。中国古代的经典著作《礼记》中记载孔子的话说："饮食男女，人之大欲存焉。"可见吃饭的问题，始终是社会，也是人生的头等大事。对食物烹饪的重视和考究，以及人们对于饮食的观念，是表现一个国家或民族的文化素养的标志，也是一个国家的物质文明和精神文明的象征。

问题　说说你所认知的烹饪文化是什么？

项目十二

中国烹饪文化与技艺

PPT

　　中国的饮食文化是中华民族在长期的饮食实践活动中创造出来的物质财富和精神财富的总和。从人类文化的价值表现看，中国的饮食文化是一个以汉族饮食文化为主体，与其他民族饮食文化相互兼容的大体系。中国菜的食源广、菜品多技巧高，中国文化传承久远、内涵深博，中国饮食文化发展至今不仅经受了时间的检验和选择，也经历过多次民族大融合，因而具有鲜明的民族特色、旺盛的生命力和强大的融合力。

任务一　中国饮食文化的理论与原则

一、本味主张

本味，即原料的天然味性，注重原料的天然味性，本味主张可引申为注重讲求食物的隽美之味，是中华民族饮食文化很早就明确、并不断丰富发展的一个原则。所谓"味性"，具有"味"和"性"两重含义，"味"是人的鼻、舌等器官可以感觉和判断的食物原料的自然属性，而"性"则是人们无直接感觉的物料的功能。中国古人认为性源于味，故对食物原料的天然味性极其重视。

《吕氏春秋·本味》集中论述了"味"的道理，有食物原料的自然之味、调味品的相互作用和变化、水火对味的影响等，体现了人们对调和隽美味性的追求与认识水平。袁枚在《随园食单》中有记载："求香不可用香料""一物有一物之味，不可混而同之""一碗各成一味""各有本味，自成一家"。而"味"除了可表味感，即某种物质刺激味蕾所引起的感觉，还包含有触感，即指食物含在口中的感觉。如《吕氏春秋》中讲："若人之于滋味，无不说甘脆"，甘是味感，而脆则是触感。

数千年来，中国饮食文化中对"味"的追求从未停歇，可谓精益求精、变化无穷。可以说"味"是中国饮食文化中最突出的特色。

二、饮食养生

饮食养生形成于先秦时期。食医合一是中国传统饮食文化基础理论形成最早的理论内容，其标志是《神农本草经》《黄帝内经·素问》。食医合一是指饮食与医术一同治疗某一种疾病，而饮食养生是食医合一理论与实践长期发展的结果，是旨在通过特定意义的饮食调理达健康长寿目的的理论和实践。饮食养生是指从日常饮食调理身体达到身体功能协调统一和谐的状态。

在上古的采撷实践中，先人逐渐注意到部分食物的功能超出了普通食物的充饥之用，由此派生出了中国的传统医药学。我国古人历来重视饮食养生，最早在周代，王宫里开始出现食医制度。食医是中国最早的营养师。当时人们认为春天多吃酸味食品，夏天多吃苦味食品，秋天多吃辛味食品，冬天多吃咸味食品。但无论哪一季节都要以甘甜滑润的食品加以调和食用，以润肠通便。2000多年前古人对饮食养生的重视和理解已初见端倪，食医职司的原则具有超越等级界限和历史时代的重大意义，是中国人对饮食的一次重大认识飞跃。

《黄帝内经·素问》一书中记载"五谷为养，五果为助，五畜为益，五菜为充，气味合而服之，以补精气"，治病当用药物，而养生则当用五谷果菜。按照现代营养学分析，谷物含有丰富的碳水化合物和纤维素，是人体热能的主要来源，这种膳食结构模式和西方以动物性食物为主食的膳食结构模式相比，其人群的心、脑、血管性疾病，高血压、糖尿病、癌肿等"现代文明病"的发病率明显低得多。五畜是指动物性肉食，每天进食适量的肉、蛋、奶、鱼等食品，有利于儿童发育、生长，有助于孕妇和哺乳期妇女的营养补充，有利于营养缺乏及体衰患者恢复体质。果蔬中含有人体必需的大量维生素和矿物质，与人体新陈代谢关系密切。

我国饮食养生思想的明确、独立发展乃至成为一种社会性的实践活动是在汉代以后。汉代以后对饮食养生的认识涵盖了对饮食习惯的总结，如《吕氏春秋》记载："凡食之道，无饥无饱，是之谓五藏之葆"是指饮食应既不要饿肚子也不要吃得过饱，如此可使脾、肺、肝、肾、心五脏得以安适；"饮必小咽，端直无戾"是指饮食一定要一点点慢咽，食物端正地进入食道才不会伤害人体。又如"饮食有节，起居有常""不欲极饥而食，食不过饱，不欲极渴而饮，饮不过多，凡食过则结积聚，饮过则成痰癖"等。

总之，五谷、五果、五畜、五菜的膳食配伍原则正是中华民族膳食结构的指导思想。饮食养生的思想正是源于对食医同源和食医合一的认识与实践，是中国饮食思想中最独特的文化理念。

三、孔孟食道

孔孟食道，即春秋战国时代孔子和孟子两人的饮食观点、思想、理论及其食生活实践所体现的基本风格与原则性倾向。孔子对饮食问题非常重视。他的饮食观完整而自成系统，涉及饮食原则、饮食礼仪、烹饪技术等多方面，为我国的古代饮食理论拓展了思维空间。孔子的饮食思想根植于他对人生意义的深切理解之中，而他的饮食生活实践，则严格受制于其自我约束修养的规范之中。

1. 王者以民人为天，民人以食为天　备受孔子推崇的《周礼》云："饮食男女，人之大欲存焉"，一语道出繁衍与进食乃人之本性，无可厚非。孔子肯定了合理满足人性的两大基本欲望的必要性。因此他主张统治者应在一定程度上满足民众的物质需求，使人民过上富足的生活，"足食、足兵，民信之矣"。儒家思想承认饮食是人的最大需求，从巩固统治者政权的角度，对解决老百姓的吃饭问题极为重视。孔子还主张先富而后教："既富之"再"教之"，这表明他看到了民众基本物质利益的满足对教化的重要性，也就是说他承认对人欲的合理满足是"求仁"的前提。

2. 食不厌精，脍不厌细　对孔子的饮食思想和原则最为熟知的论述是《论语·乡党第十》："食不厌精，脍不厌细。食饐而餲，鱼馁而肉败，不食。色恶，不食。臭恶，不食。失饪，不食。不时，不食，割不正，不食。不得其酱，不食。肉虽多，不使胜食气。唯酒无量，不及乱。沽酒市脯，不食。不撤姜食，不多食。祭于公，不宿肉；祭肉，不出三日，出三日不食之矣。"孔子在这里阐述的是对饮食的主要要求，主要是针对祭祀时的膳食，也就是祭祀所用之原料应为最好，加工烹调应为最精，这样才能达到尽"仁"尽"礼"的意愿。可见，孔子"洁""美"的饮食思想是建立在"礼""仁"的崇儒重道基础之上的。如果摒去斋祭礼俗等因素，孔子的饮食主张可理解为饮食追求美好，加工烹制力求恰到好处，遵时守节，不求过，注重卫生，讲究营养，恪守饮食文明。

3. 注重礼仪规范，提倡礼制　儒家在政治上提倡修身、齐家、治国、平天下，称"天下如一家，中国如一人"，说明个人、家庭、家族、国家的密切关系即家国同构。儒家提倡的礼，一方面指的是行为上的礼仪，另一方面又指阶级等级长幼尊卑之礼。这种礼仪规范在饮食活动中更要注意遵守。除为祭祀准备恰当的膳食体现对天地的敬畏、对祖先的崇敬等礼仪外，还有进食进餐的礼仪。如"乡人饮酒，杖者出，斯出矣"，即孔子和本乡人一道喝酒，喝完之后，一定要等老年人出去后，自己再出去。"子食于有丧者之侧，未尝饱也。"孔子在有丧事的人旁边吃饭，从来没有吃饱过。因为服丧者不会饱食，参加丧事者应有悲哀恻隐之心。

儒家思想强调礼，讲究长幼尊卑，讲究合乎礼法，这种思想的灌输，行为的约束实质上是一种治国的手段。即"以礼治国，以礼治家"，使礼成为处理人际关系、维护等级秩序的重要社会规范和道德规范，是中国饮食文化的重要组成部分。

4. 君子远庖厨　儒家思想的核心是讲究如何治国、为官、修身，把"学而优则仕"作为唯一的追求，把一切科技成果都视为"小术"，至于烹调技艺更是微不足道。这在很大程度上使得烹饪和许多服务性行业的社会地位每况愈下，很多从业者没有受教育的机会，也不被社会认可和尊重。这也使得在中国这个烹饪大国，一方面把吃饭看作是头等大事，追求菜点华美、技艺精湛、口味突出，另一方面出现烹饪从业人群文化水平普遍不高，虽然拥有高超技艺，但科技知识、理论水平严重滞后的怪现象。厨师是中国传统文化的主要创造者与传播者，他们的劳作和成就理应得到公正的评价，从业者的社会地位与待遇也应进一步提高。

5. 孔府菜 随着历史的演变，在许多时候，人们对孔孟食道的理解已经脱离了祭祀的前提，离开了孔子的饮食生活准则和孔子饮食思想的根本，尤其是贵族统治阶级将"食不厌精，脍不厌细"用于指导日常饮食，自然是食物、食器都要精细、精美、奢华。特别是在明清两代，被封为"衍圣公"的孔子嫡系世袭家族，锦衣玉食，富贵荣华。孔府菜，成为中华美食大家族中的一枝独秀，是最典型、级别最高的官府菜，它具有选料珍贵、烹调精细、技艺高超、形象完美、盛器讲究、菜名典雅、礼仪隆重的特点，与古齐鲁"雅秀而文"的风气一脉相承。

任务二　中国饮食文化的特征

人类饮食文化的内涵十分广泛，涉及的问题也很多，但总是围绕一个"吃"字。在中国，人们一直很讲究"吃"。有"吃在中国"的说法，中国也被誉为"烹饪王国"。中国是世界上最早发现人类用火熟食遗迹的国家。革命领袖孙中山先生在《建国方略》一书中写道："我中国近代文明进化，事事皆落人之后，惟饮食一道之进步，至今尚为文明各国所不及""中国烹调法之精良，又非欧美所可并驾""昔者中西未通市以前西人只知烹调一道，法国为世界之冠；及一尝中国之味，莫不以中国为冠矣"、中国人之食"以为世界人 类之师导也可"。

一、五重的饮食文化

李曦在《中国烹饪概论》一书中将中国的饮食文化归纳为重食、重养、重味、重利和重理 5 个方面。

1. 重食 中国国土面积广阔，物产多样，但同时，却也因人口稠密导致人均资源非常有限。为此，先人对食源进行了广泛大胆的尝试，除了尽力寻找新食源，同时还不断丰富食物的储存方法，发明了腌渍、风干、熏、腊等方法，由此衍生出许多创新食品，如腊鱼、腊肉、熏肉、风鸡、榨菜、霉干菜、香肠、火腿、冬菜、八宝酱菜、甜酱、咸酱、各色腐乳等。

一个民族饮食生活原料利用的文化特点，不仅取决于生存环境中生物资源的存在状况，同时也取决于该民族生存需要的程度及利用、开发的方式。中华民族饮食生活充分体现了自然和人工培育食物原料的广泛性，人们加工利用这些原料的最大可能性。中国饮食文化重食的传统和观念，正是在人口比例失调引起的长期食物缺乏和饮食资源的艰难开发中逐渐形成的。因此，"民以食为天"也是中国历代具有民本思想的统治者们重视和强调的治国根本。

2. 重养 中国人的重养是以重食为基点而产生的。养者，养生也，即通过养的方式以求得人体保持健康状态并达到长寿的最佳效果。中医认为"药补不如食补"，因而食养是最基本的养生。如果说重食的目的是生存，那么，重养则是追求生存的质量。

尽管养生是古代上层社会的生活内容，但作为一种观念，它已无孔不入地渗透于社会的各个阶层之中，特别是在现代社会。中国人由"重养"衍生出了"药膳""食疗"等概念。我国传统中草药是以天然植物、动物和矿物的原形式入药，其中许多药物品种本来就是可食之物，如茯苓、芦根、茶叶等，因而又有"药食同源"的说法。在中医"辨证施治"的理论指导下，将中药与食物搭配起来，用传统的饮食烹调技术和加工方法，制成色香味形俱佳的膳食。总体而言，膳食中的"养"一方面是指用药膳来调理身体疾患，另一方面是指针对个体需要持续供给缺失的营养素，以合理饮食、均衡营养、增强体魄、恢复健康，实现饮食的营养、保健两大功能。

3. 重味　中国人一向注重食味，并一直把味作为衡量美食的第一标准，出现不同的帮口。口者，即口味，是区别不同风味流派的重要标准。就低级的生存需求而论，有食不必有味，但对高级饮食生活而言，重味必出美食，故在中国有"食为味之本，味为食之魂"的说法。

中国饮食文化在发展历程中，形成了以"齐和"为基本发展规律，以"中和"为基本美性特征的文化模式。和，就是调和，是调制美味的过程。中烹讲求"五味调和百味香"，因而味道间是相存相依的关系。至于品味，这在中国也是一门审美艺术。品味不但要品食之味，而且还要品环境、人事之味等。

> **知识链接**
>
> 帮口
>
> 　　帮口是指由不同地域的菜肴发展而成的具有一定规模的菜系或菜肴，中国古代将烹饪风味流派称作"帮口"。

4. 重利　此处的"利"表示吉利，在饮食中追求吉利，表现了国人求福避祸的民族心态。在中国饮食文化中，无论是宫廷菜、官府菜，还是寺院菜、市肆菜，"重利"重点表现在食物选材和菜品命名上。例如，春节的酒席上，江西奉新大获岭一带的农家必上两道菜，一道是"长吉"，即白糖拌柑橘；一道叫"有余"，即油炸鲤鱼。在扬州，人们过年时必吃两道炒菜，一道是"安豆"，即豌豆苗，寓意"平鱼"。另一道是"路路通"，即水芹菜，寓意"心想事成，万事如意"。又如"子孙饽饽""长寿面""消灾饼""发糕"等米面食品，其名称无不流露出老百姓祈福攘灾的心理。

在全国许多地方，将对食物的命名与老百姓的祈福纳祥的愿望直接联系在一起更是普遍现象。在江西的农村，猪头被称作"神户"；猪舌头被称作"招财"；猪耳朵被称作"顺风"。这种叫法，最初与祭祀有关。至今，猪头仍然是民间过年或祭祖的重要贡品。在浙江沿海地区，猪头被称作"利市"，猪舌头被称作"赚头"。广东人的筵席上也常见"烤乳猪"，因烹制后上席的小猪保留了头尾、手、脚，而取意"十全十美"，颇受欢迎。

5. 重理　中国古代的哲学家和思想家对人类饮食生活的理性思考是中国饮食文化中"重理"的重要体现，主要表现为对饮食问题的哲学思辨和道德规范。这与西方烹饪理论和烹饪哲学有着巨大的差别。

《道德经》中："治大国，若烹小鲜"，即做菜既不能太咸，也不能太淡，要调好作料才行；治国如同做菜，既不能操之过急，也不能松弛懈怠，只有恰到好处，才能把事情办好。《左传·晏婴论和与同》："和如羹焉，水、火、醯、醢、盐、梅，以烹鱼肉，燀之以薪，宰夫和之，齐之以味；济其不及，以泄其过。君子食之，以平其心。君臣亦然。"晏子在这里强调：和谐就像做肉羹，用水、火、醋、酱、盐、梅来烹调鱼和肉，用柴火烧煮。厨工调配味道，使各种味道恰到好处；味道不够就增加调料，味道过重就用水冲淡一下。君子吃了这种肉羹，可平和心性。国君和臣下的关系也是这样。

二、中国烹饪的技术特色

中国饮食文化的特色既体现在民族文化价值方面，还体现在烹饪技术体系方面。中国菜讲求"中和之美"，"中"指恰到好处，合乎度；"和"指烹饪。要实现"中和之美"，就需要做到"调和"，即色、香、味、形、艺（器）的有机统一，如此才能既满足人的生理需要，又满足人的心理需要。基于食源的广泛性和人们进食心理的丰富性，中国烹饪具有突出的、灵活多变的技术特性，且工艺技巧复杂、烹饪工具多样、菜点品目纷繁、味形丰富、风味流派众多。

1. 手工制作，经验把握　中国菜品制作的灵活性具有鲜明的阶级性。上层社会在饮食上的需求早已超越果腹的生物学本义，而是"口服品味、享乐人生"，官场和社交应酬、声势地位和礼仪排场的需要。因而上层社会尚食者的菜品多讲究时令和新异，且在色、质、香、味、形上引导着美食的审美观和价值倾向。下层社会的尚食者虽然受到财力等多方面限制，却也更善于用有限的材料调制不同的口味，尤其家庭中既不循严格章法，也不特别考虑烹饪技艺，却可烹制出无法替代的家的味道。

"手工制作，经验把握"是中国传统烹饪的典型特点，"大致差不多"的模糊性质也是中国菜品制作的特点。中国菜品制作缺乏严格统一的量化指标，甚至也不去追求这种标准，因而千个师傅千个手法千种滋味。所以，中国传统烹饪对厨师的技艺、经验要求极高，烹饪者技术的熟练程度和具体操作时的发挥状态则直接影响着菜品的质量。高明的厨师能有章无矩、灵活随意，因时制宜、因地制宜、因人制宜创作出独具个人魅力的菜品，但对于绝大多数厨工来说，烹饪还只能停留在技术的层面，因为厨师每一次具体烹制是在即兴状态下完成，没有也无法一成不变地把握每一道菜品的量和质，它们都在厨者有经验的眼光和灵巧的手的掌握中。所以"手工操作，经验把握"既可谓是中国菜品万千名目的源头，但在一定程度上也是中国烹饪技术难以流传的壁垒。

2. 刀工精湛，技法多样　中国烹饪工艺技巧最为复杂多样，厨师立身处世首先讲求刀工，这一传统自庖丁解牛开始，延续至今。中国淮扬菜最以组配严谨、刀法精妙、花刀富于变化著名。根据每种刀的外形大小、轻重薄厚不一，操作手法也不同。刀上的功夫按手法不同，分为直刀法、劈刀法、斩刀法、批刀法、剖刀法等套路。

中国菜品的烹调方法也甚为多样，如煮、蒸、烧、炖、烤、焖、烹、煎炒、炸、烩、爆、扒、涮、汆、卤、酱、拌等，其中又以蒸、炒最为独具匠心。炒还可细分为生炒、熟炒、爆炒、滑（滑炒）、炮炒、焦熘、糟溜、干煸等。无论何种方法，烹制者都需严格把控火候，火候即为中国传统烹饪的精髓所在。

3. 与时俱进，有容乃大　我国疆域辽阔、各地气候、自然地理环境与物产存在着较大的差异，加之各区域民族、宗教、习俗等诸多情况的不同，因而饮食文化资源极为丰富。饮食文化因其核心与基础是关乎人们生存的基本物质，因而各区域间具有天然的通融性，绝对的自给自足和完全的与世隔绝都是不存在的。

比如，茶作为饮料，其饮用风俗最初形成于西南地区，汉代以后茶的种植沿长江而下至大江南北推广开来，并于唐代形成普遍种植与全面推广。唐代通国嗜饮之风又很快流行于西北广大地区。与中土盛行饮茶之风相辉映的，是西藏地区的饮茶之习，那里因与西南的川、滇地区早有商道相通，饮茶风俗或更早于唐代。著名的茶马古道更成为中央政府或中原政权同周边少数民族的经济交流通道。

中国的区域版图在历史的洪流中几经更换扩充，各地间包括食文化在内的文化交流，受商贾活动、官吏从宦升迁、士子游学、役丁谣戍、军旅驻屯、罪犯流配、荒乱移民、出使、和亲、进贡、殖民管理的影响，都是食料、食品互通和食文化认识融会的渠道。

中华各民族间始终是相互依存的关系，从根本上来说，正是各区域间互补性的经济结构和文化决定了彼此的共存共荣关系，决定了这种结构之上彼此沟通联系的民族共同体的全部社会生活。"中华食文化圈"可理解为以中国为中心，包括朝鲜半岛、日本列岛以及更广阔的中国周边地区在内的广大亚洲地区属于同一食文化区域。中华本土食文化与周边国家食文化的历史交流彼此通融，相得益彰，因而呈现出毗连或邻近国土之间的共同体结构风格。

任务三 中国饮食文化的分类

一、宫廷、贵族饮食

（一）宫廷饮食

在任何社会，统治阶级的思想就是占统治地位的思想。作为统治阶级，封建帝王将自己的日常生活行为方式标新立异，以示自己的绝对权威，饮食行为也不无渗透着统治者的思想和意识，表现出其修养和爱好，并由此形成了具有独特特点的宫廷饮食，具体特点如下。

1. 选料、用料严格 帝王权力的无限扩大，使其轻易荟萃了天下技艺高超的厨师，拥有了人间所有的珍稀原料。例如，早在周代，帝王宫廷就已有职责分割细密而又繁琐的专人负责皇帝的饮食。《周礼注疏·天官冢宰》中就有"膳夫、庖人、外饔、亨人、甸师、兽人、渔人、腊人、食医、疾医、疡医、酒正、酒人、凌人、笾人、醢人、盐人"等条目，目下分述职掌范围。这么多专职人员负责皇家的饮食，可以想见当时宫廷饮食选材备料的严格。不仅选料严格，宫廷饮食用料也很精细。早在周代，统治者就食用"八珍"，且越到后来，统治者的饮食分工越精细、选料越珍贵。如信修明在《宫廷琐记》中记录的慈禧太后的一个食单，其中仅涉及燕窝的菜品就有六味：燕窝鸡皮鱼丸子、燕窝万字全银鸭子、燕窝寿字五柳鸡丝、燕窝无字白鸭丝、燕窝疆字口蘑鸭汤、燕窝炒炉鸡丝。

2. 烹饪精细 一统天下的政治势力为统治者提供了享用各种美食佳肴的可能性，也要求宫廷饮食在烹饪上要尽量精细。如清宫中的"清汤虎丹"一道菜，原料就要求选用小兴安岭雄虎的睾丸，其状如小碗大小，制作时先在微开不沸的鸡汤中煮 3 个小时，然后小心地剥皮去膜，将其放入调有佐料的汁水中腌渍透彻，再用专门特制的钢刀、银刀片成纸一样的薄片，然后在盘中摆成牡丹花的形状，佐以蒜泥、香菜末而食。由此，对宫廷烹饪的精细可见一斑。

3. 花色品种繁杂多样 慈禧的"女官"德龄（裕德龄）所著的《御香缥缈录》中说：慈禧在从北京至奉天的火车上，临时的"御膳房"就占四节车厢。上有"炉灶五十座""厨子下手五十人"，每餐"共备正菜一百种"，同时还要供"糕点、水果、粮食、干果等亦一百种"，因为"太后或皇后每一次正餐必须齐齐整整地端上一百碗不同的菜来"。除了正餐，"还有两次小吃"，"每次小吃，至少也有二十碗菜，平常总在四五十碗左右"，且所有这些菜品都是不能重复的，由此可以想象宫廷饮食花色品种的繁多。宫廷饮食规模的庞大、种类的繁杂、选料的珍贵在客观上促进了中国饮食文化的发展。

（二）贵族饮食

众所周知，贵族饮食以孔府菜和谭家菜最为著名。孔府历代都设有专门的内厨和外厨，在长期的发展过程中，其形成了饮食精美、注重营养、风味独特的饮食菜品。这无疑是受孔老夫子"食不厌精，脍不厌细"祖训的影响。

孔府宴的特点是无论菜名还是食器，都具有浓郁的文化气息。如玉带虾仁表明了孔府地位的尊荣。在食器上，除了特意制作一些富于艺术造型的食具外，还镌刻了与器形相应的古诗句，如在琵琶形碗上镌有"碧纱待月春调珍，红袖添香夜读书"的诗句。所有这些，都传达了天下第一食府饮食的文化品位。

另一久负盛名、保存完整的贵族饮食当属谭家菜。谭家祖籍广东，又久居北京，故其肴馔集南北烹饪之大成，既属广东系列，又具有浓郁的北京风味，在清末民初的北京享有很高的声誉。谭家菜的主要特点是选材用料范围广、制作技艺奇异巧妙，而尤以烹饪各种海味见长。其主要制作要领是：调味讲究原料的原汁原味，以甜提鲜，以咸引香；讲究下料狠、火候足，故菜肴烹时易于软烂，入口口感好，易于消化；选料加工比较精细，烹饪方法上常用烧、烩、焖、蒸、扒、煎、烤诸法。因此，贵族饮食在长期的发展中形成了各自独特的风格和极具个性化的制作方法，同时也促进了中国饮食的精进。

二、市井、民间饮食

（一）市井饮食

市井饮食是随着城市贸易的发展而来的，其首先是在大、中、小城市、州府、商埠以及各水陆交通要道发展起来的。这些地方发达的经济、便利的交通、云集的商贾、众多的市民，以及南来北往的食物原料、四通八达的信息交流，都为市井饮食的发展提供了充分的条件。如唐代的洛阳和长安，两宋的汴京、临安，清代的北京，都汇集了当时的饮食精品。

一般而言，市井饮食有技法各异、品种繁多的特点。烹饪方法上，有蒸、煮、熬、酿、煎、炸、焙、炒、燠、炙、鲊、脯、腊、烧、冻、酱、焐等十九类，而每一类下又有若干种。当时的饮食不仅要满足不同阶层人士的饮食需要，还考虑到不同时间的饮食需要。因为市井饮食的对象主要是当时的坐贾行商、贩夫走卒，而这些人来去匆匆、行止不定，所以随来随吃、携带方便的各种大众化小吃极受欢迎。

（二）民间饮食

其实，从中国老百姓日常家居所烹饪的菜品，民间菜才是中国饮食文化的渊源，多少豪宴盛馔如追本溯源，皆源于民间菜肴。民间饮食首先是取材方便随意，或从山林采鲜菇嫩叶、捕飞禽走兽，或就河湖网鱼鳖蟹虾、捞莲子菱藕，或居家烹宰牛羊猪狗鸡鹅鸭，或下地择禾黍麦梁野菜地瓜，随见随取、随食随用。选材的方便随意，必然带来制作方法的简单易行。一般是因材施烹，煎炒蒸煮、烧烩拌泡、腌腊渍炖，皆因时因地。如北方常见的玉米成熟后可以磨成面粉，然后烙成饼、蒸成馍、压成面、熬成粥、糁成饭，也可以整颗粒地炒了吃，还可以连芯煮食、烤食。民间菜的日常食用性和各地口味的差异性，决定了民间菜的味道以适口实惠、朴实无华为特点。

三、民族饮食

民族饮食指的是除汉族之外各少数民族的菜品。由于各少数民族所处的社会历史发展阶段不同，所处的地域、环境、物产、宗教信仰等不同，所以几乎每一个少数民族都具有自己独特的饮食习俗和爱好，并最终形成了与本民族文化相应的、独具品位的饮食文化。

生活于东北地区白山黑水之间、三江平原一带的少数民族，主要包括满族、赫哲族、鄂伦春族、鄂温克族等。满族以定居耕作农业为主，以狩猎为辅。满族人最喜欢食用的是福肉也就是清水煮白肉，过年时主要吃饺子和"年饽饽"，冬季的美味是白肉酸菜火锅。赫哲族以狩猎为主，由于气候寒冷，故以鱼、兽为主要饮食，而最突出的则是将生鱼拌以佐料而食的"杀生鱼"。而生活于大小兴安岭的鄂伦春族和鄂温克族以狩猎为获取食物来源的主要途径，尤喜生食狗肝和半生不熟的各类兽肉。

北方的蒙古族由于地处沙漠和草原，他们的饮食以羊肉和各种奶制品为主。羊肉一般不加调味品，以原汁煮熟，手扒为主，宴客或喜庆的宴会则以全羊席为最珍贵。而生活于西北地区的哈萨克族、乌孜别克族、塔吉克族、柯尔克孜族等，其饮食原料上与蒙古族没有多大区别，只不过他们的面食要稍微丰富一些，并多以油炸为主。

西北的少数民族主要有维吾尔族、回族和藏族等。维吾尔族日常饮食主要以牛乳、羊肉、奶皮、酥油、馕、水果、红茶为多。藏族居住于青藏高原，以畜牧业为主，兼营农业。其饮食以牛、羊、马、骆驼、牦牛的肉和乳为主，并大量食用青稞、小麦以及少量的玉米、豌豆。平常饮食称之为糌粑、青稞酒。

西南少数民族多居位于深山密林之中，因而形成了自己的独特饮食，肉食以猪和鱼为主，加有各种昆虫和蛆虫；主食以米为主；喜欢腊干或腌熏的肉；喜欢各种腌制的菜，有各种植物或粮食作物为原料酿制的酒可供饮用。

四、宗教饮食

许多民族都有自己的宗教信仰，而每一种宗教在传播的初始阶段除宣传其既定的教理之外，还要通过一定的建筑、服饰、仪式以及饮食将人们从日常状态下标识出来。单从饮食来看，通过长期的发展，不同民族和地区也逐渐形成了独具特色的宗教饮食风格。在中国文化中，宗教饮食主要指的是道教、佛教和伊斯兰教三大教的饮食。

道教起源于原始巫术和道家学说，道家认为人是禀天地之气而生，所以应"先除欲以养精，后禁食以存命"。在日常饮食中，他们禁食鱼羊荤腥及辛辣刺激之食物，以素食为主，并尽量少食粮食等，以免使人的先天元气变得浑浊污秽，而且应多食水果，因为"尝遍百果能成仙"。总之，道家饮食烹饪上的特点就是尽量保持食物原料的本色本性。如被称为"道家四绝"之一的青城山的"白果炖鸡"，不仅清淡新鲜，且很少放佐料，保持了其原汁原味。

佛教在印度本土并不食素，传入中国后与中国的民情风俗、饮食传统相结合便形成了其独特的风格。其特点首先是提倡素食，这与佛教提倡慈善、反对杀生的教义是相一致的。其次，茶在佛教饮食中占有重要地位。由于佛教寺院多在名山大川，这些地方一般适于种茶饮茶，而茶本性又清淡淳雅，具有镇静清心、醒脑宁神的功效。于是，种茶不仅成为僧人们体力劳动、调节日常单调生活的重要内容，也成为培育其对自然、生命热爱之情的重要手段。饮茶也就成为历代僧侣漫漫青灯下面壁参禅、悟心见性的重要方式。再次，佛教饮食的特点是就地取材。佛寺善于运用各种蔬菜、瓜果、笋、菌菇及豆制品为原料制作菜品。

伊斯兰教教义中强调"清净无染""真乃独一"，所以其饮食形成了自成一格的局面，称之为"清真菜"。而且，清真菜以对牛、羊肉丰富多彩的烹饪而著名，光是羊肉，就有烧羊肉、烤羊肉、涮羊肉、焖羊肉、腊羊肉、手抓羊肉、爆炒羊肉、烤羊肉串、汤爆肚仁、炸羊尾、烤全羊、滑溜里脊等。清真系列中还有一些小吃也颇具特色，如北京的锅贴、羊肉水饺，西安的羊肉泡馍，兰州的牛肉面、酿皮，新疆的烤馕、烤包子等。

<hr>

练 习 题

答案解析

一、选择题

（一）单选题

1. 道家饮食烹饪上的特点就是尽量保持食物原料的本色本性。如被称为"道家四绝"之一的青城山的（　　），不仅清淡新鲜，且很少放佐料，保持了其原汁原味。

　　A. 白果炖鸡　　　　B. 清水煮白肉　　　　C. 干炸里脊　　　　D. 东坡肉

2.（　　）是中国传统饮食文化基础理论形成最早的理论内容。

　　A. 食医合一　　　　B. 孔孟食道　　　　C. 本味主张　　　　D. 食不厌精，脍不厌细

3. 伊斯兰教教义中强调"清净无染""真乃独一",所以其饮食形成了自成一格的局面,称之为( )。

    A. 清真菜   B. 孔府菜   C. 鲁菜   D. 湘菜

4. ( )一书中记载"五谷为养,五果为助,五畜为益,五菜为充,气味合而服之,以补精气",治病当用药物,而养生则当用五谷果菜。

    A. 《黄帝内经·素问》   B. 《中国烹饪概论》

    C. 《齐民要术》   D. 《本草纲目》

5. 中国古代将烹饪风味流派称作( )。

    A. 流派   B. 帮口   C. 系列   D. 重养

(二)多选题

6. 李曦在《中国烹饪概论》一书中将中国的饮食文化归纳为重食、( )五个方面。

    A. 重养   B. 重味   C. 重利   D. 重理

7. 在中国文化中,宗教饮食主要指的是( )三大教的饮食。

    A. 道教   B. 佛教   C. 伊斯兰教   D. 基督教

二、简答题

试解释分析"孔孟食道"对中国传统饮食文化的影响。

书网融合……

      重点小结   题库

中国菜品的属性及构成

PPT

任务一 菜品的属性

中国菜品是中国传统烹饪艺术的一个突出代表，而菜品的"属性"则是中国菜品最显著特点之一，也是我们通常用以鉴别、评论菜品与烹调技术质量高低的主要标准。目前通常称菜品的属性有"色、香、味、形、质、营、器"7种。

一、色

"色"是指菜品的颜色，其中包括主料与辅料色泽搭配的是否鲜艳和谐，原料与汁卤色泽的调和，点缀和装饰原料色泽的配合等。

色泽是构成菜品风味质量的重要因素之一，菜品的色泽之美往往是人们欣赏菜品美的第一感觉，它能给人以强烈的印象。美好的色泽能增进人的食欲，增加人体对营养素的吸收。菜品的颜色是指主料、辅料通过烹制和调味后显示出来的色泽，以及主料、辅料、调料相互之间的配色。颜色的设计要利用原料的自然色泽，在运用主、辅、调料天然色的基础上，根据合理配菜的需要，按照美术色彩学的原理，组合成菜品。但各色菜品的烹制过程如掌握不当，可能会使菜品的天然色发生劣变，这反映了厨师技艺水平的高低。恰当地设计颜色，即从菜品的感官效果上做到自然、素雅、和谐，特别是主色和辅色的关系要协调，但绝不是靠利用色素去增色和变色。如主料色泽不悦目、辅料配色不协调、采用色素等都视为质量上的缺陷。

所以说，菜品色泽在其中起着先声夺人的作用。菜品色泽美，首先是菜品内在质地美的反映，色恶、色臭既是菜品的外感不佳的反映，也是其内部质量不佳或下劣不中食的反映。

二、香

菜品的"香"是组成中国菜品完美"属性"的重要条件之一，也是广大厨师应该引起重视的问题。菜品的"香"指的是菜品的主、辅、调料等经烹制后而挥发出来的能诱发食欲的美好气味。在饮食活动中，人的嗅觉往往先于味觉，正如有关形容闽菜传统名菜"佛跳墙"中的诗句中说的那样，"坛启荤香飘四邻，佛闻弃禅跳墙来"。这无非是对菜品香气诱人食欲精妙绝伦的描述，由此可见，菜品之"香"作用之大，非同一般。

在设计菜品时，必须考虑到烹制原料本身的气味，但其本身具有香气的并不是很多，大部分都要经过加热调配才能挥发出来，而且在众多的可食性动、植物原料中，又往往有一部分含有腥、膻、臊、臭等不良的气味，经烹制后方能除掉，这就要考虑如何运用调料，使之得到最好的配合，使菜品的香气达到理想的境界。美好香气的产生，除主、辅、调料本身的气味外，还涉及投料的先后、烹调技法的不同、火候的变化，以及主、辅、调料在加热后引起的化学反应促成哪些香气的产生，这全靠烹调技艺的高低。例如，用同样的原料，炒和炸、烧、炖的结果都是不一样的。这是因为不同的烹调使原料中的各类呈香物质溶解和挥发程度不同，正是这种在香气上的微妙差别，再加上其他因素构成了菜品的不同风味特色。

原料自身的芳香在烹饪中是十分重要的，这种芳香与原料的本味一样，是美味的重要来源，因此也是烹饪过程所要尽力予以发掘和提取的。如果原料缺少了自身的香气，而只是依赖调味品的香气，这就使菜品少了一份个性，多了一份共性，这在烹饪上是不足取的。

当然调味品的作用是增味和增香，一般的调味品在增添菜品滋味的同时都有不同的香气，如芝麻油、酱油、香醋、料酒、豆瓣酱等，这些调味品的芳香味来自调味品所含的酸、醇、脂、酚及羰基化合物。有些调味品的使用目的主要是为了增加香气。这些调味品可以分为以下 3 种：①新鲜的葱、姜、蒜、香菜等，都含有含硫的挥发性香精油，具有特殊的辛辣气味和杀菌能力。②植物的果、皮或花卉。如八角、丁香、砂姜、草果、豆蔻、陈皮、杏仁、花椒、胡椒、金桔、肉桂、桂皮、辣椒、芝麻、香糟、酒酿、桂花、玫瑰、茶叶等。③加工后的混合香辛料。常见的有十三香、五香粉、咖喱粉、胡椒粉、沙茶粉等，它们含有丰富的香精油，具有各异的调味功能。

菜品成品呈现的香气不是单一的，而是一种综合的香气。菜品的"香"虽然没有"味"这么明确，但是作为菜品质量的一个要素，常常是比"色、形"更直接影响就餐者的情绪和食欲的，是比美味更具有诱惑力的，或者说其本身就是构成美味的一个重要部分。如在烹调中有采用"料袋"法入味的就是采用香料，装入纱布袋中煮、炖使香气渗入菜品原料内部，达到味透肌里、回味绵长、越嚼越香的境地，这种用法如同凉菜的卤、腊、酱等制法。

三、味

"味"字的本意就是舌头尝东西所得到的感觉，俗称"口味"。"味"是能溶于水的呈味物质作用舌苔、味蕾所引起的知觉反应，俗称味觉。菜品的"味"是指菜品的口味调得是否纯正鲜美，以及能够尝到单一味和各种复合味。

我国自古把舌感意义上的味分为酸、甜、苦、辣、咸 5 种。而现在中国烹饪领域，实际上将"味"的种类分为酸、甜、苦、辣、麻、咸、鲜 7 种；而复合味的种类可分为 18 种，即咸鲜味、咸甜味、咸酸味、咸辣味、咸麻味、甜酸味、甜辣味、甜麻味、酸辣味、酸麻味、辣麻味、甜酸辣味、甜酸麻味、甜辣麻味、酸辣麻味、甜酸辣麻味、咸苦味、无咸苦味。

中国菜品个体的味千差万别，严格意义上讲，每一种菜品都有不同的味，人们常讲"一菜一格、百菜百味"，中国菜品的"属性"七大要素中，应把"味"放在第一位，因烹饪的主要目的是吃，而吃必须以味为主。中国菜品历来重视"以味媚人"，强调"烹饪味为先"，可见"味"在烹饪当中的重要性。要使菜品产生出鲜美的滋味，一在于烹，二在于调，所谓调味，就是在烹调菜品过程中，把原料和所需的各种调味品适当配合，使之互相影响，相互作用，去其不正之味，产生出特殊的美味。

菜品的美味是由选择原料、掌握火候、注重调味三个步骤构成的。烹饪原料不仅是味的载体，构成美食的基本内容，而且原料本身就是美味的重要来源。火候是烹饪中的重要环节，中国菜品烹制过程中掌握运用火候相当考究，掌握适宜的火候不光只是为了使原料成熟，或者为了改变原料的质感，而且还有一个很重要的目的，就是为了体现和提取原料的美味。注重调味是决定菜品口味质量最根本的关键。原料自身以及在加热过程中虽然为食物提供基本的滋味，但最后美味还需调味的参与，不需要调味的菜品几乎没有。从欣赏的角度看，中国烹饪是一门味觉艺术，从创造的角度看，中国烹饪也可以说是一门调味的艺术。烹饪的所有环节，最终都是服务和服从于调味的，获得美味毕竟是烹饪的最终目的，调味是重要的，调味又是复杂的，它的复杂不仅在于调味本身的千变万化，而且还在于对口味的要求是因人而异的。

菜品的"味"要求应达到醇正、清鲜，油而不腻，咸而不苦，鲜而不恶，酸而不酷，辣而不烈，甜而不浓，苦而不显，浓厚而不糊重，清香而不淡薄。烹制各种菜品要达到"五味调和百味鲜"，以鲜为第一。凡淡而无味，过咸而苦；过分地使用味精，复合味失去平衡；有腥膻味、煳味、邪味都视为味觉质量低下。

由于上述"味"可得，中国菜品注重吃"味"，所以"味"是制作菜品的关键之一。

四、形

"形"就是指菜品主、辅料成熟后的外表形状或造型、或图形和内在的结构以及盛装在容器中的形态。早在 2000 年之前，我国就有"割不正不食"之说。现在，随着人们生活水平的提高和烹饪技艺的发展，对菜品"形"的要求也不断提高，在形状上并不局限于一般的丁、丝、片、块、条、粒等，搭配上也不仅仅是块配块、片配片、丁配丁、丝配丝的一般搭配方法，而是在块、片、条、丝、丁、粒、茸泥、整只、整形的基础上，用巧妙的艺术构思和精巧细致的操作手法，使这些常用的形状，变得丰富多彩、形象生动。悦目的花色形态，就是"配型"，行业中又称"配花色菜"或"艺术造型"或"再造型"或"形美"。菜品的造型或形美需要一些特殊的方法，常用的有选、卷、包、镶、扣、排、拖、夹、挤、攒、串 11 种。

由此可见，菜品的造型或形美一方面要善于利用原料本身的形状进行美的组合，如自然形有整鸡、整鸭、整鱼、整猪、整羊、整蛋等，虽然是整只的各种菜品，但也有造型摆放姿态好坏的区别。还要根据它们的形状，选好适合其形的容器，以及用其他原料（如用各种颜色蔬菜、果料）加以点缀美化。另一方面是指原料经刀工处理烹调后的形状。这不仅是为了美化，也是出于烹调加工的需要。

菜品造型的要求是形象与自然优美，主料、辅料结合合理，刀面光洁，原料形状应大小、长短、薄厚均匀，整齐一致，油量恰当，装盘美观，盛器协调，不合乎以上要求者或过分装饰，喧宾夺主，丧失食用价值，都视为未达到形美、形态或造型的标准要求。

五、质

"质"是指菜品的质地，所谓质地，简单地说就是物质组织结构的性能，具体反映在烹饪菜品上即表现为人们食用菜品时所产生的口感。

菜品的质地反映了菜品特色的一个重要方面。中国的菜品成千上万，任何一份菜品都有它各自特定的"质"的要求。譬如"油爆双脆"，要求质"脆"；"芙蓉鸭片"，要求质"嫩"；"香酥鸭"，要求质"酥"；"清炒虾仁"，要求质"鲜嫩"等。达到了标准，方能体现出各自的特色，否则其特色就不能表现出来。所以说质地是构成菜品多样化的主要因素，不然菜品就只有"味"的区别了。

中国菜品的"属性"七大要素中"质"仅次于"味"，"质"应放在第二位，因"质"在中国菜品中占有很重要的地位，它主要取决于选料、配料、烹调技法、火候和刀工的技艺水平。它体现了菜品的特色，同时集中地反映了中国菜的特点，菜品质地的好坏在一定程度上也反映了烹调师操作水平的高低，菜品质地的优劣，在很大程度上影响人们的食欲。

质地的要求是烹调技法、油温、火候掌握正确，出锅及时，使菜品达到其应有的口感特点。凡选料不精美，刀工不细腻，规格不整齐，烹调技法使用不当，上菜温感不足而影响质地者，都视为质地不佳的菜品。

六、营

"营"是指原料合理地搭配，烹制成熟后，营养价值是否丰富，有利于人体消化吸收，维持人体正常的生长发育和健康。

中国烹饪菜品既然是保证人体正常的生长、发育、生存必不可少的物质，因此，它是否具有本身所应有的营养价值，是评价它质量高低的重要指标。评价菜品营养价值的高低，主要应该看组成菜品本身的各种主辅和调料是否做到了合理利用、科学搭配，还要考虑是否做到了合理烹调，也就是通过烹调加工营养成分保持的程度，或者说是营养成分受损和破坏的程度以及消化吸收的难易。但仅从这一方面考虑还不够，因各种原料的成分在烹制过程中总会发生一些变化，总会有一些营养成分遭到损失和破坏，这些损失是难以避免的，但若采取恰当的烹调加工方法，损失会明显地减少。在烹制加热过程中，由于蛋白质等营养成分的变性，菜品由生变熟，使消化吸收率会有明显的提高，从而也就提高了菜品的营养价值。若火候不够，菜品不热或火候过了，使菜品变焦、糊等或烹调方法不当，都会影响人的消化吸收，从而降低菜品的营养价值。

因此，要求从事餐饮业烹调师，必须学习与掌握营养价值的一般理论和基础知识，并且运用这些理论与知识联系烹饪原料、烹调技法和烹制过程中具体实际问题，从菜品的营养价值方面来研究影响人体健康的因素，探讨提高菜品的食用价值的途径，以便使烹制符合营养原则，烹出色、香、味、形、质、营俱全的美味佳肴。

七、器

"器"就是盛装菜品的器皿是否恰当。如器皿的形状和大小与菜品质、量相称，器皿的质地和色彩与菜品的质色相称，特别是筵席上整桌菜品多种器皿之间的形状、大小、质地、色彩配置相称等。

中国菜品的盛装器皿是非常讲究的，它不但具有品种多样、外形美观、质地精致、色彩鲜艳等特点，而且也是我国传统器皿工艺的灿烂文化的重要组成部分。

盛装菜品器皿的形状大小、颜色、纹饰等与菜品搭配得适当与否，对菜品的美感能起到一定的衬托作用，故有"美食不如美器"之说。如果一种菜品用合适的器皿盛装，能给人以目悦神怡的感觉，从而增进人们对菜品的喜爱，并使就餐者的食欲大增。特别是一席菜中，除盛器与菜品的配合外，还应注意盛器与盛器之间的配合。精美的盛器与美味佳肴相得益彰，能使筵席显得更加丰盛和隆重。

如果器皿太劣，配合得又不适当，就会削弱或破坏整桌筵席菜品的形态美感。所以厨师不仅应该注意菜品的色、香、味、形、质、营，而且也要注意盛器的配合，这是不可忽视的。

综上所述，是对中国菜品的"属性"七大要素的基本要求，从总体上看也是对菜品"属性"的基本要求，不过侧重点不完全一样，评价菜品"属性"的重点首先是感官性状（即视觉、嗅觉、味觉、触觉），这是由中国菜品的特点及特殊的地位所决定的，也是无可非议的。虽然如此，对其在烹制菜品时火候的掌握和卫生要求更为关键，因为它们直接决定着菜品的"属性"。

因此，"属性"是中国烹饪菜品的灵魂，"属性"是中国烹饪优良传统的精髓所在；"属性"是中国烹饪菜品艺术的核心，弄通"属性"概念，对规范我国烹饪，弘扬中华民族美食文化有着重要作用。

任务二　菜品的构成

一、民间菜

1. 民间菜的概念及历史概况　民间菜是城镇、乡村居民家庭日常烹饪的菜品，在一定意义上说，民间菜是中国菜的根，奠定了中国菜的基础。民间菜经历了从生存—吃饱—吃好—吃营养—吃健康多个阶段的发展。民间菜尤其体现在不同的节日习俗，比如春节吃饺子、正月十五吃元宵、端午吃粽子、立春吃春卷等。

2. 民间菜的烹饪特色　民间菜取材方便，操作易行，调味适口，朴实无华；靠山吃山，靠水吃水；民间菜有自制菜，比如腌菜、酱菜、泡菜、豆豉等。

3. 民间菜的著名品种　四川泡菜、回锅肉、三蒸（锅蒸、笼蒸、碗蒸）、九扣（攒丝杂烩、明笋烩肉、炖沱沱肉、椒麻鸡块、肉焖豌豆、米粉蒸肉、五花咸烧、蒸甜烧白、清蒸肘子）、扬州蛋炒饭等。

二、市肆菜

1. 市肆菜的定义及历史概况　市肆菜是指现在人们常说的餐馆菜，是饮食市肆制作并出售的菜品总称，比如高档酒店、餐馆、中低档大众餐馆、大排档等。

市肆菜是从民间菜分离出来制作、出售，满足不同人的需要。秦汉以来逐渐发展经历 2000 多年的演变。

2. 市肆菜的烹饪特色　市肆菜烹饪技法多样，品种繁多，应变能力强，适应面广，竞争力强。

3. 市肆菜的著名品种　水煮鱼、清蒸鱼、宫保鸡丁、东坡肉、鱼香肉丝等。

三、官府菜

1. 官府菜的定义及历史概况　官府菜是指封建社会官宦之家所制的菜品。官府菜历史悠久，明清之际各个府邸都有家厨。曲阜的孔府菜、北京的谭家菜和南京的随园菜并称为中国的三大官府菜。

（1）孔府菜　是由于孔府在历代封建王朝中所处的特殊地位而保全下来，是乾隆时代的官府菜。孔府菜的特点是食不厌精、脍不厌细，精益求精，粗菜细作，细菜精作。孔府菜分为宴席类菜品和日常食用家常菜。

1）宴席类菜品　孔府宴席遵照君臣父子的等级，有不同的规格。第一等用于接待皇帝和钦差大臣的"满汉全席"，是以清代国宴的规格设置的，使用全套银餐具，上菜 196 道。另一种喜庆寿宴的高摆宴席，在宴席上有四个"高摆"，是用江米面做成的图柱体，写有"寿比南山"等吉言，每个一个字，摆在银盘，成为宴席的特殊装饰品，庄重高雅。

2）家常菜　从米粥、煎饼、咸菜、豆腐到豆芽、香椿、鸡蛋、茄子，这些来自民间的常食小吃，经过孔府厨师的精巧制作，成为孔府的独特菜品，其原则是"精菜细作，细菜糖炒"，所以孔府的家常菜也是别有风味的。

（2）随园菜　是南京的菜系，取名来自清朝时期的文学家袁枚所著的《随园食单》，当时袁枚归隐去处就是南京的小苍山随园，该菜系以南京菜风味为主，并兼具江苏、浙江、安徽等多个城市的菜品风味，在食材选料和烹饪上尤为注重。

（3）谭家菜　讲究意境和菜品的融合，其作为一种官府菜能流传下来实属不易。谭家菜的菜品有四大特点，选料考究、下料好、火候足、慢火细做，追求香醇软烂。凡吃过谭家菜后，皆感觉到谭家菜香气四溢，食后留香持久，正因为谭家菜与众不同，曾有人发出"人类饮食文明，到此为一顶峰"的赞叹。

2. 官府菜的烹饪特色　古代官府菜争斗豪华，崇尚目食耳餐；近代官府菜制作奇巧，用料广博。

3. 官府菜的著名品种　嘉庆时最盛行鱼翅，如浓汤鱼翅、鸡丝鱼翅、蟹黄鱼翅、清炖鱼翅、砂锅鱼翅等。

四、宫廷菜

1. 宫廷菜的定义及历史概况　宫廷菜是奴隶社会王室和封建社会的帝王、皇后、皇妃及其子孙所用的肴馔。从周朝开始，宫廷菜讲究"食必稽于本草，饮必准乎法度，五味调和，烹饪得宜，珍馐宴享，饮膳有序""珍用八物，膳夫食医，共掌肴馔"。汉晋唐代，遵古合仪。元代宫廷，从汉旧制，清宫肴馔，满汉合璧。宫廷菜集四方贡珍奇品，御厨精烹，而品式繁多，不胜枚举。历代宫廷统治者是汉族为主，宫廷肴馔也多系汉族食品。元代宫廷，统治者虽是蒙古族，但其宫廷肴馔也是按汉族的烹饪技巧，结合北方少数民族的饮食习惯来制作的。清代以后是满族，但是他们不排斥汉族饮食，所以汉族菜始终是宫廷菜的主体。宫廷菜虽是由管理宫廷饮膳的膳夫、太官、尚食机构提出的食谱，但并不都产生于宫廷内，一部分还吸收了官府、民间、寺院、市肆、民族的菜肴制法。

2. 宫廷菜的烹饪特色　选料严、烹饪精、肴馔新、品种多。比如末代皇帝溥仪早膳有 27 个品种。

3. 宫廷菜的著名品种　宫廷四大抓（抓炒里脊、抓炒鱼片、抓炒腰花、抓炒大虾）、鱼翅、鸭掌、猩唇、熊掌。从某种程度说，宫廷菜代表了中国烹饪的最高水平。

五、寺院菜

1. 寺院菜的定义及历史概况　寺院菜，也称斋食，即指佛教和道教等的素菜。佛教和道教，都曾经在中国的历史上盛极一时。特别是佛教，从西汉末年传入中国之后，经统治阶级的大力提倡，流传极广，寺院遍布全国各地。许多佛寺道观占有大量庙产，他们的方丈、长老虽行斋戒，不食荤腥，却十分讲究素食，这就产生了寺院菜。先秦时期，提倡素食。在一段时期当中，和尚是遇素吃素遇荤吃荤，俗称"化斋"，吃"三净肉"。在梁朝时期，梁武帝肖衍曾三次舍身入同泰寺，最终推动了后世僧人吃素的习俗。

2. 寺院菜的烹饪特色　就地取材、擅烹蔬菽、以荤托素。

3. 寺院菜的著名品种　寺院菜善烹蔬肴，品种繁多，人们比较熟悉的"素鸡""素鸭""素火腿"等，以至"全素席"，便来源于寺院菜。

六、民族菜

民族菜是指除汉族外各少数民族的菜肴。55 个少数民族由于历史地理、信仰不同而不同，所以每一个少数民族都有自己不同的饮食习俗和爱好。

民族菜的历史概貌跟宗教信仰、饮食习俗有很大的关系。例如，苗族族年多在农历 9、10、11 月举行，没有固定的日子。家家户户要杀猪宰羊，烤酒打粑，准备丰盛的食品；土家族的族年，在农历七月初一，家家户户都要杀猪宰羊，手推磨豆腐，打粒粑制作丰盛的食品招待亲朋好友。

知识链接

豆腐的起源

中国是豆腐之乡，据五代谢绰《宋拾遗录》载：闻，此物至汉淮南王亦始传其术于世。

淮南王刘安，是西汉高祖刘邦之孙，他的老家就在安徽淮南一带。公元前 164 年被封为淮南王，都邑设于寿春（即今安徽寿县城关），名扬古今的八公山正在寿春城边。

刘安雅好道学，欲求长生不老之术，不惜重金广招方术之士，其中较为出名的有苏非、李尚、田由、雷波、伍波、晋昌、毛被、左昊八人，号称"八公"。刘安与八公相伴，登北山而造炉，炼仙丹以求寿。他们取山中"珍珠""大泉""马跑"三泉清冽之水磨制豆汁，又以豆汁培育丹苗，不料炼丹不成，豆汁与盐卤化合成一片芳香诱人、白白嫩嫩的东西。当地胆大农夫取而食之，竟然美味可口，于是取名"豆腐"，北山从此更名"八公山"。

豆腐，五代时已在南北食物市场上出现。据当时的《清异录》记载，人们呼豆腐为"小宰羊"，认为豆腐的白嫩与营养价值可与羊肉相提并论。

练 习 题

答案解析

选择题

（一）单选题

1. 在一段时期当中，和尚是遇素吃素遇荤吃荤，俗称（　　）。

   A. 目食耳餐　　　　B. 化斋　　　　　　C. 共掌肴馔　　　　D. 随园菜

2. 烹饪的所有环节，最终都是服务和服从于（　　）的，获得美味毕竟是烹饪的最终目的。

   A. 造型　　　　　　B. 调味　　　　　　C. 营养　　　　　　D. 用具

3. 烹制各种菜品要达到"五味调和百味鲜"，以（　　）为第一。

   A. 形美　　　　　　B. 鲜　　　　　　　C. 营养　　　　　　D. 火候

4. 中国菜品素有色、香、味、形、质、营、器和谐统一的特点，其中"形"又在菜品中具有特殊的魅力。早在 2000 年之前，我国就有（　　）之说。

   A. 割不正不食　　B. 掌握火候　　　　C. 食医合一　　　　D. 本位主张

（二）多选题

5. 中国菜品的"属性"七大要素中，质应放在第二位。曲阜的（　　）、北京的（　　）和南京的（　　）并称为中国的三大官府菜。

   A. 孔府菜　　　　　B. 谭家菜　　　　　C. 随园菜　　　　　D. 粤菜

6. 菜品的美味是由（　　）三个步骤构成的 。

   A. 选择原料　　　　B. 掌握火候　　　　C. 注重调味　　　　D. 选择器具

书网融合……

重点小结　　　　　　题库

中国烹饪风味流派

PPT

任务一　中国八大菜系

历史上，不同地区形成了自己独特的烹调技艺、传统食物、食俗和饮食风格，这就形成了中国饮食文化的区域性。菜系是中国饮食文化区域特征性的体现，菜系的形成和发展是不同地区饮食史的积淀过程。到了清代初期，鲁菜、苏菜、粤菜、川菜已成为我国最有影响的地方菜，后称"四大菜系"。随着饮食业的进一步发展，有些地方菜愈显其独有特色而自成派系，到了清末，加入浙、沪、湘、徽地方菜而形成"八大菜系"。

一、鲁菜

（一）概述

八大菜系之首当推鲁菜。鲁菜的形成和发展与山东地区的文化历史、地理环境、经济条件和习俗有关。

山东蔬菜种类繁多，品质优良，被誉为"世界三大菜园"之一。如此丰富的物产，为鲁菜系的发展提供了丰富的原料资源。鲁菜历史极其久远。《尚书·禹贡》中载有青州贡盐，说明至少在夏代，山东已经用盐调味；远在周朝的《诗经》中已有食用黄河的鲂和鲤鱼的记载，而今糖醋黄河鲤鱼仍然是鲁菜中的佼佼者，可见其源远流长。

鲁菜系的雏形可以追溯到春秋战国时期。北魏的《齐民要术》对黄河流域，主要是对山东地区的烹调技术作了较为全面的总结，不但详细阐述了煎、烧、炒、煮、烤、蒸、腌、腊、炖、糟等烹调方法，还记载了"烤鸭""烤乳猪"等名菜的制作方法。此书对鲁菜系的形成、发展有深远的影响。历经隋、唐、宋各代的提高和锤炼，鲁菜逐渐成为北方菜的代表，以至宋代山东的"北食店"久兴不衰。

（二）鲁菜代表

经过长期的发展和演变，鲁菜系逐渐形成包括青岛在内、以烟台福山帮为代表的胶东派，以及包括德州、泰安在内的济南派两个流派，并有堪称"阳春白雪"的典雅华贵的孔府菜，还有种类繁多的各种地方菜和风味小吃。山东菜调味极重、纯正醇浓，少有复杂的合成滋味，一菜一味，尽力体现原料的本味；面食品种极多，小麦、玉米、甘薯、黄豆、高粱、小米均可制成风味各异的面食，成为筵席名点。

1. 济南派　以汤著称，辅以爆、炒、烧、炸，菜品以清、鲜、脆、嫩见长。其中名菜有清汤什锦、奶汤蒲菜，清鲜淡雅。而里嫩外焦的糖醋黄河鲜鱼、脆嫩爽口的油爆双脆、素菜之珍的锅塌豆腐，则显示了济南菜的火候功力。清光绪年间，济南九华林酒楼店主将猪大肠洗净后，加香料开水煮至软酥取出，切成段后。加酱油、糖、香料等制成又香又肥的红烧大肠闻名于世。后来在制作上又有所改进，将洗净的大肠入开水煮熟后，入油锅炸，再加入调料和香料烹制，菜的味道更鲜美将其命名为"九转大肠"。

济南的面食制品以硬、干、酥为特色。主要有馒头、锅饼、杠子头火烧、家常饼、水饺、面条、玉米窝头、两合面饼等。煎饼作为鲁中主食品之一，一般用玉米面或杂合面，条件好者用小米面，调稀糊摊烙而成。其薄如纸，食时卷葱、酱，香甜可口。另外，阳谷、临清乡间还喜吃金银卷，将发面团成面皮，上铺一层玉米面，卷起，蒸熟，切段，此为以粗代细的代表性食品。

鲁中地区，风味小吃种类繁多，其中又多以面食为主。仅济南常见的就有盘丝饼、油旋、荷叶粥、五香甜沫、鸡丝馄饨、炸茄盒、麻酱烧饼等。济南的油旋，外皮酥脆，内瓤柔软，葱香透鼻，因形似螺旋而得名。济南人多趁热食油旋，配一碗鸡丝馄饨，妙不可言。鲁中农村，日常菜品多以新鲜蔬菜炒之，加一汤羹。鲁中乡间特别嗜好生食大葱、大蒜、甜面酱。日常饮食，只要有大葱和甜面酱即可。孔子曰："不得其酱不食"。《齐民要术》中记录的制酱法就有十几种。鲁中人喜生食大蒜，大蒜几乎是吃水饺、面条必备之物，也是凉拌菜的主要调味品。常见的吃法是整瓣蒜捣成蒜泥，也可整瓣蒜腌制成糖醋蒜，即取新鲜大蒜加入醋、糖腌泡，经15日左右由白变为酱红即成。

山东淄博、潍坊一带民间对小咸菜的制作特别讲究。除了萝卜、芥菜一类外，还有煮八宝菜、熏豆腐、韭花酱、酱黄瓜等。在潍坊，乡民逢节日就调制小鲜蔬菜，有芥菜鸡、酱疙瘩丝、拌合菜等，清爽鲜美。济南人口味偏咸，一日三餐多配有咸菜。民间有"菜不够，咸菜凑"之说。济南的小菜种类颇多，如酱萝卜、腌蒿菜、腌香椿、糖蒜等，制作都很讲究。山东淄博、潍坊一带的著名小吃还有朝天锅、周村烧饼、博山石蛤蟆水饺等。德州、惠民、聊城的著名小吃有德州羊肠汤、保店驴肉、阳谷烧饼、大柳面条、聊城熏鸡等。

2. 胶东派　胶东人民自古擅长烹饪。据《福山县志》记载，胶东菜大约形成于元、明间。明末清初，胶东人外出谋生并大量进入北京，将胶东菜带入北京，并成为京都菜的主流。胶东菜讲究用料，刀工精细，口味清爽脆嫩，保持菜品原料的原有汁味，长于海鲜制作，尤以烹制小海货见长。清末以来胶东菜又形成以京、津为代表的"京帮胶东菜"，以烟台福山为代表的"本帮胶东菜"，以青岛为代表的"改良胶东菜"。京帮胶东菜受清宫御膳影响较大，制作考究，排场华丽，长于肉类、禽蛋及干货制作，对水陆八珍烹制尤有独到之处。

本帮胶东菜以传统特色著称，长于海鲜制作，口味偏于清淡、平和，以鲜为主，脆嫩滑爽。本帮胶东菜的主要名菜有糟熘鱼片、熘虾、炸蛎黄、清蒸加吉鱼、葱烧海参、煎烹大虾、浮油鸡片等。

改良胶东菜广泛吸收西餐技艺，采用果酱、面包等原料。代表菜有烤加吉鱼、茄汁菊花鱼、红烧大虾、炸虾托、氽西施舌等。

知识链接

氽西施舌

　　氽西施舌是山东地区特色传统名菜之一。西施舌是一种舌状海鲜，产自山东胶南、日照沿海一带，肉质细嫩，可做多种佳肴。制作方法是将西施舌肉洗净放入汤碗，再用净勺将清汤、精盐、料酒去浮沫，倒入汤碗中，撒上香菜并淋上鸡油即成。氽西施舌淡爽、清新、脆嫩。

胶东各地均以面食为主，兼及各种杂粮。一般日食三餐，早晨以稀为主，配食小面食油炸食品及点心等；午餐以干为主，讲究佐餐小菜；晚餐也以干为主，大多配有面汤、馄饨之类的稀食。

胶东农村烹饪技术不亚于城镇，尤其是在福山县一带。民间宴席菜品多用蒸、煮、氽、炸、焖等技法。常见菜品有黄焖鸡、草菇蒸鸡、手抓大虾、芙蓉干贝、炸蛎黄、锅塌黄鱼等，具有浓厚的地方特色。

鲁南及鲁西南地区包括临沂、济宁、枣庄、满泽等地区，这里有丘陵和平原，麦、稻、蔬产量较大，瓜、果、梨、枣品种繁多。平原区多河流、湖泊，其中南四湖最有名，盛产淡水鱼、蟹。济宁等地有大运河通过，属南北交通要道，在烹调方面受南北烹调技术影响较大，居民口味喜咸鲜、嫩爽、醇厚，以烹制河湖水产及肉禽蛋品见长。代表菜有清蒸鲫鱼、红烧甲鱼、奶汤鲫鱼、油淋白雏等。鳜鱼是微山湖名产之一，肉质洁白细嫩，是当地宴席不可缺少的佳品。

3. 孔府菜 孔府饮食有着得天独厚的物质条件。孔府不仅有钦赐的土地，还有钦赐的佃户，有屠户、猪户、羊户、牛户、鸭蛋户、菱角户、香米户、豆芽户等，专门从事各类食品的加工，以供孔府日常或年节宴客之用。另外，还有各地向孔府进贡的各种山珍海味。

孔府一日三餐，主食为面粉制品兼及大米与各种杂粮。孔府内设两个大厨房，分内厨与外厨。内厨设在孔府内宅中，专供衍圣公及其家属的日常饮食。一般早上是六个家常小炒，喝豆粥或咸糊糊，并有三四种点心。午餐和晚餐都要吃七八个炒菜，还要有银耳汤羹之类。冬天，常常吃火锅。在孔府日常有时也吃一些当地农村的普通食品，如山芋、煎饼及各种咸菜。煎饼是用当地特产的黄米面粉制成的。孔府内所用的各种点心都是自己的厨师制作的，现吃现做，制作精细。一般分为两大类：一类是供衍圣公府的主人们食用的，数量较少；另一种是外用点心，主要是用于进贡、馈赠、恩赏。清末，孔府进贡的糕点以"枣煎饼"和"缠手酥"为多。

孔府食用糕点时还要配用各式各样的汤。如绿豆糕配山楂汤，各类酥点配用桂圆汤、莲子汤、百合汤等，咸点心则配用紫菜汤、口蘑汤、银耳汤等。

孔府菜品的制作讲究精美，重于调味，工于火候。孔府菜在选料上极为广泛，粗细料均细料精制，粗料细做。口味以鲜咸为主，火候偏重于软烂柔滑。烹调技法以蒸、烤、扒、烧、炸、炒见长。著名的菜肴有当朝一品锅、玉笔猴头、玉带虾仁、带子上朝、诗礼银杏等。

二、川菜

（一）概述

川菜历史悠久，其发源地是古代的巴国和蜀国。当时四川政治、经济、文化中心逐渐移向成都。其时，无论烹饪原料的取材，还是调味品的使用，以及刀工、火候的要求和专业烹饪水平，均已初具规模，已有川菜系的雏形。

至元、明、清建都北京后，随着入川官吏增多，大批北京厨师前往成都落户，经营饮食业，使川菜又得到进一步发展，逐渐成为我国的主要地方菜系。明末清初，川菜用辣椒调味，使巴蜀地区形成"尚滋味""好辛香"的调味传统，并进一步有所发展。

（二）川菜代表

川菜风味包括成都、重庆和乐山、自贡等地方菜的特色。主要特点在于味型多样，变化精妙。辣椒、胡椒、花椒、豆瓣酱等是主要调味品，不同的配比，演化出了麻辣、酸辣、椒麻、麻酱、蒜泥、芥末、红油、糖醋、鱼香、怪味等多种味型，无不厚实醇浓。川菜所用的调味品既复杂多样，又富有特色，尤其是号称"三椒"的花椒、胡椒、辣椒，"三香"的葱、姜、蒜，川菜有"七滋八味"之说，"七滋"指甜、酸、麻、辣、苦、香、咸；"八味"即鱼香、酸辣、椒麻、怪味、麻辣、红油、姜汁、家常。烹调方法达三十多种，且色、香、味、形俱佳，故国际烹饪界有"食在中国，味在四川"之说。

清同治年间，成都北门外万福桥边有家小饭店，面带麻粒的陈姓女店主用嫩豆腐、牛肉末、辣椒、花椒、豆瓣酱等烹制的佳肴麻辣、鲜香，十分受人欢迎，这就是著名的"麻婆豆腐"，后来饭店也改名为"陈麻婆豆腐店"。

贵州籍的咸丰进士丁宝桢，曾任山东巡抚，后任四川总督，因镇守边关有功，被追赠"太子太保"，"太子太保"是"宫保"之一，所以人称"丁宫保"。他很喜欢吃用花生和嫩鸡丁肉做成的炒鸡丁，流传入市后成为"宫保鸡丁"。川菜名菜还有灯影牛肉、樟茶鸭子、毛肚火锅、夫妻肺片等300余种。

其中"灯影牛肉"的制作方法与众不同，风味独特，是将牛后腿上的腿子肉切成薄片，撒上炒干水分的盐，裹成圆筒形晾干，平铺在钢丝架上，进烘炉烘干，再上蒸笼蒸后取出，切成小片复蒸透。最后下炒锅炒透，加入调料，起锅晾凉，淋上麻油才成。此菜呈半透明状，薄如纸，红艳艳，油光滑，其肉片之薄，薄到在灯光下可透出物象，如同皮影戏中的幕布，故称灯影牛肉。

"夫妻肺片"是成都地区人人皆知的一道风味菜。相传20世纪30年代，有个叫郭朝华的小贩，和妻子制作凉拌牛肺片，串街走巷，提篮叫卖。人们称其为"夫妻肺片"，沿用至今。

"东坡墨鱼"是四川乐山一道与北宋大文豪苏东坡有关的风味佳肴。墨鱼并非海中的乌贼，而是乐山市凌云山、乌龙山脚下的岷江中一种嘴小、身长、肉多的墨皮鱼，又叫"墨头鱼"。相传苏东坡在凌云寺读书时，常到凌云岩下洗砚，江中之鱼食其墨汁，皮色浓黑如墨，人们称之为"东坡墨鱼"。

四川最负盛名的菜肴和小吃还有清蒸江团、干烧岩鲤、干烧鳜鱼、鱼香肉丝、担担面、赖汤圆、龙抄手等。

三、粤菜

（一）概述

粤菜系的形成和发展与广东的地理环境、经济条件和风俗习惯等因素密切相关。广东地处亚热带，濒临南海，雨量充沛，四季常青，物产富饶。故广东的饮食，一向得天独厚。粤菜还善于取各家之长，为己所用，常学常新。粤菜中的爆、扒、烤、灸是从北方菜的烹调方法移植而来。而煎、炸的新法是吸取西菜同类方法改进之后形成的。但粤菜制作方法的移植，并不是生搬硬套，而是结合广东原料广博、质地鲜嫩、人们口味喜欢清鲜常新的特点，而加以发展、触类旁通的。广东的饮食文化多与中原各地一脉相通，其中一个很重要的原因是广州历史上曾有多个另立王朝的北方人。另外，历代王朝派来治粤或被贬的官吏等，也会带来北方的饮食文化，将各地的饮食文化直接介绍给岭南人民，进而使之变为粤菜的重要组成部分。

（二）粤菜代表

粤菜系由广州菜、潮州菜、东江菜三种地方风味组成，是起步较晚的菜系，但它影响极大，不仅在香港和澳门特别行政区，而且世界各国的中菜馆，也多数以粤菜为主。粤菜吸取各菜系之长，形成多种烹饪形式，是具有自己独特风味的菜系。广州菜包括珠江三角洲和肇庆、韶关、湛江等地的名食在内，地域较广，用料庞杂，选料精细，技艺精良，善于变化，风味讲究，清而不淡，鲜而不俗，嫩而不生，油而不腻。夏秋力求清淡，冬春偏重浓郁，擅长小炒，要求掌握火候和油温恰到好处。潮州同福建交界，语言和习俗与闽南相近，又受珠江三角洲的影响，故潮州菜接近闽、粤，汇两家之长，自成一派。以烹制海鲜见长，汤类、素菜、甜菜最具特色，刀工精细，口味清纯。东江菜又名客家菜，因客家原是中原人，在汉末和北宋后期因避战乱南迁，聚居在广东东江一带，其语言、风俗尚保留中原固有的风貌。菜品多用肉类，极少水产，主料突出，讲究香浓，下油重，味偏咸，以砂锅菜见长，有独特的乡土风味。粤菜系还有一派海南菜，菜的品种较少，但具有热带食物特有的风味。

知识链接

客家

所谓客家，是古代整族或整村迁徙而来的中原汉人，并非少数民族。《嘉应州志》记载："客家人祖先本齐晋人，至秦时被迫而迁于豫皖"。所谓被迫，是因为古代中原为争霸天下的场所，因而战乱频繁，致使大批居民流离失所，结队南逃而避战火。根据路线，他们首先在江西、福建、安徽等地定居，晋朝以后，逐渐南迁至广东东部的山区。由于大多是群徙，在生活和风俗上，依然秉承远古习俗，与当地习俗相融较慢，为了有别于当地原住居民，故被称为"客家人"。

其实，在东江聚居的客家人并不是客，而是主。当初这些迁徙的人们是多群体有组织而迁，整村整族而徙，在今广东的紫金、五华、大埔、丰顺、河源、梅县、兴宁、龙川、惠州、惠东、惠阳以及附近的东莞、清远、英德、曲江等县的广阔地域定居后，反客为主。他们的生活习俗不易被同化，反而同化了不少土籍人。之后，他们又陆续迁至广西、台湾及至海外各地。据1980年香港亚联出版社陈运栋写的《客家人》列表记载，分布海外的客家人总数为500万，以聚居东南亚的为多。他们的语言，至今仍保留古时中州韵味，因而，被俗称"客家话"，他们的菜肴风味，也保留中州古代传统特色，被称为客家菜。

粤菜系在烹调上以炒、爆为主，兼有烩、煎、烤，讲究鲜、嫩、爽、滑，曾有"五滋六味"之说。"五滋"即香、松、脆、肥、浓；"六味"是酸、甜、苦、辣、咸、鲜，同时注意色、香、味、形。许多广东点心是用烘箱烤出来的，带有西菜的特点。

粤菜的主要名菜还有脆皮烤乳猪、龙虎斗、护国菜、潮州烧雁鹅、艇仔粥、猴脑汤等百余种。其中烤乳猪是广州最为著名的特色菜。随着时代的变迁，在烹调制作方面不断有所改进，真正达到了"色如琥珀，又类真金"，并皮脆肉软，表里浓香，适合南方人的口味。

四、苏菜

（一）概述

江苏东临黄海，西拥洪泽湖，南临太湖，长江横贯于中部，运河纵流于南北，境内有蛛网般的港口，串珠似的淀泊，加之寒暖适宜，土壤肥沃，素有"鱼米之乡"之称。这些富饶的物产为江苏菜系的形成提供了优越的物质条件。江苏菜系起始于南北朝时期，唐宋以后，与浙菜竞秀，成为"南食"两大台柱之一。江苏菜的特点是浓中带淡，鲜香酥烂，原汁原汤，浓而不腻，口味平和，咸中带甜，其烹调技艺以擅长于炖、焖、烧、爆、炒而著称。烹调时用料严谨，注重配色，讲究造型，四季有别；同时追求本味，清鲜本和，咸甜醇正。菜品风格雅丽，形质兼美，酥烂脱骨而不失其形，滑嫩爽脆而益显其味，影响遍及长江中下游广大地区。

（二）苏菜代表

苏菜系由淮扬、苏锡、徐海三大地方风味菜品组成，以淮扬菜为主体。淮扬菜是中国长江中下游地区的著名菜系，其覆盖地域甚广，包括现今江苏、浙江、安徽、上海以及江西、河南部分地区，有"东南第一佳味""天下之至美"之誉，声誉远播海内外。淮扬风味以扬州、淮安为中心，以大运河为主干，南起镇江，西北至洪泽湖附近，东含里下河并及于沿海。这里水网交织，江河湖泊所出甚丰。淮安的鳝鱼菜品丰富多彩，镇江三鱼（鲥鱼、回鱼、刀鱼）驰名天下。淮扬菜的特点是选料严谨，注意刀工和火工，其中，扬州刀工为全国之冠，同时，强调本味，突出主料，色调淡雅，造型新颖，咸甜适中，口味平和，故适应面较广。在烹调技艺上，多用炖、焖、爆、熘之法。其中南京菜以烹制鸭菜著称，其细点以发酵面点、烫面点和油酥面点取胜。苏锡菜包括苏州、无锡一带，西到常熟，东到上海、昆山都在这个范围内徐海菜原近齐鲁风味，肉食五畜俱用，水产以海味取胜。菜肴色调浓重，口味偏咸，习尚五辛，烹调技艺多用煮、煎、炸等。

近年来，三种地方风味菜均有所发展和变化。淮扬菜由平和而变为略甜，似受苏锡菜的影响。而苏锡菜尤其是苏州菜口味由偏甜而转变为平和。又受到淮扬菜的影响，徐海菜则咸味大减，色调亦趋淡雅，向淮扬菜品看齐。在整个苏菜系中，淮扬菜仍占主导地位。

> **知识链接**
>
> ### 扬州三把刀
>
> 　　扬州三把刀，即天下闻名的扬州厨刀、修脚刀、理发刀。三把刀在扬州人手中不仅是一门技术，还是一门艺术，并成为独具地方特色的扬州文化的一部分。
>
> 　　扬州菜刀是声播全国、享誉世界的淮扬菜的代名词。淮扬烹饪技艺以精工细作著称，案上功夫主要体现在严谨规范的刀功上。扬州厨刀工艺讲究，厨师用起来得心应手。
>
> 　　扬州修脚刀的招牌像一张名片，由技而医，由技而艺，代代相传，极具功力扬州的修脚刀加上修脚师的精湛技艺，真的是各种脚病的克星，是趾甲的保护神。
>
> 　　扬州理发刀曾被乾隆皇帝"御赐一品刀"。乾隆皇帝六下江南、六游扬州时剃头理辫用的就是扬州理发刀。

五、闽菜

（一）概述

闽菜系起源于福建闽侯县，由福州、厦门、泉州等地的地方菜发展而成，以福州菜为主要代表。闽菜在色、香、味、形兼顾的基础上，尤以香味见长，且以烹制山珍海味而著称。在中国饮食文化中独树一帜。

（二）闽菜代表

福州菜清鲜、淡爽，偏于甜酸，尤其讲究调汤。另一特色是善用红糟作配料，具有防腐、去腥、增香、生味、调色的作用。在实践中，有炮糟、拉糟、煎糟、醉糟、爆糟等十多种，尤以"淡糟炒响螺片""醉糟鸡""糟汁氽海蚌"等最负盛名。闽南菜除新鲜、淡爽的特色外，还以讲究作料、善用甜辣著称。最常用的作料有辣椒酱、沙茶酱、芥末酱、橘汁等，其名菜"沙茶焖鸭块""芥辣鸡丝""东璧龙珠"等均具风味。闽系菜偏咸、辣，多以山区特有的奇珍异味为原料，如"油焖石鳞""爆炒地猴"等，有浓郁的山乡色彩。

闽菜系历来以选料精细，刀工严谨，讲究火候、调汤、作料和以味取胜而著称。其烹饪技艺，有四个鲜明的特征。

1. 细致入微，入味透彻　采用细致入微的片、切、剁等刀法，使不同质地的材料，达到入味透彻的效果。故闽菜的刀工有"剖花如荔，切丝如发，片薄如纸"的美誉。如凉拌菜肴"萝卜蜇丝"，将薄薄的海蜇皮，每张分别切成2~3片，复切成极细的丝，再与同样粗细的萝卜丝合并烹制，凉后拌上调料上桌。此菜刀工精湛，海蜇与萝卜丝交融在一起，食之脆嫩爽口，兴味盎然。

2. 汤菜居多，变化无穷　闽菜多汤由来已久，这与福建有丰富的海产资源密切相关。闽菜始终将质鲜、味纯、滋补联系在一起，而在各种烹调方法中，汤菜最能体现原汁原味、本色本味。故闽菜多汤，原因在于此。

3. 调味奇异，别具一格　闽菜偏甜、偏酸、偏淡，这与福建有丰富多彩的作料以及其烹饪原料多用山珍海味有关。偏甜可去腥膻，偏酸爽口，味清淡则可保其质地鲜纯。闽菜名菜荔枝肉、甜酸竹节肉、葱烧酥鲫、白烧鲜竹蛏等均能恰到好处地体现偏甜、偏酸、偏清淡的特征。

4. 烹调细腻，雅致大方　闽菜的烹调技艺，不但蒸、炒、炖、焖、氽、爆等法各具特色，而且以炒、蒸、爆技术称殊。在餐具上，闽菜习用大、中、小盖碗，十分细腻雅致，尤以佛跳墙为甚，其选料精细，加工严谨，讲究火工与时效，以及注重爆制器皿等特色，使之成为名扬中外的美馔佳肴。佛跳墙是闽菜中著名的古典名菜，相传始于清道光年间，百余年来，一直驰名中外，成为中国著名的特色菜之一。"炒西施舌"采用福建长乐漳港的特产蛤蜊烹制。传说春秋战国时期，越王勾践灭吴后，其妻派人偷偷将西施骗出来。用石头绑在西施身上，把她沉入海底。从此沿海泥沙中便有了类似人舌的海鲜——沙蛤，传说是西施的舌头，故称其为"西施舌"。

六、浙菜

（一）概述

浙菜，是我国八大菜系之一。浙江省位于我国东海之滨，北部水道成网，素有江南鱼米之乡之称。西南丘陵起伏，盛产山珍野味。东部沿海渔场密布，水产资源丰富，经济鱼类和贝壳水产品达500余种，总产值居全国前列，浙江山清水秀，物产丰富，故谚曰："上有天堂，下有苏杭"。

浙菜就整体而言，有比较明显的特色风格，概而言之有以下四点。

一是选料苛求细、特、鲜、嫩。细，取用物料的精华部分，使菜品达到高雅上乘。特选用特产，使菜品具有明显的地方特色。鲜，用料讲求鲜活，使菜品保持味道纯正。嫩，时鲜为尚，使菜品食之清鲜爽脆。

二是烹调擅长炒、炸、烩、焰、蒸、烧。海鲜河鲜烹制独到一面，与北方烹法有显著不同。浙菜烹鱼，大都过水，约有三分之二是用水作传热体烹制的，突出鱼的鲜嫩，保持本味。如著名的"西湖醋鱼"，系活鱼现杀，经沸水熟软而成，不加任何油，滑嫩鲜美、众口交赞。

三是注重清鲜脆嫩，保持主料的本色和真味，多以当季鲜笋、火腿、冬菇和绿叶的菜为辅佐，同时十分讲究以绍酒、葱、姜、醋、糖调味，借以去腥、戒腻、吊鲜、起香。

四是形态精巧细腻，清秀雅丽。此风格可溯至南宋，《梦粱录》曰："杭城风俗，凡百货卖饮食之人，多是装饰车盖担儿，盘盒器皿，新洁精巧，以炫耀人耳目"，许多菜品，以风景名胜命名，造型优美。

（二）浙菜代表

杭州菜制作精细，品种多样，清鲜爽脆，淡雅典丽，是浙菜的主流。名菜如西湖醋鱼、东坡肉、龙井虾仁、油焖春笋、西湖莼菜汤等，集中反映了杭菜的风味特点。宁波菜鲜咸合一，以蒸、烤、炖为主，以烹制海鲜见长，讲究鲜嫩软滑，注重保持原汁原味，主要代表菜有雪菜大汤黄鱼、奉化摇蚶、宁式鳝丝、苔菜拖黄鱼等。绍兴菜擅长烹制河鲜家禽，入口香酥绵糯，汤浓味重，富有乡村风味，代表名菜有绍兴虾球、干菜焖肉、清汤越鸡、白鲞扣鸡等。温州古称"瓯"，地处浙南沿海，当地的语言、风俗和饮食方面，都自成一体，别具一格，素以"东瓯名镇"著称。瓯菜以海鲜入馔为主，口味清鲜，淡而不薄，烹调讲究"二轻一重"，即轻油、轻芡、重刀工。代表名菜有三丝敲鱼、橘络鱼脯、蒜子鱼皮爆墨鱼花等。

"龙井虾仁"因取杭州最佳的龙井茶叶烹制而著名。当时安徽地区用"雀舌""鹰爪"之茶叶嫩尖制作珍贵菜肴，杭州用清明节前后的龙井新茶配以鲜活河虾仁制作炒虾仁，故名"龙井虾仁"，不久就成为杭州最著名的特色名菜，闻名遐迩。

干菜焖肉是绍兴名肴，是用绍兴特有的霉干菜和五花肉同煮，焖至酥烂时为佳。同时，肉上的油浸入霉干菜，霉干菜香味透入肉中，相得益彰，酥香糯软，鲜美可口。浙菜系中的名菜名点还有虾爆鳝背、炸响铃、炝蟹、冰糖甲鱼、湖州千张包子等。

知识链接

"炸响铃"

炸响铃是一道浙江美食，主料是腐皮，配料是肉屑，调料为料酒、盐、鸡精等，主要通过油脆炸的方法制作而成。

七、湘菜

（一）概述

湖南地处我国中南地区，气候温和，雨量充沛，自然条件优越。湘西多山，盛产笋、覃和山珍野味；湘东南为丘陵和盆地，农林牧副渔业发达；湘北是著名的洞庭湖平原，素称"鱼米之乡"。湘菜历史悠久，早在汉朝就已经形成菜系，烹调技艺已有相当高的水平。西汉时期，长沙已经是封建王朝政治、经济和文化都比较发达的一个主要城市，特产丰富，烹饪技术已发展到一定的水平。

（二）湘菜代表

湘菜是由湘江流域、洞庭湖区和湘西山区三个地方的风味菜肴组成。湘江流域菜以长沙、衡阳、湘潭为中心，特点是用料广泛、制作精细、品种繁多；口味上注重香鲜、酸辣、软嫩；在制作上以爆、炖、腊、蒸、炒诸法见称。洞庭湖区的菜以烹制河鲜和家禽家畜见长，多用炖、烧、腊的制作方法，其特点是芡大油厚、咸辣香软。湘西菜擅长制作山珍野味、烟熏腊肉和各种腌肉，口味侧重于咸、香、酸、辣。由于湖南地处亚热带，气候多变夏季炎热，冬季寒冷，因此湘菜特别讲究调味，尤重酸辣、咸香、清香、浓鲜。夏天炎热味重清淡、香鲜；冬天湿冷，味重热辣、浓鲜。

湘菜以其油重色浓、主味突出，尤以酸、辣、香、鲜、腊见长。湖南驰名的主要风味湘菜还有以下几种。

1. 全家福 是家宴的传统头道菜，以示阖家欢乐，幸福美满。全家福的用料比较简易，一般主料为油炸肉丸、蛋肉卷、水发炸肉皮、净冬笋、水发豆笋、水发木耳、素肉片、熟肚片、碱发墨鱼片、鸡肫、鸡肝等。辅料为精盐、味精、胡椒粉、葱段、酱油、水荧粉、鲜肉汤等。将上述主、辅料备办周全以后，先把冬笋放进沸水锅中煮五分钟左右捞出，切成柳叶片状，再把豆笋切成三厘米长，然后将木耳洗净、撕开，将水发炸肉皮的皮肉改刀成片或块，鸡肫和鸡肝切成薄片，墨鱼切成三厘米左右的片状，把肉丸和蛋卷扣入蒸钵内蒸熟，上菜时取出倒入大汤盆中即可。

2. 百鸟朝凤 是一道传统湘菜，象征欢聚一堂，其乐融融。选一只肥嫩母鸡宰杀，去血，褪尽鸡毛，除掉嘴壳、脚皮，从颈翅之间用刀划开一寸长左右的鸡皮，取出食管、食袋、气管；再从肛门处横开一寸半长左右的口子，取出其余鸡内脏，清洁干净。这样，整只鸡的形体未遭破坏。然后把整鸡用旺火蒸至鸡肉松软，再放入去壳的熟鸡蛋，续蒸20分钟左右，倒出原汤于干净锅中，将鸡翻身转入大海碗内，剔去姜片，原鸡汤烧开，加菜心、香菇，再沸时起锅盛入鸡碗内，撒上适量胡椒粉。至此，便成一道鸡身隆起、鸡蛋和白菜心浮现于整鸡周围的形同百鸟朝凤的美味佳肴。

3. 子龙脱袍 是一道以鱼为主料的传统湘菜。因鱼在制作过程中需经破皮、剔骨去头、脱皮等工序，特别是鱼脱皮，形似古代武将脱袍，故将此菜取名为子龙脱袍。子龙脱袍不仅制法独特，且菜名别致新奇，耐人寻味，一直吸引着不少名士。

4. 霸王别姬 传统湘菜，问世于清代末年。用甲鱼和鸡为主要原料，辅以香菇、火腿、料酒、葱、蒜、姜等作料，采取先煮后蒸的烹调方法精制而成。制法精巧，吃法独特，鲜香味美，营养丰富，一经品尝，齿留余香，是酒席筵上的佳品。

5. 长沙麻仁香酥鸭 是长沙特级厨师石荫祥推出的优秀之作。此菜集松软、酥脆软嫩、鲜香于一体，深得四方宾客称赞。此道菜选良种肥鸭，烹饪时在锅内放入花生油，烧至六成热，下入麻仁鸭酥炸，浇油淋炸，至麻层呈金黄色时倒去油，撒上花椒粉，淋入芝麻油，取出切成条状，整齐地摆放在盘内，周围拼上香菜，造型美观，色调柔和，焦酥鲜香，回味悠长。

6. 花菇无黄蛋 是长沙的传统名菜，此菜是将鸡蛋洗净，在每个蛋的大圆头顶端开一小圆孔，逐个将蛋清倒入 1 只大碗内，蛋壳内灌入清水，洗净沥干。碗内蛋清中加入熟猪油、精盐、味精、清鸡汤调匀后均匀地灌入 12 个蛋壳内，用薄纸封闭圆孔。另取大瓷盘 1 只，上面平铺一层生米，将鸡蛋圆子（朝上）逐个竖立在米上，入笼蒸熟后取出鸡蛋放在冷水中浸泡 2 分钟，剥去蛋壳，即成白色无黄蛋。将水发花菇放入熟猪油烧至六成热时下洗净的菜心，加精盐炒熟，摆在大瓷盘的周围，将无黄蛋沥去水，倒在大瓷盘中，再用湿淀粉勾芡成浓汁，盖在无黄蛋上，淋入芝麻油，撒上胡椒粉即成。花菇无黄蛋制作的关键在于掌握火候，既要蒸熟，又不能让蛋清流出，破坏造型。

八、徽菜

（一）概述

徽菜，又名皖菜。安徽皖南地区多山，山珍野味非常丰富，这些都为徽菜的烹调提供了特殊的、丰富的原材料。自唐代以后，历代都有"无徽不成镇"之说，可见古代安徽商业之发达，商贾之众多。随着安徽商人出外经商，徽菜也普及各地。安徽菜是由皖南、沿江和沿淮三个地方的风味菜肴所构成，以烹制山珍野味而著称，皖南徽菜是安徽菜的主要代表。

（二）徽菜代表

徽菜系的名菜有火腿炖甲鱼、腌鲜鳜鱼、无为熏鸡、符离集烧鸡、问政山笋、黄山炖鸽等。其中"火腿炖甲鱼"又名"清炖马蹄鳖"，是徽菜中最古老的传统名菜，是采用当地最著名的特产沙地马蹄鳖炖成。相传乾隆三十九年，无为县的厨师将鸡先熏后卤，使鸡色泽金黄油亮，皮脂丰润，美味可口，独具一格，称为无为熏鸡。后来渐传至安徽其他地区，到清末已传遍全省。符离集烧鸡源于山东的德州扒鸡，最早叫红鸡，是将鸡加调料煮烧后搽上一层红米曲，当时并无很大名气。20 世纪30 年代，德州管姓烧鸡师傅迁居符离集镇带来德州五香脱骨扒鸡的制作技术。他改进烧鸡选料，并增加许多调味品，使鸡色泽金黄。鸡肉酥烂脱骨，滋味鲜美，符离集烧鸡逐渐成名并与德州扒鸡齐名、享誉中外。

徽菜在烹调方法上也有独特之处。徽菜讲究火功，善烹野味，量大油重，朴素实惠，保持原汁原味；不少菜肴都是取用木炭小火炖、爆而成，汤清味醇，原锅上席，香气四溢；徽菜选料精良，擅长烧、炖、蒸、炒等，并具有"三重"的特点，即重油、重酱色、重火工。

沿江菜以芜湖、安庆地区为代表，之后也传到合肥地区。它以烹制河鲜、家畜见长，讲究刀工，注意色、形，善用糖调味，尤以烟熏菜肴别具一格。

沿淮菜以淮北蚌埠、宿州、阜阳等地为代表，菜品讲究咸中带辣，汤汁味重色浓，皖南虽水产不多，但烹制经腌制的臭鳜鱼知名度较高。臭鳜鱼是传统佳肴，已有两百多年的历史。新安江内盛产鳜鱼，到了春季，桃花盛开之时，正是捕获肥美鳜鱼的好季节。鳜鱼肉质白嫩，营养丰富。过去，徽州人把鳜鱼进行腌制，一段时间后，肉质更加鲜美细嫩，鱼先腌后烧，肉似臭实香，嫩而鲜美，具有特殊的发酵香味。一代代传下来，便成为远近闻名的徽州臭鳜鱼。

徽州毛豆腐也叫霉豆腐，徽州地区传统名菜，是一种表面长有寸许白色茸毛的霉制品。主要做法是将豆腐切成块状，进行发酵的过程，使之长出寸许白毛，然后用油煎成两面略焦，再红烧。

在漫长的岁月里，经过历代名厨的辛勤创造、兼收并蓄，特别是1949年以后，徽菜已逐渐从徽州地区的山乡风味脱颖而出，如今已集中了安徽各地的风味特色、名馔佳肴，逐步形成了一个雅俗共赏、南北咸宜、独具一格、自成一体的著名菜系。

任务二　五大餐饮集聚区

我国的五大餐饮集聚区是指辣文化餐饮集聚区、北方菜集聚区、淮扬菜集聚区、粤菜集聚区、清真餐饮集聚区。

一、辣文化餐饮集聚区

1. 辣文化餐饮集聚区概述　辣文化餐饮集聚区以四川、重庆、湖南、湖北、江西、贵州为主的餐饮区域。重点建设重庆美食之都、川菜产业化基地、长沙"湘菜文化之都"和湖北淡水渔乡，引导江西香辣风味、贵州酸辣风味餐饮发展。

2. 辣文化餐饮集聚区代表名菜　鱼香肉丝、回锅肉、水煮肉片、灯影牛肉、砂锅焖狗肉、宫保鸡丁、太白鸡、豆花江团、夫妻肺片、麻婆豆腐。

3. 辣文化餐饮集聚区代表名点　龙抄手、都督烧麦、韩包子、蛋烘糕、萝卜酥饼、过桥米线、淋浆包子、赖汤团、遵义羊肉粉。

二、北方菜集聚区

1. 北方菜集聚区概述　北方菜集聚区以北京、天津、山东、山西、河北、河南、陕西、甘肃及东北三省为主的餐饮区域。重点建设鲁菜、津菜、冀菜创新基地，建立辽菜、吉菜、龙江菜研发基地，大力推广山西、甘肃等地面食文化。

2. 北方菜集聚区代表名菜　涮羊肉、北京烤鸭、甲第魁元、糖醋黄河鲤、宫门献鱼、诗礼银杏、全家福。

3. 北方菜集聚区代表名点　羊肉烧麦、狗不理包子、焦圈、锅盔、红脸烧饼、闻喜煮饼、艾窝窝、驴打滚。

三、淮扬菜集聚区

1. 淮扬菜集聚区概述　淮扬菜集聚区以江苏、浙江、上海、安徽省为主的餐饮区域。重点建设淮扬风味菜、上海本帮菜、浙菜、徽菜创新基地，建设中餐工业化生产基地。

2. 淮扬菜集聚区代表名菜 清炖蟹粉狮子头、扁大枯酥、沛公狗肉、叫花鸡、苏州卤鸭、涟水鸡糕、将军过桥、文思豆腐、霸王别姬、天下第一菜。

3. 淮扬菜集聚区代表名点 王兴记馄饨、翡翠烧麦、文楼汤包、三丁包子、黄桥烧饼、大救驾、吴山酥油饼、苏式月饼。

四、粤菜集聚区

1. 粤菜集聚区概述 粤菜集聚区以广东、福建、海南等省为主的餐饮区域。重点建设粤菜、闽菜创新基地。

2. 粤菜集聚区代表名菜 蜜汁叉烧、白云猪手、片皮乳猪、大良炒鲜奶、生炆狗肉、盐焗鸡、佛山柱侯酱鸭、佛跳墙、东壁龙珠、打边炉。

3. 粤菜集聚区代表名点 鲜奶鸡蛋挞、蜂巢荔芋角、西樵大饼、娥姐粉果、干蒸烧麦、鲜虾荷叶饭、竹筒饭、糯米鸡、龙江煎堆。

五、清真餐饮集聚区

1. 清真餐饮集聚区概述 清真餐饮集聚区以宁夏、新疆、甘肃、内蒙古、青海、西藏等地为主的餐饮区域。重点建设乌鲁木齐"中国清真美食之都"、兰州"中国牛肉面之乡"和"宁夏清真食品工业化生产基地"。

2. 清真餐饮集聚区代表名菜 手抓羊肉、大漠羊腿、蜜枣羊肉、烤全羊、烧千里风、扣麒麟顶。

3. 清真餐饮集聚区代表名点 清真花卷、金鼎牛肉面、青海砖包城、清蒸油旋饼、馕、拉条子。

◇ 练 习 题 ◇

答案解析

一、选择题

（一）单选题

1. 相传豆腐是在（　）代发明的。

　　A. 秦　　　　　　B. 汉　　　　　　C. 唐　　　　　　D. 宋

2. 徽菜有三重，即重油、重色、（　）。

　　A. 重火工　　　　B. 重味　　　　　C. 重营养　　　　D. 重刀工

3. 鲁菜是中华美食文化中的重要组成部分，在宋代，鲁菜已经颇具规模，宋以后鲁菜就成为（　）的代表。

　　A. 传统菜　　　　B. 南方菜　　　　C. 北方菜　　　　D. 山东菜

（二）多选题

4. 粤菜，又称潮粤菜，是我国八大菜系之一，由（　）三种地方风味组成。

　　A. 广州菜　　　　B. 潮州菜　　　　C. 东江菜　　　　D. 孔府菜

5. 浙菜烹调讲究"二轻一重"，即（　）。

　　A. 轻油　　　　　B. 轻盐　　　　　C. 重刀工　　　　D. 重油

二、简答题

简述湘菜系的特点。

三、实训题

搜集整理鲁菜的相关资料，请列举出五种教材中介绍之外的鲁菜代表菜及其特点。并介绍三种山东名小吃及特点。

书网融合……

重点小结　　　　　题库

模块七　中国茶酒水文化与餐饮筵宴活动

学习目标

知识目标

1. **掌握**　茶、酒的功能；水对人体的重要性、水质的要求和饮水卫生；筷子的功能与正确的执筷方法；中式筵宴的格局，中式宴席、特色筵宴的菜品设计原则、内容与要点。

2. **熟悉**　茶酒的起源、我国茶酒文化的发展历程；中国茶与酒的分类方法和中国名茶名酒、中国茶酒文化；水的性质和水文化。

3. **了解**　中国筵宴的历史发展进程；现代中式筵宴的分类和中国名宴；筵宴服务礼仪和就餐礼仪；西方饮食文化的特征和分类。

能力目标

会进行茶的一般冲泡技艺和酒的品饮方法；会结合现代中餐宴席的格局设计具有一定主题的菜单，按照筵宴的设计美学原则，进行筵宴摆台。

素质目标

通过对中国茶、酒文化的熏陶，培养审美情操。通过对筵宴知识和中外饮食文化的比较学习，养成基本道德素质和职业素质，培养民族自豪感。

情境导入

情境　在北京天安门广场西南侧，有个1988年创建的老舍茶馆，古香古色、京味十足。可以在欣赏曲艺、戏剧名流精彩表演的同时，品尝名茶、宫廷细点和应季北京风味小吃。老舍茶馆开业以来，接待了很多中外名人，享有很高的声誉。老舍茶馆创办至今，坚持"振兴古国茶文化，扶植民族艺术花"的经营宗旨，以茶馆舞台为阵地，走出了一条"以商兴文，以文促商"的特色化发展道路。

问题　1. 从老舍茶馆的经营模式，可以看到茶文化的内涵体现在哪些方面？

2. 茶酒水文化与经济发展存在哪些关系？

中国茶酒水文化

任务一 中国茶品与饮茶文化

中国是茶的故乡和原产地，在悠久的历史长河中，茶是中国人最重要的饮品，已经成为许多人日常生活的必需品，给人带来了生理享受和精神愉悦，并在中国文化总的范畴中形成了相对独立、内涵丰富的中国茶文化。

一、茶的起源和发展

（一）茶树的起源

在植物分类系统中，茶树属被子植物门，双子叶植物纲，原始花被亚纲山茶目山茶科山茶属，起源于距今约一亿年的白垩纪地层，其中山茶目植物，产生在 6000 万年至 7000 万年前。

现有资料表明，全国有 10 个省区 198 处发现了野生大茶树，其中云南的一株树龄已达 1700 年，且仅在云南省内树干直径在 1m 以上的茶树就有 10 多株，有的地区甚至野生茶树群落大至数千平方米。目前，我国已发现的大茶树，时间之早、树体之大、数量之多、分布之广堪称世界之最。此外，印度发现的野生大茶树与中国引入印度的茶树同属中国茶树的变种。由此，中国是茶树的原产地遂成定论。

（二）茶的使用

茶的使用始于中国，其历史可追溯到远古时代。远古没有文字，结绳记事。上古历史，全靠传说和神话流传。《神农本草经》载："茶之为饮，发乎神农。"

传说远古时代，神农氏为拯救人民，采集百草尝试，以发现治病救人的草药。一日，神农采集草药尝试，遇毒晕死于茶树下，碰巧茶树叶片上的露水滴入神农口中，起死回生，神农得救，因而发现茶的药用价值。神农时代是从母系氏族社会一直到父系氏族末期一个相当长的历史阶段。当时尚无农业，主要依靠采集、狩猎为生，从我国出土的原始陶片来推断，我国农业起源于一万多年前，因此，我国利用茶叶的历史至少已有一万多年的时间了。

我们可以论证茶在中国很早就被认识和利用，很早就有茶树的种植和茶叶的采制。但是据考证，茶在社会各阶层中被广泛普及品饮，大致还在唐代陆羽《茶经》传世以后，因此宋代有诗云："自从陆羽生人间，人间相学事春茶。"

（三）茶的发展阶段

中国茶史发展阶段大致可以分为五个阶段：野生药用阶段，少量种植供僧寺、贵族饮用阶段，大量发展阶段，衰落阶段以及 1949 年后茶叶生产大发展阶段。

1. 野生药用阶段　茶的利用始作药料，远在公元前 28 世纪茶被神农氏发现，并用作药料，自此后，茶被逐渐推广并药用。

2. 少量种植供僧寺、贵族饮用阶段　顾炎武曾道："自秦人取蜀而后，始有茗饮之事"，认为巴蜀地区是中国茶业的摇篮。因此认为饮茶的习惯应当起源于巴蜀地区，后逐渐向各地传播。至西汉末年，茶已经成为寺僧、皇室和贵族的高级饮料。到三国时，据史书《三国志》记载吴国君主孙皓有"密赐茶荈以代酒"，是"以茶代酒"最早的记载，说明宫廷饮茶更为经常。

3. 大量发展阶段　晋以后，饮茶逐渐普及开来，特别是唐代茶作为饮料推广普及，由宫廷贵族走向果腹层。唐顺宗永贞元年（805年）茶叶由僧人传入日本国。唐懿宗咸通十五年（874年）出现专用的茶具。宋人饮茶继承了唐人饮茶方式，比唐人更加讲究，制作也更加精细。宋徽宗在大观元年（1107年）亲著《大观茶论》一书，以帝王之尊，倡导茶学，弘扬茶文化。明代中国茶的发展体现在两个方面。一是在唐宋散茶的基础上发展扩大，散茶成为盛行明清两朝并且流传至今的主要茶类；二是中国茶叶开始销往欧洲市场，传入荷兰、丹麦和俄罗斯等欧洲国家。现今俄罗斯成为世界上最大的茶叶进口国。清代除了名目繁多的绿茶、花茶之外，又出现了乌龙茶、红茶、黑茶和白茶等茶类，从而形成了我国茶叶结构的基本种类。

4. 衰落阶段　1886年至1949年，是中国茶叶生产的衰落时期。这一时期中国茶从发展高峰一落千丈，1949年茶叶产量只4.1万吨，出口量仅0.9万吨。究其衰落原因，除政治和经济方面的逆境影响外，还有一个很重要的原因是在国际市场茶业竞争中失败。

5. 1949年后茶叶生产大发展阶段　1950年至1988年，由于政府重视，积极扶持茶叶生产，因而使枯萎的茶业得到了恢复和发展。茶叶产量从7.5万吨增加到56.9万吨，茶叶出口量从2.6万吨提高到20.6万吨，茶叶的总产量和出口量分别在1976年（生产25.8万吨）和1983年（出口13.7万吨）超过了历史最高纪录。目前，在世界上主要产茶国家中，茶园种植面积之大，茶叶品类之多，茶树资源之富，中国首屈一指。

二、中国茶的分类和名品

（一）制茶工艺

茶叶的不同是因为制造工艺的不同，在茶叶的制造方法上影响茶叶品质最主要的因素是发酵、揉捻以及焙火。

1. 发酵　从茶树上摘下来的嫩叶称为"茶青"，也就是鲜叶。茶青摘下来之后，首先要让它失去一些水分，称为"萎凋"，然后就是发酵。鲜叶经过静置到一定时间而炒为干燥的茶叶，称为部分发酵茶，也称为"半发酵茶"，随着静置时间的长短有不同程度的变化。发酵程度直接影响茶叶的香型，如未经发酵的茶，属菜香型茶（绿茶类），让其轻轻发酵，如20%左右就会变成花香型，30%左右会变成坚果香型，让其再重一点的发酵；60%左右，会变成成熟果香型，若其全部发酵，则变成糖香型。当茶青发酵到人们需要的程度，用高温把茶青炒熟或蒸熟，以便停止茶青继续发酵，这个过程叫"杀青"。

2. 揉捻　茶叶经过杀青之后就进入揉捻工艺。揉捻是把叶细胞揉破，使得茶所含的成分在冲泡时容易溶入茶汤中，并且揉捻出所需要的茶叶形状。干茶的外形有条索形、半球形、珠形和碎片状几种。一般说来，干茶的外形越是紧实就越耐泡，并且在冲泡的时候，杀青为了使茶香完全溶出，应该用温度高一点的水冲泡。

揉捻成形后就要进行干燥，干燥的目的是要将茶叶的形状固定，并且有利于保存使之不易变坏。经过这些步骤制造出来的茶叶就是初制茶叶了，称为"毛茶"。

3. 焙火　初制完成后为了让茶叶成为更高级的商品，要拣去茶梗，然后再烘焙成为精制茶。焙火是茶叶制成后用火慢慢烘焙，使得茶叶从清香转为浓香。焙火是影响茶叶特性的另一个要素，焙火和发酵对于茶叶所产生的作用不同，发酵影响茶汤颜色的深浅，焙火则关系茶汤颜色的明暗。焙火越重，茶汤颜色变得越暗，茶的风味也因此变得更老沉。

所谓生茶、熟茶，就是指茶叶焙火的轻重。焙火轻的茶叶，或者未经焙火的茶叶在感觉上比较清凉，俗称生茶。焙火比较重的茶在感觉上比较温暖，俗称熟茶。焙火越重，则咖啡因和茶单宁挥发得越多，茶叶的刺激性也就越少。所以喝茶会睡不着觉的人，可以喝焙火较重、发酵较多的熟茶。

（二）茶叶的分类和制作

1. 按茶叶颜色、品质和特点分类

（1）绿茶　是指采取茶树新叶，未经发酵，经杀青、揉捻、干燥等典型工艺，其制成品的色泽，冲泡后的茶汤较多地保存了鲜茶叶的绿色主调。绿茶按其干燥和杀青方法的不同，一般分为炒青、烘青、晒青和蒸青绿茶。炒青绿茶是经过杀青、揉捻后主要经过炒滚方式干燥的绿茶称为炒青绿茶。炒青绿茶又可细分为细嫩炒青，如龙井、碧螺春、南京雨花茶、安花松针等；长炒青，如珍眉、秀眉、贡熙等；圆炒青，如平水珠茶等。烘青绿茶是用烘笼进行烘干的，烘青毛茶经再加工精制后大部分作熏制花茶的茶坯，香气一般不及炒青高，少数烘青名茶品质特优。蒸青绿茶是以蒸汽杀青，是我国古代的杀青方法，唐朝时传至日本，相沿至今。而我国则自明代起即改为锅炒杀青。晒青绿茶是用日光进行晒干的。

（2）红茶　属于全发酵茶类，是以茶树的芽叶为原料，经过萎凋、揉捻、发酵、干燥等典型工艺过程精制而成，因其干茶色泽和冲泡的茶汤以红色为主调，而得其名。世界上最早的红茶由中国福建武夷山茶区的茶农发明，名为"正山小种"。红茶为我国第二大茶类，出口量占我国茶叶总产量的50%左右，客户遍布60多个国家和地区。我国红茶分为小种红茶、工夫红茶和红碎茶三种。

（3）青茶　也称"乌龙茶"，属于半发酵茶，是中国传统六大茶类中独具鲜明特色的茶叶品类。青茶是经过杀青、萎凋、摇青、半发酵、烘焙等工序后制出的品质优异的茶类。前身由宋代贡茶龙团、凤饼演变而来，创制于1725年（清雍正年间）前后。品尝后齿颊留香，回味甘鲜。按其产地可以将青茶分为闽北乌龙茶、闽南乌龙茶、广东乌龙茶和台湾乌龙茶四类。

（4）白茶　属于部分发酵茶（发酵程度10%）。因白茶是采自茶树的嫩芽制成，细嫩的芽叶上覆盖了细小的白毫，因此白茶最主要的特点是毫色银白，素有"绿妆素裹"之美感。冲泡后品尝，滋味鲜醇可口，还能起药理作用。白茶依照原料的不同分为白芽茶和白叶茶。

（5）黄茶　是我国特产。黄茶的杀青、揉捻、干燥等工序均与绿茶制法相似，其最重要的工序在于闷黄，这是形成黄茶特点的关键，主要做法是将杀青和揉捻后的茶叶用纸包好，或堆积后以湿布盖之，时间以几十分钟或几个小时不等，促使茶坯在水热作用下进行非酶性的自动氧化，形成黄色。黄茶依据原料芽叶的嫩度和大小分为黄芽茶、黄小茶和黄大茶三类。

（6）黑茶　属于后发酵茶，最早的黑茶是由湖南安化生产的，由绿毛茶经蒸压而成的边销茶。由于四川的茶叶要运输到西北地区，当时交通不便，运输困难，必须减少体积，蒸压成团块。在加工成团块的工程中，要经过二十多天的湿坯堆积，所以毛茶的色泽逐渐由绿变黑。成品团块茶叶的色泽为黑褐色，并形成了茶品的独特风味，这就是黑茶的由来。黑茶是利用菌发酵的方式制成的一种茶叶，它的出现距今已有四百多年的历史。黑茶按照产区的不同和工艺上的差别，可以分为湖南黑茶、湖北老青茶、四川边茶和滇桂黑茶。

（7）花茶　属于再加工茶类，主要以绿茶、红茶或者乌龙茶作为茶坯，配以能够吐香的鲜花作为原料，采用窨制工艺制作而成的茶叶。花茶分为熏花花茶、工艺花茶和花果茶三种。

（8）紧压茶　属于再加工茶类，是以黑毛茶、老青茶、做庄茶及其他适合毛茶为原料，经过渥堆、蒸、压等典型工艺过程加工而成的砖形或其他形状的茶叶。紧压茶的多数品种比较粗老，干茶色泽黑褐，汤色橙黄或橙红。在少数民族地区非常流行。我国目前生产的紧压茶主要包括饼茶、方包茶、茯砖

茶、固形茶、黑砖茶、花砖茶、圆茶、竹筒香茶八个品种。

2. 按照茶叶的加工方式和发酵程度分类　茶叶可以分为不发酵茶类、半发酵茶类及全发酵茶类。

3. 按茶叶采制季节分类　可将茶叶分为春茶、夏茶、秋茶和冬茶四类。

4. 按茶叶生长环境分类　可将茶叶分为平地茶和高山茶。

（三）中国名茶介绍

尽管现在人们对名茶的概念尚不十分统一，但综合各方面情况，名茶必须具有以下几个方面的基本特点。①名茶之所以有名，关键在于有独特的风格，主要表现在茶叶的色、香、味、形四个方面。②名茶要有商品的属性，名茶作为一种商品必须在流通领域中显示出来，因而名茶要有一定产量，质量要求高，在流通领域享有很高的声誉。③名茶需被社会承认，名茶不是哪个人封的，而是通过人们多年的品评得到社会承认的。我国十大名茶在 1959 年由全国"十大名茶"评比会所评选，包括西湖龙井、洞庭碧螺春、黄山毛峰、庐山云雾茶、六安瓜片、君山银针、信阳毛尖、武夷岩茶、安溪铁观音、祁门红茶。此外，黑茶中的普洱茶经医学临床试验证明，具有降低血脂、减肥、抑菌、助消化、暖胃、生津、止渴、醒酒、解毒等多种功效，身价大涨，被视为养生妙品，成为名茶。

1. 绿茶名品

（1）西湖龙井　属于炒青绿茶，已有 1200 余年历史。龙井茶色泽翠绿，香气浓郁，甘醇爽口，形如雀舌，具有"色绿、香郁、味甘、形美"四绝的特点。在清明前采制的叫"明前茶"，谷雨前采制的叫"雨前茶"。向有"雨前是上品，明前是珍品"的说法。龙井茶泡饮时，但见芽芽直立，汤色清澈，幽香四溢，尤以一芽一叶、俗称"一旗一枪"者为极品。以前龙井茶按产期先后及芽叶嫩老，分为八级，即"莲心、雀舌、极品、明前、雨前、头春、二春、长大"。今分为十一级，即特级与一至十级。

知识链接

十八棵御前树的传说

传说，乾隆皇帝有一次下江南时，在狮峰山下胡公庙前欣赏采茶女制茶，并不时抓起茶叶鉴赏。正在赏玩之际，忽然太监来报说太后有病，请皇帝速速回京。乾隆一惊，顺手将手里的茶叶放入口袋，火速赶回京城。原来太后并无大病，只是惦记皇帝久出未归，上火所致。太后见皇儿归来，非常高兴，病已好了大半。忽然闻到乾隆身上阵阵香气，问是何物。乾隆这才知道原来自己把龙井茶叶带回来了。于是亲自为太后冲泡了一杯龙井茶，只见茶汤清绿，清香扑鼻。太后连喝几口，觉得肝火顿消，病也好了，连说这龙井茶胜似灵丹妙药。乾隆见太后病好，也非常高兴，立即传旨将胡公庙前的 18 棵茶树封为御茶，年年采制，专供太后享用。

（2）洞庭碧螺春　属于炒青绿茶，产于江苏省苏州市太湖洞庭山。碧螺春茶已有 1000 多年历史。民间最早叫"洞庭茶"，又叫"吓煞人香"，康熙皇帝认为此名不雅，按照茶色和形状，故命名为碧螺春。碧螺春的品质特点是条索纤细、卷曲成螺、满身披毫、银白隐翠、清香淡雅、鲜醇甘厚、回味绵长，其汤色碧绿清澈，叶底嫩绿明亮。有"一嫩（芽叶）三鲜"（色、香、味）之称。当地茶农对碧螺春描述为："铜丝条，螺旋形，浑身毛，花香果味，鲜爽生津。"

（3）黄山毛峰　属于烘青绿茶，产于安徽黄山。由清代光绪年间谢裕泰茶庄所创制。每年清明谷雨，选摘初展肥壮嫩芽，手工炒制，该茶外形微卷，状似雀舌，绿中泛黄，银毫显露，且带有金黄色鱼叶（俗称黄金片）。入杯冲泡雾气结顶，汤色清碧微黄，叶底黄绿有活力，滋味醇甘，香气如兰，韵味深长。由于新制茶叶白毫披身，芽尖锋芒，且鲜叶采自黄山高峰，遂将该茶取名为黄山毛峰。黄山毛峰分为 4 级，即特级、1~3 级。

（4）**庐山云雾茶**　属于炒青绿茶。据载，庐山种茶始于晋朝。宋朝时，庐山茶被列为"贡茶"。庐山云雾茶色泽翠绿，香如幽兰，味浓醇鲜爽，芽叶肥嫩鲜白亮。庐山云雾茶不仅具有理想的生长环境以及优良的茶树品种，还具有精湛的采制技术。采回茶片后，薄摊于阴凉通风处，保持鲜叶纯净。然后，经过杀青、抖散、揉捻等九道工序才制成成品。因此通常用"六绝"来形容庐山云雾茶，即"条索粗壮、青翠多毫、汤色明亮、叶嫩匀齐、香凛持久、醇厚味甘"。

（5）**六安瓜片**　属于烘青绿茶，产于安徽六安、金寨、霍山三县之毗邻山区和低山丘陵，品质以齐云山蝙蝠洞所产最优，故称"齐云瓜片"。该茶外形单片平展、顺直、匀整，叶边背卷、平展，不带芽梗，形似瓜子，色泽宝绿，叶被白霜，明亮油润。内质汤色清澈，香气高长，滋味鲜醇回甘。叶底黄绿匀高。

（6）**信阳毛尖**　属于炒青绿茶，亦称"豫毛峰"。信阳毛尖主要产地在河南省信阳地区。信阳毛尖的色、香、味、形均有独特个性，其颜色鲜润、干净，不含杂质，香气高雅、清新，味道鲜爽、醇香、回甘，从外形上看则匀整、鲜绿有光泽、白毫明显。外形细、圆、光、直、多白毫，色泽翠绿，冲后香高持久，滋味浓醇，回甘生津，汤色明亮清澈。

2. 红茶名品　祁门红茶产于安徽省祁门，创制于光绪年（公元 1875 年），一经问世，就以其优异的品质成为红茶中的后起之秀，它与印度的"大吉岭"红茶和斯里兰卡的"乌伐"红茶齐名，被誉作"世界三大高香名茶"。其特征是茶叶外形细紧纤长，完整匀齐，有锋毫，茶味香气特高，汤色红而味厚。祁门红茶一直以其优异的品质和独特的风味蜚声于国际市场，国外赞为"祁门香"，1915 年"祁红"荣获巴拿马万国博览会金奖，1980、1985、1990、1995 年连续四次荣获国际金质奖，1987 年又获布鲁塞尔第 26 届世界优质食品评选会金奖。

3. 青茶名品（乌龙茶）

（1）**武夷岩茶**　属于乌龙茶类，主要品种有"大红袍""白鸡冠""水仙""乌龙""肉桂"等。其品质独特，它未经窨花，茶汤却有浓郁的鲜花香，饮时甘馨可口，回味无穷。18 世纪传入欧洲后，曾有"百病之药"美誉。武夷岩茶条形壮结、匀整，色泽绿褐鲜润，冲泡后茶汤呈深橙黄色，清澈艳丽。叶底软亮，叶缘朱红，叶心淡绿带黄。兼有红茶的甘醇、绿茶的清香。茶性和而不寒，久藏不坏，香久益清，味久益醇。泡饮时常用小壶小杯，因其香味浓郁，冲泡五六次后余韵犹存。

（2）**安溪铁观音**　属于乌龙茶类，产于福建省安溪县。其品质特征是茶条卷曲，肥壮圆结，沉重匀整，色泽砂绿，整体形状似蜻蜓头、螺旋体、青蛙腿。冲泡后汤色金黄浓艳似琥珀，有天然馥郁的兰花香，滋味醇厚甘鲜，回甘悠久，俗称有"音韵"。铁观音茶香高而持久，可谓"七泡有余香"。

4. 黄茶名品　君山银针属于黄茶，产于湖南岳阳洞庭湖中的君山，形细如针，故得其名。其成品茶芽头苗壮，长短大小均匀，茶芽内面呈金黄色，外层白毫显露完整，而且包裹坚实，茶芽外形很像一根根银针，雅称"金镶玉"，"金镶玉色尘心去，川迥洞庭好月来"。君山茶历史悠久，唐代就已生产、出名。据说文成公主出嫁时就把君山银针茶带入西藏。1956 年，在莱比锡国际博览会上曾荣获金质奖章。

5. 黑茶名品　普洱茶是以云南大叶种晒青毛茶为原料，经过后发酵加工成的散茶和紧压茶，产于云南西双版纳等地，因其自古以来运销集散地在普洱，因而得名。其外形色泽褐红；内质汤色红浓明亮，香气独特陈香，滋味醇厚回甘，叶底褐红。普洱茶的品质优良不仅表现在它的香气、滋味等饮用价值上，还在于它有药效及保健功能。柴萼著《梵天庐丛录》云："普洱茶，性温味香，治百病，蒸制以竹篓成团裹，价等兼金。"经医学临床实验证明，普洱茶具有降低血脂、减肥、抑菌、助消化、暖胃、生津、止渴、醒酒、解毒等多种功效。因此，近年来普洱茶身价大涨，被许多人视为养生妙品。

三、中国茶艺文化

茶艺是包括茶叶品评技法和艺术操作手段的鉴赏以及品茗美好环境的领略等整个品茶过程的美好意境，其过程体现形式和精神的相互统一。茶艺起源于中国，与中国文化的各个层面都有着密不可分的关系，文人用茶激发文思，佛家用茶解睡助禅，道家用茶修身养性……茶艺不是空洞的玄学，而是生活内涵改善的实质性体现。自古以来，插花、挂画、点茶、焚香并称"四艺"，尤为文人雅士所喜爱。茶艺还是高雅的休闲活动，可以使精神放松，拉近人与人之间的距离，化解误会和冲突，建立和谐的关系。总之，茶艺通过精神与形式的完美结合，包含着美学观点和人们精神的寄托。

（一）茶叶的冲泡

1. 泡茶的六大要素　人们常说"水为茶之母，器为茶之父"，一壶好茶关键在选器和用水上。泡茶时，应根据不同茶类，选择适当的茶具，调整水的温度，茶叶的用量以及茶叶的浸润时间，从而使茶的香味、色泽和滋味得以充分的发挥。泡一壶好茶主要有六大要素。茶具选择、茶水品质、茶水比例、冲泡水温、冲泡时间和冲泡次数。

（1）茶具选择　茶艺表演所需的茶具有煮水器、置茶器、理茶器、分茶器、盛茶器与品茗器、涤茶器以及壶垫、温度计、香炉等。其中煮水器包括这几类。①水壶（水注）：用来烧开水，目前使用较多的有紫砂提梁壶、玻璃提梁壶和不锈钢壶。②茗炉：即用来烧泡茶开水的炉子。为表演茶艺的需要，现代茶艺馆经常备有一种茗炉，炉身为陶器，或金属制架，中间放置酒精灯，点燃后，将装好开水的水壶放在茗炉上，可保持水温，便于表演。③"随手泡"：在现代茶艺馆及家庭使用得最多。它是用电来烧水，加热开水时间较短，非常方便。④开水壶：是在无须现场煮沸水时使用的，一般同时备有热水瓶储备沸水。

（2）茶水品质　水是茶叶滋味和内含有益成分的载体，茶的色香味和各种营养保健物质都要溶于水后，才能供人享用。水可以直接影响茶质，清人张大复在《梅花草堂笔谈》中说："茶情必发于水，八分之茶，遇十分之水，茶亦十分矣；八分之水，试十分之茶，茶只八分耳。"因此好茶必须配好水。

（3）茶水比例　茶叶用量应根据不同的茶具、不同的茶叶等级而有所区别，一般而言，水多茶少，滋味淡薄。茶多水少，茶汤苦涩不爽。因此，细嫩的茶叶用量要多，较粗老的茶叶用量可少一些，即所谓"细茶粗吃，精茶细吃"。普通的红、绿茶类（包括花茶），可大致掌握在 1 克茶冲泡 50～60 毫升水。如果是 200 毫升的杯（壶），放上 3 克茶，冲水至七八分满即可。乌龙茶因习惯浓饮，注重品味和闻香，故要汤少茶浓，用茶叶量以茶叶和茶壶比例来确定，投茶量大致是茶壶容积 1/3～1/2。广东潮汕地区，投茶量达到茶壶容积的 1/2～2/3。茶、水的用量还与饮茶者的年龄、性别有关，大致说，中老年人比年轻人饮茶要浓，男性比女性饮茶要浓。

（4）冲泡水温　据测定，用 60℃的开水冲泡茶叶，与等量 100℃的水冲泡茶叶相比，在时间和用茶量相同的情况下，茶汤中的茶汁浸出物含量，前者只有后者的 45%～65%。就是说，冲泡茶的水温高，茶汁就容易浸出。冲泡茶的水温低，茶汁浸出速度慢。当然，泡茶水温的掌握主要看泡饮什么茶而定。高级绿茶，特别是各种芽叶细嫩的名茶（绿茶类名茶），不能用 100℃的沸水冲泡，一般以 80℃左右为宜。茶叶愈嫩、愈绿，冲泡水温要低，这样泡出的茶汤一定嫩绿明亮，滋味鲜爽，茶叶维生素 C 也较少破坏。而在高温下，茶汤容易变黄，滋味较苦（茶中咖啡因容易浸出），维生素 C 大量破坏。正如平时说的，水温高，把茶叶"烫熟"了。泡饮各种花茶、红茶和中、低档绿茶，则要用 100℃的沸水冲泡。如水温低，则渗透性差，茶中有效成分浸出较少，茶味淡薄。泡饮乌龙茶、普洱茶和花茶，每次用茶量较多，而且茶叶较老，必须用 100℃的沸滚开水冲泡。有时，为了保持和提高水温，还要在冲泡前用开水烫热茶具，冲泡后在壶外淋开水。少数民族饮用砖茶，则要求水温更高，将砖茶敲碎，放在锅中熬煮。

（5）冲泡时间　泡茶时间长短，要因茶而异，以茶汁浸出，而又不损害其色香味为度，这就是最合适的时间。一般用茶量多的，冲泡时间宜短，反之宜长。质量好的茶，冲泡时间宜短，反之宜长。对于新采制的绿茶可冲水不加杯盖，使得汤色更加鲜艳。对于大宗红茶、绿茶而言，头泡茶以冲泡3分钟左右饮用最好，若想再饮，到杯中剩下1/3茶汤时，再续开水，以此类推。对于注重香气的乌龙茶和花茶，泡茶时，为了不使茶香散失，不但需要加盖，而且冲泡时间不宜过长，通常2~3分钟即可。由于泡乌龙茶用茶量较大，因此，第一泡1分钟就可以将茶汤倾入杯中，自第二泡开始，每次应比前一泡增加15秒左右，这样可使茶汤浓度不致相差过大。白茶冲泡，要求水温一般在70~80℃，一般在4~5分钟后，浮在水面的茶叶才开始徐徐下沉，这时品茶者以赏茶为主，观茶形，察沉浮，一般到10分钟左右，方可品饮茶汤。最后，冲泡时间还与茶叶老嫩和茶的形态相关。一般而言，茶料细嫩，茶叶松散，冲泡时间可相对缩短。相反，原料粗老，茶叶紧实，冲泡时间可相对延长。

（6）冲泡次数　据测定，茶叶中各种有效成分的浸出率是不一样的，最容易浸出的是氨基酸和维生素C，其次是咖啡因、茶多酚、可溶性糖等。一般茶冲泡第一次时，茶中的可溶性物质能浸出50%~55%。冲泡第二次时，能浸出30%左右。冲泡第三次时，能浸出约10%。冲泡第四次时，只能浸出2%~3%，几乎是白开水了。所以，通常以冲泡三次为宜。

如饮用颗粒细小、揉捻充分的红碎茶和绿碎茶，由于这类茶的内含成分很容易被沸水浸出，一般都是冲泡一次就将茶渣滤去，不再重泡。速溶茶，也是采用一次冲泡法，工夫红茶则可冲泡2~3次。而条形绿茶如眉茶、花茶通常只能冲泡2~3次。白茶和黄茶，一般也只能冲泡1次，最多2次。品饮乌龙茶多用小型紫砂壶，在用茶量较多时（约半壶）的情况下，可连续冲泡4~6次，甚至更多。

2. 泡茶的一般程序　泡茶的程序分为三个阶段，第一阶段是准备，第二阶段是操作，第三阶段是结束。茶的冲泡要领有简有繁，要根据具体情况，结合茶性而定。另各地由于饮茶嗜好、地点风习的不同，冲泡要领和程序会有一些差异。但不论泡茶技艺如何变化，要冲泡任何一种茶，除了备茶、选水、烧水、配具之外，都共同遵守温具、置茶、冲泡、奉茶、赏茶、续水这样的泡茶程序。

（二）品茶艺术

品茶，是一门综合艺术。茶叶没有绝对的优劣之分，完全要看个人喜爱哪种口味而定。也就是讲，各种茶叶都有它的高级品与劣等货。茶中有高级的乌龙茶，也有劣等的乌龙茶；有上等的绿茶，也有下等的绿茶。所谓的好茶、坏茶是就比较品质的等级与主观的喜恶来讲。当代的品茶用茶，主要有两类。一是乌龙茶中的高级茶及其名枞，如铁观音、黄金桂、冻顶乌龙及武夷名枞、凤凰单枞等。二是绿茶中的细嫩名茶为主，以及白茶、红茶、黄茶中的部分高等名茶。一般而言，判断茶叶的优劣能从观察茶叶、嗅闻茶香、品尝茶味与辨别茶渣入手。

1. 观茶　就是抚玩干茶与茶叶开汤后的形状变化。所谓干茶就是未冲泡的茶叶，所谓开汤就是指干茶用开水冲泡出茶汤内质来。茶叶因为制作方法差异，茶树品种有别，采摘标准各异，因而形状显得十分丰富多彩，此外是一些细嫩名茶，大多采用手工制作，形态更加五彩缤纷，千姿百态。

（1）针形　外形圆直如针，如南京雨花茶、安化松针、君山银针、白毫银针等。

（2）扁形　外形扁平挺直，如西湖龙井、茅山青峰、安吉白片等。

（3）条索形　外形呈条状稍弯曲，如婺源茗眉、桂平西山茶、径山茶、庐山云雾等。

（4）螺形　外形卷曲似螺，如洞庭碧螺春、临海蟠毫、普陀佛茶、井冈青翠等。

（5）兰花形　外形似兰，如太平猴魁、兰花茶等。

（6）片形　外形呈片状，如六安瓜片、齐山手刺等。

（7）束形　外形成束，如江山绿牡丹、婺源墨菊等。

（8）圆珠形　外形如珠，如泉岗辉白、涌溪火青等。

另有半月形、卷曲形、单芽形等。

2. 察色　品茶观色，即观茶色、汤色和底色。

（1）茶色　茶叶依颜色分为绿茶、黄茶、白茶、青茶、红茶、黑茶等六大类（指干茶）。由于茶的制作办法不同，其色泽是不同的，有红与绿、青与黄、白与黑之分。即使是同一种茶叶，采用雷同的制造工艺，也会因茶树品种、生态环境、采摘季节的不同，色泽上存在一定的差别。如细嫩的高级绿茶，色泽有嫩绿、翠绿、绿润之分，高级红茶色泽又有红艳明亮、乌润显红之别。

（2）汤色　冲泡茶叶后，内含成分溶解在沸水中的溶液所浮现的颜色，称为汤色。因此，不同茶类汤色会有明显差别，而且同一茶类中的不同花色品种、不同级别的茶叶，也有一定差别。一般说来，凡属上乘的茶品，都汤色明亮、有光泽。将适量茶叶放在玻璃杯中，或者在透明的容器里用热水一冲，茶叶就会慢慢舒展开。可以同时泡几杯来比较不同茶叶的好坏，其中舒展顺利、茶汁分泌最茂盛、茶叶身段最为柔软飘逸的茶叶是最好的茶叶。茶汤的颜色会由于发酵水平的不同，以及焙火轻重的差异而浮现深浅不一的色彩。但是，有一个共同的原则，不管颜色深或浅，必定不能浑浊、灰暗，清澈透明才是好茶汤应当具备的条件。

（3）底色　就是欣赏茶叶经冲泡去汤后留下的叶底色泽。除看叶底浮现的颜色外，还可察看叶底的老嫩、光糙、匀净等。

3. 赏姿　茶在冲泡过程中，经吸水浸润而舒展，或似春笋，或如雀舌，或若兰花或像墨菊。与此同时，茶在吸水浸润过程中，还会因重力的作用产生一种动感。

4. 闻香　对于茶香的鉴赏一般要三闻。一是闻干茶的香气（干闻），二是闻开泡后充分显示出来的茶的本香（热闻），三是要闻茶香的持久性（冷闻）。先闻干茶，干茶中有的幽香，有的甜香，有的焦香，应在冲泡前进行，如绿茶应清爽鲜爽，红茶应浓郁纯粹，花茶应芳香扑鼻，乌龙茶应馥郁清幽为好。假如茶香低而沉，带有焦、烟、酸、霉、陈或其他异味者为次品。闻一闻干茶的幽香、浓香、糖香，断定一下有无异味、杂味等。闻香的方法，多采用湿闻，即将冲泡的茶叶，按茶类不同，经 1～3 分钟后，将杯送至鼻端，闻茶汤面发出的茶香。一般说，绿茶有幽香鲜爽感，甚至有果香、花香者为佳。红茶以有清香、花香为上，尤以香气浓郁、持久者为上乘。乌龙茶以具有浓郁的熟桃香者为好。而花茶则以具有清纯芳香者为优。透过玻璃杯只能看出茶叶表面的优劣，至于茶叶的香气、滋味并不能够完整领会，所以开汤泡一壶茶来细心的品味是有必要的。只有香气较高且持久的茶叶，才有余香、冷香，也才会是好茶。

5. 赏味　指尝茶汤的滋味。茶汤滋味是茶叶的甜、苦、涩、酸、辣、腥、鲜等多种呈味物质综合反应的结果，如果它们的数目和比例适合，就会变得鲜醇可口，回味无限。茶汤的滋味以微苦中带甘为最佳。好茶喝起来甘醇浓稠，有活性，喝后喉头甘润的感觉连续很久。品味茶汤的温度以 40～50℃ 为最合适，如高于 70℃，味觉器官容易烫伤，影响正常的评味。品味时，每一品茶汤的量以 5ml 左右最合适。过多时，感觉满嘴是汤，口中难于盘旋辨味。过少也感到嘴空，不利于鉴别。每次在 3～4 秒内，将 5ml 的茶汤在舌中回旋 2 次，品味 3 次即可，也就是一杯 15ml 的茶汤分 3 次喝，就是"品"的过程。品味要自然，速度不能快，也不宜大力吸，以坚持味觉与嗅觉的敏锐度。在喝下茶汤后，喉咙感到应是软甜、甘滑，有韵味，齿颊留香，回味无限。

四、茶道

（一）概述

茶道源于中国唐代，唐朝《封氏闻见记》中有这样的记载："茶道大行，王公朝士无不饮者。"这是现存文献中对茶道最早的记载。在唐宋时期，人们对饮茶的环境、礼节、操作方式等饮茶仪程都已很讲究。

茶道实际上是"一种以茶为主题的生活礼仪，也是一种修身养性的方式，它通过沏茶、赏茶、品茶，来修炼身心"。茶艺和茶道有着不可分割的关系，茶艺是选茶、制茶、烹茶、品茶艺茶之术。茶道是艺茶过程体现的精神。茶艺有名有形，是外在的表现形式。茶道只能用心去体会领悟，它是精神、道理、规律、本源和本质。

（二）中国茶道的发展

1. 唐宋时期——煎茶道　据陆羽《茶经》中记载煎茶道的茶艺包括了备器、选水、取火、候汤、习茶五个环节。煎茶道在整个茶艺中展示了茶礼、茶境和茶道。煎茶对客人人数和煎的碗数之间的关系都有明确规定。唐代对茶境的体现主要在重于自然，多选在林间石上、泉边溪畔、竹树之下清静、幽雅的自然环境中。《茶经》不仅阐发了饮茶的养生功用，而且已将饮茶提升到精神文化层次，旨在培养俭德、正令、务远、守中。

2. 宋明时期——点茶道　宋代的点茶道仍然包括备器、选水、取火、候汤、习茶五大环节。只是除取火环节相同外，其余四个环节都有差异。点茶道注重主、客间的端、接、饮、叙礼仪，且礼陈再三，颇为严肃。而茶境大致要求自然、幽静、清静。在修道上《大观茶论》载："缙绅之士，韦布之流，沐浴膏泽，熏陶德化，盛以雅尚相推，从事茗饮。"茶，祛襟涤滞，致清导和，冲淡闲洁，韵高致静，士庶率以熏陶德化。

3. 明清时期——泡茶道　中国茶道在经过了煎茶道和点茶道之后，在明清时期出现了新的泡茶道。泡茶道茶艺也包括备器、选水、取火、候汤、习茶五大环节。但对于"习茶"泡茶道与前二者有很大不同。习茶有壶泡法和撮泡法，还包括在清代形成的工夫茶。壶泡法的一般程序有藏茶、洗茶、浴壶、泡茶（投茶、注汤）、涤盏、酾茶、品茶。撮泡法简便，主要有涤盏、投茶、注汤、品茶。工夫茶主要流行于广东、福建和台湾地区，是用小茶壶泡青茶（乌龙茶）。在茶礼上，泡茶道注重自然，不拘礼法。茶境上明清茶人品茗修道环境尤其讲究，设计了专门供茶道用的茶室——茶寮，使茶事活动有了固定的场所。修道上明清茶人继承了唐宋茶人的饮茶修道思想，创新不多。总之，泡茶道酝酿于元朝至明朝前期，正式形成于 16 世纪末的明朝后期，鼎盛于明朝后期至清朝前中期，绵延至今。

（三）中国茶道精神

茶道和茶艺有着紧密的关系。饮茶分为四个层次：将茶当作饮料解渴，大碗海喝，叫作"喝茶"。注重茶的色香味，讲究水质茶具，喝的时候又能细细品味，称为"品茶"。如果讲究环境、气氛、音乐、冲泡技巧、人际关系等，称为"茶艺"。而在茶事活动中融入哲理、伦理和道德，通过品茗来修身养性、陶冶情操、品味人生和参禅悟道，达到精神上的享受和人格上的澡雪，就是中国饮茶的最高境界——茶道。

中国的茶道精神融合佛、儒、道三家对茶文化的理解，他们共同体现在和谐和宁静、淡泊与旷达以及礼仪、养生与清思三个方面。

曾经有人比较东西方文化的差异，说西方人像酒，热烈、奔放、好动，容易动，甚至好走极端，遇到矛盾往往针锋相对，水火不容。中国人像茶，总是清醒理智地看待世界，强调和睦友好、理解和秩序，讲究中庸和持重。

文人儒士是中国茶文化的主流。"知足常乐"而又"以天下为己任"。他们借茶修身养性、磨砺匡世治国之志，正所谓"修身齐家治国平天下"。诸葛孔明的"宁静以致远，淡泊以明志"，是文人儒士的真实写照。于是"大丈夫能屈能伸"，于是"达则兼济天下，穷则独善其身"，也就是能把握时机，时来运转能干一番轰轰烈烈的事业，时运不济也能逍遥自在、超脱通达。

中国作为礼仪之邦，主张礼仪，主张互相节制、有秩序。茶能使人清醒，所以中国的茶道也吸收了"礼"的精神。

养生与清思是几家茶文化共同的特点。道家是神仙家，求长生、清净，认为茶对于修炼很重要。儒家讲究通过饮茶明心见性，清晰思路，使得茶与文学结下了不解之缘。早起的僧人饮茶旨在养生、保健、解渴与提神，后来随着佛儒道三家思想的不断融合与沟通，有了以茶养性、以茶助思的精神方面的色彩。

五、茶馆文化

（一）中国茶馆的形成和发展

1. 茶馆的概念　茶馆是专供人饮茶的场所，人们在茶馆中可以休息娱乐、买卖交易、闻信议事，是一种综合性的活动场所，也叫茶肆、茶坊、茶店、茶铺、茶楼等。

2. 中国茶馆的形成和发展过程　我国的茶馆，由来已久。晋元帝时，就有姥姥鬻茶一说。南北朝时，又出现供喝茶住宿的茶寮。而关于茶馆最早的文字记载，则是唐代封演的《封氏闻见记》，其中谈到"自邹、齐、沧、棣、渐至京邑城市，多开店铺，煎茶卖之，不问道俗，投钱取饮。其茶自江淮而来，舟车相继，所在山积，色额甚多"。自唐开元以后，在许多城市已有煎茶卖茶的店铺了，只要投钱就可自取随饮。宋代，以卖茶为业的茶肆、茶坊已很普遍。明代，茶艺馆已经有了进一步的发展，讲究经营买卖。对用茶、择水、选器、沏泡、火候等都有一定的要求，以招徕茶客。与此同时，京城北京大碗茶业兴起，并将此列入三百六十行中的正式行业。清代，茶艺馆有了进一步的发展。特别到了康乾盛世，由于"太平父老清闲惯，多在酒楼茶社中"，使得茶馆成了上至达官贵人，下至贩夫走卒的重要活动场所。当代，各种大小不等的茶馆或茶摊遍布我国大江南北，渗透着浓厚的中国茶文化。

（二）茶馆的分类

1. 按茶馆的经营方式分类　可分为大茶馆、清茶馆和棋茶馆、书茶馆、野茶馆和茶棚。

（1）大茶馆　是一种多功能的饮茶场所，一方面可以品茶，并搭配品尝其他茶点，另一方面也是人们交往、聚会、洽谈生意的地方。茶作为大茶馆一个特殊的媒介，其社会功能远远超过物质功能。大茶馆集饮茶、饮食、社交、娱乐于一体，是茶馆类型中规模最大、影响最深远的，直到现在，北京、成都、重庆、扬州、广州等地都有这种类型的茶馆。

（2）清茶馆　以饮茶为主要目的。室内陈设雅洁简朴。茶馆门前或者棚架檐头挂有木板招牌，刻有"毛尖""雨前""雀舌""大方"等名目，表明所卖茶的种类。专攻茶客棋牌娱乐的棋茶馆，设备较为简陋。茶客边饮茶，边对弈，以茶助兴。

（3）书茶馆　以听评书为主要内容，饮茶只是媒介。顾客一边听书，一边品茶，以茶提神助兴，听书的费用没有计入"茶钱"，而是叫"书钱"，此时听书成了主要目的，品茶作为辅助。各个阶层的茶客云集于此。

（4）野茶馆　就是设在野外的茶馆，大多在风景秀丽的郊外，是春天踏青、夏季观荷、秋天看红叶、冬天赏雪时品茶雅叙的好地方。这些茶馆也会选择有甜美山泉水、风景好水质佳之处吸引茶客。

2. 按茶馆的建筑装修特色分类　可分为宫廷式与厅堂式茶馆、庭院式茶馆、异国风情式茶馆、时尚休闲式茶馆等。

任务二　中国酒品与饮酒文化

一、酒的起源和发展

（一）酒的起源

中国是世界上最早酿酒的国家之一，早在《诗经》中就有记载："十月获稻，为此春酒""为此春酒，以介眉寿"的诗句。表明我国酒文化的兴起，至今已有 5000 年的历史了，酒文化的兴起是伴随着华夏文明的兴起而兴起的。我们的祖先什么时候开始酿造酒，历来有众多的说法。有关酿酒起源的四个传说如下。

（1）上天造酒说　"天有酒星，酒之作也，其与天地并矣"，自古以来，我们的祖先就有酒是天上"酒星"所造的说法。上天造酒说反映了古人知识的局限，同时也显示出他们丰富的想象力。

（2）猿猴造酒说　猿猴居深山老林中，它们就将果子采下放在"石洼"中，堆积的水果受到自然界中酵母菌的作用而发酵，在石洼中将一种被后人称为"酒"的液体析出。因而，猿猴采花果酝酿成酒是完全可能的，是合乎逻辑与情理的。不过猿猴的这种"造酒"，充其量也只能说"造带有酒味的野果"，与人类的酿酒，是有质的不同的。

（3）仪狄造酒说　相传夏禹的女人令仪狄去监造酿酒，仪狄经过一番努力，做出来的酒味道很好，于是奉献给夏禹品尝。夏禹喝了之后，觉得的确很好。还说，后世一定会有因为饮酒无度而误国的君王。因此造成历史上所谓的"仪狄被贬冤案"。另一种观点认为"仪狄作酒醪，杜康作秫酒"，在这里并无时代先后之分，杜康造酒所使用的原料是高粱，是高粱酒的创始人，而仪狄则只能是黄酒的创始人。

（4）杜康造酒说　有一种说法是说杜康将未吃完的剩饭放置在桑园的树洞里，剩饭在洞中发酵后，有芳香的气味传出，这就是酒的做法。这段记载在后世流传，杜康便成了很能够留心周围的小事，并能及时启动创作灵感的发明家了。

酒不是人类的发明，而是天工的造化。人类有意识地酿酒是对自然的模仿。有关专家根据传说和酿酒原理推测，人类有意识酿造最原始的酒类是果酒和乳酒，因为这两种酒的酿造技术最为简单。我们的祖先在新石器时代就已经掌握了粮食酿酒技术。

（二）酒的发展

虽然最早的酒是落地野果自然发酵而成的，但是谷类酿酒应始于夏朝之前，随着殷代农业发展，多余的粮食被用来酿酒，产量惊人，以致殷人最终饮酒亡国。饮酒盛行是殷商社会生活的显著特点。上至商王，下至臣子，各级贵族均嗜好饮酒。酗酒荒政是商王朝腐朽败亡的重要原因之一。

周代饮食具有浓厚的礼仪特征，对各种场合的饮食行为都有详细具体的规定。在饮酒方面，周人比较节制，《尚书·酒诰》是周初曾制定的严厉的禁酒措施，也是我国最早的禁酒令。殷商贵族嗜好喝酒，王公大臣酗酒成风，荒于政事。周公担心这种恶习会造成大乱，所以让康叔在卫国宣布戒酒令，不许酗酒，规定了禁酒的法令。西周中期以后，酒禁放宽，饮酒风气渐浓。

汉代的酒业生产规模比前代有了很大的发展。私人开办的酒肆作坊在都市和乡镇分布极广，大商贾开办的酒业作坊在大都市中很有市场。

秦汉以后，我国酿酒技术不断进步，酿酒工艺理论得到迅速发展，产生了许多酒专著，如《酒令》《酒诫》等。这时，新丰酒、兰陵美酒等名优酒开始出现。黄酒、果酒、药酒、葡萄酒等酒品种也都有了发展。同时，酒逐渐成为文学艺术的主题，产生了以酒为题的诗词歌赋。他们借酒抒发对人生的感悟，对社会的忧思，对历史的慨叹，从而大大拓展了酒文化的内涵。

唐宋两代是我国黄酒酿造技术发展最辉煌的时期。经过数千年的实践，酿酒工艺技术得到了升华，形成了酿造理论。唐朝时，新丰酒、剑南春酒、荔枝酒、金陵春酒的酒味醇浓，品质优异已名扬华夏。在《古今图书集成》的《酒乘·酒篇名》中收录的酿酒专著有李琎的《甘露经》《酒谱》，宋志的《酒录》《白酒方》《四时酒要方》《秘修藏酿方》，王绩的《酒经》《酒谱》，胡节还的《醉乡小略》《白酒方》，刘炫的《酒孝经》《贞元饮略》，侯台的《酒肆》等。唐代李白、杜甫、白居易、杜牧等酒文化名人辈出，使中国酒文化进入了灿烂的黄金时期。

到了宋代，不仅名酒品类增多，而且酿酒技术精致。酿酒技术文献数量多，内容丰富，具有较高的理论水平。其中，朱肱的《北山酒经》一书，介绍酒的制法就有 13 种之多。在我国古代酿酒历史上是一部学术水平最高、最具权威性、最具指导价值的酿酒专著。

在宋代处于萌芽时期的蒸馏烧酒，从元代开始迅速发展，占领了北方大部分市场，成为人们的主要饮用酒。这时名酒品类更多，还出现了许多以产地命名的名酒。

明末清初，酿酒业更为发达，河南、淮安一带成了我国大曲的主要生产基地。烧酒基本上取代了黄酒。乾隆皇帝二下江南时，曾亲笔题"洋河大曲酒味香醇，真佳酒也"，使洋河大曲的名声更盛。

民国时期机械化酿酒工厂的建立，酿酒科学研究的兴起与酿酒技术的改进，使酿酒科技得到较快发展。

1949 年以后，由于政府实行鼓励发展名酒的政策，吸收西方先进的酿酒技术，从而促进了酿酒工业的发展。中国名酒随之如雨后春笋般涌现，名酒种类不断增加，春色满园。啤酒、白兰地酒、威士忌酒、伏特加酒及日本的清酒等外国名酒也在我国立足生根。竹叶青酒、五加皮酒，琳琅满目，各具特色。我国酿酒业进入了空前的繁荣时期。

改革开放以后，酿酒业得到了更快的发展，为中国酒文化注入了新的活力。近年来，酒文化名城绍兴、酒城泸州、即墨、天津、西安等地多次举办酒文化节，融旅游观光、贸易、文化、技术交流于一体，极大地推动了当地经济和文化的发展。

（三）中国酒的分类

1. 白酒　关于中国白酒的起源目前没有定论，估计其出现应不晚于东汉，迄今已有 1600 年以上的悠久历史。作为世界六大蒸馏酒类之一的独具一格的一个品类，中国白酒是由麦黍、高粱、玉米、红薯、米糠等粮食或其他果品发酵、蒸馏而成的一种酒类，因其酒液无色透明而得名，其乙醇含量较高，一般为 35°～65°。可按酿造原料、酿造工艺和香型对白酒进行分类。

（1）按酿造原料对白酒分类　分为粮食白酒、薯干白酒和其他原料白酒。

（2）按酿造工艺对白酒分类　分为固态法白酒、液态法白酒、固液勾兑白酒和调香白酒。

（3）按香型对白酒分类　1988 年第五次全国评酒会上，提出了"四大香型、六小香型"的概念。提出将白酒按香型分为大香型和小香型白酒。大香型白酒又可分为浓香型、清香型、酱香型和米香型四类。小香型白酒又可分为凤香型、特香型、芝麻香型、豉香型、兼香型和董香型六种。

大香型的代表酒品有泸州老窖大曲（浓香型）、山西汾酒（清香型）、贵州茅台（酱香型）和桂林三花酒（米香型）。小香型的代表酒品有西凤酒（凤香型）、江西四特酒（特香型）、山东景芝白酒（芝麻香型）、广东玉冰烧酒（豉香型）、湖北白云边酒（兼香型）、湖南白沙液酒（兼香型）、黑龙江玉泉白酒（兼香型）和董酒（董香型）。

2. 黄酒　是我国最古老的传统酒，其起源与我国谷物酿酒的起源相始终，至今约有七八千年的历史。它是以稻米、黍米、小米、玉米、小麦等为原料，以曲类和酒母等为糖化发酵剂，经蒸煮、糖化发酵、压滤、澄清、杀菌、贮存、调配、过滤、装瓶，再进行杀菌等工序而成的酿造酒，酒精度数在15°左右。可按含糖量高低、酿造方法、用料与风味和产地对黄酒进行分类。

（1）根据含糖量高低分类　分为甜黄酒、半甜黄酒、干黄酒和半干黄酒。

（2）按酿造方法分类　分为淋饭酒、摊饭酒和喂饭酒。

（3）根据用料与风味分类　分为稻米黄酒、黍米黄酒和其他非稻米黄酒。

（4）根据产地分类　分为绍兴酒、仿绍酒、福建红曲酒、北方黄酒和清酒。

3. 葡萄酒　是用新鲜的葡萄或葡萄汁为原料，经发酵酿制而成的酒精度不低于7%（V/V）的乙醇饮料。我国生产葡萄酒的历史悠久，早在汉武帝建元三年（前138年），张骞出使西域将欧亚种葡萄引入内地，同时招来酿酒艺人，中国开始有了按西方制法酿造的葡萄酒。进入20世纪50年代，新中国葡萄酒生产走上迅猛发展之路。可按二氧化碳含量、含糖量、酿造方法对葡萄酒进行分类。

（1）按二氧化碳含量分类　分为平静葡萄酒、起泡葡萄酒和加气葡萄酒。

（2）按含糖量分类　分为干型葡萄酒、半干型葡萄酒、甜型葡萄酒和半甜型葡萄酒。

（3）按饮用时间和场合分类　分为开胃葡萄酒、佐餐葡萄酒和待散葡萄酒。

（4）按酿造方法分类　分为天然葡萄酒和特种葡萄酒。

> **知识链接**
>
> ### 特种葡萄酒的极品——冰葡萄酒和贵腐葡萄酒
>
> 　　冰葡萄酒是指葡萄自然结冰后，再经榨汁发酵而成的葡萄酒。冰葡萄酒有黄金般的愉悦色感，香气丰富，通常会有浓郁的花香和蜜香，口感甜酸适中，复杂性强，妙不可言，是甜葡萄酒中的极品。出产冰葡萄酒的国家主要是加拿大和德国。
>
> 　　贵腐葡萄酒是用受到贵腐霉菌侵害的白葡萄酿制而成。由于贵腐霉菌附着在成熟的葡萄上，吸取了葡萄颗粒中的水分，留下很浓的糖分和香味，糖分很高，同时贵腐霉菌"参与"也为酒添加了一些神秘香味。因为贵腐霉菌的生长受到气候条件的制约，这种酒非常珍贵。法国波尔多的苏玳区是世界最著名的贵腐葡萄酒产区。

4. 啤酒　是以麦芽（包括特种麦芽）为主要原料，加酒花，经酵母酿制而成的，含有二氧化碳的、起泡的、低酒精度的发酵酒。啤酒是我国各类饮料酒中最年轻的酒种，只有百来年历史。啤酒可以按原麦汁浓度、颜色、本身是否杀菌、所用酵母种类进行分类。

（1）根据原麦汁浓度分类　可分为低浓度啤酒、中浓度啤酒、高浓度啤酒。

（2）根据颜色分类　可分为淡色啤酒、浓色啤酒和黑色啤酒。

（3）根据啤酒是否杀菌分类　可分为熟啤酒和生啤酒。经巴氏灭菌的啤酒称为"熟啤酒"，经过杀菌处理后的啤酒可达到较长时间保存的目的。我国多数瓶装和罐装啤酒都属于此类。

（4）按所用酵母种类分类　可分为下面发酵啤酒和上面发酵啤酒。

5. 配制酒　又称调制酒，是以发酵酒、蒸馏酒或食用乙醇为酒基，加入可食用的花、果、动植物或中草药，或以食品添加剂为呈色、呈香及呈味物质，采用浸泡、煮沸、复蒸等不同工艺加工而成的酒。

（四）中国名酒介绍

1. 白酒类

（1）茅台酒　茅台酒历史悠久、源远流长。茅台酒系以优质高粱为原料，用小麦制成高温曲，而用曲量多于原料。用曲多，发酵期长，多次发酵，多次取酒等独特工艺，这是茅台酒风格独特、品质优异的重要原因。酿制茅台酒要经过两次加生沙（生粮）、八次发酵、九次蒸馏，生产周期长达八九个月，再陈贮三年以上，勾兑调配，然后再贮存一年，使酒质更加和谐醇香，绵软柔和，方准装瓶出厂，全部生产过程近5年之久。茅台酒是世界三大著名蒸馏酒之一，誉称国酒，在国内外享有盛名。具有酱香突出、幽雅细腻、酒体醇厚、回味悠长、空杯留香持久的特点。

（2）五粮液　为大曲浓香型白酒，是中国最高档白酒之一，在中国浓香型酒中独树一帜。天下三千年，五粮成玉液。五粮液酒是浓香型大曲酒的典型代表，它集天、地、人之灵气，采用传统工艺，精选优质高粱、糯米、大米、小麦和玉米五种粮食酿制而成。具有"香气悠久、味醇厚、入口甘美、入喉净爽、各味协调、恰到好处"的独特风格，是当今酒类产品中出类拔萃的精品。

（3）汾酒　中国四大名酒之一，是我国清香型白酒的典型代表，工艺精湛，源远流长，素以入口绵、落口甜、饮后余香、回味悠长特色而著称，在国内外消费者中享有较高的知名度、美誉度和忠诚度。1500年前的南北朝时期，汾酒作为宫廷御酒受到北齐武成帝的极力推崇，被载入廿四史，使汾酒一举成名。晚唐时期，大诗人杜牧一首《清明》诗吟出关于汾酒的千古绝唱："借问酒家何处有，牧童遥指杏花村"。

此外，国内著名的白酒品牌还有泸州老窖特曲、汾酒、洋河、剑南春酒、郎酒、贵州习酒、舍得酒、水井坊酒、古井贡酒、西凤酒和董酒等。

2. 黄酒类　有浙江绍兴黄酒、福建龙岩沉缸酒和山东即墨老酒等。

3. 葡萄酒类　有长城葡萄酒、张裕葡萄酒和王朝葡萄酒等。

4. 啤酒类　有青岛啤酒、燕京啤酒、哈尔滨啤酒和华润雪花啤酒等。

二、中国饮酒艺术

（一）酒具

酒具是指制酒（早期）、盛酒、饮酒的器具。酒具的发展变化，体现了丰富的文化生活背景，反映着酒俗的不断演变，具有十分丰富的文化内涵。可以说从侧面反映着历史的进程。

1. 远古时期的酒具　随着农业的兴起，人们开始利用谷物酿酒。陶器的出现，使人们开始有了炊具。从炊具开始，又分化出了专门的饮酒器具。这些酒器有罐、瓮、盂、碗、杯等。酒杯的种类繁多，有平底杯、圈足杯、高圈足杯、高柄杯、斜壁杯、曲腹杯、觚形杯等。

2. 商周时期的青铜酒具　在商代，由于酿酒业的发达，青铜器制作技术提高，中国的酒器达到前所未有的繁荣。商周的青铜器共分为食器、酒器、水器和乐器四大部分，共五十类，其中酒器占二十四类。按用途分为煮酒器、盛酒器、饮酒器、贮酒器。此外还有礼器，形制丰富，变化多样。但也有基本组合，其基本组合主要是爵与觚，或者再加上斝，同一形制，其外形、风格也带有不同历史时期的烙印。盛酒器具是一种盛酒备饮的容器。其类型很多，主要有尊、壶、区、卮、皿、鉴、斛、能、瓮、瓶、彝。饮酒器的种类主要有觚、觯、角、爵、杯、舟。温酒器，饮酒前用于将酒加热，配以杓，便于取酒。温酒器有的称为樽，汉代后流行。

3. 汉代漆制酒具　由于周朝厉行禁酒，加上铜绿会引起中毒，成本昂贵，到了战国后那种以青铜酒具夸饰统治者身份的礼制日趋没落，取而代之的是漆制酒具，到了汉代空前盛行。漆制酒具其形制基本上继承了青铜酒器的形制。有盛酒器具、饮酒器具。

4. 唐代后瓷制酒具　瓷制酒具大致出现于东汉前后，由于漆具成本较高，又忌盐、蟹、莼菜等物，到了唐代，遂为瓷制酒具所替代。唐代的酒杯形体比过去的要小得多，故有人认为唐代出现了蒸馏酒。唐代出现了桌子，也出现了一些适于在桌上使用的酒具。

5. 当代酒具——各种类型的酒杯　当代小型酒杯较为普及，这种酒杯主要用于饮用白酒。酒杯制作材料主要是玻璃、瓷器等，近年也有用玉、不锈钢等材料制成。中型酒杯，这种杯既可作为茶具，也可以作为酒具，如啤酒、葡萄酒的饮用器具。材质主要是以透明的玻璃为主。酒杯种类繁多，造型各异，这有历史、地域等方面的原因，同时，也反映了一定的科学性和艺术性。在对外交往中，正确使用好酒杯是非常重要的。

（二）饮酒方法

1. 白酒的饮用方法　在饮用方法上，白酒的饮用方法比较随意。在饮用时需要注意以下几个方面。

（1）饮用白酒一定要适度、适量。

（2）空腹时不要饮酒　进食后或一边进食，一边饮用白酒，就会使酒在胃内停留时间长，乙醇受胃酸的干扰，吸收缓慢，不易酒醉。

（3）不要多种酒混合饮　因为各种酒的成分不同，互相混杂，会起变化，使人饮后不舒适，甚至头痛、易醉。

（4）尽可能饮热酒　白酒加热后，既芳香，又适口，还可以挥发一些沸点低的醛类有害物质，减少有害成分。

（5）饮酒后切不要洗澡　人饮酒后体内贮存的葡萄糖在洗澡时会被体力活动消耗掉，体温急剧下降，而乙醇抑制了肝脏的正常活动，阻碍体内葡萄糖贮存的恢复，以致危及生命，引起死亡。

（6）不要用药酒作为宴会用酒　某些药物成分可能跟食物中的一些成分发生矛盾，或者起化学变化，喝后会令人恶心、呕吐和不适。

2. 黄酒的饮用方法　饮用方法有多种，冬天宜热饮，放在热水中烫热或隔火加热后，会使黄酒变得温和柔顺，饮后更能享受到黄酒的醇香，驱寒暖身的效果也更佳。夏天在甜黄酒中加冰块或冰冻苏打水，不仅可以降低酒精度，而且清凉爽口。

3. 葡萄酒的饮用方法　葡萄酒的品种繁多，对于不同的葡萄酒，有着不同的饮用方法，总体而言，需要注意赏色、闻香和品尝三个方面。

4. 啤酒的饮用方法

（1）饮酒温度　啤酒的最佳饮用温度是 8~10℃，这一温度区间啤酒的各种成分可以协调平衡并能表现最佳口味。温度高时，啤酒中所含二氧化碳逸出量大，泡沫不持久，香味消失快，在较低温度时，可以体会到啤酒的"杀口"味。

（2）饮用时间　饭后饮用啤酒最为适宜，切忌大汗之后饮用，这是因为人们在剧烈运动之后，汗毛孔会扩张，如果此时大量饮用啤酒，会导致汗毛孔因骤然遇冷而引起急速闭塞，造成体温散热受阻，容易诱发感冒等疾病。

（3）斟酒方法　斟酒时，要选用干净的玻璃杯，啤酒瓶与酒杯呈直角，酒斟向杯子正中，一直斟到泡沫上升到杯口为止。稍候片刻，待泡沫消退一些后，再次向杯子正中斟酒，直到泡沫呈冠状，高出杯口。

任务三　中国筷子文化

筷子文化是中华民族重要的饮食文化。筷子是中华民族祖先最伟大的发明之一，也是对人类文明的重大贡献。每个中国人，都应了解筷子形态演变的历史过程，掌握筷子的功能与正确的执筷方法，了解筷子文化的传播与发展。现今人类助食的工具主要分为三种：一是中国、日本、越南、朝鲜和韩国等用筷，属筷子文化区；二是欧美和北美用刀、叉、匙，一餐饭三器并用，属刀叉文化区；三是非洲、中东、印尼和印度等以手抓食为主，属手食文化区。

一、筷子的起源和演变

（一）源远流长的筷子历史

考古发掘的实物已经无可置疑地证明：中国人使用筷子的历史至少可以追溯到距今 6000 余年的新石器时代。而更多的发掘结果和更深入的研究都表明，筷子文化早在 6000 年前，便广泛地分布于江淮大地和黄河流域。

人类的历史，是进化的历史，随着饮食烹调方法的改进，饮食器具也随之不断发展。原始社会，大多以手抓食，到了新石器时代，我们的祖先制熟食物大多采用蒸煮法，主食米豆，用水煮成粥，副食菜肉，加水烧成多汁的羹，食粥用匙，而从羹中捞取菜肉时用餐匙却极不方便，以筷子夹取菜叶食之却得心应手，所以《礼记·曲礼》说："羹之有菜者用梜，其无菜者不用梜"（这里梜，即为筷子）。由此可知，新石器时代羹为主流，食羹用匙极不方便，以手来抓滚烫稀薄的羹，更是不可能，于是筷子便成了最理想的餐具。

筷子的出现不仅是中华饮食文化的革命，更是人类文明的一种象征。经过岁月的磨炼和时间的洗礼，筷子不但没有被历史淘汰，反而越发散发出历久弥新的气息，并慢慢演化为以一种实用价值与文化价值相结合的形式而存在。

今天的筷子，已经不单是作为一种就餐工具，而是成为一种独特的文化形式，代表着一种文明气息呈现在世人面前，成为集研究、使用、欣赏、馈赠、收藏等功用于一身的艺术品。

（二）筷子形态的历史演变

通过对考古发掘出土的实物、文献及对民俗等领域的研究证明，中国筷子文化在既往漫长的演进历史上走过以下不同的发展阶段：前形态阶段（燔炙时代至陶器时代之前）、过渡阶段（新石器时代）、梜的阶段（青铜时代）、箸的阶段（东周至唐代）、筷的阶段（宋至当代）。

1. 前形态阶段（燔炙时代至陶器时代之前）　在这一时期，中华先民以一根木棍（或枝条等棒形物）来挑、插、拔、取、持食物，主要用于不便直接用手拿的食物。当时这根棒是兼有饪食具和助食具两种作用的。如同今日手持金属或竹木条炸、烤肉串：在加热致熟阶段，用来串取食物的金属或竹木条是饪食具；而在成熟后持食阶段，它们便成了助食具。此性质，在中国人吃涮锅时道理亦相同，即夹取涮制的过程是加工工具，出锅入口阶段的作用则是助食，两者的性质是不同的。

2. 过渡阶段（新石器时代）　这一时期是从两根棒并用开始，大约经历了 3000 年之久。这一期间，棒的长度虽很不规范，但两棒并用的使用率却在缓慢提高，即逐渐在普及。两根棒并用的历史是与陶器盛食的历史密不可分的，也就是说，粒食、热食、碗状器盛食和人各自持食等因素促使了两根棒并用文化的出现。

3. 梜的阶段（青铜时代）　与我国历史上的青铜时代在时限上基本一致。我们理解的青铜时代，大约是夏商西周时期，即从约公元前 2070 年到公元前 771 年的 13 个世纪。但筷子文化的演变是极为缓慢的，不可能、也不适宜以十分具体的时限为标志，这里只是示意一个大概的历史性时限段。这一时期的筷子文化特征，体现在梜的形态和功用上。所谓梜，即先秦典籍所谓："羹之有菜者用，其无菜者不用梜。"这说明当时梜的功能主要是挑或夹取羹中的菜或其他固体食物。

4. 箸的阶段（东周至唐代）　这一时期是筷子形态成熟固定和历史功能充分发挥的时期。"箸"，是筷子在东周至明中叶以前的规范称谓，并且是明中叶至今比较雅的称谓。在春秋至明中叶 22～23 个世纪的时间里，箸的形制基本在 20～30 厘米，而且具有随着时间发展而逐渐加长之势。在功用方面，则由仅夹取羹中食物（因热或油渍、水分），向最终完全成为助食具过渡。这一过渡的基本完成是在汉代。《礼记》中记载"饭黍毋以箸",即在春秋时期,强调在餐桌礼仪中,饭黍应该用匙而不是筷子来进食。

5. 筷的阶段(宋至当代) 这一时期的基本特征是箸文化广泛普及,箸料广泛,工艺高度发展图文饰发挥充分:25～30厘米长和上方下圆的箸体基本定格等。其间,一个典型的历史事件是"筷"称谓的出现和普及的缘由。历史文献记载:"民间俗讳,各处有之,而吴中为甚。如舟行讳'住',讳'翻',以'箸'为'快儿'今士大夫亦有犯俗称'快儿'者"。除"快儿"之外,又有"快子"之称出现。上层社会最初并不认同来自劳苦大众阶层的这一改革称谓,但无奈人多势众,竟成流俗,于是只好趋同认可。但上层社会也有贡献,那就是在"快"字上加上一"竹"字头,成了流行至今日的"筷子"。

(三)筷子的文化内涵

1. 不"动刀动枪""和为贵" 事实上,筷子的发明使用,对中华民族智慧的开发是有一定联系的。尽管是一双简单得不能再简单的筷子,但它能同时具有夹、拨、挑、扒、撮、撕等多种功能,而与看上去"动刀动枪"式的西方餐具相比,成双成对的筷子又多一份"和为贵"的意蕴。在民间,筷子被视为吉祥之物,出现在各民族的各种礼仪中。当我们仔细品味筷子的妙用时,更增添对祖先的崇拜之情。

2. 关联易理 筷子直而长,两根为一双。用筷子夹菜不是两根同时动,而是一根主动,一根从动;一根在上一根在下。两根筷子的组合成为一个太极,主动的一根为阳,从动的那根为阴;在上的那根为阳,在下的那根为阴,这就是两仪之象。阴阳互动,可得用矣;阴阳分离,此太极不存,这就是对立统一,阴阳互根。

(四)筷子的分类

中国的筷子可分为五大类,即竹木筷、金属筷、牙骨筷、玉石筷和化学筷。

1. 金属筷 从青铜筷算起,有金筷子、银筷子、铜筷子、铁筷子,现在发展到不锈钢筷子。如今很少有人用金属筷进餐,但古代富豪人家流行过金属筷。1961年云南祥云大波那铜棺木出土3根圆铜筷,经^{14}C测定为公元前495年左右春秋中晚期文物。铜筷不宜吃饭,以后逐渐被银筷取代。

2. 竹木筷 最原始的筷子是竹木质的,因此人们使用最多的也数竹木筷。古代竹筷品种可谓千姿百态,有灰褐色条纹的棕竹筷最高档,但如今已绝迹于市场。同时,紫竹筷、湘妃筷也是稀有品种,目前也已难觅,湖南的楠竹筷放在清水中根根竖立不卧浮,有神奇筷之称;而杭州西湖天竺筷也成为这个风景名胜的一大特产。木筷品种较多,红木、楠木、枣木、冬青木,皆可制筷,而质地坚硬的乌木筷身价最高。广州有家80多年历史的筷子店,至今仍以手工制作,如有种狮子头紫檀木筷,更是独一无二的精美工艺品

二、筷子的功能与用法

(一)筷子的功能

1. 物理功能 助食。筷子能对各种食物进行各种动作,精巧、灵活、准确。我们有理由说,筷子作为助食食具其物理功能的发挥已臻极致,它被中国人灵活准确地运用,对各种食料进行恰如其分的夹、拨、挑、分、搅、拌、刺、剥、剔、切、拆、撕、捞、卷、托、放、压、穿、运等,其精巧、灵活和准确程度丝毫不亚于鸟喙和人手,事实上,它是大脑智力指挥下的人手技能的延长和升华。

2. 生理功能 锻炼大脑,促进智力发育。研究表明,使用筷子会牵动手指、手腕、手臂直至肩膀等30多处关节和50多处肌肉,由此牵动的神经组织多达万条左右。因此,长期以筷子助食对手的灵活

性训练和智力的发展都有不可忽视的意义，尤其是对幼儿智力的开发更具重要性。西方学者曾著文说明，中国青少年智力发展的重要原因之一，就是来自他们自幼所接受的以筷子助食的长久训练。诺贝尔物理学奖得主李政道博士认为："筷子是人类手指的延伸，手能做到的几乎它都能做到。"

（二）筷子的规范用法

规范执筷姿势的取位处，以成年人为例，一般应是拇指捏按点在上距筷头（顶）约三分之一筷长（或略少于三分之一）处为宜。这样既雅观大方，又便于筷的适当张合使用。而时下各种不规范执筷姿势的取位，大多是过分靠近筷足，不仅看上去不雅，而且筷足张合不灵。还会有两根筷头碰撞到一起发出的不愉快响声。由于取位过低，筷足不能做适当的张合，因此在取食物时，尤其是夹取诸如粒、丁、块、条一类较细碎的食料时，其笨拙不灵便会充分显现出来。凡是取位偏低的执筷者，其执笔的姿势一般也是不正确的。

正确的执筷姿势应是五指协调并用，颇类似毛笔握管的姿势。不同的是，握管与执筷的拇指方向相反，执筷时中指兼有上撑下按的更为复杂灵巧的变化。五指的分工合作，若分解开来说，则是拇指、食指、中指主要负责上支筷，拇指、中指、无名指主要负责下支筷，小指通过支撑无名指以协调其他四指的工作。持筷姿势一般是：拇指第二节前腹（指头肚）、食指全指（三节指骨内侧）、中指第三节骨处与上支筷接触；拇指第一节后腹将下支筷上端由虎口处压向食指的中手骨位置，中指前腹端将下支筷压向无名指第三节；两根筷基本呈平行状，或筷足略靠近。但不宜两足并拢或张口过大，两筷开距，在中指第三节顶部与第三关节接触处。使用时，由拇指做对掌运动压向另三指而使筷巧妙地对食物实施夹、拨、挑、分、搅、拌、刺、剥、剃、切、拆、折、撕、捞、卷、托、放、压、穿、运等灵活精确的动作。灵活文明的用筷方式，应当是筷足接触食物一下到位，一次成功，即入即出，进退有序，筷不宜与食物接触时间过长。

（三）用筷礼仪

筷子的摆放，应当整齐并拢置于进餐者右手位；手执的头的一端要垂直朝向餐桌的边缘（以方形桌为例；若是圆桌面，摆放角度应与半径重合）；切忌筷足向外，亦不可一反一正并列。至于宾馆饭店等郑重进餐或宴会场合，筷子则摆于筷枕（一般为瓷质工艺品）之上，夹取食品的足的一端略微翘起，不与餐台面接触，既显得慎重又符合卫生观念。而最忌讳的，莫过于将筷子插立于碗盘之中。筷子的摆放数量要求与进餐者人数一致，不可多也不可少，否则均属不敬不祥。

规范的执筷位置一般在距筷头三分之一处，这样不仅使用灵活适宜，也合乎大多数人的通行习惯。进食时，筷子不可开口过张，夹取食物要适量；筷子不可在席面上延伸过长，也不可伸及自己口内；还不可在盘碗之中挑拨翻拣，这些行为都是缺乏教养、没有基本礼貌的表现；进食过程中，筷子还不可以与餐器食具以及唇口弄出声响来；食毕，宜郑重轻置其位如食前，不可随意弃置。总之，在中国人看来，食礼因具有社会性，故是人生大事，一个人的"吃相"又最易于反映其修养与文明水准。

三、筷子文化的传播和发展

考古研究、历史文献记录和民俗考察证明，用筷作助食具是农耕文化和碗盛粮食生活方式的结果。其后，随着农耕文化的不断扩展和汉族人口的大量繁衍，筷子文化的覆盖面积逐渐扩大。伴随这一过程的，是各少数民族对筷子助食文化的相继认同。由于与汉族接触和接受民族主体文化程度的不同，各少数民族以筷子助食开始的时间与普及的程度均不尽相同。大体说来，中国饮食史上的明清时期是筷子文化在国内基本普及定型的时期，只有极偏僻边远地区的极个别少数民族还保留着手食的习惯。到了20世纪中叶以后，国内的所有民族都习惯了以筷子助食，筷子文化成了名副其实的中华民族标志性文化。

任务四　水文化

水对人体的重要性不言而喻。水是人类赖以生存的必不可少的自然资源，具有不可替代性。人体约由 60%～70% 的水分组成，包括细胞内液和细胞外液，是维持身体生命活动的基础，构成人体的主要成分，参与所有生理过程。水在人体内扮演着多种角色，包括营养物质的运输和废物排泄、体温调节、润滑关节，以及在新陈代谢过程中发挥重要作用。水维持着人体水分平衡，适量饮水可以帮助人体维持这种平衡，保持正常的生理功能。

一、概述

水是我们最亲近的物质，在中国历史长河中，中国人喝水、用水、管水、治水……，形成了丰富的水文化。人们常用诗歌对水进行赞美和抒发情感。唐·骆宾王的《咏水》："列名通地纪，疏派合天津。波随月色净，态逐桃花春。照霞如隐石，映柳似沉鳞。终当挹上善，属意澹交人。"四句分别形容了水波、水态、水明、水静，千姿百态，形神毕具，构思巧妙，意境新奇，在咏水诗中，独具一格。形象地对水进行赞美。

水文化是以水和水事活动为载体，人类创造的所有与水有关的文化现象的总称。它不仅包括物质层面的水形态、水工程、水工具、水环境和水景观，还涵盖了非物质层面的水文化，如人类对水的认识、思考、利用、治理、保护和鉴赏等方面的文化成果。

水文化是中华文化的重要组成部分，与人类社会的各个方面都有着密切的联系。它不仅影响着人类的生命、健康、生产生活方式，还与社会政治、经济、文化、军事和生态等方面有着千丝万缕的联系。

水文化的形成和发展是基于人类与水的互动，包括饮水、用水、治水、管水、护水、节水、亲水、观水、写水、绘水等社会实践活动。这些活动不仅推动了水文化的发展，也形成了丰富多彩和深邃的水文化。

水文化不仅体现在对水的利用和治理上，还体现在人类对水的认识、思考和情感上。它对人类社会的各个方面都有着重要的影响，如农耕文化、渔业文化、饮食文化、茶文化、酒文化等，都是以水文化为基础或前提的。

总的来说，水文化是以水为载体，涵盖了人类与水互动过程中的物质和精神成果的总和，它对人类社会有着深远的影响。

二、古代人对水的认识

唐代陆羽在《茶经》中就指出："其水，用山水上，江水中，井水下。其山水拣乳泉、石池漫流者上；其瀑涌湍漱，勿食之。久食，令人有颈疾。又水流于山谷者，澄浸不泄，自火天至霜郊以前，或潜龙蓄毒于其间，饮者可决之，以流其恶，使新泉涓涓然，酌之。其江水，取去人远者。井，取汲多者。"

按照文字翻译就是：用山水，以从钟乳滴下的池中缓慢流出的泉水为上；山谷中汹涌激荡的急流不可喝，长时间饮用，会使人患大脖子病。泉水流到山洼谷地停滞不动的死水以及从农历六七月起到九月霜降之前，会有毒龙虫蛇吐出的毒素聚集水中，喝之前要先打开一个口子进行疏导，让沉积的污水流尽，而使新的泉水缓缓流入再取用。江河中的水，要到离人家远的地方取水。井水，要从经常有人打水的井中汲取。

《茶经》接着写如何煮水："其沸，如鱼目，微有声为一沸；缘边如涌泉连珠，为二沸；腾波鼓浪，为三沸，已上水老不可食也"。大白话就是：煮茶时，当水煮到有鱼眼睛一样的小水泡上浮并略有沸腾声音时，叫第一沸；接着，锅边沿的水像珠子在翻动，叫第二沸；随后，锅里的水像波浪一样大翻滚，叫第三沸。这时的水已经煮老了，不适宜使用。这也提醒我们用来泡茶的水不可久煮、多次煮。

宋徽宗在《大观茶论》中指出："水以清、轻、甘、洌为美"。后人在这四个字的基础上增加了"活"字。清：水体无色透明。轻：水的比重要小，比重越大则溶解的矿物质多。甘：指饮用或泡的茶一入口，舌尖会感到甘甜的美妙感觉。咽下去后，喉中也有甜爽的回味。洌：指寒洌之水，因为寒洌之水多出于地层深处，污染少，饮用或泡茶的茶汤滋味纯正。活：活水中细菌不易繁殖，同时活水有自然净化作用，在活水中氧气和二氧化碳等气体含量高，茶汤鲜爽可口。

三、饮水注意事项

（一）科学饮水

1. 多喝白开水　俗话说"人可以三天不吃饭，不可以一日不喝水。"成年人每天大约需要 2500ml 的水。如因某种原因造成体内缺水 10%，人的生理功能就会发生紊乱；缺水 20%，就可能造成死亡。所以，人们需要不断地喝水，以维持生理功能的正常运转。在日常生活中，对人最有益、最方便、最经济的是饮用白开水。经过加热烧开的白开水，其中有害细菌被消灭，水中的气体被蒸发，再经过自然降温冷却，这时的白开水表面张力加大，最容易渗入细胞内，迅速进入血液，使机体内部得以调节，有利于体内废物的排出，提高人的免疫能力。白开水中不含人造色素、咖啡因、小苏打、糖类等成分，没有副作用，尤其对儿童的健康更为有利。

2. 喝水要选择最佳时间　一般在一日三餐前半小时至一小时喝水。因为食物消化过程离不开消化液，而消化液的主要成分是水。饭前空腹饮水，水在胃肠中停留时间很短，一部分被小肠吸收进入血液，一小时左右便可补充到各组织细胞中去。从而满足了消化液所需的水分，有助于食物的消化吸收。一般早餐前进水量要多些，中、晚餐前要少一些。

3. 不要等口渴才喝水　有的人饮水不讲究定时定量，要么不喝水，要么一喝就是几大碗，这种饮水法很不科学。应当养成定时定量喝水的良好习惯。在正常情况下，成年人每天至少要喝 2200ml 水。饮量不足，会使血液总量减少，影响水盐代谢，使血球凝聚形成栓子；饮水过量，又会引起排泄障碍、加重机体负担，尤其对肾功能不全的病人容易引起尿潴留产生水肿，不利于恢复健康。

4. 注意饮水卫生　整夜缓慢烧热的水和再次烧开的水是不宜饮用的，只适用于洗涤；水瓶和水壶里的水垢应经常清除。

（二）不宜饮用的水

1. 经氯化处理的水　未烧开的经氯化处理的水会致癌。美国医学专家得出结论说，经氯化处理的自来水，虽清除了水中的微生物，但增加了一定的致癌风险。据调查，经常饮用未烧开的自来水的人，其患膀胱癌的可能性将增加 21%，患直肠癌的可能性将增加 38%，这很可能是由于氯与水中残留的有机物相互作用而产生的一种有毒的致癌化合物所致。

2. 未烧开的自来水　医学工作者发现，自来水管道及水龙头中，潜伏着三氯甲烷、二溴甲烷、二氯溴甲烷和三溴甲烷 4 种卤化物。直接饮用未烧开的自来水，易患呼吸道传染病，所以自来水烧开再喝。

3. 蒸锅水　不可代替白开水。蒸锅水经过反复煮沸，会产生亚硝酸盐，而这种物质是能够致癌的。

4. 井水　据中国环境科学院调查表明，我国有三亿人口饮用的是超标的地下水。长期饮用含铁锰超标的地下水，能诱发人的锈肝病和青铜色糖尿病，降低人体对传染病的抵抗力。

练 习 题

答案解析

一、选择题

（一）单选题

1. 从发酵程度来看，红茶属于（ ）。

    A. 不发酵茶   B. 半发酵茶   C. 全发酵茶   D. 后发酵茶

2. 茶的使用始于（ ）。

    A. 印度   B. 美国   C. 中国   D. 俄罗斯

3. 中国最古老的饮料酒是（ ）。

    A. 葡萄酒   B. 黄酒   C. 白酒   D. 啤酒

4. 五粮液为大曲（ ）白酒，是中国最高档白酒之一。

    A. 米香型   B. 酱香型   C. 浓香型   D. 清香型

5. 筷子在古代称（ ）。

    A. 夹   B. 双木棍   C. 快子   D. 箸

6. 筷子文化早在（ ）年前，便广泛地分布于江淮大地和黄河流域。

    A. 3000   B. 5000   C. 2000   D. 6000

7. 人体由（ ）的水分组成，构成人体的主要成分，参与所有生理过程。

    A. 20%～30%   B. 80%～85%   C. 60%～70%   D. 15%～30%

（二）多选题

8. 茶可分为（ ）、黑茶类、花茶类和紧压茶类。

    A. 绿茶类   B. 红茶类   C. 青茶类

    D. 白茶类   E. 黄茶类   F. 油茶类

9. 大香型白酒又可分为（ ）和米香型四类。

    A. 浓香型   B. 清香型   C. 茶香型

    D. 酱香型   E. 豆香型   F. 米香型

二、简答题

如何品饮中国黄酒？

三、实训项目

走进茶艺馆，学泡中国茶。

书网融合……

    重点小结   微课   题库

筵宴活动策划与设计

PPT

筵宴是筵席与宴会的合称。筵席专指为人们聚餐而设置的、按一定原则组合的成套馔肴及茶酒等，又称酒席。宴会，则指人们因习俗、礼仪或其他需要而举行的以饮食活动为主要内容的聚会，又称燕会、酒会。宴会是人和人之间一种礼仪表现和沟通方式，是人们生活中的美好享受，也是一个国家物质生产发展和精神文明程度的重要标志之一。现在的宴会一般是政府机关、社会团体、企事业单位、公司或个人之间为了表示欢迎、答谢、祝贺、喜庆等社交活动的需要，根据接待规格和礼仪程序而举行的一种隆重正式的餐饮活动。宴会不可缺少的核心内容是筵席，而筵席通常出现在宴会上是宴会上供人们饮食用成套馔肴及茶酒，二者虽有一定的区别却又密不可分，因此，古人常将二者合称为"宴飨"或"宴享"，今人则合称为筵宴，甚至在习惯上将它们视为同义词语混用。

任务一　筵宴活动的起源和发展

一、筵宴的起源

筵宴是社会发展到一定时期的产物。在原始社会，社会生产力水平低下，人们衣不蔽体，食不果腹，谈不上什么筵席与筵宴。筵席与筵宴是有了剩余产品，人们有了社会交往的需求后才逐渐形成的一种就餐方式。筵宴的起源与以下四个因素相关：祭祀活动、礼制风俗、节日节令、宫室起居。原始的宗教和祭祀活动的产生，再加上人工酿酒的出现，过去的聚餐就发生了质的转变，产生了真正意义上的筵宴；中国是礼仪之邦，讲礼法、循礼法、崇礼教、重礼信、守礼仪，是中国人的尚礼传统，礼仪可分为祭祀礼、婚礼、丧礼、食礼、寿礼、交际礼等许多门类，行礼就必然要摆宴；古代，一些年岁更替等特殊日期要举行一些活动，约定俗成，从而形成了民俗节日，节日的产生直接导致了筵宴的形成和发展；筵宴由宫室起居发展演化，在商代烹饪发展成熟之后产生，它起源于祭祀之礼，完善于宫廷宴席，可以说宫室起居为宴席的规格化、礼仪化特征的形成提供了前提条件。

二、筵宴的历史发展过程

（一）筵宴的初步形成时期

在夏朝，夏启继位后曾在钧台（今河南禹州市北门外）举行盛大的筵宴，宴请各部落酋长。在殷商时期，殷人对祭祀十分重视，主要表现在两个方面：无旬不祭、无事不卜。这些名目繁多的祭祀，实际是一次次的筵宴，至于飨这种平时的宴乐并没有一定的名目，因此，殷商时期的筵宴主要为祭祀而设。

（二）筵宴的蓬勃发展时期

从秦汉到唐宋时期，筵宴之风日益盛行，无论宫廷还是民间都有大摆宴席的习俗，宴席的规模和品种在增加。

汉魏时期的筵宴主题突出，因人因事因时因地而设，重视环境气氛的烘托，如鸿门宴、大风宴、游猎宴、析梁宴等。此时的筵宴还出现了文酒之风日盛的新气象。

唐宋时期随着经济的飞速发展，筵宴有了更大的发展。唐朝有庆贺士子登科或升迁的烧尾宴、曲江宴、闻喜宴、鹿鸣宴，宋代有国家举办的春秋大宴、饮福大宴、皇寿宴、琼林宴等，在宋元之间的辽金还有头鱼宴和花宴，各种筵宴名目繁多，举不胜举。

筵宴的就餐形式上也发生了改变。汉代，西域的坐具——马扎子传入中原，在其启发下，祖先们制成了桌椅，将人从跪坐中解放出来。隋唐时，筵宴的席面有了改变，进食者由席地而坐，上升为坐椅凳，凭桌而食，席面也随之升高了。

（三）筵宴的成熟兴盛时期

元朝是蒙古族统治的时代，受其影响，这一时期的筵宴最突出的特点是饮食具有浓郁的异国情调。当时的筵宴，羊肉菜肴和奶制品的比重很大，烈酒的用量颇为惊人。

明清时期，中国筵宴走入成熟兴盛时期。筵宴的设计有了较为固定的格局，当时的筵宴主要分为酒水冷碟、热炒大菜和饭店茶果三个层次，依序上席。其中，常常由热炒大菜中的"头菜"决定筵宴的档次和规格。再者筵宴的品类、礼仪等更加繁多甚至琐细。康乾盛世时，还首创了中国古代社会最大的"千叟宴"。

清代各种全席脱颖而出，包括主料全席、系列原料全席、技法全席和风味全席四类，具体包括全龙席、全凤席、全麟席、全虎席、全羊席、全牛席、全鱼席、全鸭席、全蛋席、全素席等，全羊席用羊20头左右，可以制出108道肴，满汉全席以燕窝、鱼翅、烧猪、烤鸭四大名珍领衔，更被称为"无上上品"。

（四）筵宴的繁荣创新时期

20世纪以来，改革开放后，社会经济高速发展，在时代浪潮冲击和中西饮食文化的交流下，人们的生活条件和消费观念发生很大的改变，饮食追求新、奇、特和营养卫生，促进了筵宴文化向更高的境界发展。一般中式筵宴仍然保持冷盘、热炒、大菜、汤羹、点心、主食、甜品、水果等多类食品，过去的筵宴食品是以高热量、高脂肪、高胆固醇为主，而"三高"饮食是脑血管疾病、冠心病、肿瘤、高血脂、胆石症、糖尿病、肥胖症、肠癌等疾病的重要致病因素。20世纪80年代后，全国许多城市的宾馆、饭店、酒楼都做了大量的尝试，力求在保持传统饮食文化特色同时，做到更加营养、卫生、科学、合理。

三、历代筵宴名品

从古至今自然诞生了许多有名的宴席。这些宴席不只有着各种各样的美味佳肴，很多还有着重大的历史意义或寓意。如中国古代名宴有孔府宴、周八珍、文会宴、烧尾宴、满汉全席等，1949年以后有开国第一宴、中华第一宴等。

（一）孔府宴

孔府宴的由来可以追溯到宋仁宗宝元年间，最初是孔子后人为祭祀而设的宴席。孔府宴是中国饮食文化重要组成部分，位居中国官府宴之首。它体现了古中国宴席高度的政治性，是当年孔府接待贵宾、袭爵上任、祭日，生辰、婚丧喜寿时特备的高级宴席，是经过数百年不断发展充实逐渐形成的一套独具风味的家宴。

（二）文会宴

文会宴是古代文人相聚而设的宴会，其起源可以追溯到两晋时期，并在唐代达到鼎盛，在长安尤为流行。这种宴会通常在夜间举行，主要内容是饮宴作文。文会宴是各大名宴中最具文化底蕴的。它是中国古代文人进行文学创作和相互交流的重要形式之一。文会宴形式自由活泼，内容丰富多彩，追求雅致的环境和情趣，一般多选在气候宜人的地方，席间珍肴美酒，赋诗唱和，莺歌燕舞。

（三）烧尾宴

所谓"烧尾宴"，据《封氏闻见录》云，士人初登第或升了官级，同僚、朋友及亲友前来祝贺，主人要准备丰盛的酒馔和乐舞款待来宾，名为烧尾，并把这类筵宴称为"烧尾宴"。烧尾宴是唐代长安曾经盛行过的一种特殊筵宴。

🔗 知识链接

拒献烧尾宴的苏瑰

烧尾宴的风习是从唐中宗景龙（707－709）时期开始的，唐玄宗开元年间停止，仅仅流行20多年。烧尾宴极其奢华浪费，在当时的官场已经形成了风气，唐代的士子登科或官位升迁都向皇上进献烧尾宴。但也有例外，如苏瑰被封为尚书右仆射兼中书门下三品，进封许国公后，却偏偏不向唐中宗进献烧尾宴。当时，百官嘲笑，甚至有人为他能否保住乌纱帽而担忧。苏瑰不但没有恐惧，反而直接向中宗进谏："现在米粮昂贵，百姓们连饭都吃不饱，还办什么烧尾宴？"中宗听后只好作罢。

（四）全鸭宴

以北京填鸭为主料烹制各类鸭菜组成的筵席。1864年（清朝同治三年），杨全仁创建了全聚德。全鸭宴首创于北京全聚德烤鸭店，特点是一席之上，除烤鸭之外，还有用鸭的舌、脑、心、肝、胗、胰、肠、脯、翅、掌等为主料烹制的100多种不同菜肴。其实用同一种主料烹制各种菜肴是中国宴席的特色之一，此外全国著名的全席宴还有天津的全羊席、上海的全鸡席、无锡的全鳝席、广州的全蛇席、四川的豆腐席、西安的饺子席、佛教的全素席、苏杭的全鱼席等。

（五）满汉全席

满汉全席指的是清朝时期宫廷盛宴，既有宫廷菜肴之特色，又有地方风味之精华。全席有冷荤热肴196品，点心茶食124品，肴馔320品；菜式有咸有甜，有荤有素，取材广泛，用料精细，山珍海味无所不包，被誉为中华菜系文化的瑰宝和最高境界。

满汉全席共设有蒙古亲王宴、廷臣宴、万寿宴、千叟宴、九白宴和节令宴六宴。满汉全席筵席规模之盛大、品类之繁多，珍馐之丰美，达到了奢侈的高峰。而各种各样的美味食馔，都是千千万万劳动人民的心血凝聚而成。

（六）开国第一宴

开国第一宴是于1949年10月1日开国大典当晚在北京饭店举办的国宴。中共中央负责人、社会各界知名人士、少数民族代表、工人代表、农民代表等600多人出席了本次宴会。由于出席筵宴的嘉宾来自五湖四海，口味不一，为了能做到"兼顾"，筵宴决定选择口味适中的淮扬菜为主。此后，国宴菜从淮扬菜风格，逐渐演变成了今天的"堂菜"。

（七）中华第一宴

2001 年 10 月，亚太经济合作组织（APEC）第九次领导人非正式会议在中国上海举行。在这次会议中，提供了一场最高规格的工作午餐，其规格比国宴还高，后称中华第一宴。午餐菜单是一张有代表性的主题菜单。设计者独具匠心，所用的原料是很平常的鸡、鸭、鳕鱼、蟹、虾仁等，经厨师精心烹饪，成了一道道让客人赞不绝口的蕴涵中国烹饪文化精髓的佳肴。从菜单的内容来看，它将菜名巧妙地融入诗中，且诗的每行句首字连词为：相互依存，共同繁荣。这正是 APEC 所倡导的宗旨和目标。

任务二　现代筵宴的格局和设计

一、现代筵宴的分类

现代中式筵宴的分类方法有多种，这里只介绍两种。

（一）按筵宴菜品的构成分类

一般分为一般筵宴和特色筵宴，这里重点讲特色筵宴。特色筵宴一般是指选定某一特色作为筵宴活动的中心内容，其菜品、环境、服务以及各项活动都为这一特色服务的筵宴。特色筵宴荟萃了某类风味名馔，用料专精，技法规整，风味谐调，情趣盎然，席面构成完备的体系，以精纯、严密、整齐、高雅著称。

1. 特色筵宴的特点　特色筵宴有一般筵宴的共性，又有自身的个性，其主要特点如下。

（1）菜点及菜单围绕特色　菜点及菜单是筵宴的根本，特色筵宴的菜点和菜单都围绕特色展开，集中展示和反映筵宴的特色主题。如特色筵宴"菊花蟹宴"，在菜点设计上便围绕螃蟹这个主题展开，汇集了许多以蟹为特色的著名菜点，包括清蒸大蟹、透味醉蟹、子姜蟹钳、蛋衣蟹肉、鸳鸯蟹玉、菊花蟹汁、口蘑蟹圆、蟹黄鱼翅、四喜蟹饺、蟹黄小笼包、南松蟹酥、蟹肉方糕等菜点，可谓"食蟹大全"；在菜单设计上，其内容除了载录这些著名蟹味菜点外，还围绕螃蟹这个主题展示和渲染相关知识与文化内涵，包括螃蟹的营养保健功能、古今食蟹的诗文等。又如，以地方风味为主的特色筵宴，在菜点与菜单设计时常以地方风味的特色文化为特色主题加以渲染，包括地方风味的特点、著名菜品、饮食习俗等。

（2）烹饪技法突出特色　特色筵宴历来是以烹制技法的精美而著称，其菜点制作工艺的要求是科学性与规范性的完美结合，做到膳食结构的平衡，营养价值优异，烹调方法合理。一桌特色筵宴菜肴，从冷菜、热菜到面点、小吃通常由多道菜点组成，它们虽然在烹饪技法上各不相同，导致其形状各异、色彩交相变换、口感多种多样，拥有各自不同的个性，看似有些杂乱，但是却都在努力突出筵宴的特色，使筵宴具有了多样统一的风格，不仅避免了菜点的单调和工艺的雷同，还展现出变化之美。如在特色筵宴"菊花蟹宴"中，其蟹味菜点采用了蒸、醉、煮、炸等法，虽然技法各不相同，成菜风味各异，但从不同角度上突出了螃蟹的鲜香味道和亮丽色泽。

（3）环境服务配合特色　特色筵宴突破了传统餐饮仅提供产品这一概念，而是提供了一种"经历服务"，给每一位就餐的客人带来一种特殊的享受。除了菜品菜单、技法突出了特色主题之外，筵宴的场景、氛围、员工服饰、服务等都有鲜明的特色主题，其充满特色的环境和服务往往也很好地配合整个特色筵宴的进行，从而为就餐人员提供一种特殊的享受。

2. 特色筵宴类型

（1）仿古筵宴　是目前餐饮业借鉴中国传统饮食文化而挖掘、整理出的迎合市场的产品。仿古宴始于清宫仿膳宴，目前有仿唐宴、仿宋宴、孔府宴、仿随园宴、敦煌宴、红楼宴等多种。仿古宴席要根据"尊重历史，有根有据；菜品为主，辅以环境；取其精华，去其糟粕；有机融合，古为今用"等设计原则，采用李代桃僵、移花接木、无中生有、抛砖引玉等多种方法设计而成。

（2）风味筵宴　就是指筵宴菜品、原料、烹调技法和就餐与服务方式具有较强的地域性和民族性。例如，风味筵宴按国内地方风味分类，有川菜宴席、粤菜宴席、湘菜宴席、清真宴席等。按原料特殊风味分类，有海鲜宴席、野味宴席、药膳宴席等。按特殊烹调方法分类，有烧烤宴席、火锅宴席等。风味宴席具有四个特征：①菜品具有明显的地域性和民族性，强调正宗、地道，包括各类风味菜肴宴和风味小吃宴。②提供简洁而具有民族特色的宴席服务。③筵宴菜品种类受季节影响较大，各季节的品种相对较为稳定。④餐具、宴席台面、就餐环境具有明显的地方风格和民族风格，甚至带有一定的宗教色彩。

（3）全类筵宴　也称"全席""全料席"等。在筵宴的发展和演变过程中，全类筵宴一般是指筵宴的所有菜品均以一种原料，或者具有某种共同特性的原料为主料烹制而成，如全鸡席、全鸭席、全猪席、全羊席、全鱼席、全素席、豆腐席等。

（4）素宴　是一种特殊的全类筵宴，也叫"斋席"，是指菜品均由素食菜肴组合而成的宴席。我国自古就有素食的习尚。"素宴"和素食之间有着密切的关系，我国传统的素食包括三个流派：寺院素食、宫廷素食和民间素食。寺院素食是泛指道家、佛家宫观寺院烹饪的以素食为主的肴馔。宫廷素菜起源于南北朝时期，指以前皇室中专为帝王、皇亲所享用的素食肴馔。民间素菜主要是满足普通人群需要，在餐厅中出售的素食菜品。

（二）按筵宴的性质和主题分类

1. 公务筵宴　是政府部门、事业单位、社会团体以及其他非营利性机构或组织因交流合作、庆功庆典、祝贺纪念等有关重大公务事项而举行的筵宴。

2. 国宴　是国家元首或政府首脑为国家的节庆、庆典，或为外国元首、政府首脑来访而举行的正式筵宴，是一种招待规格最高、礼仪最隆重、程序要求最严格、政治性最强的一种筵宴形式。

3. 商务筵宴　是指各类企业和营利性机构或组织为了一定的商务目的而举行的筵宴。商务宴的设计是所有筵宴设计中最为复杂的一种，这种复杂性是由筵宴主、宾的复杂心态和不同的宴请目的决定的。

4. 亲情筵宴　是指以体现个体与个体之间情感交流为主题的筵宴。这种筵宴的主题相当丰富，尊重个性，体现个性化服务为主要特征，类型包括以下方面。

（1）涉外家宴　国家领导人或社会知名人士，以私人名义招待外国客人的筵宴也称家宴或私人筵宴。这类筵宴由于不必拘泥严格的外交礼仪，宾主可以自由交谈。

（2）婚宴　是宾客一生中最讲排场的一次亲情宴，举办婚宴的目的除了喜庆还包含感谢与体面。它的特点是在布置上要求富丽堂皇，在菜式的选料与道数上要符合当地的风俗习惯，菜名要求花哨吉祥，要满足主人追求体面的目的。

（3）佳节宴　随着生活水平的提高，逢年过节去酒店设宴团聚的宾客越来越多。主办者对菜肴的个性化要求有很多，菜式安排要注意老中小的口味特点。注意出菜程序，通常香的、炸的菜肴要先上，接着是软的、酥的菜肴，后面再跟着炒的、硬的菜肴，最后以甜的菜点收尾。

（4）迎宾宴　为迎接远方来的客人而举行的筵宴。整个筵宴设计要围绕主宾做文章，尽量迎合主宾的爱好和情趣。虽然不拘泥于严格的规格礼仪，但是经常是超规格的。要求菜肴特色鲜明，餐厅布置个性突出。

（5）会友聚餐宴　志同道合的朋友相会、团聚，强调共同的情趣。通常要求菜式随意，追求格调。

菜肴档次高低差异很大，客人喜欢现场零点菜肴。口味要求严格，产品要求有特点。就餐环境以小包房为主，用餐不是目的，环境、氛围、情趣非常重要。

（6）答谢宴　为了对曾经得到过的帮助，或对即将得到的帮助表示感谢而举行的筵宴。这类筵宴特点是为了表达自己的诚意，故筵宴要求高档、豪华，就餐环境要求优美、清静。

二、现代筵宴的格局与内容

筵宴的格局可以从广义和狭义两方面来讲，广义上讲是指筵宴的饮食、服务以及其他聚会活动的编排顺序和构成比例。而从狭义上讲是指筵宴菜单中除酒水以外的饮食品种的基本构成、所占比例和编排顺序。筵宴的饮食品种包括酒水、冷碟、热菜、主食（席点小吃）、果品等五大类，因为酒水的选配与安排主要根据顾客的需要选取和另行收费，主动权在客人，酒水在不同的筵宴中比例相差很大，具有较大的随意性，因此对于筵宴的基本格局不包括酒水类，一般对筵宴格局的理解是狭义的理解。一般说来，中式筵宴的格局是三段式。

（一）"序曲"

传统的完整的"序曲"内容很丰富、很讲究，它包括以下内容。

1. 手碟　传统而完整的手碟分为干果、蜜果、水果三种。现在的宴席一般就只配干果手碟，讲究的筵宴往往会在菜单上将茶水和手碟的内容写出来。

2. 开胃菜　是为了使客人在正式开餐前胃口大开，配置以酸辣味、甜酸味或咸鲜味为主的冷盘，如糖醋辣椒圈、水豆豉、榨菜等。

3. 头汤　完整的中式宴席一般应有三道汤，即头汤、二汤、尾汤。头汤一般采用银耳羹、粟米羹、滋补鲜汤或粥品。

4. 凉菜　配置一般跟随酒水设置。越是高档的宴席，酒水的配置就越高档，凉菜的配置道数就越多。

（二）"主题歌"

所谓"主题歌"就是宴席的大菜、热菜。

1. "头菜"　它是为整个宴席定调、定规格的菜。如果头菜是金牌鲍鱼，这个宴席就称为鲍鱼席。如果头菜是一品鱼翅，这个宴席就称为鱼翅席。如果头菜是葱烧海参，这个宴席就称为海参席。

2. 烤（炸）菜　按传统习惯，第二道菜一般是烧烤或煎炸的菜品。

3. 汤菜　一般选用清汤、酸汤或酸辣汤，有醒酒的作用。一般随汤也跟一道酥炸点心。

4. 可以灵活安排的菜　一般有鱼类、鸡、鸭、兔、牛肉、猪肉菜均可。

5. 素菜　笋、菇、菌、时鲜蔬菜均可。

6. 甜菜　羹泥、烙饼、酥点均可。

7. 座汤　也称尾汤。传统的座汤往往是全鸡、全鸭、牛尾汤等浓汤或高汤，意味着全席有一个精彩的结尾。

（三）"尾声"

1. 主食　如面条、米饭。讲究的宴席一般会随饭配菜四道，两荤两素。

2. 时令水果　米饭、面条等主食用完后，一般要上时令水果。既能让客人清口，也表示宴席的结束。

知识链接

有关冷碟的几个"术语"

彩盘，又称主盘、中盘。它是设计者根据宴席的性质和内容，进行选材、构图、命名并制作而成的大型工艺冷菜，用以增添宴席气氛，显示企业烹调技艺水平。

单碟，筵宴中用来盛装除彩盘以外的冷菜的碟子，一碟只装一个菜品，荤素均可。一般选用直径为17厘米（5寸）或23厘米（7寸）的圆盘，有时也选用条盘。如果宴席冷菜中有彩盘或中盘，单碟就叫作围碟。

对镶碟，它是区别于单碟的碟子，即一个盘子中有两种不同类型的冷菜。传统的宴席中一般是一荤一素，多用条盘盛装。要求盘内两道菜肴的味别、色泽、造型等都要互相和谐，分量相当。用三种不同冷菜摆放的称为"三镶碟"，以此类推。

三、现代筵宴的菜肴策划与设计

（一）现代筵宴菜肴设计的原则

格局是形式，配菜是内容。菜肴的设计是指配菜，无论何种宴席，在配菜时都要遵循两大原则。

1. 味型搭配合理的原则　味是宴席的核心，如果搭配不合理，就会给人以单调的感觉。如果满桌都是咸鲜味型的菜品，会使人感到平淡。但如果一桌宴席以五六个麻辣味的菜品为主，会感到过于刺激，甚至难受。因此一桌宴席必须有起伏，味型配置要合理，同一味型的菜品不能重复太多，在上菜时也要讲上菜之法，讲究先后顺序。

2. 原材料搭配合理的原则　一桌宴席的荤素搭配要合理，荤菜里面鸡、鸭、鱼、猪、牛、羊、海鲜的配置应该呈多元化格局，素菜中的豆腐、菇笋菌类、鲜蔬类菜品，也应多姿多彩。这样不仅能营养均衡，而且能增添食用的情趣。如果一桌菜品有四五道豆腐、凉粉之类的菜品，就成了豆腐席，吃起来就乏味了。一桌菜品也要分清主次，突出重点，绝不可以宾主不分，甚至喧宾夺主。如海鲜宴，高明的厨师忌讳将鲍鱼、海参、鱼翅、燕窝、龙虾全部安排在一桌宴席上。因为这样，中心不突出，制作起来也很困难，营养搭配也会失衡。

（二）现代筵宴菜肴设计的方法和技巧

1. 营造并突出宴席的主题　宴席菜肴的种类、造型、结构、名称以及服务方式等构成宴席菜肴的形式。宴席的主题不同，其菜肴形式也不同。进行宴席菜肴设计时，一切都要以宴席主题为依据，设计出适宜的宴席菜肴形式，以突显宴席主题。

2. 宴席菜肴要有独创性　菜肴不论从整体上还是从单品上都要具有独创性。在设计方法上可以从以下两个方面入手。

（1）结合时代背景进行创造性设计　将时代背景与宴席主题结合可以让人们获取知识、启发灵感。

（2）通过改良传统宴席菜肴进行创新　对于祖先留给我们的传统文化要批判继承，取其精华，去其糟粕。如满汉全席，其传统菜式在中国香港、中国台湾及日本都曾经进行过改良，而且都取得了良好的效果。

3. 宴席菜名要有情趣和文化性　将菜点的特征以富有情趣和文化性的词语表现出来，既显得不落俗套，又能突出筵宴主题，增加气氛。如庆祝开业大吉的筵宴菜肴可命名为紫气东来、恭喜发财、财源滚滚等。婚庆筵宴的菜肴可命名为吉祥如意、百年好合、鸳鸯戏水、子孙饺子、双喜临门等。庆祝高升和升学的筵宴菜肴可命名为鲤鱼跃龙门、连升三级、大展宏图。庆祝全家团聚的筵宴菜肴可以命名为全家福、子孙满堂、合家团圆等。

4. 重视面点在宴席菜肴中的配置 在饮食行业有句俗语"无点不成席"，这说明一桌宴席要有点心配合。

四、特色筵宴设计的内容与要点

（一）特色筵宴菜点及菜单的设计

对于特色筵宴而言，设计一份合理、特色突出的菜单是整个特色筵宴的灵魂所在，是制作和成功举办特色筵宴的基础，而特色筵宴菜单的设计则包括内容和形式两个方面。其中，菜单的核心内容则是菜点。

1. 特色筵宴菜单的内容 一方面应包括展示和渲染特色主题的相关知识与文化内涵，另一方面必须包括围绕核心突出特色主题的菜点品种，而后者更是特色筵宴的核心和基石。从类型来看，特色筵宴的菜点类型与普通筵宴基本相同，主要由冷菜、热菜、汤菜、面点小吃和水果等类型组成，但其要求则大不相同。特色筵宴的冷菜，通常安排一个主盘、6~8个围碟，要求以某一种原料或某一特色主题为中心设计、策划。热菜，一般安排6~8道菜品为宜，要求以某一种原料或某一特色主题为中心来设计。一般配1~2道汤菜与羹菜。安排2~4道面点小吃，应尽量选用与特色筵宴主题相关的面点小吃品种。配以时令水果为佳。

需要注意的是，特色筵宴的菜点数量不是固定的，常需要根据客人对象、职业、人数、风俗习惯等因素酌情增减，最终确定。

2. 特色筵宴菜单内容的设计 特色筵宴菜单的核心内容是菜点品种，因此，菜点品种的策划、设计是特色筵宴菜单内容策划的核心与重点。而在策划、设计特色筵宴菜点时，策划者既要根据东道主的需要、宾客和承办者各自的实际情况，也要考虑厨房的设备设施条件以及考虑厨师、餐厅服务人员的技术力量等因素，做到因人配菜、因艺配菜、因价配菜等，但最重要的是必须围绕特色筵宴的主题展开。具体而言，需要做好以下几个方面的工作。

（1）合理组配菜点 在特色筵宴菜单中，菜点的组配历来十分讲究，设计者必须围绕特色主题，通过主、辅料的选择、烹调加工以及色、香、味、形、器等方面合理、科学、巧妙的搭配，使筵宴的菜点具有浓郁的个性特色和富有时代气息，使客人在筵宴中既获得物质享受，又获得精神享受。

（2）精心设计菜名 为特色筵宴的菜点精心设计命名，既要便于客人理解或一目了然，又要深挖特色的文化内涵，使客人能够产生美好联想，增加用餐情趣，切不可生搬硬套，牵强附会，使人难于理解。

（3）科学制定价格 特色筵宴菜点价格的制定，直接受原料成本、工艺难度、市场变化等因素的制约，原料越珍贵奇特、价格越高，制作加工越精细，则价格以及档次就越高，相反则筵宴菜点的价格以及档次就越低，可以说，不同档次、不同价格的特色筵宴必然导致菜点的品种、质量、数量的截然不同，因此在制定特色筵宴价格时，必须进行原料与工艺等方面的成本核算，力求质价相称、公平合理。

3. 特色筵宴菜单形式的设计 特色筵宴菜单在形式上的设计，不仅包括菜点的说明文字、图片的设计，而且包括对菜单的封面、材质、形状、使用地等方面的设计。其中，主要的有菜单文字及字体的设计、菜单材质的设计、菜单形状及封面设计等三个方面。

4. 特色筵宴菜单设计案例

（1）苏州"天堂宴"菜单　"上有天堂，下有苏杭"，苏州为我国著名的鱼米之乡，得天独厚的自然环境和丰富的物产资源形成苏州菜肴以河鲜为主的特色。苏州某饭店在长期的烹饪实践中，结合饭店经营特点，吸收了国内外各地菜肴的技法，进行了大胆的尝试，创制了苏州"天堂宴"。"天堂宴"制作选料严谨，注重色香味形，在菜肴命名上尽可能反映出了苏州的人文地理风貌，其主要菜品如下。

冷菜：八仙祝寿（围碟加野鸭）、橘子火腿、茅台鸭掌、香嫩熬鸡、葱油海蜇、煮盐水虾、麻辣鱼条、虎皮核桃、糖醋瓜条。

热菜：金香玉琢（彩色拼虾鸡）、阳澄风光（巴城大闸蟹）、江南稻熟（太湖野鸭）和合二仙（芙蓉蟹糊）、志和新献（柠檬汁鳜鱼）、绿肥红瘦（竹辉排肉）、石湖串月（雪菜鱼圆汤）、珠圆玉润（明珠蟹肉团）、长生香蓉（花生茸香糕）、南塘秋意（南塘鸡头米）。

（2）随园宴菜单　根据清代袁枚《随园食单》的记载，某饭店研制了几套充满特色的随园宴，其中一套的菜单如下。

冷碟七味：家乡咸肉、拌腐衣、酸辣白菜、油焖笋、香糟嫩鸡、酒醉蟹、红乳鲜贝。

热菜：红煨鹿筋、韭黄炒蟹、叉烧野鸡、鳆鱼炖鸭、红煨羊肉、冬笋菜心、清汤鱼圆。

点心：栗子蒸糕、糟油春饼。

甜菜：红枣山药羹。

（二）特色筵宴环境与服务的设计

特色筵宴的餐饮空间、无形气氛与菜品菜单、服务工作等共同组成一个有机整体，反映和体现特色筵宴的主题，影响宾客的心境和情感。做好特色筵宴的环境与服务设计，通常要考虑灯光装饰、色彩运用、空气氛围、声音控制、舞台设计、天花地面装饰、绿化与标志装饰、员工制服、餐台设计等方面。

五、现代筵宴的美食美器相配原则

菜肴的盛装要根据成菜的特点，用不同形状、花纹、色泽的盛具才能将菜肴装点得形式多样、绚丽多彩。针对这点，袁枚在《随园食单》中指出："惟是宜碗者碗，宜盘者盘，宜大者大，宜小者小，参错其间，方觉生色……大抵物贵者器宜大，物贱者器宜小。煎炒宜盘，汤羹宜碗，煎炒宜铁锅，煨煮宜砂罐。"（《随园食单·须知单》）美食美器相配的原则主要包括以下四点。

1. 盛器的大小要与菜肴的数量相适应　装盘要根据菜肴的数量多少来选择盛具。量多的菜肴选择较大的盛具，量小的菜肴选用较小的盛具，如果把量多的菜肴放于小盛具中，显得臃肿。装盘时菜肴不能装在盘的边沿，应装在盘的中心圈内，数量占容积的80%～90%为佳。

2. 盛具的类型应与菜肴的类型相配合　盛具的类型很多，必须选用适当，充分兼顾菜肴与盛具的特征，不能随意乱用，否则有损菜肴的美观。一般来说，炒、煨、炸、熘类的菜肴及冷菜使用条盘、圆盘，烧、煨、烩类的菜肴及带有汤汁的半汤菜，宜用汤盘、碗、汤缸等，甜羹类宜用汤碗，清蒸菜宜用品锅、汽锅。

3. 盛具的色泽应与菜肴的色泽相协调　菜肴的色泽形态千变万化，盛具的色泽图案各具风格，装盘时菜肴应与盛具的色泽图案相互配合、互相协调，才能产生美感。在一般情况下，色泽洁白的盛具适宜装多数菜肴。而色白的菜肴，用带有一定色泽、图案、花边的盛具来盛装，能更加体现菜肴的特色，若装在白色的盛具内，色泽会显得单调。如雪花珊瑚鸡，装在浅绿色或珊瑚花边的盛具内看起来更加鲜明悦目。

4. 盛具和盛具应相互配合　在一桌宴席中除了盛具与菜肴的恰当配合外，还应注意盛具与盛具之间的配合。配制宴席菜肴，最好选用相宜的整套餐具来配合，这样能使盛具之间的形状、色泽协调一致，从而烘托菜肴的特色，增加宴席的气氛。

任务三　中国筵宴的礼仪

一、中国古代筵宴的饮食礼仪

（一）先秦时代的筵宴食礼

先秦时代的筵宴食礼可以通过孔子主张的食礼加以体现，它包括了贵族官场的饮食礼仪，也包括了个人在宴饮场合的文明修养和应循规范，包括宾主送迎相让及升堂行步之礼、主客堂上交接之礼、主为客扫除布席之礼、宾主进食之礼、卒食之礼、待尊长饮酒之礼和其他应循之礼7点。孔子的筵宴食礼体现了先秦时代贵族们的礼贤下士的礼节，至今仍然具有普遍的实际意义。

（二）封建时代的筵宴食礼

封建时代的筵宴食礼包括筵宴的延请礼仪、宴席座次和进食礼仪等部分。

这套饮食礼仪对后世产生了很大的影响，在中国古代不同阶层的饮食活动中普遍遵循着礼制，体现了尊卑等级，同时对人们讲礼貌、谦恭、尊敬长辈的风气的形成也有着显著作用。有些食礼，一直沿袭至今，如吃饭时长者优先，讲究吃相等皆成为中华民族的优良传统。

二、中国现代筵宴的饮食礼仪

（一）筵宴座次安排与餐桌排列

1. 座次安排　中餐宴席一般用圆桌，每张餐桌上的具体位次有主次之分。宴席的主人应坐在主桌上，面对正门就座。根据距离主人的远近而定，以近为上，以远为下。同一张桌上距离主人相同的位次，排列顺序讲究以右为尊。在举行多桌筵宴时，各桌之上均应有一位主桌主人的代表，作为各桌的主人，其位置一般应与主桌主人同向就座，有时也可以面向主桌主人就座。每张餐桌上安排就餐人数一般应限制在10个人之内，并且为双数。

2. 餐桌排列　正式筵宴一般均安排席位。大中型筵宴往往只安排主桌席位，其他宾客则按照桌次就位。大型筵宴可先将宾客席次打印在请帖上，使宾客心中有数，现场还可以安排礼宾员，引领客人入座。多桌宴席的主桌要求居中摆放，可以呈中心式和顶点式，因此组合成多种图形，如三角形、方形、梯形、凸字形、圈形、菱形、方形、H形等，主人席位要居于主桌的正中，而其他桌的主人席位应与主桌主人呈对面式或侧对式（也可和主桌同向）。根据习惯，桌次高低以离主桌远近而定，右高左低。

（二）筵宴服务礼仪

就中餐筵宴中的席间服务而言，筵宴的服务礼仪主要包括迎宾、为客人铺口布、提供小毛巾服务、提供茶水服务、提供香烟服务、提供撤换烟灰缸服务和为中餐客人撤盘和更换餐具7个方面。

（三）筵宴就餐礼仪

从现代筵宴的特点可以了解筵宴在各方面的要求都很高，所以人们在参加筵宴时不能很随意，而应该对自己的穿着、言谈、举止等有一定的要求。

参加筵宴时应注意仪容仪表、穿着打扮。赴喜宴时，可穿着华丽一些的衣服。而参加丧宴时，则以黑色或素色衣服为宜。出席宴请不要迟到或早退，如逗留时间过短，一般被视为失礼或对主人有意冷落。如果确实有事需提前退席，在入席前应通知主人。告辞的时间可以选在上了主菜后。吃了宴席的主菜，就表示领受主人的盛情，也可以在约定的时间离去。

赴宴时要"客随主便"，并听从主人的安排，应注意自己的座次，不可随便乱坐。邻座有年长者，应主动协助他们先坐下。开席前若有仪式、演说或行礼等，赴宴者要认真聆听。若是丧宴，应该庄重，不应随意欢笑。若是喜宴，则不必过于严肃，可以轻松一些。

在宴客时，主人要率先敬酒。敬酒时可依次敬遍全席，而不要计较对方的身份地位。敬酒碰杯时，主人和主宾先碰。人多时，可同时举杯示意，不一定碰杯。在主人和主宾致辞、祝酒时，应暂停进餐，停止碰杯，注意聆听。席间，客人之间常互相敬酒，以示友好，并活跃气氛。当遇到别人向自己敬酒时应积极示意、响应，并须回敬。要注意饮酒不要过量，以免醉酒失态。

宴饮时应注意举止文明礼貌。取菜时，一次不要盛放过多，最好不要站起来夹菜。吃食物时应闭嘴咀嚼，嘴内有食物，不要说话，更不要大声谈笑，以免喷出饭菜，以免唾沫。吃东西不要发出声响，喝汤不要啜响，如果汤太烫，可待其稍凉时再喝。鱼刺、骨头要放于骨碟中，不要乱吐。并且不要当着他人的面剔牙、挖耳朵、掏鼻孔等。

总之，我国筵宴礼仪是社会文明的具体体现之一，是中华民族在长期的饮食生活实践中形成的一套属于自己的规范化饮食礼仪。数千年来由上到下成规成矩，一以贯之，成为中国一种文化现象的特征，了解中华民族筵宴礼仪是现代人的一门必修课。

练 习 题

答案解析

一、选择题

（一）单选题

1. 为士子们初登荣进或官位升迁而举行的筵宴叫（ ），盛行于唐代，是我国庆贺宴的代表。

    A. 文会宴   B. 烧尾宴   C. 皇寿宴   D. 诈马宴

2. 乾隆时代的官府菜是（ ）。

    A. 千叟宴   B. 孔府家宴   C. 素席宴   D. 红楼宴

（二）多选题

3. 筵宴产生的条件有（ ）。

    A. 祭祀   B. 宫室   C. 器具

    D. 礼俗   E. 节日节令

4. 满汉全席以（ ）领衔，汇集了四方异馔和各族珍味，被称为"无上上品"其技法偏重于烧烤，因而又名"大烧烤席"。

    A. 鱼翅   B. 燕窝   C. 烧猪

    D. 烤鸭   E. 烤全羊

二、简答题

1. 简述中国宴席的起源和发展过程。

2. 简述现代中餐筵宴的格局和内容。

三、实训项目

进行一次中式筵宴的主题摆台设计，以十人位为准。

书网融合……

重点小结

题库

中西方饮食文化比较

中国饮食文化具有中华民族的个性与传统，讲究用餐的氛围与情趣，凸显中华民族传统礼仪。中国饮食文化对中国的烹饪技艺、饮食观念、处世哲学乃至全球的饮食风尚都产生了重大而深远的影响。世界餐饮产品由于地域特征、气候环境、风俗习惯等因素的影响，在原料、口味、烹调方法、饮食习惯上会出现不同程度的差异。这些差异，使餐饮产品具有很强的地域性。中西方在饮食文化上存在很大的差异。如中国人习惯用筷子，西方人则习惯用刀叉；中国人喜欢聚餐，西方人喜欢分餐；中国人在餐饮的同时还注重食物色香味的审美效果，西方人则更看重食品本身的自然营养价值等。中西文化之间的差异造就了中西饮食文化的差异，而这种差异来自中西方不同的思维方式和处世哲学。

任务一　概　述

所谓西方饮食文化，是指西方人在长期的饮食生产与消费实践过程中，所创造并积累的物质财富和精神财富的总和。东西方饮食文化的交流融合，也是促进各地饮食文化发展的源泉，同样促进了西方饮食文化的发展。

一、中国饮食文化对国外饮食的影响

中国的饮食文化对日本、朝鲜、蒙古、韩国、泰国、新加坡、意大利、缅甸、老挝、柬埔寨、印度尼西亚等国的影响很大，这种情况大概始于秦代，后来经过历代的影响与交流，中国成为东方饮食文化圈的轴心。

中国的饮食，在世界上是享有盛誉，华侨和华裔为在海外谋取生存，经营最为普遍的产业就是餐饮业。有华人处就有中国餐馆，他们带去的不仅有中国烹饪技艺，还有中华饮食文化的风尚与观念，对中国传统文化的对外交流与传播起到了举足轻重的作用。

总之，中国饮食文化是一种广视野、深层次、多角度、高品位的悠久区域文化，是中华各族人民在100多万年的生产和生活实践中，在食源开发、食具研制、食品调理、营养保健和饮食审美等方面创造、积累并影响周边国家和世界的物质财富及精神财富。

二、西方饮食文化的特点

1. 系统的饮食典籍　由于西方厨师有较高的社会地位和一定的文化修养，同时西方人注重分析思维和逻辑思维，因此西方饮食典籍在作者上是厨师与其他职业者并重，在内容上是技术与具体经验的总结叙述和科学与概括性理论的分析论述并重，比较系统而丰富。它主要包括四大类，即烹饪技术类、烹饪文化与艺术类、烹饪科学类和综合类。其中，烹饪技术类有技术实践、技术理论方面的典籍。烹饪文化与艺术类包括烹饪历史、烹饪美学与哲学、烹饪艺术等方面著作。烹饪科学类包括烹饪营养学、烹饪化学、烹饪卫生学、食品微生物学等方面的论著。综合类中内容较为广泛、影响较大的是百科全书式的

烹饪书和部分叙事著作。

2. 独特的饮食科学 饮食科学是以人们加工制作馔肴的技术实践为主要研究对象，揭示饮食烹饪发展客观规律的知识体系和社会活动。西方的饮食科学内容十分丰富，但它的核心主要是独特的饮食思想和科学技术与管理。在饮食思想上，由于西方哲学讲究实体与虚空的分离与对立，在文化精神和思维模式上形成了天人分离、强调形式结构、注重明晰等特色，使得西方人在饮食科学上产生了独特的观念，即天人相分的生态观、合理均衡的营养观、个性突出的美食观，强调人的饮食选择只需适合人作为独立体的需要，按照人体各部分对各种营养素的需要来均衡、恰当地搭配食物的种类和数量，并且通过对食物原料的烹饪加工，突显各种原料特有的美味，重在满足人的生理需要。在饮食科学技术与管理上，最有突出意义、最值得称道的特点是西方烹饪的标准化与产业化。它非常强调在食物加工生产过程中系统、精确和理性，严格按照一系列标准，利用先进机械加工、制作质量稳定的食物，并进行有效的大规模经营。正是由于食物制作的标准化、产品质量稳定，广泛地利用机器实现工业化生产，再加上规模化经营，使西方烹饪有了惊天动地的变化与发展。

3. 起伏的饮食历史 西方的饮食历史是非常独特的。在西方国家，政治上的长期分裂，经济、文化中心的不断迁移，在很大程度上导致了西方饮食烹饪历史呈现出了板块移动式、不平衡的发展格局，各主要国家的饮食烹饪在各个重要历史阶段的发展极不平衡。在古代，西方饮食发展中最杰出的是意大利菜。意大利菜源于古希腊和古罗马，是西餐中历史最悠久的风味流派，也可以说是西餐的鼻祖。直到16世纪末以前，意大利菜都十分兴盛，并且凭借着自身古朴的风格成为古代西餐中当之无愧的领导者。在近代，西方饮食发展中取得辉煌成就、举世瞩目的是法国菜。它深受意大利烹饪的影响，但在极大地吸收意大利烹饪特色的基础上结合自己的优势发展壮大，最终形成了有别于意大利的法国特色，并青出于蓝而胜于蓝，成为17～19世纪西餐的绝对统治者，可以称作西餐的国王。在现代，虽然意大利菜、法国菜仍然兴盛、繁荣，但让人耳目一新、感受到强烈震撼的却是英国菜和美国菜。它们或多或少地受到意大利菜和法国菜的影响，但最终与当地的固有特点有机结合，并且运用现代科学技术和思想，使传统的烹饪方式、烹饪工具发生质的变化，拥有了自己的烹饪风格，因此成为现代西方饮食最重要的代表之一。

4. 精湛的饮食制作技艺 西方人在饮食品的制作上十分注重精益求精、追求完美。无论在馔肴还是茶酒的制作上，都表现出了精湛的技艺。在刀工上，十分简洁，多用基本刀法，少用混合刀法（"花刀"），原料的基本形态较简单，主菜形状多为大块、厚片。在制熟上，烹饪方法独特，常用以空气和固体为传热介质的烹饪方法。在调味上，别具一格，强调在加热之后的调味，常常单独制作少司来调味，也多用香料、酒、乳制品来调味。在馔肴的造型与美化方面，强调图案美，装盘讲究简约、实用，不仅简洁大方，而且自然、随意，同时也重视美食与美名、美食与美器、美食与美景的结合。

5. 众多的饮食品种 西方是一个多国家、多民族的区域，西方人尤其是职业厨师和家庭主妇在漫长的时间里创造出了成千上万的各种馔肴和饮品。在馔肴方面，许多菜点是在不同社会背景中孕育出来的，根据人们的生活习惯、经济文化发展状况的不同，西方各国形成了众多的风味流派，其中，最著名和最具代表性的有意大利菜、法国菜、英国菜、美国菜、德国菜、俄罗斯菜等。在饮品方面，主要有酒和咖啡。酒按照生产工艺可分为酿造酒、蒸馏酒、混配酒等。其中，酿造酒的著名品种有葡萄酒、啤酒等，蒸馏酒的著名品种有白兰地、朗姆酒、威士忌、金酒、伏特加等，混配酒的著名品种有开胃酒、甜食酒、利口酒等。此外，鸡尾酒也是突显西方特色的酒品。

西方的饮食，最初主要以畜牧为主，肉食在饮食中比例一直很高，到了近代，虽然种植业比重增加，但是肉食在饮食中的比例仍然要比素食高。由于肉食天然可口，所以西方人认为没有必要对肉食进行装点，因而限制了其烹饪的发展。

任务二　中西方饮食文化差异

中西方饮食文化由于地域特征、气候环境、风俗习惯等因素的影响，存在较大的差异。餐饮产品在原料、口味、烹调方法、饮食习惯上会有不同程度的差异，这些在餐饮行为中表现出来的集体差别性行为方式，属于文化范畴。中西文化之间的差异造就了中西饮食文化的差异，而这种文化差异来自中西方不同的思维方式和处世哲学。

一、营养与美味

由于中西哲学思想的不同，西方人饮食重科学，重科学即讲求营养，所以西方饮食以营养为最高准则，进食有如为一生物机器添加燃料，特别讲求食物的营养成分，注重蛋白质、脂肪、碳水化合物、维生素及各类无机元素的含量是否搭配合宜，卡路里的供给是否恰到好处，以及这些营养成分能否为进食者充分吸收，有无其他副作用等。这些问题都是西方烹调中的大学问，而菜肴的色、香、味如何，则是次一等的要求。

基于对营养的重视，西方人多生吃蔬菜，不仅西红柿、黄瓜、生菜生吃，就连洋白菜、洋葱、绿菜花（西兰花）也都生吃，往往使我们难以接受。现代中国人也重视营养保健，避免蔬菜维生素被过多破坏，主张用旺火爆炒。因而中国的现代烹调技术旨在追求营养与味道兼顾下的最佳平衡，这也属于一种"中庸之道"。

二、规范与随意

西方人饮食强调科学与营养，故烹调的全过程都严格按照科学规范行事，烹调要求调料的添加量精确到克，烹调时间精确到秒。此外1995年第一期《海外文摘》刊载的《吃在荷兰》一文中还描述了"荷兰人家的厨房备有天平、液体量杯、定时器、刻度锅，调料架上整齐排着大小划一的几十种调味料瓶，就像个化学试验室"。

中国的烹调却与之截然不同，不仅各大菜系都有自己的风味与特色，就是同一菜系的同一个菜，其所用的配菜与各种调料的匹配，也会依厨师的个人特点有所不同。因此，中国烹调不仅不讲求精确到秒与克的规范化，还特别强调随意性。

三、分别与和合

在中西饮食文化中，中国重和合，西方重分别。西菜中除少数汤菜外，正菜中鱼就是鱼，鸡就是鸡，蜗牛就是蜗牛，牡蛎就是牡蛎。所谓"土豆烧牛肉"，不过是将烧好的牛肉佐以煮熟的土豆，绝非集土豆牛肉于一锅而烧之，体现了"西方重分别"。

中国人一向以"和"与"合"为最美妙的境界，音乐上讲究"和乐""唱和"，医学上主张"身和""气和"，政治上追求"政通人和"，中国烹调的核心是"五味调和"。

在食仪上，西方奉行分餐制。首先是各点各的菜，想吃什么点什么，这也表现了西方对个性的尊重。及至上菜后，人各一盘，各吃各的，各自随意添加调料，一道菜吃完后再吃第二道菜，前后两道菜绝不混吃。中餐则一桌人团团围坐合吃一桌菜，冷拼、热炒、砂锅、火锅摆满桌面，几道菜同时下肚，这都与西餐的食仪截然不同，体现了"分别"与"和合"的中西文化的根本差异。

四、机械性与趣味性

由于西方菜肴制作之规范化，烹调成为一种机械性的工作。肯德基的炸鸡既要按方配料，油的温度、炸鸡的时间，也都要严格依规范行事，因而厨师的工作就成为一种极其单调的机械性工作，甚至可由机器人代行其职。再者，西方人进食的目的首在摄取营养，只要营养够标准，其他尽可宽容，因而可今日土豆牛排、明日牛排土豆，厨师在食客一无苛求、极其宽容的态度下，每日重复着机械性的工作，毫无趣味可言。

在中国，烹调是一种艺术，如几只洋葱、几片肉，一炒变出一个菜来。与其他艺术一样，体现着严密性与即兴性的统一。所以烹调在中国一直以极强烈的趣味性，吸引着以饮食为人生至乐的中国人。杜甫《丽人行》中"弯刀缕切空纷纶"的诗句，提到的这种刀背上系了许多铃铛的刀，据说当年唐代的厨师可以用它一边切菜、一边奏出叮咚的乐曲。烹调一直被中国人视为极大的乐趣，并以从事这一工作为充实人生的积极表现。有道是"上有天堂，下有厨房"，烹调之于中国，音乐、舞蹈、诗歌、绘画一样，拥有提高人生境界的伟大意义。

五、烹调方法的比较

（一）原料的分类与加工

1. 中西方食物的分类　中国的食物可分为两大类，一类是粮食，也叫主食；另一类叫副食，由肉、蛋、奶、禽、鱼、海鲜和蔬菜等构成。西方国家的食物可分为植物性和动物性两大类，动物性食物包括家畜、家禽、水产、野味、奶制品、蛋、鱼等；植物性食物包括粮食、蔬菜等。以面包为主食，而米饭、面条、馄饨、饺子在西方并不作为主食，而作为菜肴。

2. 加工　西方人喜欢用大块原料做菜，如大块牛排、大块鱼、大块鸡、大块鸭等，连面包也是大块的。而中国菜除少数用大块原料外，大多是将原料切成丝、片、段、条等。因此就决定了中西两方的烹调方法及侧重有一定差异。

3. 烹饪技术　中国是一个十分讲究烹调技艺的国家。它的烹饪技术源远流长，举世闻名，中国菜肴以烹饪技术精湛，花样品种繁多，色、香、形、器、意俱佳而驰誉全球。西方国家并不注重烹饪技术。

4. 火候　中国的烹饪十分注重火候。火候，就是火力的变化情况，掌握火候就是对菜肴原料进行加热时掌握火力大小与时间长短，以达到烹调的要求。火力又分旺火、温火、微火，根据不同的烹饪方法选择不同的火候对于中国的菜肴十分关键。西方国家的烹饪并不看重火候。

（二）中国菜的烹饪方法

中国菜的烹调方法常见的有炒、煮、熬、炖、蒸等五十多种。炒是最基本的烹调技术，也是应用最广的一种烹调方法。除炒之外，用得最多的烹调方法就是煮，煮是将原料放入汤汁或清水中，先用旺火烧沸，再用小火烧熟，是做汤类菜品的方法之一，汤汁味浓，口味清鲜。它和炒的好处就是时间短、速度快，成为一般家庭主妇常用的烹饪方法。另外，熬和炖也是汤类烹调方法。蒸是通过加热产生的高温蒸汽而使原料成熟的一种烹调方法，最关键是根据原料的性质、类别、形态和菜肴的质感，掌握好火候。

（三）西菜的烹调技术

西菜是以法式菜、英式菜、美式菜、俄式菜、意大利式菜等为特色的菜肴，此外，一些西方国家

（如美国）还钟爱快捷的食品，如汉堡、沙拉、果酱煎饼等。中国人很少有吃生食的习惯，一般都要把食物弄熟了再吃。而西方人比较喜欢吃半熟食或生食，如烤牛排、羊腿七八成熟即可，烤野鸭四成熟就可。意大利人更是讲究牛排要鲜嫩带血，做米饭、面条和通心粉也都要硬心。

1. 调味料 西方人喜用大块料做菜，但由于大块料在烹制过程中调味品不易渗入，因此西菜一般在烹制的最后，或菜品上桌后加沙司，即调味料。西方使用的调味料主要有三类：①香料；②酒；③调味汁。调味汁是菜肴中最常用的配料，各式的调味汁多达百种以上，它是形成具有各种味道特色的菜肴的重要因素，因此也形成了具有西方地方乡土特色的菜肴。

2. 西菜的烹饪方法 没有中国那么多，西菜的烹调方法主要包括煎、炸、烤、烘、铁、扒、焖、烩、熏、煮、炒等。煎主要用于猪排、牛排等食物。煎出来的菜肴无汁，干香利落，味鲜而嫩，是西餐的主要烹调方法之一。炸是旺火、多油、无汁的烹调方法，炸菜的口味特点是香、酥、脆、嫩，最常见的有炸薯条、炸鸡腿、炸鸡翅等。对于以面包为主食的西方人来说，烤是必不可少的一项工序，除了可以烤面包外还可以烤整块猪肋条肉、整鸡、整鸭和整鱼等。西方人特别爱吃烤鸡，尤其是感恩节那天烤鸡更是必不可少的食物。

从中西方一些烹调方法的差异中，我们可以看出中西方人不同的形象。中国人追求温暖和睦的家庭氛围，在中国人眼中家庭便是一切，甚至超过了自己。而西方人相对自我，追求惬意的个人世界。

六、中西方的节日饮食文化

中西传统节日及其习俗有明显的差异。中国的传统节日历史悠久，主要源于岁时节气，烧香祭祖，祈求吉祥幸福，以吃喝为主要内容，追求健康长寿，红色为节日的最爱。西方的节日主要源于宗教及相关事件，信奉上帝，以玩乐为主，注重于情感友谊，追求健康快乐，通过宗教活动和娱乐形式来实现。不同民族传统节庆的形式，是由该民族的文化体系的生存形态和生活方式决定。

（一）中西传统节日形式

中西节日形式多样，内容丰富，是各民族悠久历史文化的组成部分。中西传统节日习俗差异直接体现中西文化差异。

1. 中西文化差异体现在节日的不同 除了共同的节日，如新年、国际劳动节等外，各自还拥有自己独特的节日，中国有除夕、春节、元宵节、清明节、端午节、七夕节、中秋节、重阳节、中元节等。西方国家有情人节、愚人节、复活节、狂欢节、万圣节、圣诞节、感恩节等。

2. 中西文化差异体现在节日起源不同 中国古代在生产力和农业技术不发达的情况下，十分重视气候对农作物的影响。因而有："春雨贵如油""清明忙种麦，谷雨种大田"。勤劳的中国人民在终年劳作的过程中掌握了自然时序的复杂规律，总结出四季和二十四个节气，形成了以节气为主的传统节日。西方国家由于长久受基督教的影响，传统节日与宗教有关，西方文化带有浓厚的宗教色彩。

3. 中西文化差异体现在节庆形式不同 中国的传统节日基本以家族、家庭内部活动为中心，讲究合家团圆。而西方的节日，通常与朋友共庆节日，表现出互动性、众人参与性、狂欢性。

4. 中西文化差异体现在节日观念不同 吃喝是中国节日的永恒主题，中国人对生命的追求是以健康长寿为目的的，有"福如东海，寿比南山"的良好愿望，认为通过饮食可以实现。西方的节日主要源于宗教及相关事件，信奉上帝，祈求上帝保佑，节日习俗以玩乐为主题，主要是因为西方人对生命的追求以健康快乐为目的的，并通过宗教和娱乐活动来实现。

5. 中西文化差异体现在节日饮食不同 中国人有句话叫"民以食为天"，中国人将吃看作头等大事。节日更注重菜肴色、香、味、形、意俱全，而且每个节日都有不同的特色食品要求，以区别于其他节日。西方的饮食比较讲究营养的搭配和吸收，注重食物的营养，西方节日食品主要是烤火鸡、牛排、水果沙拉、甜点。

6. 中西文化差异体现在节日的色彩不同　在中西传统节日中颜色的象征意义在中西文化之间的差异更大。红色，是中国文化中的崇尚色，象征喜庆和吉祥之意。喜庆日子要挂大红灯笼、贴红对联、红福字。而西方文化中的红色，是"火"与"血"的同义，象征残暴与杀戮。白色，在中国传统文化中，常有悲凉之意，常用于丧葬礼中。而西方，白色的象征着纯洁、高雅、无邪，是西方文化中的崇尚色。不同文化之间的颜色象征意义是社会的发展、历史的沉淀的产物，是一种永久性的文化现象。

7. 中西文化差异体现在节日的目的不同　绝大部分中国人在传统节日都拜祭祖宗。西方节日最主要的活动内容之一是敬神。

（二）中西文化相互渗透

传统民族节日作为民族文化的载体，发挥着传承文化的积极作用。中国的传统节日历史悠久，有着厚重的文化底蕴。西方传统节日的节日娱乐性强，带有浓厚的宗教色彩。不论两者之间有多大的差异，中西文化传递的都是对美好未来的向往，对生活的热爱和对家人朋友的祝福。中国有七夕节，西方有情人节；中国有中元节，西方有万圣节；中国有敬老节、重阳节，西方有父亲节、母亲节；中国有除夕夜，西方有平安夜；中国有农历新年，西方有圣诞节。中西之间有着不同之处，也有天然相同之处，两种节日文化互相渗透、彼此影响。随着中西文化、经济交流日趋频繁，西方节日越来越受到中国年轻一代的欢迎，特别是圣诞节、感恩节、情人节，而中国的春节、中秋节、七夕节同样得到西方人的青睐。

（三）了解中西文化差异对中西交流的意义

在经济、信息全球化的今天，中西交流日益频繁。中西文化差异成为中西传统节日跨文化交汇与移植的最大障碍。通过了解中西传统民族节日折射出的文化差异，在国际交流中克服文化差异，避免出现文化冲突的现象，达到更有效的融合。当今中国经济社会迅速发展，中国传统节日文化向世人展示中华民族悠久灿烂的民族文化魅力。作为中华民族的子孙后代，要坚守中华民族传统美德和博大精深的民俗文化，克服陋习，在适当吸收西方节日文化精华的同时，既不崇洋媚外，也不故步自封，不迷失自我。在全球化的今天，为展开中西文化对话，为中西文化交流更健康、快速，为积极参与人类现代文化共构，为人类平等、自由与和平作出贡献。

练习题

答案解析

一、选择题

1. 在饮食文化上世界各国存在很大的差异，如欧美和北美人则习惯用（　　）。

　　A. 筷子　　　　　　B. 刀叉　　　　　　C. 匙和筷子　　　　D. 手抓

2. 西方尤其是法国菜使用的调味料主要有香料、酒和（　　）。

　　A. 五角味　　　　　B. 八角味　　　　　C. 调味汁　　　　　D. 小茴香

3. （　　）源于古希腊和古罗马，是西餐中历史最悠久的风味流派，也可以说是西餐的鼻祖。

　　A. 巴黎菜　　　　　B. 美式菜　　　　　C. 伦敦菜　　　　　D. 意大利菜

二、简答题

1. 西方饮食文化有哪些特征？

2. 西方饮食文化的形成受到哪些因素的影响？

三、实训项目

谈一谈中外饮食文化差异的核心思想及其外在表现有哪些。

书网融合……

重点小结　　　　题库

参考文献

［1］ 李继强. 吃的智慧：食亦有知味犹长［M］. 武汉：华中科技大学出版社，2020.

［2］ 田建平. 中国药食同源资源开发与利用［M］. 长春：吉林大学出版社，2020.

［3］ 徐馨雅. 识茶泡茶品茶［M］. 长春：吉林文史出版社，2019.

［4］ 周松芳. 岭南饮食文化［M］. 广州：广东人民出版社，2019.

［5］ 王仁湘. 饮食与中国文化［M］. 桂林：广西师范大学出版社，2022.

［6］ 王辉. 宴飨万年：文物中的中华饮食文化史［M］. 南宁：广西人民出版社，2024.

［7］ 王仁湘. 至味中国：饮食文化记忆［M］. 郑州：河南科学技术出版社，2022.

［8］ 陈伟明. 元代饮食文化散论［M］. 广州：暨南大学出版社，2022.

［9］ 李明晨，宫润华. 中国饮食文化［M］. 武汉：华中科技大学出版社，2021.

［10］ 方泓. 中医饮食养生学［M］. 北京：中国中医药出版社，2022.

［11］ 洪卜仁，许晓春. 厦门饮食文化［M］. 厦门：厦门大学出版社，2017.

［12］ 唐夏. 北京饮食文化［M］. 北京：中国人民大学出版社，2017.

［13］ 贺东劢，欧晓蕾. 五味之地：中国的饮食文化［M］. 上海：上海文化出版社，2015.

［14］ 谢普. 酒经·茶典［M］. 北京：中医古籍出版社，2017.

［15］ 文熙. 茶经集录［M］. 北京：中国华侨出版社，2018.

［16］ 焦明耀. 图解药膳养生大全［M］. 北京：中医古籍出版社，2018.

［17］ 万建中. 中国饮食文化［M］. 北京：中央编译出版社，2011.

［18］ 胡自山. 中国饮食文化［M］. 北京：时事出版社，2016.

［19］ 王绪前. 舌尖上的酒文化［M］. 北京：中国医药科技出版社，2017.

［20］ 史成和. 药食同源饮食宜忌速查［M］. 长春：吉林科学技术出版社，2017.